New Wun Ching Developmental Publishing Co., Ltd.

New Age · New Choice · The Best Selected Educational Publications — NEW WCDP

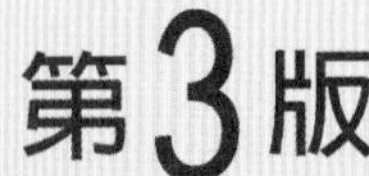

第3版

學/術科教戰指南

中式 丙級 技能檢定 麵食加工

|THIRD EDITION|

編著 王俊勝、蔡明燕、黃秋蓉、鄭昭雲、黃雅娥

協製團隊：高佳誼、蔡佩蓉、林靜儀、王宥慈、陳永浩

在政府政策推廣及從業人員的自我要求、提升之下，不論是飯店內中點房、飲茶餐廳或是早餐店等，「中式麵食加工技術士」的專業證照已成為專業從業人員必備之基本要件。擁有一張「中式麵食加工技術士」的專業證照，就等於對未來就業求職、獨立開店，多了一份保障。

政府所舉辦的數種餐飲證照檢定中，中式麵食加工技術是最多元，包含：水調麵類－冷水麵食、燙麵食、燒餅類麵食；發麵類－發酵麵食、發粉麵食、油炸麵食；酥油皮類麵食；糕漿皮類麵食等。考試同時製作兩項產品的檢定過程中，各項操作程序是否安排妥當，工作時間控管等，皆環環相扣，馬虎不得。

《中式麵食加工丙級技能檢定學／術科教戰指南》是依據勞動部勞動力發展署技能檢定中心提供之最新中式麵食加工丙級技能檢定資料，再結合作者群豐富的教學經驗編寫而成，全書詳細圖文解說，讓讀者瞭解每項產品的製作技巧。並將考前報名需知、考場規則、評審評分製作衛生要求、參考配方表表格、與計分項目等相關資料列入本書中，並增添配方表製作範例，方便考生預先做好應考準備，順利應試過關。

此外，本書主要訴求，將製作報告表中之製程以流程圖方式呈現，除清楚表達製程外，並簡化書寫程序，使讀者更清楚瞭解製程。更透過衛福部主導HACCP（食品安全管制系統）中進行危害分析時必須以流程圖方式表示，針對此點，本書更強調流程圖之重要性。目前大眾對流程圖表示法仍不熟悉，可能因為甚少有人去強調推廣，也可能因為大家以熟悉傳統條列方式表達。隨法規之精進，未來HACCP將成為進行危害分析時之主流，我們認為對於食品製程以流程圖示法來表示有更進一步需要，故特藉此推廣其認知。

編著群　謹識

編著者

王俊勝

經歷

阿土師純素養生麵包店烘焙總監

大湖高級農工職業學校計畫講師

嘉陽高級中學兼任教師

龍德家事商業學校兼任教師

弘光科技大學－食品科技系兼任講師

弘光科技大學－海外青少年訓練班講師

中興大學－在地農產品加工釀造經營管理實務班計畫講師

台中市海線社區大學烘焙講師

弘光科技大學－巧手點心社指導老師

南投縣政府原住民部落大學講師

苗栗國立大湖農工草莓烘焙研習講師

證照

烘焙食品－西點蛋糕麵包－乙級－勞動部

烘焙食品－麵包－丙級－勞動部

蔡明燕

現職

健行科技大學餐旅管理系講師

證照

中式麵食加工－酥油皮、糕漿皮類－乙、丙級－勞動部

中式麵食加工－水調和麵類－乙、丙級－勞動部

中式麵食加工－發麵類－乙、丙級－勞動部

中餐烹調－素食－乙、丙級－勞動部

烘焙食品－西點蛋糕麵包－乙級－勞動部

烘焙食品－麵包－丙級－勞動部
中式米食加工－米粒類、米漿型－丙級－勞動部
中餐烹調－葷素食－丙級－勞動部
西餐烹調－丙級－勞動部
調酒－丙級－勞動部

黃秋蓉

經歷

方曙商工專任教師
莊敬高職專任教師
稻江科技暨管理學院兼任講師
法鼓山社會大學兼任講師
八德國中兼任教師
至善高中兼任教師
方曙商工兼任教師

證照

中式麵食加工－酥油皮、糕漿皮類－乙級－勞動部
烘焙食品－西點蛋糕麵包－乙級－勞動部
中餐烹調－葷食－乙級－勞動部
中式米食加工－米粒類、米漿型－丙級－勞動部
西餐烹調－丙級－勞動部
中餐烹調－葷食－丙級－勞動部
烘焙食品－麵包－丙級－勞動部
烘焙食品－西點蛋糕－丙級－勞動部
調酒－丙級－勞動部
飲料調製－丙級－勞動部
餐旅服務－丙級－勞動部

鄭昭雲

經歷

花蓮縣專業職能培訓人員職業工會講師

勞發展署北基宜花金馬分署產業人才投資方案計畫講師

補助地方政府職業訓練專案講師／基督教女青年會講師

花蓮縣智慧美巾英會講師／社團法人花蓮縣持修積善協會講師

花蓮市公所講師／財團法人台灣兒童暨家庭扶助基金會講師

宜蘭三星蘭星家園講師

證照

中式麵食加工－酥油皮、糕漿皮類－丙級－勞動部

中式麵食加工－發麵類－丙級－勞動部

烘焙食品－麵包－丙級－勞動部

烘焙食品－蛋糕－丙級－勞動部

烘焙食品－餅乾－丙級－勞動部

中式米食加工－米粒、米漿類－丙級－勞動部

中餐烹調－葷食－丙級－勞動部

中餐烹調－素食－丙級－勞動部

西餐烹調－丙級－勞動部

飲料調製－丙級－勞動部

黃雅娥

經歷

財團法人中華文化社會福利事業基金會附設職業訓練中心
－推廣組組長

財團法人中華文化社會福利事業基金會附設職業訓練中心
－服務業訓練組訓練師

勞動部勞動力發展署北基宜花金馬分署失業者職業訓練
－餐飲與食品職類群兼任教師

臺北市職能發展學院就安基金委外職能培育案兼任教師

臺北市職能發展學院公務預算委外職能進修兼任教師

退輔會－臺北市榮民服務處委託民間機構辦理退除役官兵
職業訓練兼任教師

退輔會－新北市榮民服務處委託民間機構辦理退除役官兵
職業訓練兼任教師

勞動部勞動力發展署北基宜花金馬分署產業人才投資方案兼任教師

勞動部勞動力發展署北基宜花金馬分署失業者職業訓練
－餐飲與食品職類群助理教師

臺北市職能發展學院公務預算委外職能進修助理教師

勞動部勞動力發展署北基宜花金馬分署產業人才投資方案助理教師

臺北市職能發展學院就安基金委外職能培育案助理教師

證照

中式麵食加工－酥油皮、糕漿皮類－乙級－勞動部

中式米食加工－丙級－勞動部

烘焙食品－麵包西點蛋糕－乙級－勞動部

烘焙食品－麵包項－丙級－勞動部

中餐烹調－葷食－丙級－勞動部

本書使用說明

材料編號配合圖文，方便對照。

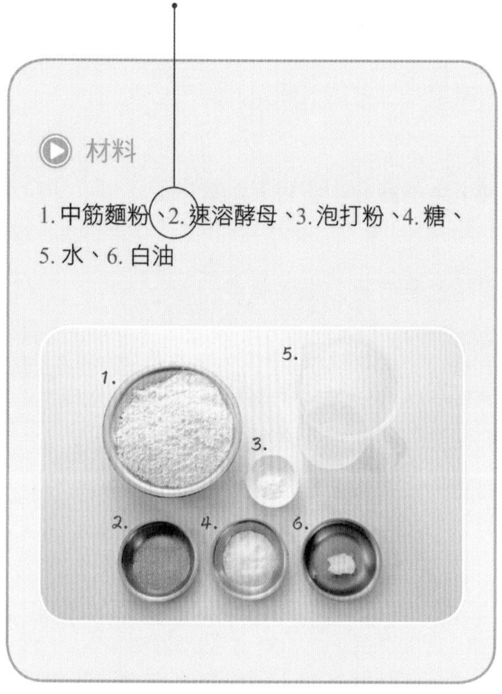

以顏色區分製作數量，對應配方計算總表

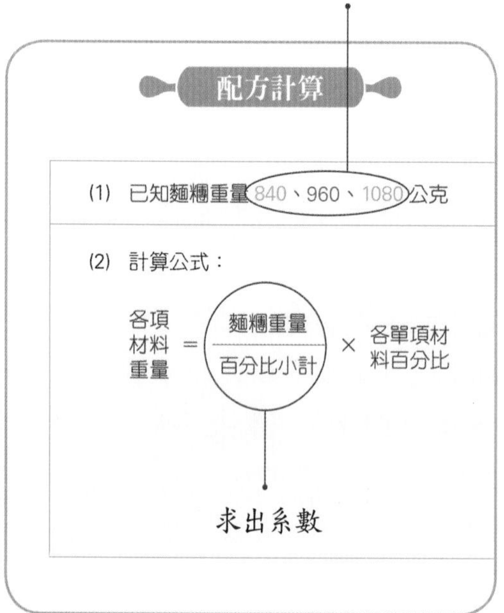

108 年 5 月製作說明的已知條件全面更新，故計算方式亦有所調整，請讀者特別注意。

清楚明瞭的流程解說，為本書一大特色，提供讀者先一步瞭解整體流程。

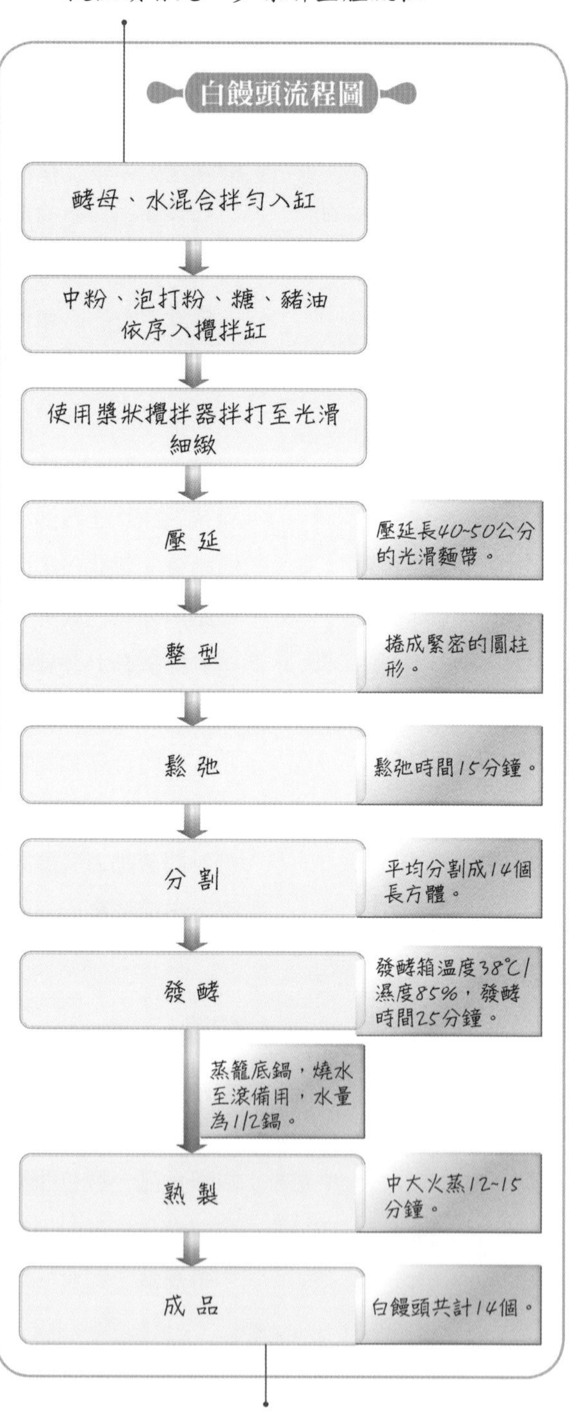

產品完成後，書寫製作報告表，本流程圖適合參閱。

算式來源：系數×百分比＝重量
以顏色區分製作數量，與配方計算相互對照。

配方計算總表

材料名稱	%	麵糰 840 公克		麵糰 960 公克		麵糰 1080 公克	
中筋麵粉	100	840/162×100	519	960/162×100	592	1080/162×100	667
速溶酵母	2	840/162×2	10	960/162×2	12	1080/162×2	13
水	47	840/162×47	244	960/162×47	279	1080/162×47	313
泡打粉	1	840/162×1	5	960/162×1	6	1080/162×1	7
細砂糖	10	840/162×10	52	960/162×10	59	1080/162×10	67
豬油	2	840/162×2	10	960/162×2	12	1080/162×2	13
小計	162		840		960		1080

步驟圖說

1. 麵糰製作：參閱 p.129 基礎步驟「一、發酵麵糰的製作流程」。
2. 壓麵：參閱 p.129 基礎步驟「二、壓麵機的使用與壓延」。
3. 整型、鬆弛：參閱 p.130 基礎步驟「三、發酵麵糰的整型流程」。
4. 分割、發酵：鬆弛後，1. 量出總長，2. 均分 14 等份，寬度約 5 公分，3. 墊紙，入蒸籠，排列整齊，保留膨漲空間，進發酵箱發酵 25~30 分鐘。

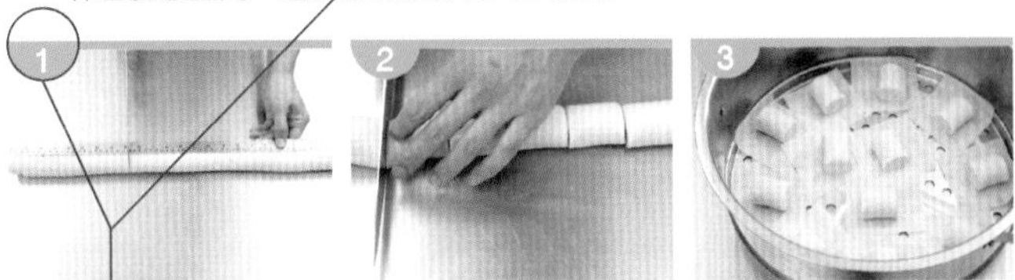

5. 熟製：1. 蒸鍋煮水，水量 1/2 高，水滾時機掌握在麵糰發酵完成之前，水滾入煮鍋熟製，2. 鍋蓋加布吸收水蒸氣，3. 鍋與蓋間夾筷子，中大火蒸 12~15 分鐘出爐，4. 白饅頭表面具光澤與彈性。

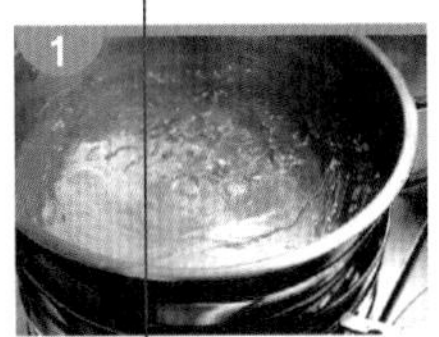

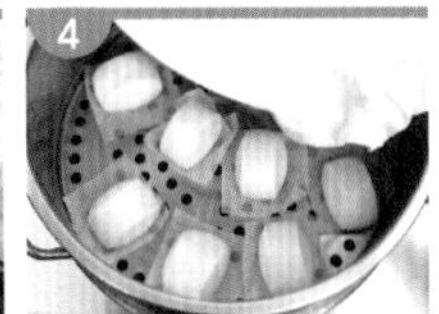

圖與文字的編號配合閱讀，更易明瞭步驟圖說之內涵。

目錄
Contents

PART
01

PART
02

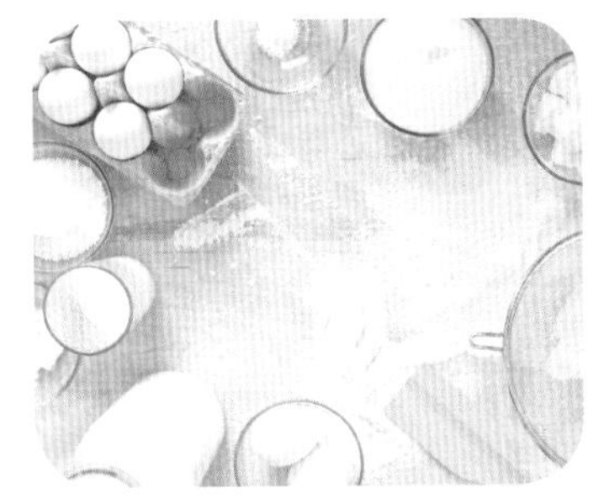
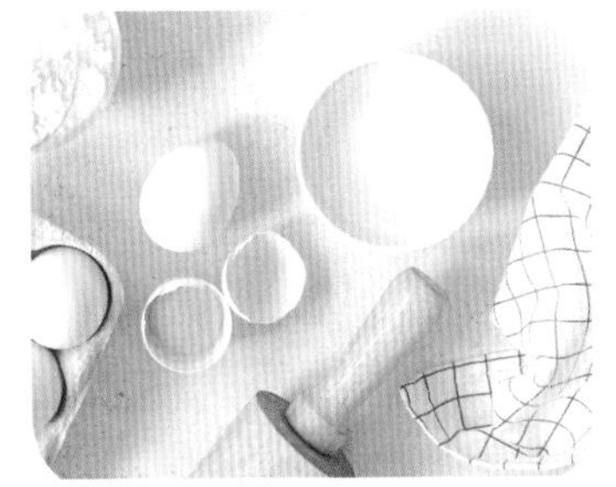
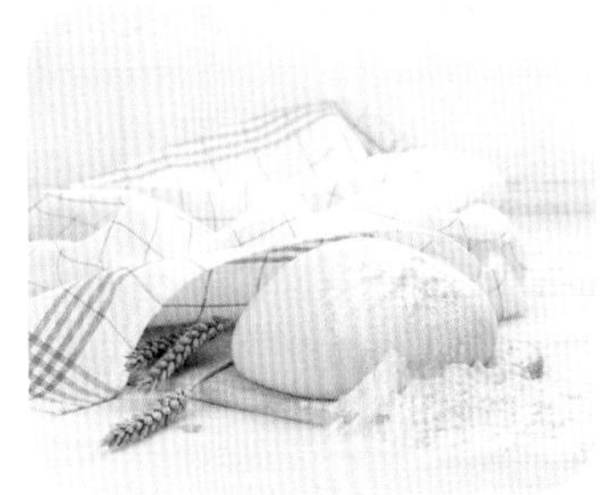

中式麵食加工丙級術科測試試題 35

中式麵食加工丙級技能檢定學科試題 291

FOOD

Part 01

中式麵食加工丙級術科

測試應檢須知

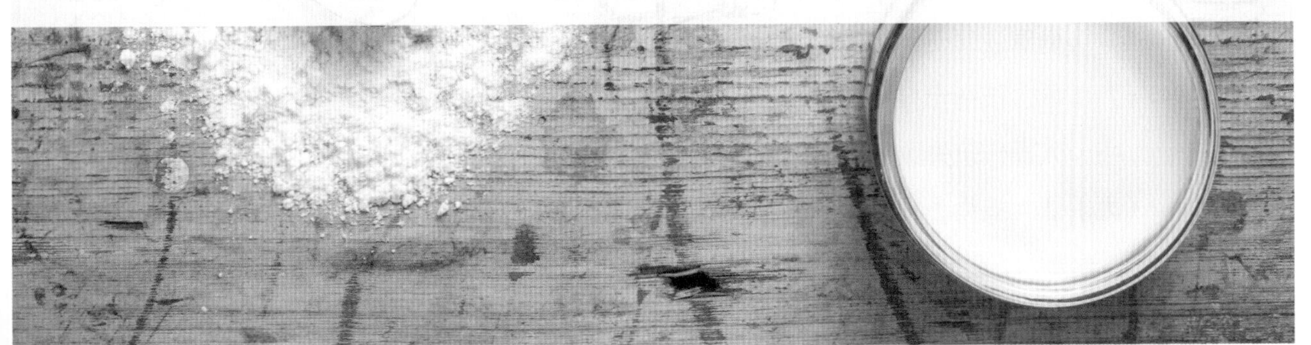

1-1 一般性應檢須知

※（本應檢須知可攜帶至術科測試考場）

（一）依「技術士技能檢定作業及試場規則 - 第 38 條」術科測試以實作方式之應檢人應按時進場、測試時間開始後十五分鐘尚未進場者，不准進場；以分節或分站方式為之者，除第一節（站）之應檢人外，應準時進場，逾時不准入場應檢。

（二）依「技術士技能檢定作業及試場規則 - 第 39 條」術科測試應檢人進入術科測試試場時，應出示准考證、術科測試通知單、身分證明文件及自備工具接受監評人員檢查，未規定之器材、配件、圖說、行動電話、呼叫器或其他電子通訊攝錄器材及物品等，不得隨身攜帶進場。本職類需穿著白色工作衣、工作長褲、工作帽、平底工作鞋（腳指、腳跟不可外露），未依規定穿著者，不得進場應試，術科成績以不及格論。應檢人於報到前，不可拆除之手鐲，應包紮妥當。

（三）依「技術士技能檢定作業及試場規則 - 第 40 條」術科測試應檢人應按其檢定位置號碼就檢定崗位，並應將准考證、術科測試通知單及國民身分證置於指定位置，以備核對。

（四）依「技術士技能檢定作業及試場規則 - 第 40 條」應檢人對術科測試辦理單位提供之機具設備、材料，如有疑義，應即時當場提出，由監評人員立即處理，測試開始後，不得再提出疑義。

（五）依「技術士技能檢定作業及試場規則 - 第 41 條」術科測試應檢人應遵守監評人員現場講解之規定事項。

（六）依「技術士技能檢定作業及試場規則 - 第 42 條」術科測試時間之開始與停止，以測試辦理單位或監評人員之通知為準，應檢人不得自行提前或延後。

（七）依「技術士技能檢定作業及試場規則 - 第 43 條」術科測試應檢人操作機具設備應注意安全。

（八）依「技術士技能檢定作業及試場規則 - 第 44 條」術科測試之機具設備因應檢人操作疏失致故障者，應檢人須自行排除，不另加給測試時間。

（九）依「技術士技能檢定作業及試場規則 - 第 45 條」術科測試應檢人應妥善操作機具設備，有故意損壞者，應負賠償責任。

（十）依「技術士技能檢定作業及試場規則 - 第 46 條」術科測試應檢人於測試期間之休息時段，其自備工具及工件之處置，悉依監評人員之指示辦理。

（十一）依「技術士技能檢定作業及試場規則 - 第 47 條」術科測試應檢人應於測試結束後，將應繳回之成品、工件等繳交監評人員。中途離場者亦同。繳件出場後，不得再進場。

（十二）依「技術士技能檢定作業及試場規則 - 第 48 條」應檢人於術科測試前或術科測試進行中，有下列各款情事之一者，取消其應檢資格，予以扣考，不得繼續應檢：

1. 冒名頂替。
2. 持用偽造或變造之應檢證件。

應檢人於術科測試前或術科測試進行中，有下列各款情事之一者，予以扣考，不得繼續應檢，其術科測試成績以不及格論：

1. 傳遞資料或信號。
2. 協助他人或託他人代為測試。
3. 互換工件或圖說。
4. 隨身攜帶成品或試題規定以外之工具、器材、配件、圖說、行動電話、穿戴式裝置或其他具資訊傳輸、感應、拍攝、記錄功能之器材及設備或其他與測試無關之物品等。
5. 故意損壞機具、設備。
6. 未遵守本規則，不接受監評人員勸導，擾亂試場內外秩序。

術科測試應檢人有下列各款情事之一者，其術科測試成績以不及格論：

1. 不繳交工件、圖說或依規定須繳回之試題。
2. 自備工具、工件及相關物品之處置，未依監評人員之指示辦理。
3. 違反第 23 條規定。
4. 明知監評人員未依第 27 條規定迴避而繼續應檢。

術科測試結束後，發現應檢人有第一項或第二項各款所定情事之一者，其術科測試成績以不及格論。

基於食品安全衛生及專業形象考量，本職類有關制服之規定，依據技術士技能檢定作業及試題規則第 39 條規定「依規定須穿著制服之職類，未依規定穿著者，不得進場應試。」之規定辦理，術科成績以**不及格**論。

一、帽子

1. 帽子：帽子需將頭髮及髮根完全包住，須附網。
2. 顏色：白色。

二、上衣

1. 領型：小立領、國民領、襯衫領皆可。
2. 顏色：白色。
3. 袖口不可有鈕扣。

三、圍裙（不可有口袋）

1. 型式不拘：全身或下半身圍裙皆可。
2. 長度：及膝。
3. 顏色：白色。

四、長褲（不得穿牛仔褲、運動褲、緊身褲）

1. 型式：寬鬆直筒褲、長度至踝關節。
2. 顏色：素面白色、黑色。
3. 口袋：需用圍裙覆蓋不可外露。

五、鞋（前腳指與後腳跟不能外露）

1. 鞋型：包鞋、皮鞋、球鞋、平底工作鞋皆可。
2. 顏色：不拘。
3. 內須著襪（襪子長度須超過腳踝）。
4. 具防滑效果。

備註：帽、衣、褲、圍裙等材質須為棉或混紡。

1-2 專業性應檢須知

（一）考試時擅自更改試題內容，並以試前取得測試場地同意為由，執意製作者，將以「非抽籤的題組與考題」處理，成績以 0 分計。

（二）應檢人不得攜帶規定項目以外之任何資料、工具、器材進入考場，違者以 0 分計。

（三）應檢人需在 4 小時內完成產品製作、製作報告表填寫及清潔工作，檢定結束離場前需經服務人員點收與檢查機具，於『製作報告表』上註記出場核可章，並在准考證術科欄上戳記到場證明章後始得出場。

（四）應檢人應正確操作機具，如有損壞，應負賠償責任。

（五）應檢人對於機具操作應注意安全，如發生意外傷害，自負一切責任。

（六）檢定進行中如遇有停電、空襲警報或其他事故，悉聽監評人員指示辦理。

（七）檢定進行中，應檢人因其疏忽或過失而致機具故障，須自行排除，不另加給時間。

（八）檢定中，如於中午休息後下午須繼續進行或翌日須繼續進行，其自備工具及工作之裝置，悉依監評人員之指示辦理。

（九）檢定結束離場時，應檢人應將識別證、簽註時間姓名之製作報告表與產品，送監評處才可離開考場。

（十）檢定時間視考題而定，提前交件不予加分。

（十一）試場內外如發現有擾亂考試秩序，或影響考試信譽等情事，其情節重大者，得移送法辦。

（十二）評分項目包括：工作態度與衛生習慣、製作技術、產品品質等三大項，若任何一大項扣 41 分以上，即視為不及格，術科測試每項考一種以上產品時，每種產品均需及格。

（十三）其他未盡事宜，除依試場規則辦理及遵守檢定場中之補充規定外，並由各該考區負責人處理之。

（十四）其他規定，現場說明。

（十五）一般性自備工具參考：計算機、計時器、空白標貼紙、文具、尺、廚房或擦拭用紙巾、衛生手套、白色口罩。

（十六）入場時只可攜入『製作報告表』，用於入場前制定配方參考之『自訂參考配方表』不可攜入考場。

（七）中式麵食加工丙級術科測試，每人每次須自下列中式麵食加工製品中，自行選考一選項，其中選項編號 1 與編號 2 需勾選兩分項，每分項指定（非自選）一種製品測試，選項編號3勾選兩分項，每分項指定（非自選）一種製品測試，檢定合格後，證書上即註明所選類項的名稱。

選項編號	勾選之分項	分項編號	分項名稱
1		A	水調麵類─冷水麵食
		B	水調麵類─燙麵食
		C	水調麵類─燒餅類麵食
2		D	發麵類─發酵麵食
		E	發麵類─發粉麵食
		F	發麵類─油炸麵食
3		G	酥油皮類麵食
		H	糕漿皮類麵食

（六）術科測試配題方法：

1. 抽題辦法

(1) 術科測試辦理單位有二個以上合格場地同時辦理測試時，則試題組應一致。

(2) 依時間配當表準時辦理抽籤，並依抽籤結果進行測試，遲到者或缺席者不得有異議。每場次抽題結果，應詳實登錄於抽題紀錄表，並保留以供備查。

(3) 抽題方法與抽題紀錄表如下：當場次出席之應檢人中術科測試編號最小號為應檢代表。

籤次	抽籤人	說 明	中籤號碼	
第 1 次	應檢代表	抽 A、B 組 （抽出為代碼 1：單號 A 組／雙號 B 組、代碼 2 則為單號 B 組／雙號 A 組）	單號 組	雙號 組
第 2 次	應檢代表	抽配題組合（共 4 組） （抽出之組合為當天同一考項）	第　　組	
第 3 次	監評長	抽製作數量	產品 1 之製作數量為__ 產品 2 之製作數量為__	
日期：　　年　　月　　日　　□上午場　　□下午場 監評長：　　　　應檢代表：				

註：本表抽題後需公布於考場內。

2. 配題組合：

說明：

(1) 依應檢人勾選之選項，抽測下列試題組合。

(2) 測試時間 4 小時（包含製作報告表填寫、產品製作及清潔工作等）。

(3) 測試試題組合：

	分項編號	分項名稱	測試試題	
水調麵類	A	冷水麵食	01A、貓耳朵 03A、淋餅	02A、生鮮麵條 04A、手工水餃
	B	燙麵食	01B、荷葉餅 03B、抓餅	02B、燒賣 04B、蛋餅
	C	燒餅類麵食	01C、蟹殼黃 03C、發麵燒餅	02C、芝麻醬燒餅 04C、蔥燒餅
發麵類	D	發酵麵食	01D、白饅頭 03D、菜肉包	02D、三角豆沙包 04D、雙色饅頭
	E	發粉麵食	01E、蒸蛋糕 03E、黑糖糕	02E、馬拉糕 04E、發糕
	F	油炸麵食	01F、沙其瑪 03F、巧果	02F、開口笑 04F、脆麻花
酥油皮、糕漿皮類	G	酥油皮麵食	01G、蛋黃酥 03G、綠豆椪	02G、菊花酥 04G、蘇式豆沙月餅
	H	糕漿皮麵食	01H、桃酥 03H、廣式月餅	02H、台式豆沙月餅 04H、鳳梨酥

(4) 試題組合：

自選項	單雙組合	A 組			
	配題組合	第 1 組	第 2 組	第 3 組	第 4 組
	分項名稱	試題名稱	試題名稱	試題名稱	試題名稱
1	A. 冷水麵食	01A、貓耳朵	02A、生鮮麵條	03A、淋餅	04A、手工水餃
	B. 燙麵食	01B、荷葉餅	02B、燒賣	03B、抓餅	04B、蛋餅
	C. 燒餅類麵食	01C、蟹殼黃	02C、芝麻醬燒餅	03C、發麵燒餅	04C、蔥燒餅
2	D. 發酵麵食	01D、白饅頭	02D、三角豆沙包	03D、菜肉包	04D、雙色饅頭
	E. 發粉麵食	01E、蒸蛋糕	02E、馬拉糕	03E、黑糖糕	04E、發糕
	F. 油炸麵食	01F、沙其瑪	02F、開口笑	03F、巧果	04F、脆麻花
3	G. 酥油皮麵食	01G、蛋黃酥	02G、菊花酥	03G、綠豆椪	04G、蘇式豆沙月餅
	H. 糕漿皮麵食	01H、桃酥	02H、台式豆沙月餅	03H、廣式月餅	04H、鳳梨酥

自選項	單雙組合	B 組			
	配題組合	第 1 組	第 2 組	第 3 組	第 4 組
	分項名稱	試題名稱	試題名稱	試題名稱	試題名稱
1	A. 冷水麵食	02A、生鮮麵條	03A、淋餅	04A、手工水餃	01A、貓耳朵
	B. 燙麵食	03B、抓餅	04B、蛋餅	01B、荷葉餅	02B、燒賣
	C. 燒餅類麵食	04C、蔥燒餅	01C、蟹殼黃	02C、芝麻醬燒餅	03C、發麵燒餅
2	D. 發酵麵食	04D、雙色饅頭	01D、白饅頭	02D、三角豆沙包	03D、菜肉包
	E. 發粉麵食	02E、馬拉糕	03E、黑糖糕	04E、發糕	01E、蒸蛋糕
	F. 油炸麵食	03F、巧果	04F、脆麻花	01F、沙其瑪	02F、開口笑
3	G. 酥油皮麵食	02G、菊花酥	03G、綠豆椪	04G、蘇式豆沙月餅	01G、蛋黃酥
	H. 糕漿皮麵食	03H、廣式月餅	04H、鳳梨酥	01H、桃酥	02H、台式豆沙月餅

1-3 一般評分標準

（一）工作態度與衛生習慣（本項 100 分，60 分以下為不及格）。

項目	扣分項目	扣分			
		100	50	25	10
零分計	1. 報到後 (a) 放棄、(b) 未進入術科考場。 2. 考場內 (a) 抽煙、(b) 嚼檳榔、(c) 嚼口香糖、(d) 隨地吐痰、(e) 擤鼻涕、(f) 隨地丟廢棄物、(g) 不良個人衛生（需有明確事實與證據）。 3. 其他（請註明原因）。	W			
工作態度	4. 工作態度不良（需註明原因）。 5. 與考生相互交談。 6. (a) 不愛惜機具設備、(b) 浪費能源（瓦斯、水電）、(c) 故意製造噪音。 7. (a) 浪費食材、(b) 廢棄物未分類存放。 8. (a) 共用材料使用後未歸位、(b) 共用器具未歸位。 9. 手部有傷口未包紮未戴手套。 10. 身上有飾物露出 (a) 耳環、(b) 手錶、(c) 手鐲或手鍊、(d) 戒指、(e) 項鍊、(f) 假睫毛、(g) 擦口紅、(h) 化濃粧、(i) 其他（需註明）。 11. 離場時未清潔 (a) 工作區、(b) 器具、(c) 機械、(d) 使用的器具、(e) 桌面、(f) 地面。 12. 其他（請註明原因）。		X	Y	Z
衛生習慣	13. (a) 工作前未洗手、(b) 工作中用手擦汗、(c) 用手觸碰不潔之衛生動作（含上洗手間返回崗位）。 14. (a) 頭髮外露、(b) 鬍鬚外露、(c) 指甲過長、(d) 指甲上色。 15. 工作時生熟原料或成品混合放置，有交互污染情事。 16. 有直接接觸地面的 (a) 器具、(b) 原料、(c) 成品。 17. 穿著不乾淨的 (a) 工作衣、(b) 工作褲、(c) 圍裙、鞋子、(d) 帽子。 18. (a) 感冒未帶口罩、(b) 袖口碰到物料或成品。 19. 入場後 (a) 未檢視用具、(b) 未清洗用具。 20. (a) 工作中桌面凌亂、(b) 地面髒污、(c) 地面潮濕。 21. 成品裝框時未注意衛生。 22. 其他（請註明原因）。		X	Y	Z

（二）製作技術（本項 100 分，60 分以下為不及格）。

項目	扣分項目	扣分 100	扣分 50	扣分 25	扣分 10
零分計	1. 扣考（依技術士技能檢定作業及試場規則第 48 條規定）。 2. 未依規定穿著者不得進場應試（依技術士技能檢定作業及試場規則第 39 條規定）。 3. 報到後未進入考場。 4. 進入考場後放棄術科或術科製作時中途離場。 5. 檢定時間結束，產品未製作完成（需註明名稱）。 6. 其他（請註明原因）。	W			
製作技術	7. 未使用試題規定的 (a) 機具、(b) 自帶器材。 8. 有危險動作 (a) 人為使機具偏離定位點、(b) 器具掉入運轉的機械、(c) 手伸入運轉的機械取物、(d) 機械運轉中離開工作崗位。 9. 未注意安全致使自身或他人受傷不能繼續檢定。 10. 不熟悉或不會使用機具設備 (a) 攪拌機、(b) 壓延（麵）機、(c) 切麵條機、(d) 烤箱、(e) 蒸箱、(f) 油炸鍋、(g) 瓦斯爐、(h) 平底煎板、(i) 蒸籠、(j) 儀具、(k) 器具、(l) 刀具等。 11. 使用方法不當，損壞機具設備。 12. 清潔工作未完成離場。 13. 產品製作完成或離開考場時開關未關 (a) 烤箱、(b) 瓦斯爐、(c) 蒸箱、(d) 油炸鍋、(e) 機械設備等（考場另有規定除外）。 14. 應檢結束離場，製作報告表上沒有考生簽註的姓名與離場時間。 15. 入場後未寫製作報告表的 (a) 材料、(b) 配方 %、(c) 製作重量。 16. 製作報告表 (a) 配方未使用公制、(b) 未列百分比、(c) 不會計算、(d) 計算錯誤、(e) 製作方法與條件未寫、(f) 未使用官方文字、(g) 寫不齊全、(h) 配方制定錯誤。 17. 製作報告表不符合實際製作的 (a) 材料、(b) 重量、(c) 餡料、(d) 表飾原料、(e) 數量、(f) 產品。 18. 配方計算不正確的 (a) 麵糰、(b) 麵糊、(c) 餡料、(d) 油酥。 19. 製作報告表寫不完整 (a) 原料、(b) 配方 %、(c) 製作方法、(d) 操作條件。 20. 未使用試題規定的 (a) 麵糰、(b) 麵糊、(c) 配方 %、(d) 餡料、(e) 材料、(f) 外表裝飾原料、(g) 製作規格、(h) 製作重量、(i) 製作式樣、(j) 損耗 %。 21. 製作方法不正確 (a) 麵糰、(b) 麵糊、(c) 餡料。 22. 製作使用額外 (a) 材料、(b) 餡料、(c) 表飾原料。 23. 製作未符合題意 (a) 皮重、(b) 皮餡比、(c) 皮酥比、(d) 皮酥餡比、(e) 半成品生重、(f) 數量、(g) 重量、(h) 式樣等。 24. 錯誤操作 (a) 機具、(b) 儀具、(c) 刀具、(d) 重新稱料重作、(e) 數量不足、(f) 重量不足、(g) 補作、(h) 多餘的數量或重量丟棄於垃圾桶、(i) 水槽或準備攜出考場。 25. 不熟練 (a) 機械設備、(b) 儀具、(c) 器具、(d) 刀具、(e) 烤箱、(f) 瓦斯爐、(g) 蒸箱、(h) 油炸鍋、(i) 秤量器具。		X	Y	Z

項目	扣分項目	扣分			
		100	50	25	10
製作技術	26. 壓延（麵）技術 (a) 複合或壓延不熟練、(b) 壓延（麵）機不會調整、(c) 壓延（麵）手法有不正常現象、(d) 壓延（麵）時撒粉太多、(e) 未有整個麵糰壓延、(f) 用殘麵重製麵皮、(g) 麵帶未複合（已攪拌成麵糰）、(h) 無法複合成麵帶（太乾）、(i) 複合的麵帶太黏、(j) 壓延（麵）比不正確、(k) 殘麵比例不符題意、(l) 使用噴水器噴水。 27. 切（麵）技術 (a) 未用整捲麵片切條、(b) 麵片無法切成麵條（斷裂或黏結）、(c) 麵條沾粉太多、(d) 麵條無法掛麵或成形。 28. 麵皮（或酥油皮）擀製 (a) 大小不一、(b) 外型不良。 29. 包餡技術 (a) 捏合不良、(b) 露餡。 30. 整形技術 (a) 大小不一、(b) 外型不良。 31. 熟製技術 (a) 火侯控制不良、(b) 未注意安全。 32. 其他（請註明原因）		X	Y	Z

（三）產品品質（本項 100 分，60 分以下為不及格）

項目	扣分項目	扣分			
		100	50	25	10
零分計	1. 產品錯誤 (a) 非抽籤的題組、(b) 非抽籤的考題。 2. 未符合題意 (a) 麵糰、(b) 麵糊、(c) 餡料、(d) 製作數量、(e) 形狀、(f) 大小規格、(g) 重量、(h) 色澤、(i) 有殘麵、(j) 有製作損耗 %。 3. 裝飾材料未符合題意 (a) 未刷蛋液、(b) 刷蛋液、(c) 未裝飾、(d) 裝飾材料不正確。 4. 成品 (a) 沒製作、(b) 未繳、(c) 未製作完成繳出。 5. 成品不熟 (a) 表皮、(b) 底部、(c) 邊緣、(d) 餡料、(e) 中心有生麵糰（需有可拉長的生麵筋）、(f) 中心有生麵糊。 6. 成品有異物 (a) 毛髮、(b) 雜物、(c) 刷毛。 7. 成品 20% 以上有嚴重的 (a) 外表焦黑（碳化）、(b) 底部焦黑（碳化）、(c) 外形不完整、(d) 嚴重爆餡、(e) 縮皺、(f) 潰散、(g) 破損、(h) 硬實、(i) 太軟爛、(j) 有異味。 8. 其他（請註明原因）。	W			
產品品質	9. 外表色澤 (a) 局部性焦黑、(b) 未著色、(c) 不均、(d) 污染、(e) 有斑點、(f) 太黃、(g) 色素使用過度、(h) 異常（需註現象）。 10. 外表式樣 (a) 體積不正常、(b) 大小不一、(c) 厚薄不一、(d) 形狀不一、(e) 變形、(f) 未挺立、(g) 扁平、(h) 不完整、(i) 破底、(j) 沾粉過度、(k) 嚴重滲油、(l) 未包緊、(m) 爆餡外流、(n) 裂開餡未外露、(o) 膨脹太大裂開。 11. 外表質地 (a) 縮皺、(b) 塌陷、(c) 凹陷、(d) 凸出、(e) 潰散、(f) 起泡、(g) 破損、(h) 裂紋、(i) 破皮、(j) 脫皮、(k) 爆裂、(l) 收口太大、(m) 底太硬、(n) 底太厚、(o) 死麵、(p) 不光滑、(q) 有糖顆粒、(r) 粗糙、(s) 材料未拌勻、(t) 有麵粉顆粒、(u) 沾黏。		X	Y	Z

項目	扣分項目	扣分			
		100	50	25	10
產品品質	12. 內部組織 (a) 粗糙、(b) 硬實、(c) 鬆散、(d) 不均、(e) 韌性太強、(f) 無彈性、(g) 有水線 (死麵)。 13. 風味口感 (a) 太淡、(b) 太鹹、(c) 太甜、(d) 太爛、(e) 太軟、(f) 太硬、(g) 太油、(h) 不滑潤、(i) 咀嚼感差、(j) 鹼味太重、(k) 有異味（請註明如酸味、苦味太重）。 14. 其他（請註明原因）。		X	Y	Z

1-4 專業評分標準

（一）本評分標準依試題說明制定。

（二）分「製作技術」與「產品品質」二大項（每項 100 分，60 分以下為不及格）。

（三）製作技術（以一般評分標準（二）及本專業評分為扣分標準，共 100 分）。

（四）產品品質（以一般評分標準（三）及本專業評分為扣分標準，共 100 分）。

（五）評分標準（依 % 評分）

扣分標準	說明		
不及格	W	扣 100 分	未依試題說明製作、嚴重缺失的項目。（註明原因）
	X	扣 50 分	依試題說明製作、缺失達 20% 以上。（註明原因）
及格	Y	扣 25 分	達及格標準，但有 10~20% 缺失者。
	Z	扣 10 分	達及格標準，但有 10% 以內缺失者。

（六）分項評分標準

A、水調麵類─冷水麵食

項目	扣分項目	扣分			
		100	50	25	10
A 零分計	1. 超過四小時時限未完成。 2. 制定麵糰或麵糊配方未符合試題說明 (a) 不可加計任何損耗、(b) 非本類麵食共用材料、(c) 非本類麵食專用材料、(d) 所選用之材料重量不可超出所定之數量範圍。 3. 操作未符合試題說明 (a) 麵糰或麵糊重量、(b) 製作數量、(c) 麵糰或麵糊種類、(d) 餡料製備、(e) 餡料重量。 4. 未製作。 5. 其他（請註明原因）。	W			
P 製作技術	1. 貓耳朵操作符合試題說明但有缺失 (a) 麵糰操作手法、(b) 搓捲成貓耳朵的形狀。 2. 生鮮麵條操作符合試題說明但有缺失 (a) 麵糰經壓延（麵）機複合成麵帶再壓延厚 1.2±0.2mm、(b) 壓延過程麵帶不可分割應維持整捲操作、(c) 用切麵條機切條再剪切成 25 公分以上均一長度之產品。 3. 淋餅操作符合試題說明但有缺失 (a) 麵糊勺入平底鍋內直徑 22±2 公分、(b) 經煎或烙熟之薄圓麵片、(c) 熟後每五片麵皮相疊。 4. 水餃操作符合試題說明但有缺失 (a) 用機械或手工擀製成圓形麵皮、(b) 皮餡比 2：3、(c) 經手工整成元寶式樣煮熟。 5. 其他（請註明原因）。		X	Y	Z

項目	扣分項目	扣分			
		100	50	25	10
A零分計	1. 無成品。 2. 成品未熟 (a) 外表、(b) 內部、(c) 底部、(d) 內餡。 3. 操作未符合試題說明 (a) 成品重量、(b) 大小規格、(c) 成品數量。 4. 其他（請註明原因）。	W			
Q產品品質	1. 貓耳朵外觀符合試題說明但有缺失 (a) 產品色澤均勻、(b) 形狀一致、(c) 不變形、(d) 外觀平滑光潔、(e) 不可相互黏結、(f) 需粒粒分明。 2. 貓耳朵內部符合試題說明但有缺失 (a) 水煮不可軟爛、(b) 需完全熟透、(c) 煮後麵形完整、(d) 具滑潤性、(e) 內外不可有異物、(f) 無異味、(g) 具有良好的口感。 3. 生鮮麵條外觀符合試題說明但有缺失 (a) 產品需色澤均勻、(b) 粗細厚寬一致、(c) 長度一致、(d) 不變形、(e) 外觀平滑光潔、(f) 表面不可含太多沾粉、(g) 需條條分明、(h) 不可相互粘黏。 4. 生鮮麵條內部符合試題說明但有缺失 (a) 水煮的麵條不可軟爛易斷、(b) 煮後麵形完整具滑潤性、(c) 內外不可有異物、(d) 無異味、(e) 具有良好的口感。 5. 淋餅外觀符合試題說明但有缺失 (a) 產品表面需具均勻的色澤、(b) 大小一致、(c) 厚薄一致、(d) 不變形、(e) 外型完整不可破爛、(f) 表面平滑、(g) 不可殘留黏稠的粉漿、(h) 兩面不可煎焦（不可有焦點）、(i) 需片片分明不可相互粘黏。 6. 淋餅內部符合試題說明但有缺失 (a) 需完全熟透、(b) 質地柔軟、(c) 內外不可有異物、(d) 無異味、(e) 具有良好的口感。 7. 水餃外觀符合試題說明但有缺失 (a) 產品表面需具均勻的色澤、(b) 樣式整齊、(c) 挺立、(d) 大小一致、(e) 不變形、(f) 捏合處不得有密合不良之開口、(g) 表皮不可破損或破爛。 8. 水餃內部符合試題說明但有缺失 (a) 內餡需熟透、(b) 內餡不可鬆散、(c) 皮餡分離、(d) 內外不可有異物、(e) 無異味、(f) 具有良好的口感。 9. 其他（請註明原因）。		X	Y	Z

B、水調麵類—燙麵食

項目	扣分項目	扣分			
		100	50	25	10
A零分計	1. 超過四小時時限未完成。 2. 制定麵糰配方未符合試題說明 (a) 不可加計任何損耗、(b) 非本類麵食共用材料、(c) 非本類麵食專用材料、(d) 所選用之材料重量不可超出所定之數量範圍。 3. 操作未符合試題說明 (a) 麵糰重量、(b) 製作數量、(c) 麵糰種類、(d) 餡料製備、(e) 餡料重量。 4. 未製作。 5. 其他（請註明原因）。	W			

項目	扣分項目	扣分			
		100	50	25	10
P製作技術	1. 荷葉餅操作符合試題說明但有缺失 (a) 分割成所需數量、(b) 中間沾油（可再沾麵粉）的二個麵糰相疊、(c) 整型成直徑 18±2 公分以上的圓麵皮、(d) 用乾烙（麵糰與煎板或鍋子不可有油）方式熟製後，兩片麵片需撕開、(e) 每個麵片再折成四摺。 2. 燒賣操作符合試題說明但有缺失 (a) 分割成所需數量、(b) 整型成直徑 8±1 公分的圓麵皮、(c) 皮餡比 2：3、(d) 包入餡料、(e) 整型成大白菜式樣、(f) 蒸籠蒸熟。 3. 抓餅操作符合試題說明但有缺失 (a) 分割成所需數量、(b) 整型成直徑 14±1 公分的圓麵皮、(c) 用油煎烙方式熟製、(d) 熟後需在鍋內拍鬆。 4. 蛋餅操作符合試題說明但有缺失 (a) 麵糰分割成所需數量、(b) 整型成直徑 23±1 公分的圓麵皮、(c) 用平底鍋油煎或用油烙熟，再煎蛋蓋上熟麵皮、(d) 熟後捲成三至四摺。 5. 其他（請註明原因）。		X	Y	Z

項目	扣分項目	扣分			
		100	50	25	10
A零分計	1. 無成品。 2. 成品未熟 (a) 外表、(b) 內部、(c) 底部、(d) 內餡。 3. 操作未符合試題說明 (a) 成品重量、(b) 大小規格、(c) 成品數量。 4. 其他（請註明原因）。	W			
Q產品品質	1. 荷葉餅外觀符合試題說明但有缺失 (a) 表面需具均勻的色澤、(b) 大小一致、(c) 厚薄一致、(d) 不變形、(e) 外型完整不可破爛、(f) 兩面不可煎焦（可有少數焦點）。 2. 荷葉餅內部符合試題說明但有缺失 (a) 需完全熟透、(b) 質地柔軟、(c) 具有韌性、(d) 內外不可有異物、(e) 無異味、(f) 具有良好的口感。 3. 燒賣外觀作符合試題說明但有缺失 (a) 表面需具均勻色澤、(b) 大小一致、(c) 外型挺立、(d) 不變形、(e) 外型完整不可破損。 4. 燒賣內部符合試題說明但有缺失 (a) 切開後皮餡之間需完全熟透、(b) 不可鬆散、(c) 皮餡分離、(d) 內外不可有異物、(e) 無異味、(f) 具有良好的口感。 5. 抓餅外觀符合試題說明但有缺失 (a) 表面需具均勻的金黃色澤、(b) 大小一致、(c) 厚薄一致、(d) 不變形、(e) 外型完整不可破爛、(f) 兩面不可煎焦（可有少數焦點）。 6. 抓餅內部符合試題說明但有缺失 (a) 切開後麵皮需完全熟透、(b) 外香脆、(c) 內柔軟、(d) 有明顯層次或細絲（拍散）、(e) 內外不可有異物、(f) 無異味、(g) 具有良好的口感。 7. 蛋餅外觀符合試題說明但有缺失 (a) 表面需具均勻的金黃色澤、(b) 大小一致、(c) 厚薄一致、(d) 不變形、(e) 外型完整不可破爛、(f) 兩面不可煎焦（可有少數焦點）。		X	Y	Z

項目	扣分項目	扣分			
		100	50	25	10
Q產品品質	8. 蛋餅內部符合試題說明但有缺失 (a) 熟麵皮與蛋結合不可分離、(b) 切開後皮與蛋之間需完全熟透、(c) 內層柔軟、(d) 內外不可有異物、(e) 無異味、(f) 具有良好的口感。 9. 其他（請註明原因）。		X	Y	Z

C、水調麵類─燒餅類麵食

項目	扣分項目	扣分			
		100	50	25	10
A零分計	1. 超過四小時時限未完成。 2. 制定麵糰配方未符合試題說明 (a) 不可加計任何損耗、(b) 非本類麵食共用材料、(c) 非本類麵食專用材料、(d) 所選用之材料重量不可超出所定之數量範圍。 3. 操作未符合試題說明 (a) 麵糰重量、(b) 製作數量、(c) 麵糰種類、(d) 餡料製備、(e) 餡料重量。 4. 未製作。 5. 其他（請註明原因）。	W			
P製作技術	1. 蟹殼黃操作符合試題說明但有缺失 (a) 發麵麵糰製作、(b) 以小包酥方式製作、(c) 擀捲成多層次之麵皮、(d) 包入蔥油餡、(e) 皮酥餡比 2：1：2、(f) 表面沾白芝麻、(g) 整成直徑 6±1 公分扁圓型、(h) 發酵後烤熟。 2. 芝麻醬燒餅操作符合試題說明但有缺失 (a) 用燙麵麵糰製作、(b) 用大包酥方式、(c) 將麵糰裏入芝麻醬、(d) 捲成圓柱、(e) 芝麻餡含量為麵糰之 20%、(f) 分割成所需數量、(g) 以手工整型成圓形狀、(h) 表面沾白芝麻、(i) 整成直徑 6±1 公分扁圓型。 3. 發麵燒餅操作符合試題說明但有缺失 (a) 用發酵麵糰製作、(b) 用大包酥方式、(c) 將麵糰擀成麵帶以蔥油作夾心、(d) 蔥油餡含量為麵糰之 10%、(e) 利用三摺方式摺疊、(f) 表面撒白芝麻、(g) 分割成所需數量（可呈菱形、方或長條型）、(h) 發酵後用烤熟。 4. 蔥燒餅操作符合試題說明但有缺失 (a) 用燙麵麵糰製作、(b) 分割成所需數量、(c) 將麵糰擀成長形麵片、(d) 包入蔥油餡皮餡比 2：1、(e) 整形成直徑 12±2 公分之扁圓形麵餅、(f) 烤或煎烙熟。 5. 其他（請註明原因）。		X	Y	Z

項目	扣分項目	扣分			
		100	50	25	10
A零分計	1. 無成品。 2. 成品未熟 (a) 外表、(b) 內部、(c) 底部、(d) 內餡。 3. 操作未符合試題說明 (a) 成品重量、(b) 大小規格、(c) 成品數量。 4. 其他（請註明原因）：	W			

項目	扣分項目	扣分			
		100	50	25	10
Q產品品質	1. 蟹殼黃外觀符合試題說明但有缺失 (a) 表面需具均勻的金黃色澤、(b) 大小一致、(c) 外型完整不可露餡或爆餡、(d) 未包緊、(e) 底不可烤焦、(f) 表面芝麻不可嚴重脫落。 2. 蟹殼黃內部符合試題說明但有缺失 (a) 切開後皮餡之間需完全熟透、(b) 層次明顯、(c) 皮鬆酥、(d) 底部不可有硬厚麵糰、(e) 餡汁流出、(f) 內外不可有異物、(g) 無異味、(h) 具有良好的口感。 3. 芝麻醬燒餅外觀符合試題說明但有缺失 (a) 表面需具均勻的金黃色澤、(b) 大小一致、(c) 外型完整、(d) 不可裂開、(e) 底不可焦黑。 4. 芝麻醬燒餅內部符合試題說明但有缺失 (a) 切開後需完全熟透、(b) 內層柔軟、(c) 可見到芝麻醬夾心的層次、(d) 內外不可有異物、(e) 無異味、(f) 具有良好的口感。 5. 發麵燒餅外觀符合試題說明但有缺失 (a) 表面需具均勻的金黃色澤、(b) 大小一致、(c) 外型完整、(d) 接縫處不得有不良開口、(e) 底不可烤焦。 6. 發麵燒餅內部符合試題說明但有缺失 (a) 切開後三層麵皮均需完全熟透、(b) 組織柔軟、(c) 內外不可有異物、(d) 無異味、(e) 具有良好的口感。 7. 蔥燒餅外觀符合試題說明但有缺失 (a) 表面需具均勻的金黃色澤、(b) 大小一致、(c) 外型完整不可露餡或爆餡、(d) 未包緊、(e) 底不可焦、(f) 不可散開成條狀。 8. 蔥燒餅內部符合試題說明但有缺失 (a) 切開後皮餡之間需完全熟透、(b) 外皮香脆、(c) 內層柔軟、(d) 內外不可有異物、(e) 無異味、(f) 具有良好的口感。 9. 其他（請註明原因）。		X	Y	Z

D、發麵類—發酵麵食

項目	扣分項目	扣分			
		100	50	25	10
A零分計	1. 超過四小時時限未完成。 2. 制定麵糰配方未符合試題說明 (a) 不可加計任何損耗、(b) 非本類麵食共用材料、(c) 非本類麵食專用材料、(d) 所選用之材料重量不可超出所定之數量範圍。 3. 操作未符合試題說明 (a) 麵糰重量、(b) 製作數量、(c) 麵糰種類、(d) 餡料製備、(e) 餡料重量。 4. 未製作。 5. 其他（請註明原因）。	W			
P製作技術	1. 白饅頭操作符合試題說明但有缺失 (a) 用發酵麵麵糰製作、(b) 麵糰以壓麵機壓延成麵片、(c) 捲成圓柱形、(d) 分割成所需數量、(e) 製作刀切饅頭（長（方）體）或用手整型成圓型饅頭（半圓球）、(f) 發酵後用蒸籠蒸熟。		X	Y	Z

項目	扣分項目	扣分			
		100	50	25	10
P 製作技術	2. 三角豆沙包操作符合試題說明但有缺失 (a) 用發酵麵麵糰製作、(b) 麵糰以壓麵機壓延成麵片、(c) 捲成圓柱形、(d) 分割成所需數量、(e) 包入豆沙餡皮餡比 5：2、(f) 用手整形成三角形、(g) 發酵後用蒸籠蒸熟。 3. 菜肉包操作符合試題說明但有缺失 (a) 用發酵麵麵糰製作、(b) 麵糰壓麵機壓延成麵片、(c) 捲成圓柱形、(d) 包入菜肉餡皮餡比 5：2、(e) 用手整形成有摺紋的圓形或麥穗形、(f) 發酵後用蒸籠蒸熟。 4. 雙色饅頭操作符合試題說明但有缺失 (a) 用發酵麵麵糰製作、(b) 麵糰分成二塊（其中一塊麵糰需添加焦糖色素或可可粉揉勻）、(c) 二塊麵糰各別以麵棍或壓麵機壓延成麵片、(d) 相疊後捲成圓柱形、(e) 發酵後用蒸籠蒸熟。 5. 其他（請註明原因）。		X	Y	Z

項目	扣分項目	扣分			
		100	50	25	10
A 零分計	1. 無成品。 2. 成品未熟 (a) 外表、(b) 內部、(c) 底部、(d) 內餡。 3. 操作未符合試題說明 (a) 成品重量、(b) 大小規格、(c) 成品數量。 4. 其他（請註明原因）：	W			
Q 產品品質	1. 白饅頭外觀符合試題說明但有缺失 (a) 表面需色澤均勻、(b) 無異常斑點、(c) 不破皮、(d) 不塌陷、(e) 不起泡、(f) 不皺縮、(g) 式樣整齊、(h) 挺立、(i) 大小一致。 2. 白饅頭內部符合試題說明但有缺失 (a) 切開後組織均勻細緻、(b) 鬆軟、(c) 富彈韌性、(d) 不黏牙、(e) 內外不可有異物、(f) 無異味（鹼味或酸味）、(g) 具有良好的口感。 3. 三角豆沙包外觀符合試題說明但有缺失 (a) 表面需色澤均勻、(b) 無異常斑點、(c) 不破皮、(d) 不塌陷、(e) 不起泡、(f) 不皺縮、(g) 式樣整齊、(h) 挺立、(i) 大小一致、(j) 捏合處不得有開口、(k) 餡不可外露。 4. 三角豆沙包內部符合試題說明但有缺失 (a) 切開後組織均勻細緻、(b) 鬆軟、(c) 富彈韌性、(d) 不黏牙、(e) 內外不可有異物、(f) 無異味（鹼味或酸味）、(g) 具有良好的口感。 5. 菜肉包外觀符合試題說明但有缺失 (a) 表面需色澤均勻、(b) 無異常斑點、(c) 不破皮、(d) 不塌陷、(e) 不起泡、(f) 不皺縮、(g) 式樣整齊、(h) 挺立、(i) 大小一致、(j) 捏合處不得有不良開口（可留小孔洞）、(k) 餡不可外露。 6. 菜肉包內部符合試題說明但有缺失 (a) 切開後組織均勻細緻、(b) 鬆軟、(c) 富彈韌性、(d) 不黏牙、(e) 內外不可有異物、(f) 無異味（鹼味或酸味）、(g) 具有良好的口感。 7. 雙色饅頭外觀符合試題說明但有缺失 (a) 表面需色澤均勻、(b) 無異常斑點、(c) 不破皮、(d) 不塌陷、(e) 不起泡、(f) 不皺縮、(g) 式樣整齊、(h) 挺立、(i) 大小一致、(j) 側面呈雙色捲紋。		X	Y	Z

項目	扣分項目	扣分			
		100	50	25	10
Q產品品質	8. 雙色饅頭內部符合試題說明但有缺失 (a) 切開後組織均勻細緻、(b) 鬆軟、(c) 富彈韌性、(d) 不黏牙、(e) 內外不可有異物、(f) 無異味（鹼味或酸）、(g) 具有良好的口感。 9. 其他（請註明原因）。		X	Y	Z

E、發麵類—發粉麵食

項目	扣分項目	扣分			
		100	50	25	10
A零分計	1. 超過四小時時限未完成。 2. 制定麵糊配方未符合試題說明 (a) 不可加計任何損耗、(b) 非本類麵食共用材料、(c) 非本類麵食專用材料、(d) 所選用之材料重量不可超出所定之數量範圍。 3. 操作未符合試題說明 (a) 麵糊重量、(b) 製作數量、(c) 麵糊種類。 4. 未製作。 5. 蒸炊操作不當（蒸鍋內已無水乾燒）。 6. 其他（請註明原因）。	W			
P製作技術	1. 蒸蛋糕操作符合試題說明但有缺失 (a) 用麵糊方式製作、(b) 原料混合成適當濃稠的麵糊、(c) 裝模後用蒸籠蒸熟。 2. 馬拉糕操作符合試題說明但有缺失 (a) 用麵糊方式製作、(b) 原料混合成適當濃稠的麵糊、(c) 裝模後用蒸籠蒸熟。 3. 黑糖糕操作符合試題說明但有缺失 (a) 用麵糊方式製作、(b) 原料混合成適當濃稠的麵糊、(c) 裝模後用蒸籠蒸熟、(d) 以白芝麻裝飾。 4. 發糕操作符合試題說明但有缺失 (a) 用麵糊方式製作、(b) 原料混合成適當濃稠的麵糊、(c) 裝模後用蒸籠蒸熟。 5. 其他（請註明原因）。		X	Y	Z

項目	扣分項目	扣分			
		100	50	25	10
A零分計	1. 無成品。 2. 成品未熟 (a) 外表、(b) 內部、(c) 底部、(d) 內餡。 3. 操作未符合試題說明 (a) 成品重量、(b) 大小規格、(c) 成品數量。 4. 其他（請註明原因）。	W			
Q產品品質	1. 蒸蛋糕外觀符合試題說明但有缺失 (a) 表面需色澤均勻、(b) 表面光滑細緻、(c) 不塌陷、(d) 無異常斑點、(e) 無與麵粉結粒。 2. 蒸蛋糕內部符合試題說明但有缺失 (a) 切開後組織均勻細緻、(b) 底部不得有密實（未膨發）或生麵糊（未熟）、(c) 口感鬆軟、(d) 富彈性、(e) 不黏牙、(f) 內外不可有異物、(g) 無異味、(h) 具有良好的口感。 3. 馬拉糕外觀符合試題說明但有缺失 (a) 表面需色澤均勻、(b) 表面光滑微鼓（不得有大裂紋）、(c) 會有不規則表面、(d) 不塌陷、(e) 無異常斑點、(f) 無麵粉結粒、(g) 大小一致、(h) 不可有上下層分離現象。		X	Y	Z

項目	扣分項目	扣分			
		100	50	25	10
Q產品品質	4. 馬拉糕內部符合試題說明但有缺失 (a) 切開後組織均匀、(b) 近表皮處可有直立式不規則孔洞、(c) 底部不得有密實（未膨發）或生麵糊（未熟）、(d) 口感鬆軟、(e) 富彈性、(f) 不黏牙、(g) 內外不可有異物、(h) 無異味、(i) 具有良好的口感。 5. 黑糖糕外觀符合試題說明但有缺失 (a) 表面需色澤均匀、(b) 表面微鼓有光澤（不得有大裂紋）、(c) 會有不規則表面、(d) 不塌陷、(e) 無異常斑點、(f) 無麵粉結粒、(g) 大小一致、(h) 不可有密實現象。 6. 黑糖糕內部符合試題說明但有缺失 (a) 切開後組織均匀、(b) 可有不規則小孔洞、(c) 底部不得有密實（未膨發）或生麵糊（未熟）、(d) 口感鬆軟、(e) 富彈性、(f) 不黏牙、(g) 內外不可有異物、(h) 無異味、(i) 具有良好的口感。 7. 發糕外觀符合試題說明但有缺失 (a) 表面需色澤均匀、(b) 有 3 瓣或以上之自然裂口、(c) 無異常斑點、(d) 無麵粉結粒、(e) 大小一致。 8. 發糕內部符合試題說明但有缺失 (a) 切開後組織均匀細緻、(b) 底部不得有密實（未膨發）或生麵糊（未熟）、(c) 口感鬆軟、(d) 富彈性、(e) 不黏牙、(f) 內外不可有異物、(g) 無異味、(h) 具有良好的口感。 9. 其他（請註明原因）。		X	Y	Z

F、發麵類—油炸麵食

項目	扣分項目	扣分			
		100	50	25	10
A零分計	1. 超過四小時時限未完成。 2. 制定麵糰配方未符合試題說明 (a) 不可加計任何損耗、(b) 非本類麵食共用材料、(c) 非本類麵食專用材料、(d) 所選用之材料重量不可超出所定之數量範圍。 3. 操作未符合試題說明 (a) 麵糰重量、(b) 製作數量、(c) 麵糰種類。 4. 未製作。 5. 其他（請註明原因）。	W			
P製作技術	1. 沙其瑪操作符合試題說明但有缺失 (a) 用發粉麵糰製作、(b) 以手工擀薄或壓延機壓延成薄麵帶後、(c) 用手工切條、(d) 油炸成脆麵條、(e) 拌入熬煮適當糖度的糖漿、(f) 倒入模型內壓緊冷卻後切塊。 2. 開口笑操作符合試題說明但有缺失 (a) 用發粉麵糰製作、(b) 分割成所需之數量、(c) 沾上白芝麻以手工方式搓圓、(d) 用油炸機炸熟。 3. 巧果操作符合試題說明但有缺失 (a) 用冷水麵糰製作、(b) 以手工擀薄或壓延機壓延成適當厚度之麵片、(c) 用手工切成大小一致的小麵片、(d) 用油炸機炸至鬆脆。 4. 脆麻花操作符合試題說明但有缺失 (a) 用發粉或發酵麵糰製作、(b) 用麵棍擀成麵片經切條或分割所需之數量、(c) 搓長後用手搓捲成單股或雙股、(d) 長 12±2 公分、(e) 用油炸機炸至脆硬。 5. 其他（請註明原因）。		X	Y	Z

<table>
<tr><th rowspan="2">項目</th><th rowspan="2">扣分項目</th><th colspan="4">扣分</th></tr>
<tr><th>100</th><th>50</th><th>25</th><th>10</th></tr>
<tr><td>A零分計</td><td>1. 無成品。
2. 成品未熟 (a) 外表、(b) 內部、(c) 底部、(d) 內餡。
3. 操作未符合試題說明 (a) 成品重量、(b) 大小規格、(c) 成品數量。
4. 其他（請註明原因）。</td><td>W</td><td></td><td></td><td></td></tr>
<tr><td>Q產品品質</td><td>1. 沙其瑪外觀符合試題說明但有缺失 (a) 表面需具均勻的金黃色澤、(b) 大小一致、(c) 外型完整不可破散或硬實、(d) 不可炸黑、(e) 表面糖漿分佈均勻、(f) 底部不可有嚴重厚硬或軟黏的糖漿。
2. 沙其瑪內部符合試題說明但有缺失 (a) 切開後組織膨鬆、(b) 鬆軟、(c) 不黏牙、(d) 內外不可有異物、(e) 無異味、(f) 具有良好的口感。
3. 開口笑外觀符合試題說明但有缺失 (a) 表面需具均勻的金黃色澤、(b) 大小一致、(c) 外型完整不可破散或硬實、(d) 表面有自然裂口、(e) 芝麻分佈均勻、(f) 不可炸黑。
4. 開口笑內部符合試題說明但有缺失 (a) 切開後組織膨鬆、(b) 鬆酥、(c) 不黏牙、(d) 內外不可有異物、(e) 無異味、(f) 具有良好的口感。
5. 巧果外觀符合試題說明但有缺失 (a) 表面需具均勻的金黃色澤、(b) 外型完整不可起泡、(c) 芝麻分佈均勻、(d) 不可炸黑、(e) 不可破碎或硬實。
6. 巧果內部符合試題說明但有缺失 (a) 組織鬆脆、(b) 不可受潮軟化、(c) 內外不可有異物、(d) 無異味、(e) 具有良好的口感。
7. 脆麻花外觀符合試題說明但有缺失 (a) 表面需具均勻的金黃色澤、(b) 大小一致、(c) 接頭不可散開、(d) 不可炸黑、(e) 不可破碎或硬實、(f) 絞股明顯不沾黏。
8. 脆麻花內部符合試題說明但有缺失 (a) 切開後組織膨鬆有空洞、(b) 不可受潮軟化、(c) 內外不可有異物、(d) 無異味、(e) 具有良好的口感。
9. 其他（請註明原因）。</td><td></td><td>X</td><td>Y</td><td>Z</td></tr>
</table>

G、酥油皮類麵食

<table>
<tr><th rowspan="2">項目</th><th rowspan="2">扣分項目</th><th colspan="4">扣分</th></tr>
<tr><th>100</th><th>50</th><th>25</th><th>10</th></tr>
<tr><td>A零分計</td><td>1. 超過四小時時限未完成。
2. 制定油皮、油酥配方未符合試題說明 (a) 不可加計任何損耗、(b) 非本類麵食共用材料、(c) 非本類麵食專用材料、(d) 所選用之材料重量不可超出所定之數量範圍。
3. 操作未符合試題說明 (a) 油皮、油酥重量、(b) 製作數量、(c) 油皮、油酥種類、(d) 餡料重量。
4. 未製作。
5. 其他（請註明原因）。</td><td>W</td><td></td><td></td><td></td></tr>
</table>

項目	扣分項目	扣分			
		100	50	25	10
P製作技術	1. 蛋黃酥操作符合試題說明但有缺失 (a) 用油皮、油酥製作酥油皮、(b) 以小包酥方式油皮包油酥、(c) 以手工擀捲成多層次之酥油皮、(d) 包入豆沙餡與半個烤熟的鹹蛋黃、(e) 皮酥餡比（不含 1/2 個鹹蛋黃）3：2：6、(f) 整成圓球型、(g) 表面刷蛋黃液、(h) 以黑芝麻點綴、(i) 單面烤熟。 2. 菊花酥操作符合試題說明但有缺失 (a) 用油皮、油酥製作酥油皮、(b) 以小包酥方式油皮包油酥、(c) 以手工擀捲成多層次之酥油皮、(d) 包入豆沙餡皮酥餡比 2：1：2、(e) 整成直徑 7±1 公分之扁圓型、(f) 用剪刀或刀切成 12 刀、(g) 用手整型成反轉露餡之薄餅、(h) 中心刷蛋黃液用白芝麻點綴、(i) 單面烤熟。 3. 綠豆椪操作符合試題說明但有缺失 (a) 用油皮、油酥製作酥油皮、(b) 以小包酥方式油皮包油酥、(c) 以手工擀捲成多層次之酥油皮、(d) 包入綠豆沙與肉絨（在綠豆沙中間，不可與綠豆沙混合）、(e) 皮酥餡肉絨比 5：3：13：1、(f) 整成直徑 8±1 公分之扁圓型、(g) 表面不必裝飾、(h) 單面烤熟。 4. 蘇式豆沙月餅操作符合試題說明但有缺失 (a) 用油皮、油酥製作酥油皮、(b) 以小包酥方式油皮包油酥、(c) 以手工擀捲成多層次之酥油皮、(d) 包入豆沙餡，皮酥餡比 1：1：3、(e) 整成直徑 8±1 公分之扁圓型、(f) 表面不必裝飾、(g) 用烤箱兩面（需翻面）烤熟。. 5. 其他（請註明原因）。		X	Y	Z

項目	扣分項目	扣分			
		100	50	25	10
A零分計	1. 無成品。 2. 成品未熟 (a) 外表、(b) 內部、(c) 底部。 3. 操作未符合試題說明 (a) 成品重量、(b) 大小規格、(c) 成品數量。 4. 其他（請註明原因）。	W			
Q產品品質	1. 蛋黃酥外觀符合試題說明但有缺失 (a) 表面需具均勻的金黃色澤、(b) 大小一致、(c) 外型完整不可露餡或爆餡、(d) 未包緊、(e) 底部不可焦黑。 2. 蛋黃酥內部符合試題說明但有缺失 (a) 切開後酥油皮需有明顯而均勻的層次、(b) 皮餡之間需完全熟透、(c) 皮鬆酥、(d) 餡不可有外皮混入、(e) 底部不可有硬厚麵糰、(f) 內外不可有異物、(g) 無異味、(h) 具有良好的口感。 3. 菊花酥外觀符合試題說明但有缺失 (a) 表面需具均勻的金黃色澤、(b) 大小一致、(c) 外型完整不可破損、(d) 需有花紋 12 瓣、(e) 底部不可焦黑。 4. 菊花酥內部符合試題說明但有缺失 (a) 切開後酥油皮需有明顯而均勻的層次、(b) 皮餡之間需完全熟透、(c) 皮鬆酥、(d) 底部不可有硬厚麵糰、(e) 內外不可有異物、(f) 無異味、(g) 具有良好的口感。		X	Y	Z

項目	扣分項目	扣分			
		100	50	25	10
Q產品品質	5. 綠豆椪外觀符合試題說明但有缺失 (a) 表面需具均勻的色澤、(b) 大小一致、(c) 外型完整不可露餡或爆餡、(d) 底部餡可微露但不可焦黑、(e) 外表膨鬆、(f) 外皮不可嚴重脫皮。 6. 綠豆椪內部符合試題說明但有缺失 (a) 切開後酥油皮需有明顯而均勻的層次、(b) 皮餡之間需完全熟透、(c) 皮鬆酥、(d) 餡不可有麵皮混入、(e) 底部不可有硬厚麵糰、(f) 內外不可有異物、(g) 無異味、(h) 具有良好的口感。 7. 蘇式豆沙月餅外觀符合試題說明但有缺失 (a) 表面需具均勻的金黃色澤、(b) 大小一致、(c) 外型完整不可露餡或爆餡、(d) 未包緊、(e) 底部不可焦黑。 8. 蘇式豆沙月餅內部符合試題說明但有缺失 (a) 切開後酥油皮需有明顯而均勻的層次、(b) 皮餡之間需完全熟透、(c) 皮鬆酥、(d) 底部不可有硬厚麵糰、(e) 內外不可有異物、(f) 無異味、(g) 具有良好的口感。 9. 其他（請註明原因）。		X	Y	Z

H、糕漿皮類麵食

項目	扣分項目	扣分			
		100	50	25	10
A零分計	1. 超過四小時時限未完成。 2. 制定麵糰配方未符合試題說明 (a) 不可加計任何損耗、(b) 非本類麵食共用材料、(c) 非本類麵食專用材料、(d) 所選用之材料重量不可超出所定之數量範圍。 3. 操作未符合試題說明 (a) 麵糰重量、(b) 製作數量、(c) 麵糰種類。 4. 未製作。 5. 其他（請註明原因）。	W			
P製作技術	1. 桃酥操作符合試題說明但有缺失 (a) 糕皮方式製作、(b) 分割所需數量、(c) 用手工整成圓球型、(d) 表面可壓洞或刷蛋水、(e) 烤熟。 2. 台式豆沙月餅操作符合試題說明但有缺失 (a) 糕皮製作餅皮、(b) 分割所需數量、(c) 包入豆沙餡皮餡比 1：3、(d) 放入月餅模內壓製成型、(e) 表面刷蛋水（可先烤再刷）、(f) 烤熟。 3. 廣式月餅操作符合試題說明但有缺失 (a) 漿皮製作餅皮、(b) 分割所需數量、(c) 包入豆沙餡皮餡比 1：4、(d) 放入月餅模內壓製成型、(e) 表面刷蛋水、(f) 烤熟。 4. 鳳梨酥操作符合試題說明但有缺失 (a) 糕皮製作餅皮、(b) 分割所需數量、(c) 包入鳳梨餡皮餡比 3：2、(d) 放入烤模內壓製成型、(e) 帶模用烤箱兩面（需翻面）烤焙。 5. 其他（請註明原因）。		X	Y	Z

<table>
<tr><th rowspan="2">項目</th><th rowspan="2">扣分項目</th><th colspan="4">扣分</th></tr>
<tr><th>100</th><th>50</th><th>25</th><th>10</th></tr>
<tr><td>A零分計</td><td>1. 無成品。
2. 成品未熟 (a) 外表、(b) 內部、(c) 底部。
3. 操作未符合試題說明 (a) 成品重量、(b) 大小規格、(c) 成品數量。
4. 其他(請註明原因)。</td><td>W</td><td></td><td></td><td></td></tr>
<tr><td>Q產品品質</td><td>1. 桃酥外觀符合試題說明但有缺失 (a) 表面需具均勻的金黃色澤、(b) 大小一致、(c) 外型完整不可破損、(d) 表面有不規則的雞爪紋、(e) 底部不可焦黑、(f) 底部嚴重沾粉、(g) 底部擴散最少需為麵糰的二倍、(h) 不可流散成扁薄狀。
2. 桃酥內部符合試題說明但有缺失 (a) 切開後中間需完全熟透、(b) 鬆酥、(c) 內外不可有異物、(d) 無異味、(e) 具有良好的口感。
3. 台式豆沙月餅外觀符合試題說明但有缺失 (a) 表面需具均勻的金黃色澤、(b) 大小一致、(c) 外型完整不可破損、(d) 不可有嚴重裂紋(可見到內餡)或爆餡、(e) 底部嚴重沾粉、(f) 表面紋路清晰、(g) 挺立、(h) 上下左右一致、(i) 不可有明顯裙邊、(j) 底部不可焦黑。
4. 台式豆沙月餅內部符合試題說明但有缺失 (a) 切開後皮餡之間需完全熟透、(b) 餅皮厚薄一致、(c) 不可有皮餡混合之現象、(d) 餅皮鬆酥、(e) 內外不可有異物、(f) 無異味、(g) 具有良好的口感。
5. 廣式月餅外觀符合試題說明但有缺失 (a) 表面需具均勻的金黃色澤、(b) 大小一致、(c) 外型完整不可破損、(d) 不可有嚴重裂紋(可見到內餡)或爆餡、(e) 表面紋路清晰、(f) 挺立、(g) 上下左右一致、(h) 不可有明顯裙邊、(i) 底部不可焦黑、(j) 底部嚴重沾粉。
6. 廣式月餅內部符合試題說明但有缺失 (a) 切開後皮餡之間需完全熟透、(b) 餅皮厚薄一致、(c) 不可有皮餡混合之現象、(d) 餅皮鬆酥、(e) 內外不可有異物、(f) 無異味、(g) 具有良好的口感。
7. 鳳梨酥外觀符合試題說明但有缺失 (a) 產品表面需具均勻的金黃色澤、(b) 大小一致、(c) 外型完整不可破損、(d) 不可有嚴重裂紋(可見到內餡)或爆餡、(e) 中間嚴重凹陷或凸出、(f) 上下左右一致、(g) 不可有明顯裙邊、(h) 底部不可焦黑。
8. 鳳梨酥內部符合試題說明但有缺失 (a) 切開後皮餡之間需完全熟透、(b) 酥皮厚薄一致、(c) 不可有皮餡混合之現象、(d) 餅皮鬆酥、(e) 內外不可有異物、(f) 無異味、(g) 具有良好的口感。
9. 其他(請註明原因)。</td><td></td><td>X</td><td>Y</td><td>Z</td></tr>
</table>

1-5 製作報告表配方計算範例（提供計算參考）

（一）範例：以麵糰重量 340 公克製作燒賣 40 個（皮：餡＝1：2）

（二）計算方法：

1. 麵皮部分：（先製定原料與 % 再計算）

(1) 已知麵糰重量為 340 公克。

(2) 計算公式：各項材料重量＝（麵糰重量／小計＝？）？ × 各項原料 %。

	原料名稱	%	計算方式	重量（公克）
一、麵皮配方	中筋麵粉	100	2×100 ＝	200
	沸水	50	2×50 ＝	100
	冷水	20	2×20 ＝	40
	小計	170	340/170 ＝ 2	340

2. 餡部分：（先製定原料與 % 再計算）

(1) 已知製作燒賣 40 個，皮：餡＝1：2。

(2) 餡總重＝麵糰重量／1（皮比）×2（餡比）＝680 公克。

(3) 計算公式：各項材料重量＝（餡總重／小計＝？）？ × 各項原料 %。

	原料名稱	%	計算方法	重量（公克）
二、餡配方	豬絞肉	100	5×100	500
	香菇（泡濕）	9	5×9	45
	青蔥	5	5×5	25
	薑	3	5×3	15
	香油	2	5×2	10
	醬油	2	5×2	10
	味精	1	5×1	5
	鹽	1.6	5×1.6	8
	木薯粉	2	5×2	10
	胡椒粉	0.4	5×0.4	2
	水	10	5×10	50
	小計	136	680/136 = 5	680

1-6 時間配當表

每一檢定場，每日排定測試場次為上、下午各乙場；程序表如下：

時間	內容	備註
07：30 － 08：00	1. 監評前協調會議（含監評檢查機具設備） 2. 應檢人報到。	
08：00 － 08：15	1. 工作崗位、場地設備機具及材料等作業說明。 2. 應檢人檢查設備及工具。	
08：15 － 08：30	1. 應檢人抽題。 2. 應檢人試題說明。 3. 測試應注意事項說明。 4. 其他事項。	**請參見抽題方法與抽題記錄說明**
08：30 － 12：30	上午場測試	測試時間 4 小時
12：30 － 13：00	1. 監評人員進行成品評審 2. 應檢人報到。 3. 監評人員休息用膳時間	
13：00 － 13：15	1. 工作崗位、場地設備機具及材料等作業說明。 2. 應檢人檢查設備及工具。	
13：15 － 13：30	1. 應檢人抽題 2. 應檢人試題說明。 3. 測試應注意事項說明。 4. 其他事項。	**請參見抽題方法與抽題記錄說明**
13：30 － 17：30	下午場測試	測試時間 4 小時
17：30 － 18：00	監評人員進行成品評審	
18：00 － 18：30	檢討會（監評人員及術科測試辦理單位視需要召開）	

備註：依時間配當表準時辦理抽籤，並依抽籤結果進行測試，遲到者或缺席者不得有異議。

Part 02

中式麵食加工丙級術科

測試配方報告表與設備表

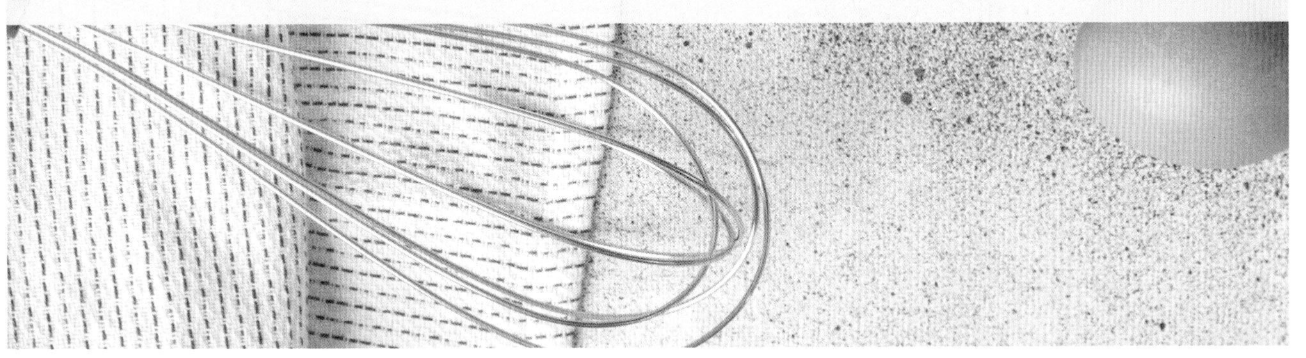

2-1 自訂參考配方表

※ 務必使用中部辦公室網頁下載之表格

應檢人姓名：　　　　　　　　　　　　　　應檢編號：

產品名稱		產品名稱		產品名稱	
原料名稱	百分比	原料名稱	百分比	原料名稱	百分比

備註：1. 本表由應檢人試前填寫，可攜到考場參考，只准填原料名稱、百分比及合計，如夾帶其他資料以作弊論。（不夠填寫，自行影印或至本中心網站首頁／便民服務／表單下載／09600 中式麵食加工配方表區）下載使用。
2. 本表可打字或手寫，可畫線但不可註明麵糰名稱（如油皮、油酥等）。
3. 不可使用不同格式或非本表（不同標頭）的參考配方表。

2-2 製作報告表

※ 務必使用中部辦公室網頁下載之表格

應檢人姓名：＿＿＿＿＿＿＿＿ 應檢編號：＿＿＿＿＿＿＿＿

產品名稱：＿＿＿＿＿＿＿＿ 麵糰限重：＿＿＿＿＿＿＿＿

製作說明：＿＿＿＿＿＿＿＿＿＿＿＿＿＿＿＿

原料名稱		百分比 (%)	重量（公克）	製作方法與條件（進入術科測試場才可填寫）

備註：1. 合計重量需與麵糰限重相符合。

2. 繳回之製作報告表如未核章則視為作弊論。 入場核章：＿＿＿＿

應檢人出場簽註／簽名：＿＿＿＿ 時間：＿＿＿＿ 出場核章：＿＿＿＿

2-3 基本設備表

本設備為考場基本標準設備，每一試題皆可使用。（每人份）

項目	機具或設備名稱	規格	單位	數量	備註
1	工作檯	不鏽鋼（可加隔層）、桌面可使用大理石或不鏽鋼材質，80 公分 ×150 公分以上，容差 ±5 公分，附水槽及肘動式水龍頭	台	1	
2	攪拌機	配置 10~12 公升及 18~22 公升攪拌缸各 1，3/4Hp，附鉤狀、槳狀、鋼絲攪拌器及可附安全護網	台	1	
3	烤箱（爐）	以電為熱源，可容納 40×60 公分以上規格烤盤，附上下火溫度控制，每層 3kw 或以上	層	1	
4	蒸籠	雙層不鏽鋼製，直徑 40 公分以上，附底鍋與鍋蓋，瓦斯爐火力與蒸籠需配合	組	1	可附小圓孔蒸盤，大小需配合蒸籠，亦可使用於發酵箱
5	發酵箱	自動溫濕度控制式，2 門或以上，每台可容納 8 格（每層規格需配合烤盤與蒸盤）	格	1	每場次提供 2 台，一格二層
6	油炸機	以瓦斯或電熱為熱源，附平底炸網，容積 10 公升以上，內徑長度至少 45 公分	台	1	每人一台（每場次提供 3 台或以上），每場次油炸項應考人數不可超過設備數量
7	冷藏櫃（庫）	0℃ ~7℃，H180×W120×D80 公分或以上	台	1	限 16 人內共用
8	冷凍櫃（庫）	-20℃或以下，H180×W120×D80 公分或以上	台	1	限 16 人內共用
9	壓延（麵）機	2HP，滾輪直徑 14 公分以上，長度 21 公分以上，滾輪間隙及轉速皆可調整，附 3 支以上捲麵棍、支架配件，可附安全護罩或護棍	台	1	滾輪長度需≦切麵條機（每場次提供 3 台或以上），限 10 人內共用
10	電子秤	500 公克（含）以上（精度密 0.1 公克或精密度更高）	台	4	共用（每場次提供 4 台或以上）
		3 公斤（含）以上（精密度 1 公克或精密度更高）	台	1	
11	溫度計	-10~110℃或 150℃，不鏽鋼探針	支	1	
		電子式（-20~400℃）	支	3	共用（每場次提供 3 支以上）

項目	機具或設備名稱	規格	單位	數量	備註
12	瓦斯爐	單爐或雙爐，火力需足夠可全面控制	台	1	
13	刮板	塑膠製	支	1	
14	砧板	長方型，塑膠製	個	1	
15	刀	不鏽鋼，切原料用	支	1	
16	麵刀	不鏽鋼	支	1	
17	長筷	竹或木製，長 40 ～ 50 公分	雙	1	
18	擀麵棍	長 30 及 60 公分	組	1	
19	單柄擀麵棍	中點專用	支	1	
20	麵粉刷	寬 8~10 公分	支	1	
21	羊毛刷	寬 3~5 公分	支	1	
22	粉篩	不鏽鋼 20~30 目，直徑 30~36 公分	個	1	
23	量杯	鋁或不鏽鋼量比重用，容量 236 毫升	個	1	
24	打蛋器	不鏽鋼直立式	支	1	
25	包餡匙	竹或不鏽鋼、長 15~20 公分	支	1	
26	炒鍋	鐵板或不鏽鋼製，內徑 36 公分以上，附鍋鏟、鍋蓋	組	1	
27	蒸籠布	細軟的綿布或不沾布	條	2	
28	稱量原料容器	鋁、塑膠盤或不鏽鋼盆、鍋	個	6	
29	不鏽鋼鍋	4~6 公升及 8~10 公升，附蓋	組	1	
30	平烤盤	40×60 公分左右，需配合烤箱規格	個	4	
31	隔熱手套	棉或耐火材質製，全套式	雙	1	
32	產品框	不鏽鋼網盤 40×60 公分左右	個	2	
33	時鐘	掛鐘，直徑 30 公分或以上，附時針、分針、秒針	個	1	共用
34	清潔用具	清潔劑、刷子、抹布等	組	1	
35	加壓清洗裝置	1HP 或以上，高壓清洗附噴槍	台	1	共用
36	加壓空氣機	1HP 以上，空氣壓力 $6kg/m^2$ 以上，加壓空氣清潔用，附空氣噴槍	台	1	共用

項目	機具或設備名稱	規格	單位	數量	備註
37	烘手機	110V，自動或手動式	台	2	共用 2 台
38	溫濕度計	溫度刻度 0~50℃，濕度刻度 0~100	個	1	共用 1 台
39	湯杓	不鏽鋼長 20 公分以上	支	1	
40	產品夾	不鏽鋼長 25 公分以上	支	1	
41	產品鏟	不鏽鋼寬 10 公分以上	支	1	
42	數位液晶顯示游標卡尺	測量範圍 0~150mm 精準 0.01mm，不鏽鋼或碳纖維複合材質	支	1	測成品高度或直徑（評審用）
43	出爐架或產品架	平烤盤或產品框存放架（可用台車或設置於工作檯下方）規格需配合平烤盤或產品框	層	2	每人
44	淺盤	不鏽鋼成品淺盤約 28×22×1 公分（可用略同替代）	個	4	供水煮煎烙成品用

附註：每分項若需專業設備，請參考各分項所附之專業設備表。

Part 03

中式麵食加工丙級術科測試試題

A 組　水調麵類－冷水麵食
B 組　水調麵類－燙麵食
C 組　水調麵類－燒餅類麵食
D 組　發麵類－發酵麵食
E 組　發麵類－發粉麵食
F 組　發麵類－油炸麵食
G 組　酥油皮類麵食
H 組　糕漿皮類麵食

水調麵類－冷水麵食

（壹）試題說明

一、本類麵食共四小項（編號 096-970301A~970304A）。

二、完成時限為四小時，包含冷水麵食、燙麵食、燒餅類麵食，依勾選之分項各抽考一種產品，共二種產品。

三、冷水麵食之麵糰或麵糊製作可使用攪拌機。

四、產品製作之試題說明及要求之品質標準，係依產品而定，請參考每小項之「試題說明」。

五、產品製作重量與數量，係依產品而定，請參考每小項之「製作說明」。

六、制定麵糰或麵糊配方時，不可加計任何損耗。麵糰重量需符合試題說明與製作說明，製作配方於製作後不可再修改，監評會核對配方表與實作重量。

七、麵糰與餡料製備之所有操作程序需完全符合衛生標準規範；所需重量應確實計算，不可剩餘，也不得分多次製作。

八、本類麵食共用材料（每項產品）

編號	名稱	材料規格	單位	重量	備註
1	中筋麵粉	（依國家標準 CNS 規格）	公克	1200	
2	食鹽	精製	公克	50	
3	澱 粉	木（樹）薯、玉米等澱粉	公克	300	防黏粉用
4	米酒	市售品	公克	30	

備註：

1. 考生制定配方，需依本類麵食共用材料與各小項產品之專用材料表內所列之材料自由選用。
2. 所選用之材料重量不可超出所定之重量範圍。各類食品添加物之使用範圍及限量應符合食品安全衛生管理法第 18 條訂定「食品添加物使用範圍及限量暨規格標準」。
3. 「水」任意使用，不限重量。

九、冷水麵食檢定場地設備表－專業設備（本分項專屬）（每人份）

編號	名稱	設備規格	單位	數量	備註
1	切麵條機	每英吋可切 8-10 條（4~5 號）方型切刀與每英吋可切 16~18 條（8~9 號）方或圓型切刀	台	2	限 16 人內共用
2	厚度計	測定範圍 0.1~10mm；精度 0.01mm（量麵皮用）	支	1	配合壓（延）麵機
3	厚薄規	精度 0.1mm（或精度更高），總厚度 8mm 以上（量滾輪用）	付	1	配合壓（延）麵機

編號	名稱	設備規格	單位	數量	備註
4	捲麵棍	木製；軸長與壓麵機相容	支	3	每組機器配備3支
5	包餡匙	竹或不鏽鋼製長 15~20 公分	支	1	
6	圓洞漏杓	不鏽鋼製直徑 15 公分以上	支	1	
7	平底不沾鍋	以瓦斯為熱源，圓形內徑 25~30 公分附長鏟	支	1	限淋餅用

貓耳朵

★★ 096-970301A ★★

冷水麵食

01A

試題說明

1. 用冷水麵糰製作。麵糰經鬆弛壓延或用手擀成適當厚度之麵片，再用刀切成 1~2 公分條狀後，以手摘取等量之小麵塊，隨即於手掌心整成貓耳朵形狀或切成小麵粒在桌上搓捲成型之產品。
2. 產品需色澤均勻、形狀一致、不變形、外觀平滑光潔、不可相互黏結、需粒粒分明；水煮不可軟爛、需完全熟透、煮後麵形完整、具滑潤性、內外不可有異物、無異味、具有良好的口感。

材料

1. 中筋麵粉
2. 蛋
3. 鹽
4. 冷水

製作說明

1. 製作每個生重 2±1 公克之貓耳朵一批，取一半煮熟。生、熟產品分開包裝繳回供評分。
2. 製作重量：
   (1) 麵糰重量 500 公克。
   (2) 麵糰重量 550 公克。
   (3) 麵糰重量 600 公克。

專用材料（每人份）

編號	名稱	材料規格	單位	數量	備註
1	蛋	生鮮雞蛋	公克	300	

備註：考生制定配方，需依本專用材料與本類麵食之共用材料表內所列之材料自由選用，所選用之材料重量不可超出所定之重量範圍。

配方計算

(1)	已知麵糰重量 500、550、600 公克
(2)	計算公式：麵糰各項材料重量＝麵糰重量／百分比小計 × 各單項材料百分比

配方計算總表

材料名稱	%	麵糰 500 公克		麵糰 550 公克		麵糰 600 公克	
中筋麵粉	100	500/151x100	331	550/151x100	364	600/151x100	397
冷水	30	500/151x30	99	550/151x30	109	600/151x30	119
全蛋	20	500/151x20	66	550/151x20	73	600/151x20	79
鹽	1	500/151x1	4	550/151x1	4	600/151x1	5
小計	151		500		550		600

貓耳朵流程圖

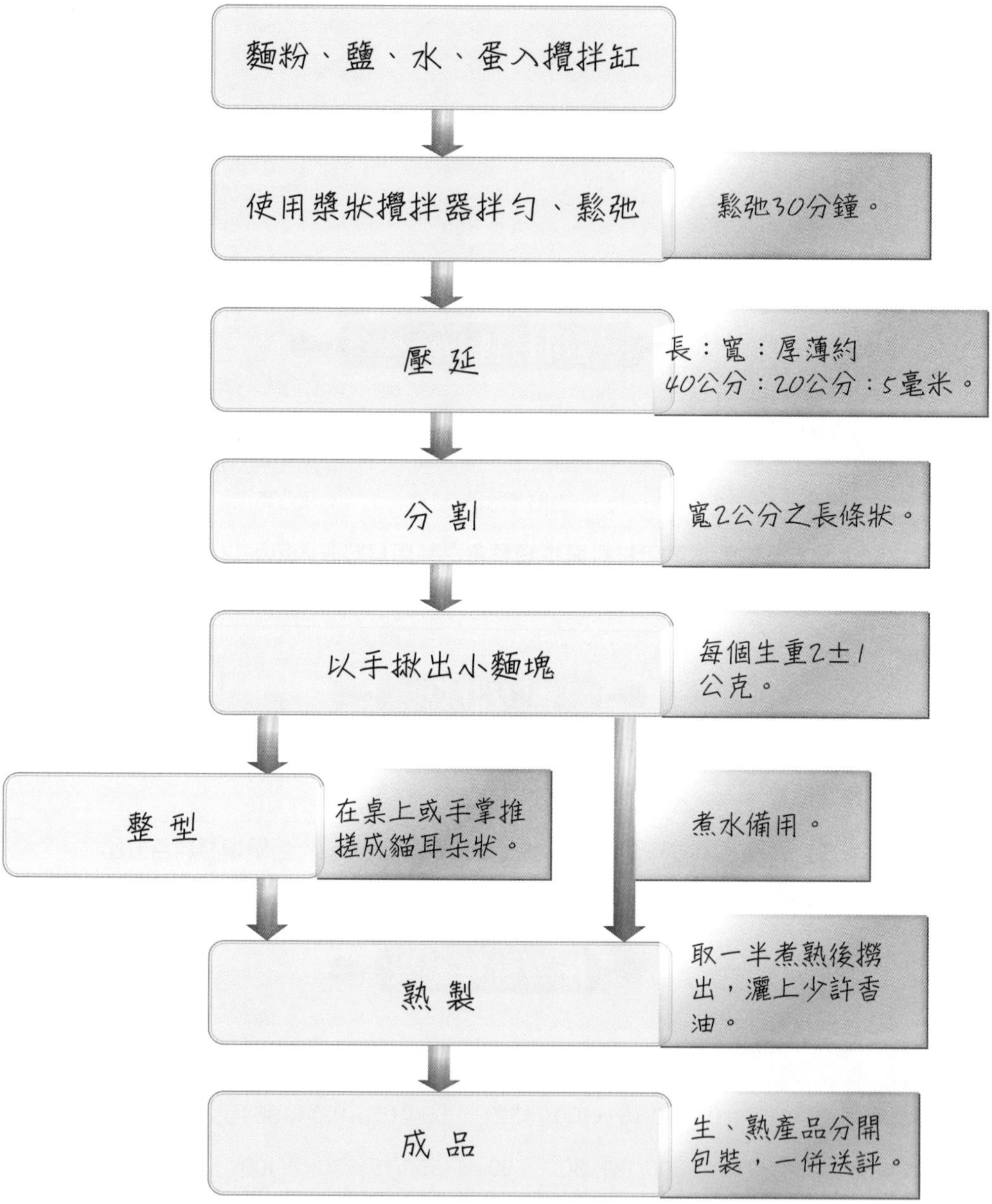

麵粉、鹽、水、蛋入攪拌缸	
使用槳狀攪拌器拌勻、鬆弛	鬆弛30分鐘。
壓延	長：寬：厚薄約40公分：20公分：5毫米。
分割	寬2公分之長條狀。
以手揪出小麵塊	每個生重2±1公克。
整型	在桌上或手掌推搓成貓耳朵狀。
（以手揪出小麵塊 → 熟製）	煮水備用。
熟製	取一半煮熟後撈出，灑上少許香油。
成品	生、熟產品分開包裝，一併送評。

※ 1. 產品完成後才可填寫製作報告表。
2. 書寫內容可參閱本流程圖。

步驟圖說

1. 麵糰製作、鬆弛：1.2.3. 材料入缸攪拌至 4. 光滑細緻，5. 覆蓋鬆弛。

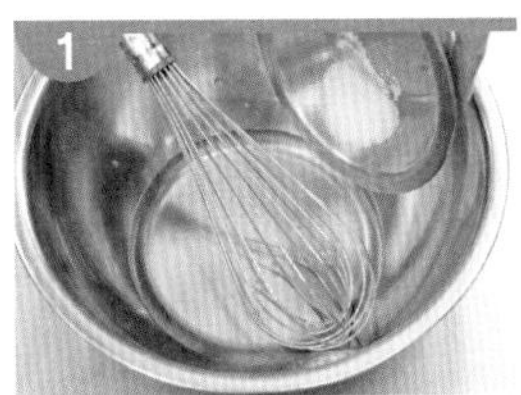
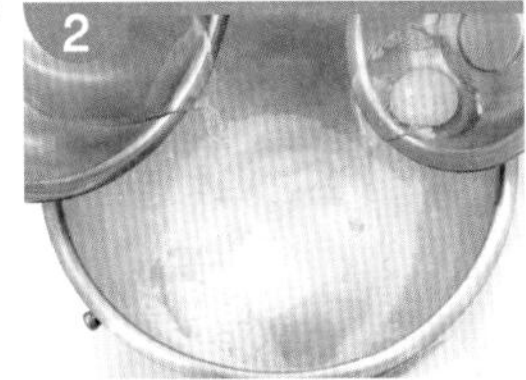

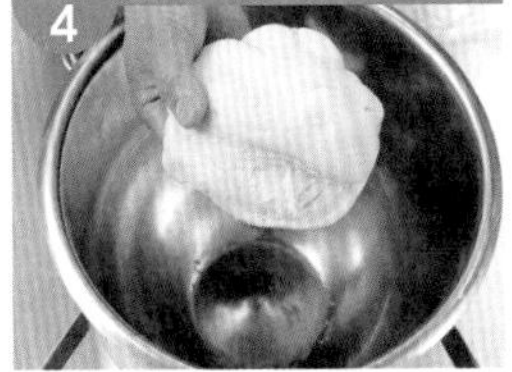
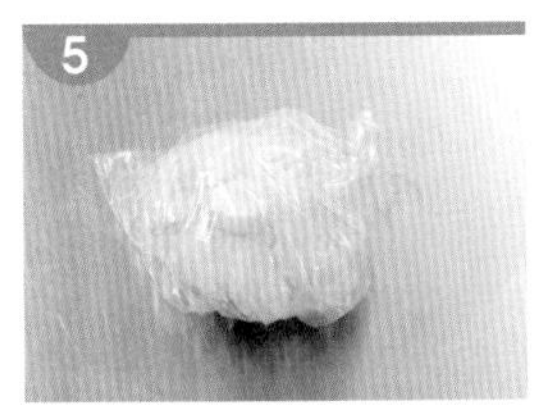

2. 壓麵：1.2. 利用厚薄規調整壓麵機滾輪間距，3.4.5. 壓延成光滑細緻的麵帶，6. 利用厚度機測量麵帶厚度，麵帶長 40 公分、寬 20 公分、厚約 5mm。

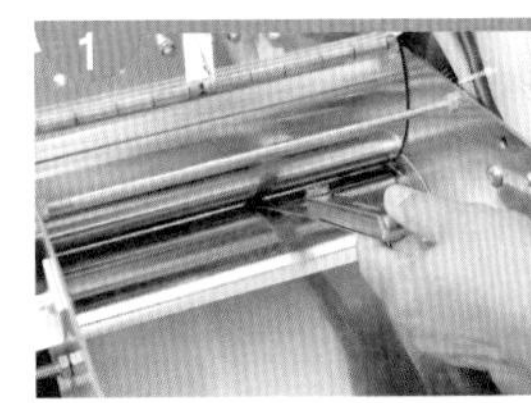

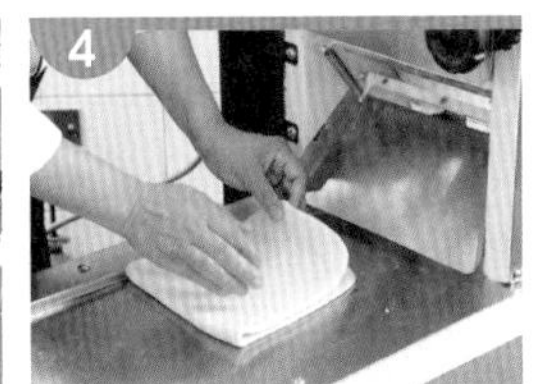
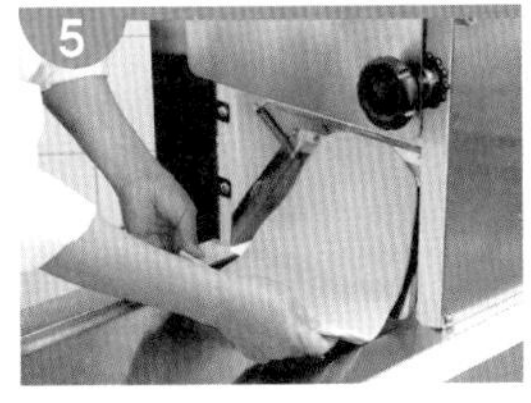

3. 分割：1.2. 麵帶分割成長 40 公分、寬 2 公分長條狀，3. 以手摘取重約 2±1 公克的小麵糰。可先取幾顆秤重，再決定摘取之大小。

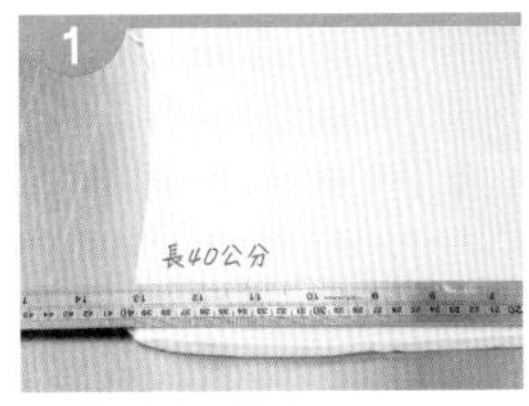

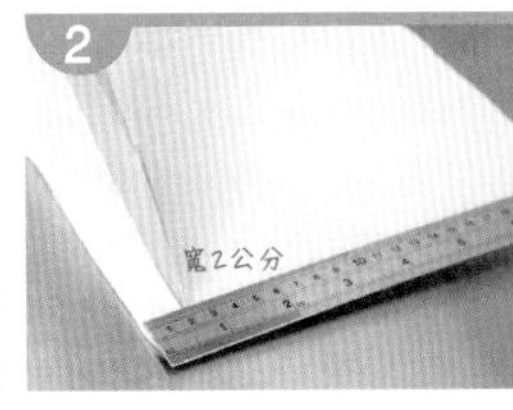

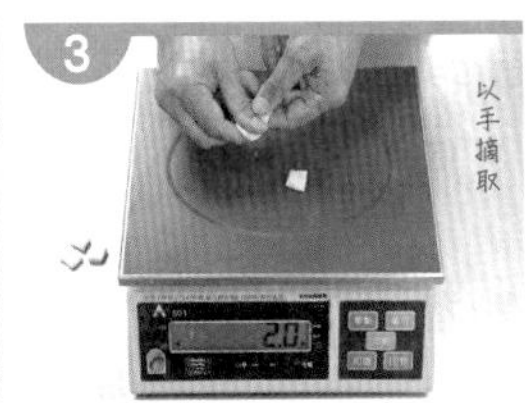

◎依題意不可使用刀具或工具切割小塊。

4. 整型：1.2.3. 在手掌或桌面上搓捲成貓耳朵狀（成型小麵塊可撒粉防黏）。

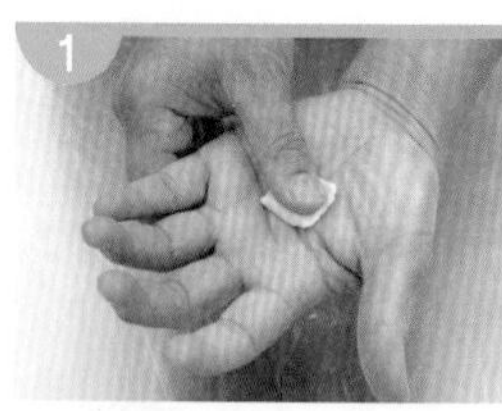
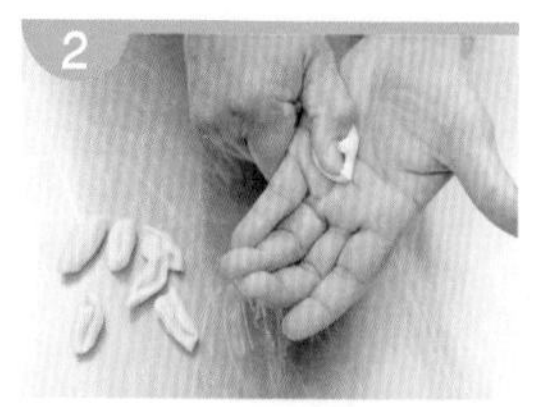
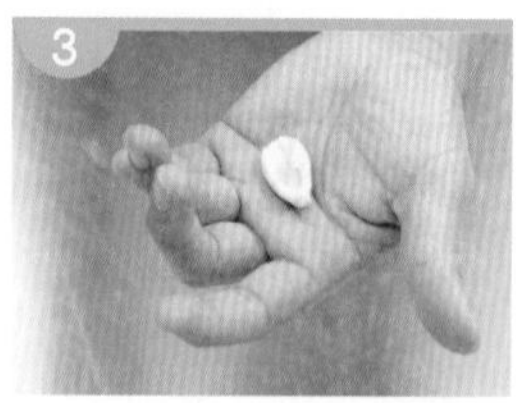

5. 熟製：取一半量熟製，水滾入鍋，勤攪動防黏鍋，確認無夾生，起鍋。

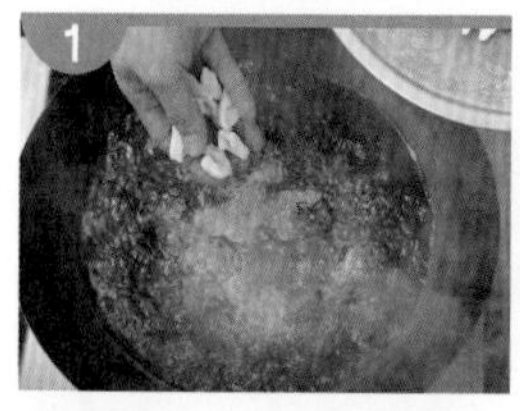

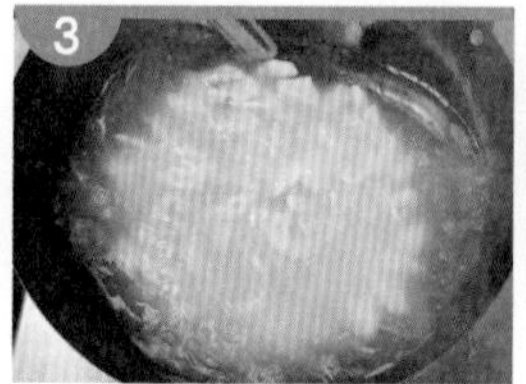
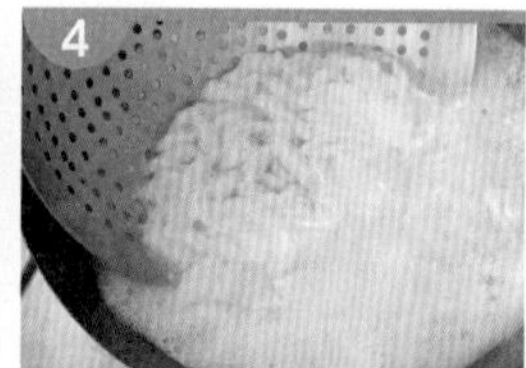
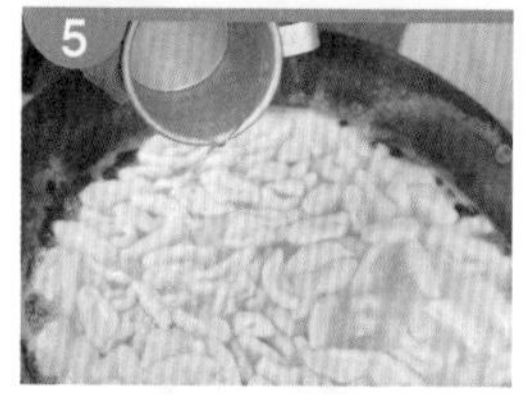

6. 成品：起鍋可拌點油避免沾黏，生、熟產品各半，分開包裝，一併送評。

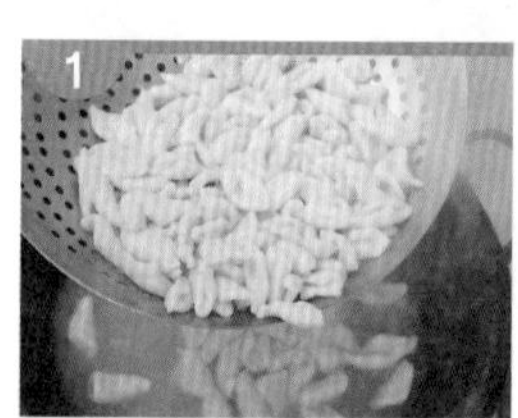

TIPS

1. 鬆弛俗稱醒麵，麵糰經攪拌，形成麵筋，彈性佳但不易整型，麵糰靜置可使麵筋軟化，利於整型操作。
2. 貓耳朵下鍋前，清水快速沖洗沾附的麵粉，可保持煮麵水的清澈。
3. 依題意切成條狀後必須以手摘取 2 公克之小麵塊，切勿為求快速以刀切割。
4. 取一小塊，測試中心點，成品未熟，操作未符合試題說明，將以零分計。

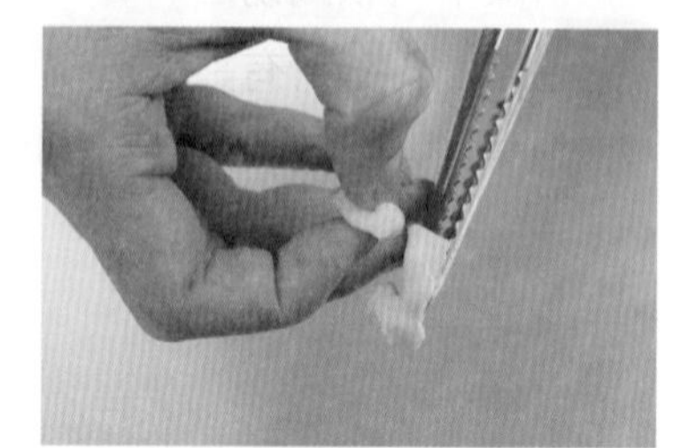

生鮮麵條

★★ 096-970302A ★★

冷水麵食

02A

試題說明

1. 用冷水麵糰製作。經壓（延）麵機複合成麵帶，再壓延成厚 1.2±0.2mm，壓延過程麵帶不可分割，應維持整卷操作，用切麵條機切條，再剪切成 25 公分以上均一長度之產品。
2. 產品需色澤均勻、粗細厚寬一致、長度一致、不變形、外觀平滑光潔、表面不可含太多沾粉、需條條分明、不可相互粘黏；水煮的麵條不可軟爛易斷、煮後麵形完整、具滑潤性、內外不可有異物、無異味、具有良好的口感。

材料

1. 中筋麵粉
2. 水
3. 鹽

製作說明

1. 製作厚 1.2±0.2mm，長度 25 公分以上之生鮮麵條一批，平分成 7 份，並取出 1 份以沸水煮熟評分，生、熟產品及頭尾不齊部分需分開包裝，繳回供評分。
2. 製作重量：
   (1) 麵糰重量 700 公克。
   (2) 麵糰重量 750 公克。
   (3) 麵糰重量 800 公克。

專用材料（每人份）

編號	名稱	材料規格	單位	數量	備註
1	鹼粉	食品級碳酸納	公克	10	

備註：考生制定配方，需依本專用材料與本類麵食之共用材料表內所列之材料自由選用，所選用之材料重量不可超出所定之重量範圍。

配方計算

(1) 已知麵糰重量 700、750、800 公克
(2) 計算公式：麵糰各項材料重量＝麵糰重量／百分比小計 × 各單項材料百分比

配方計算總表

材料名稱	%	麵糰 700 公克		麵糰 750 公克		麵糰 800 公克	
中筋麵粉	100	700/132×100	530	750/132×100	568	800/132×100	606
冷水	31	700/132×31	165	750/132×31	176	800/132×31	188
鹽	1	700/132×1	5	750/132×1	6	800/132×1	6
總百分比	132		700		750		800

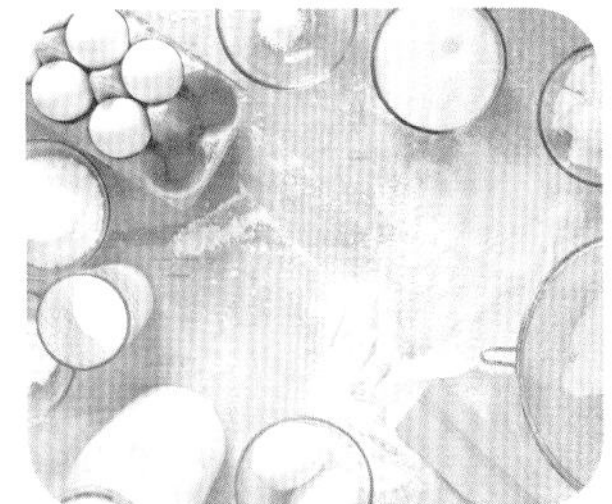

生鮮麵條流程圖

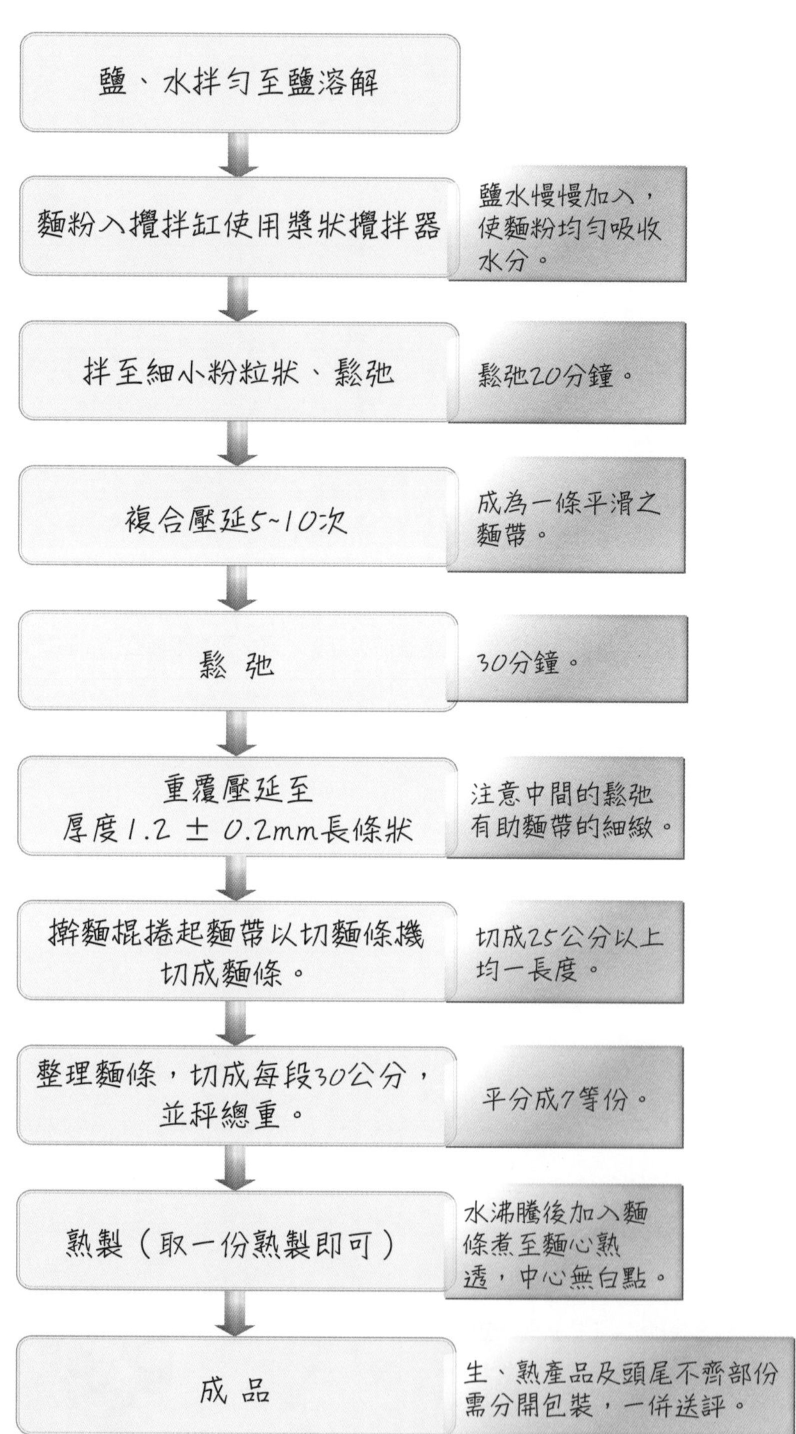

※ 1. 產品完成後才可填寫製作報告表。
2. 書寫內容可參閱本流程圖。

步驟圖說

1. 麵糰製作、鬆弛：1.2. 鹽、水融合，3. 粉入缸，鹽水分次少量入缸，以槳狀攪拌器慢速攪拌，4. 使麵粉平均吸收水分，5.6. 拌成細小粉粒並可壓捏成糰狀，7.8. 入袋鬆弛。

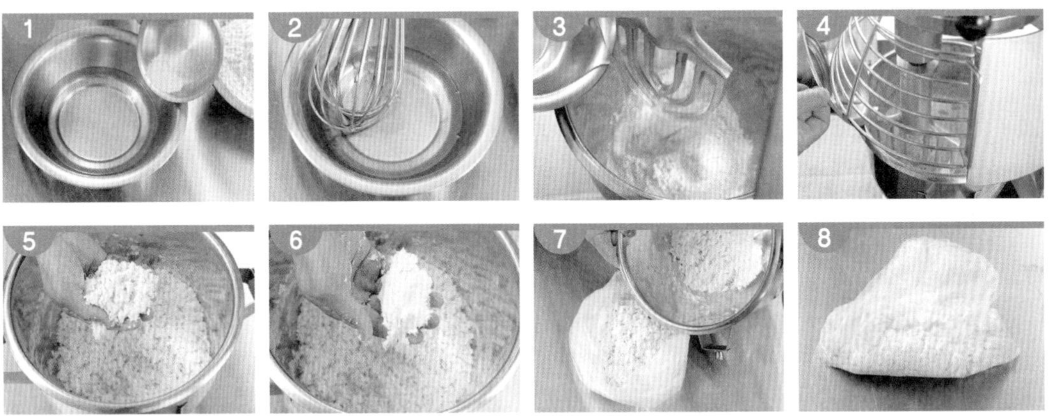

2. 壓麵、覆蓋鬆弛：將鬆弛之麵粉粒入壓麵機進行 1. 複合壓延 5~10 次，2. 再以雙手協助整合麵片，繼續 3. 以 5mm 壓延到 4. 無粉狀麵片，5. 摺疊重覆壓延，6. 最後調整滾輪到 3mm 壓成 7. 完整麵帶，8.9. 三摺後入塑膠袋鬆弛。

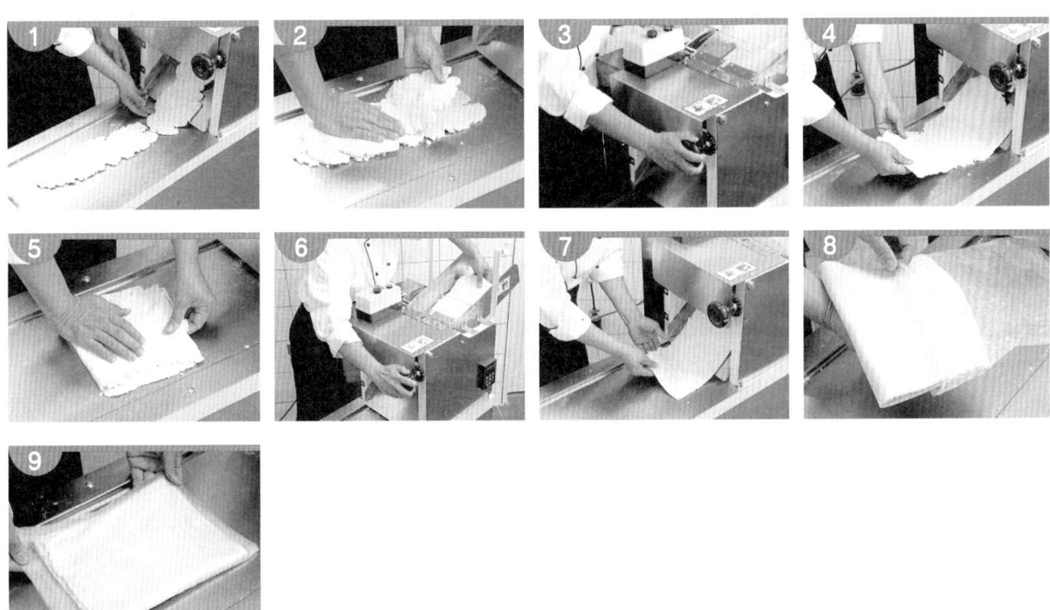

3. 最後壓麵：將鬆弛後的麵帶繼續以 2mm 壓延 1. 將較長麵帶以捲麵棍捲起，2. 滾輪間距縮小，3. 利用厚薄規確認（1.2±0.2mm），4.5. 再次壓延成為光滑的長麵帶，6. 最後再以厚度機確認麵帶厚度為（1.2±0.2mm），7. 捲起移至切麵機工作檯。

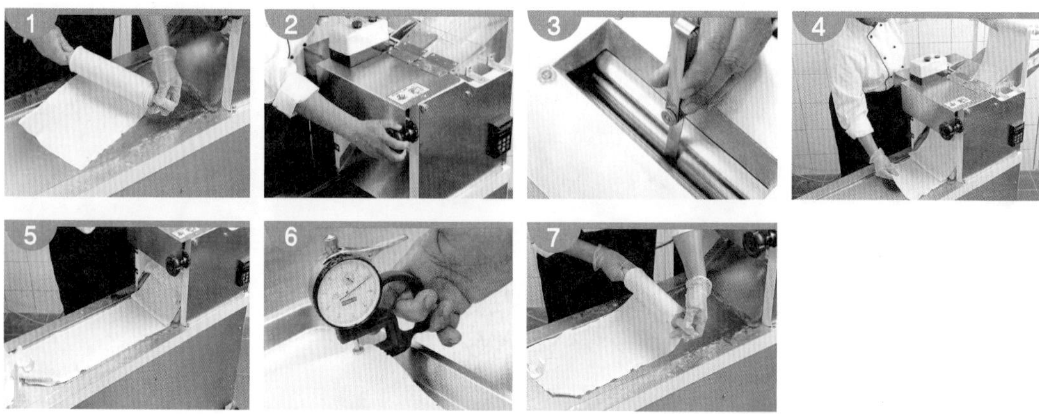

4. 切麵：1. 麵帶放至切麵條機架上使麵帶前端進入滾輪，麵條出口處放上盤子，準備就緒，2. 開綠色按扭進行切麵，3.4.5. 麵條切出，手抓麵條並控制其方向，避免混亂。

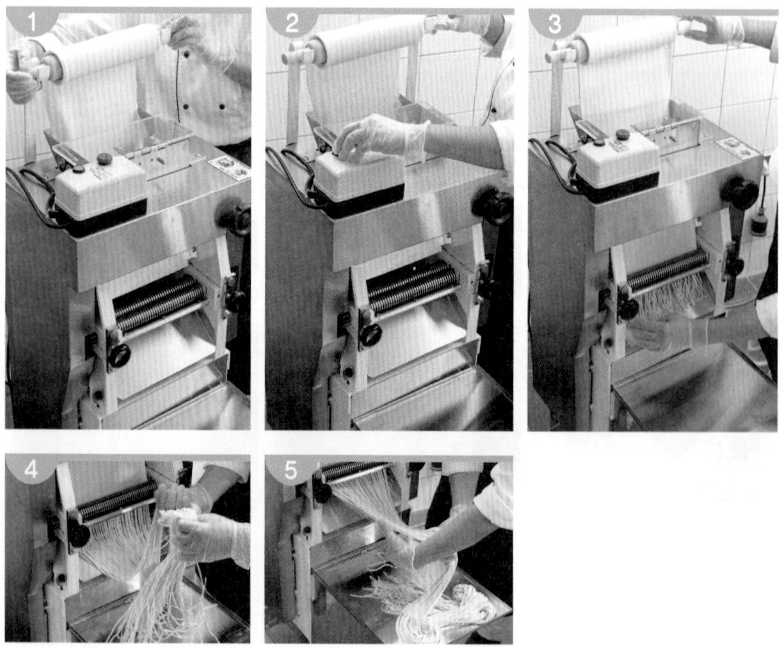

5. 麵條分割：麵條移至個人工作檯面整理後，1. 切成每段 30 公分，2.3. 秤出總重後，平均分成 7 等份。

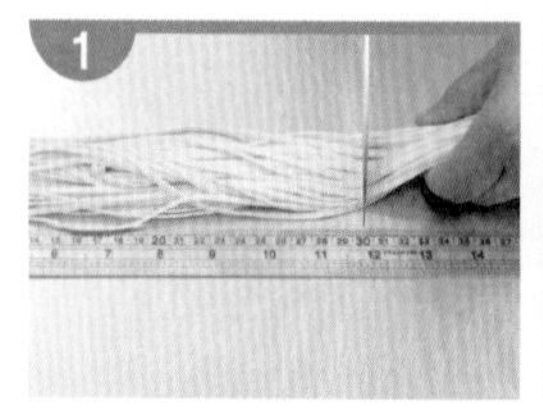

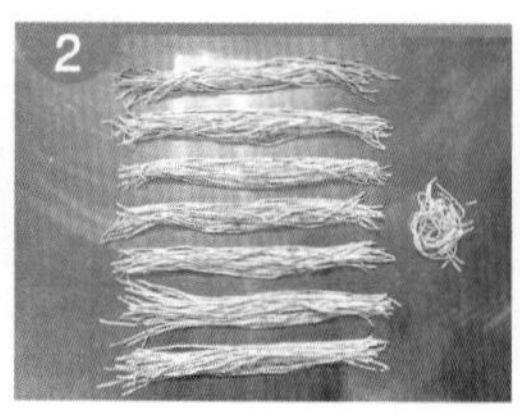

6. **熟製**：取一份熟製，水滾，入麵，煮至麵心無白點撈起，趁熱灑上香油，避免冷卻沾黏。

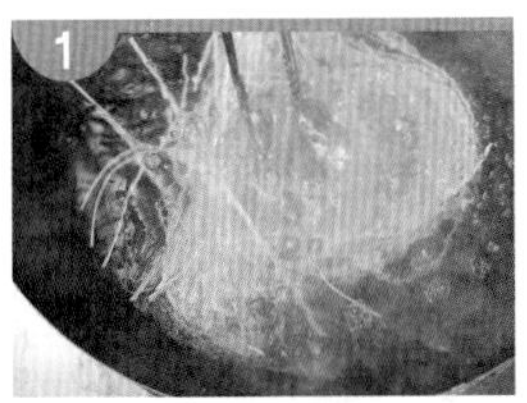
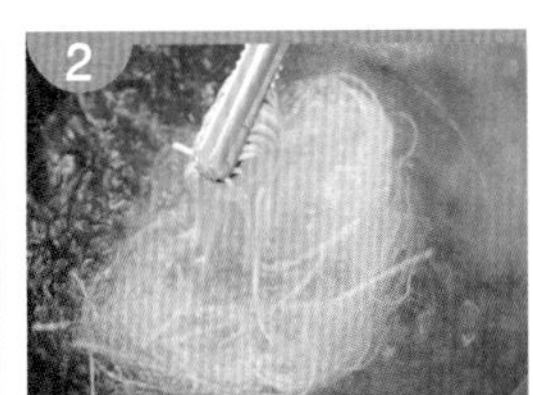
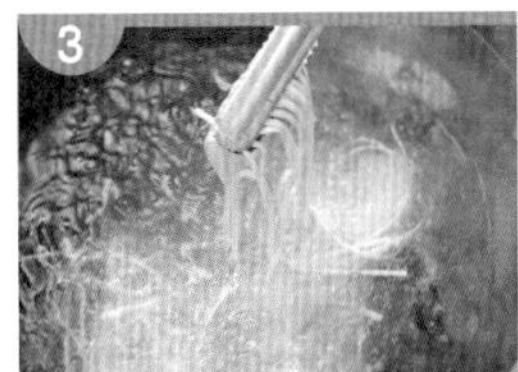
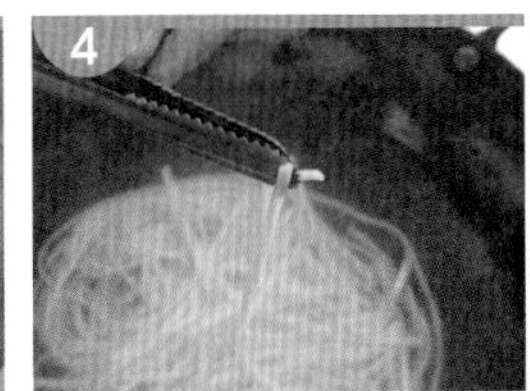
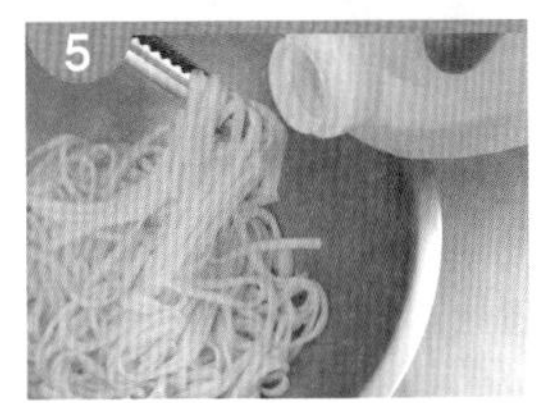

7. **成品**：生、熟產品分開包裝，頭尾不齊部分亦須包裝，一併送評。

1. 因配方水量少，攪拌麵糰時必須分次慢慢加水，使水分完全分散於麵粉中，利於重組，可減少壓延次數與時間，水分也不易蒸發，可使麵帶光滑細緻與柔軟。
2. 麵糰進入壓麵機前，先將麵糰前端壓扁，較易壓延；未經壓扁的球狀，不易進入滾輪，也易產生巨響。
3. 麵帶寬度勿超過滾輪寬度，超過部份向內摺；對摺後的麵片，壓延方向為開口向外，利於排出空氣，否則會產生爆破聲響。
4. 壓延過程，手粉使用過多，將導致麵糰乾硬，增加操作難度。
5. 壓延會使麵帶升溫，導致水分蒸發，盡量減少壓延次數。
6. 麵帶過長，可使用捲麵棍捲起，不宜摺疊。
7. 壓延過程，麵帶不可分割，應維持整捲操作。

淋餅

★★ 096-970303A ★★

冷水麵食

03A

試題說明

1. 用冷水調製麵糊，經適當之鬆弛，將麵糊勺入平底鍋或炒鍋內（鍋內可擦少許油或無油），直徑 22±2 公分，經煎或烙熟之薄圓麵片，熟後每五片麵皮相疊之產品。
2. 產品表面需具均勻的色澤、大小一致、厚薄一致、不變形、外型完整不可破爛、表面平滑、不可殘留黏稠的粉漿、兩面不可煎焦（不可有焦點）、需片片分明不可相互粘黏；需完全熟透、質地柔軟、內外不可有異物、無異味、具有良好的口感。

材料

1. 中筋麵粉
2. 全蛋
3. 木（樹）薯澱粉
4. 鹽
5. 冷水

製作說明

1. 製作直徑 22±2 公分之淋餅 15 張，麵糊不可剩餘。
2. 製作重量：
   (1) 麵糊重量 900 公克。
   (2) 麵糊重量 950 公克。
   (3) 麵糊重量 1000 公克。

專用材料（每人份）

編號	名稱	材料規格	單位	數量	備註
1	蛋	生鮮雞蛋	公克	400	
2	澱粉	木（樹）薯、玉米等	公克	200	

備註：考生制定配方，需依本專用材料與本類麵食之共用材料表內所列之材料自由選用，所選用之材料重量不可超出所定之重量範圍。

配方計算

(1) 已知麵糊重量 900、950、1000 公克
(2) 計算公式：麵糊各項材料重量＝麵糊重量／百分比小計 × 各單項材料百分比

配方計算總表

材料名稱	%	麵糊 900 公克		麵糊 950 公克		麵糊 1000 公克	
中筋麵粉	100	900/291×100	309	950/291×100	326	1000/291×100	345
冷水	150	900/291×150	465	950/291×150	490	1000/291×150	515
鹽	1	900/291×1	3	950/291×1	3	1000/291×1	3
全蛋	35	900/291×35	108	950/291×35	115	1000/291×35	120
木（樹）薯澱粉	5	900/291×5	15	950/291×5	16	1000/291×5	17
小計	291		900		950		1000

淋餅流程圖

麵粉過篩

↓

攪拌 — 所有材料攪拌至完全無顆粒狀，可加水調節濃稠度。

↓

過濾

↓

鬆弛 — 鬆弛20分鐘以上，覆蓋保鮮膜，避免水份蒸發。

↓

熟製 — 使用冷卻之不沾平底鍋，不加油，使用小火乾煎至熟，做出直徑22±2公分之薄圓麵片15張，麵糊總重／15，算出每份之平均重量。

↓

成品 — 淋餅對摺再對摺，每5片麵皮相疊，共3份，總計15張。

※ 1. 產品完成後才可填寫製作報告表。
2. 書寫內容可參閱本流程圖。

步驟圖說

1. 麵糊製作：1. 液體材料混合拌勻，2. 加入過篩粉類、鹽，3. 攪拌至完全無顆粒。

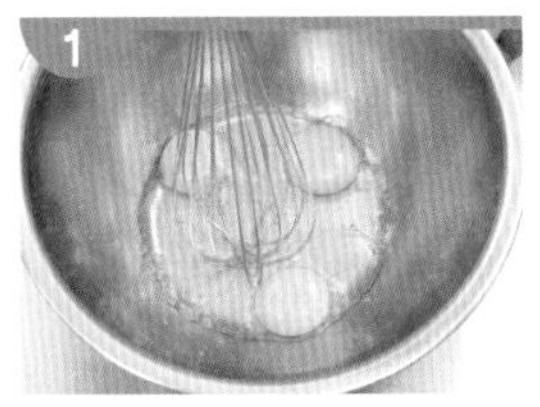

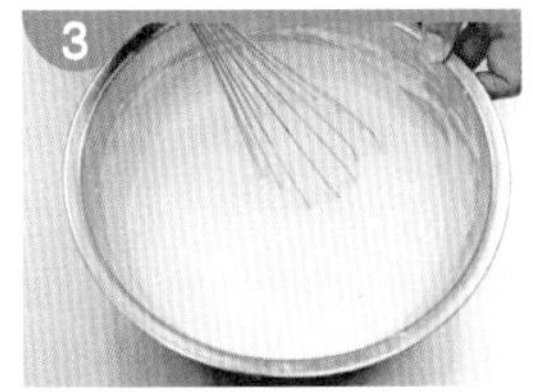

2. 過濾：1. 麵糊濃稠不易過濾，可利用軟刮刀輔助。

3. 靜置：1. 為避免水份流失，覆蓋鬆弛 20 分鐘。

4. 熟製：1. 熟製前先測量平底鍋大小（題意：直徑 22±2 公分），預測麵糊流向的範圍，鍋內可無油，也可將紙巾沾少許油抹鍋底，2.3. 每片麵糊重約 65~70 公克（參閱 TIPS 3.），總麵糊量必須足夠製作 15 片，4. 傾斜旋轉平底鍋，5. 使麵糊向外移動至直徑約 22 公分，以小火加熱，6. 熟成（麵皮表面透明且凸起，麵皮邊緣與鍋面分離並微翹，熄火），7. 麵皮對摺可用鍋鏟，或帶手套操作，8. 再對摺，9. 平底鍋降溫（參閱 TIPS 5.）。

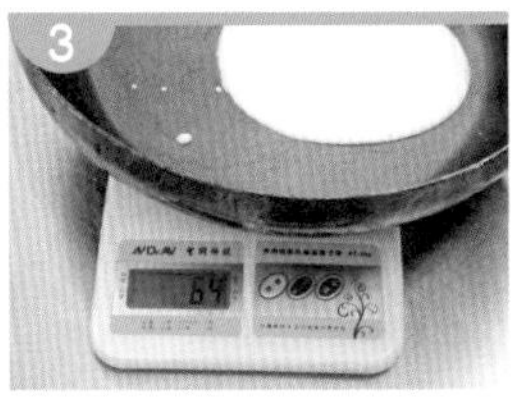

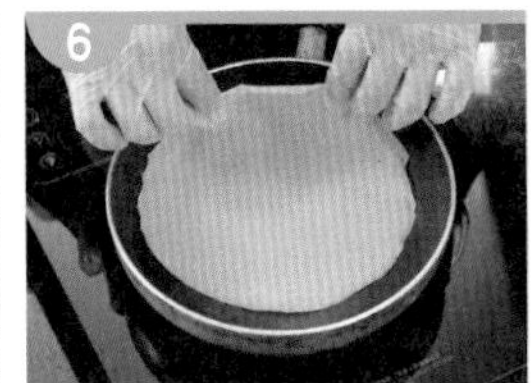

5. 成品：淋餅共 15 張，每 5 張麵皮相疊。

TIPS

1. 依題意製作直徑 22±2 公分淋餅，考場提供平底鍋為 25~30 公分，先量出鍋底寬度（如圖 1）操作時，手握鍋把，輕輕轉動鍋身（如圖 2），麵糊將隨著鍋身的傾斜而慢速流動，此時，可控制麵糊的流向範圍，或藉由湯匙畫圓輔助，以便確保淋餅大小掌握在 22±2 公分之範圍內。

圖 1

圖 2

2. 鍋內含油，麵糊將無法貼底定型，多餘油量可藉餐巾紙擦拭。
3. 利用麵糊過篩時，秤出麵糊總重，算出每片平均重量，以扣重方式取量，亦可利用量杯或馬口碗等容器秤好倒入。
4. 麵皮熟化特徵，表層凸起，餅皮邊圈有分離、翹起現象。
5. 平底鍋降溫的方法，濕毛巾鋪桌面備用，每做完一片，熱鍋在冷毛巾上確實降溫，再進行下一張。熱鍋會使麵糊立即受熱凝固，增加麵糊向外流動的難度。

NG 圖說

賣相不佳

未熟透

手工水餃

★★ 096-970304A ★★

冷水麵食 04A

試題說明

1. 用冷水麵糰製作。麵糰經鬆弛平均分割成所需之數量，用機械或手工擀製成圓形麵皮，中間放入自製餡料，用手工整成元寶式樣，以水煮熟之產品。
2. 產品表面需具均勻的色澤、樣式整齊、挺立、大小一致、不變形、捏合處不得有密合不良之開口；表皮不可破損或破爛；內餡不可鬆散或有嚴重皮餡分離、內外不可有異物、無異味、具有良好的口感。

材料

皮：1. 中筋麵粉、2. 水、3. 鹽

餡：a. 青蔥、b. 薑、c. 豬絞肉、d. 鹽、e. 醬油、f. 香油

製作說明

1. 製作水餃 30 個，皮：餡＝2：3，皮餡不可剩餘。
2. 製作重量：
   (1) 麵糰重量 300 公克。
   (2) 麵糰重量 315 公克。
   (3) 麵糰重量 330 公克。

專用材料（每人份）

編號	名稱	材料規格	單位	數量	備註
1	絞碎豬肉	冷凍肉需解凍	公克	400	
2	大白菜	生鮮	公克	400	
3	青蔥	生鮮	公克	100	
4	薑	生鮮	公克	50	
5	醬油	市售品	公克	50	
6	味精	市售品	公克	20	
7	香（麻）油	市售品	公克	50	
8	白胡椒粉	市售品	公克	30	

備註：考生制定配方，需依本專用材料與本類麵食之共用材料表內所列之材料自由選用，所選用之材料重量不可超出所定之重量範圍。

配方計算

1. 麵糰部份

(1) 已知麵糰重量為 300、315、330 公克。
(2) 計算公式：麵糰各項材料重量＝麵糰重量／麵糰百分比小計 × 麵糰各單項材料百分比

2. 餡料部份

(1) 已知製作水餃 30 個，皮：餡＝2：3。
(2) 麵糰重量 300，餡重＝300÷2×3＝450 麵糰重量 315，餡重＝315÷2×3＝473 麵糰重量 330，餡重＝330÷2×3＝495
(3) 計算公式：餡料各項材料重量＝餡總重／餡百分比小計 × 餡各單項材料百分比

麵糰配方計算總表

材料名稱	%	麵糰 300 公克		麵糰 315 公克		麵糰 330 公克	
中筋麵粉	100	300/151×100	199	315/151×100	209	330/151×100	219
水	50	300/151×50	99	315/151×50	104	330/151×50	109
鹽	1	300/151×1	2	315/151×1	2	330/151×1	2
小計	151		300		315		330

餡料配方計算總表

材料名稱	%	餡重 450 公克		餡重 473 公克		餡重 495 公克	
豬絞肉	100	450/132×100	340	473/132×100	358	495/132×100	375
鹽	1	450/132×1	4	473/132×1	4	495/132×1	4
醬油	2	450/132×2	7	473/132×2	7	495/132×2	8
青蔥	20	450/132×20	69	473/132×20	72	495/132×20	75
香油	3	450/132×3	10	473/132×3	10	495/132×3	11
薑	6	450/132×6	20	473/132×6	22	495/132×6	22
小計	132		450		473		495

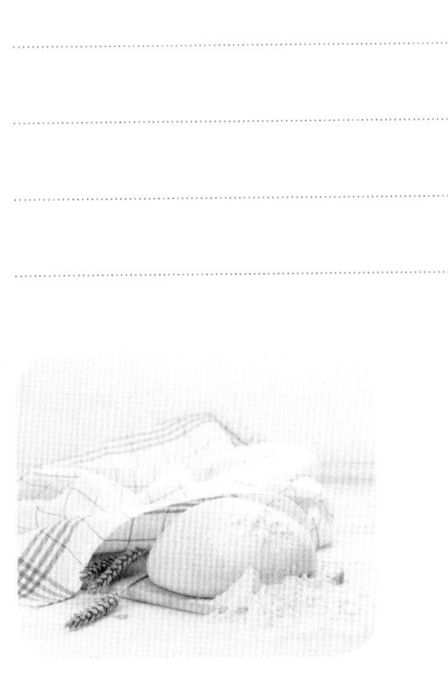
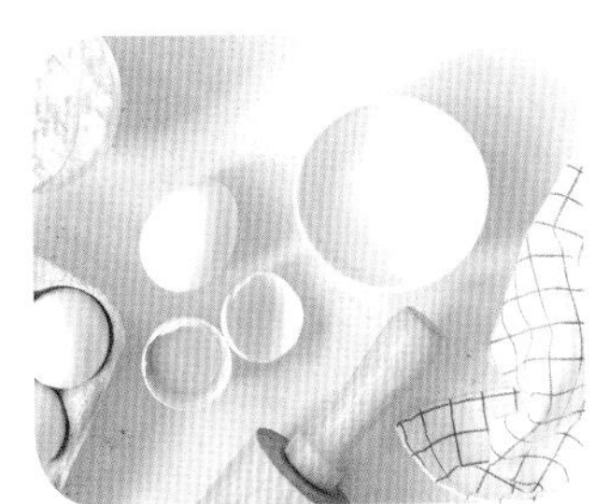
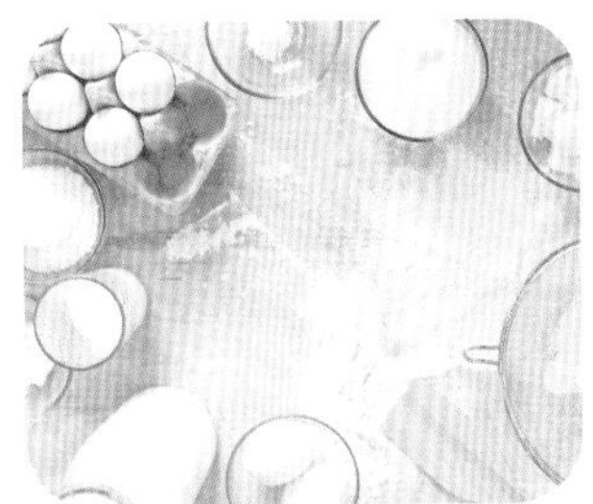

手工水餃流程圖

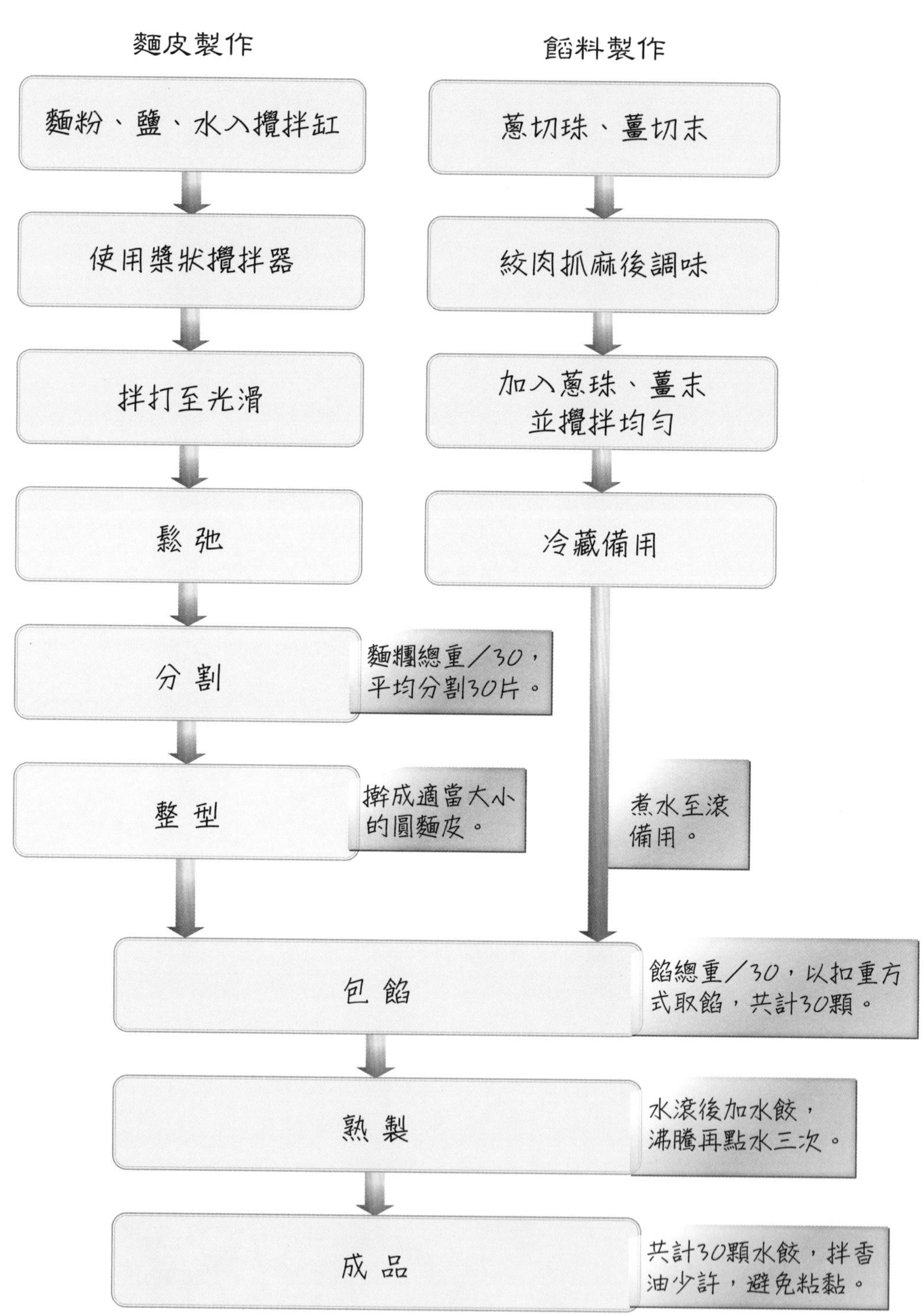

※ 1. 產品完成後才可填寫製作報告表。
2. 書寫內容可參閱本流程圖。

步驟圖說

1. 餡料製作：1. 蔥切珠、2. 薑切末，3. 豬絞肉調味抓麻至有黏性，4. 加薑末、5. 蔥珠拌勻，覆蓋冷藏備用。

※※※ 餡料操作程序需完全符合衛生標準規範 ※※※

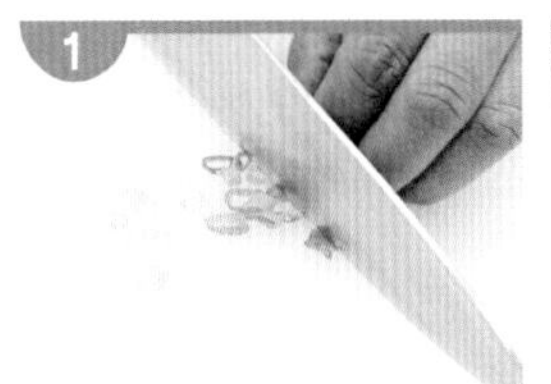

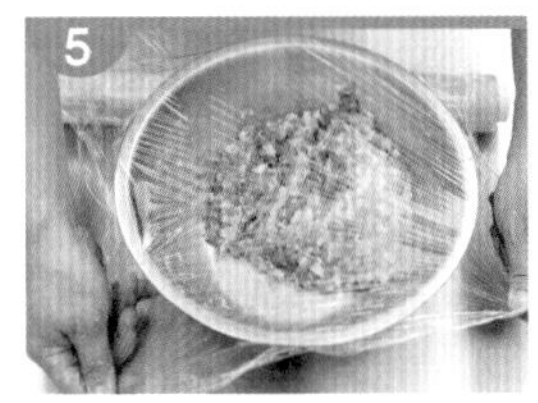

2. 麵皮製作：1. 麵粉、鹽、2. 水入缸，使用槳狀攪拌器攪拌至 3. 光滑，4. 覆蓋鬆弛。

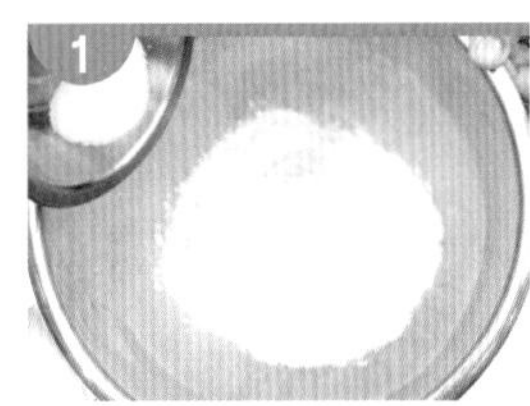
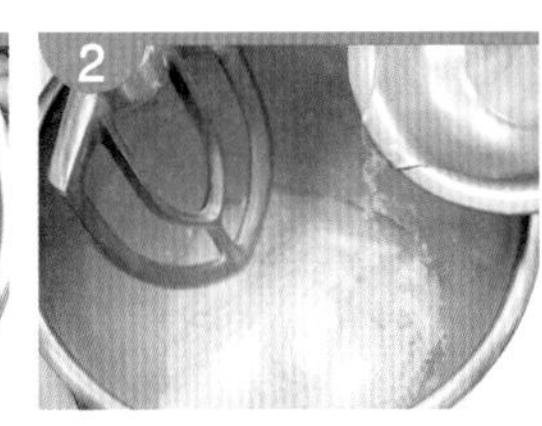
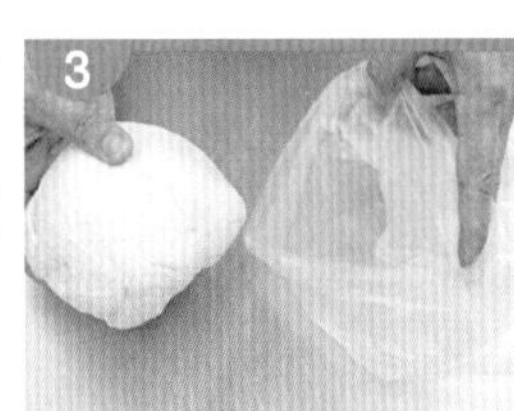
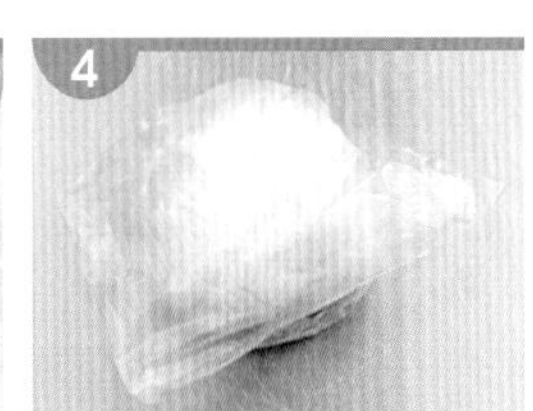

3. 分割：1. 秤麵糰總重後平分成三等份，2. 捲成長條狀，3. 每條再平均分成 10 等份，4. 共計 30 顆。

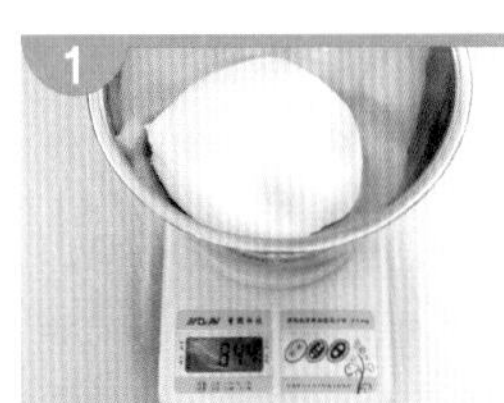
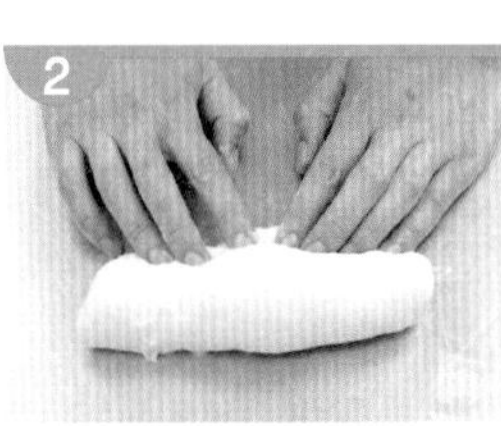
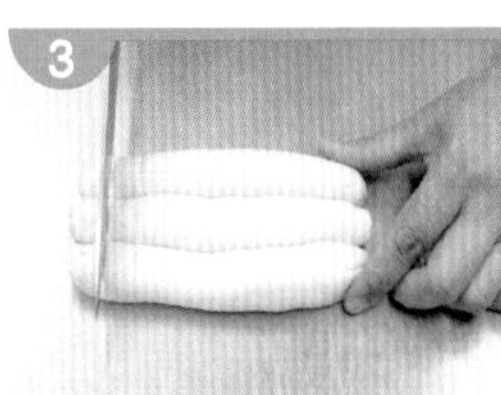
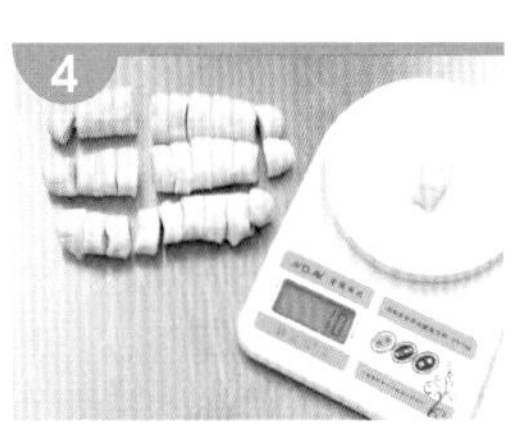

4. 整型：1. 切面朝上，壓成扁圓狀 2.3. 一手旋轉麵皮，一手擀開，4. 擀成中心厚、邊緣薄，同樣大小之圓形麵皮，5. 先擀十片依序擺放，取最先擀好之麵皮依序包餡；擀皮、包餡動作，分三階段進行並完成 30 顆水餃的製作。

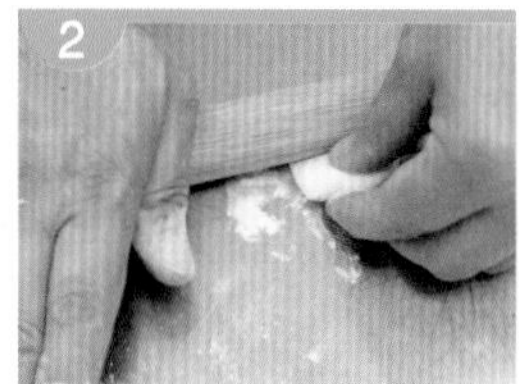
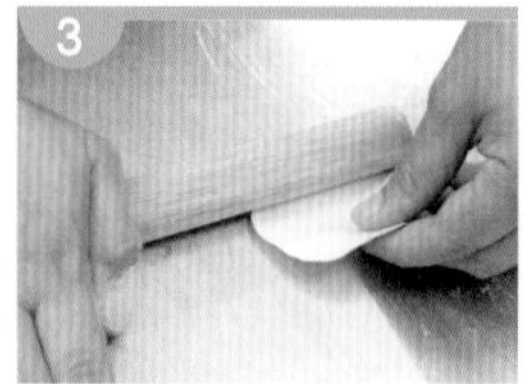
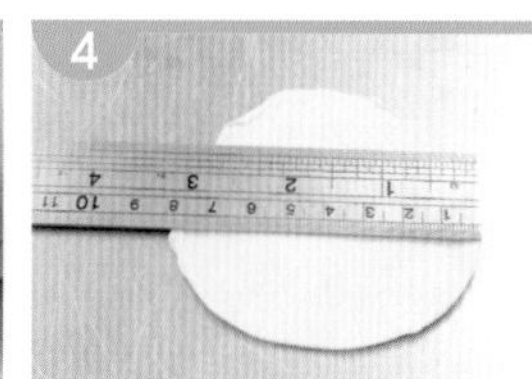
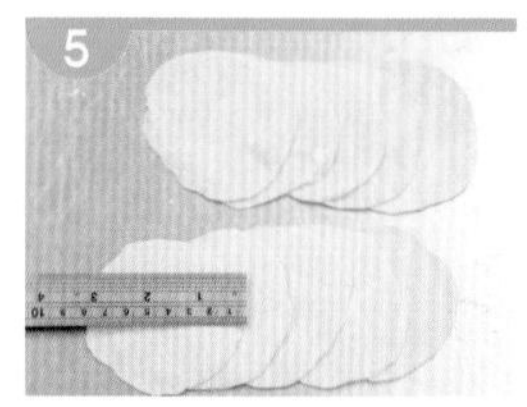

5. 包餡：1. 先秤餡料總重（餡總重 ÷30），2. 以扣重方式取餡 3. 備冷水，餡置中間，留白處半圈抹上一層薄水，較具黏性，4. 麵皮對摺，5. 捏緊收口成元寶狀。

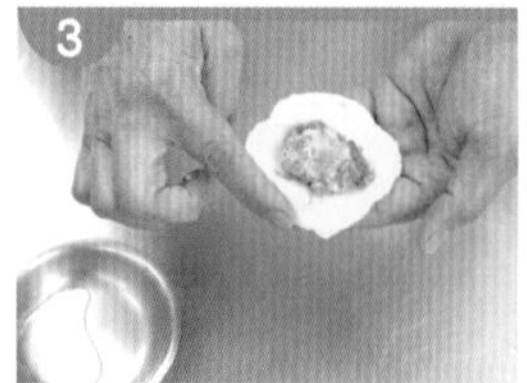
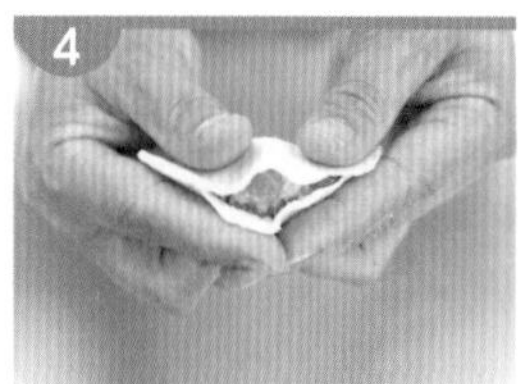
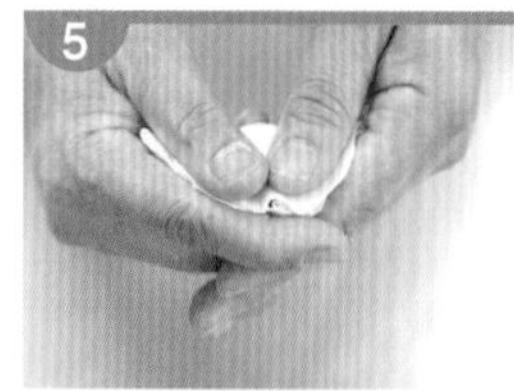

6. 熟製：1. 水滾後下水餃，鍋勺輕推，避免水餃沉底黏鍋，2. 點水 2~3 次，浮起且膨脹代表熟成，取出，趁熱灑上香油，避免冷卻粘黏。

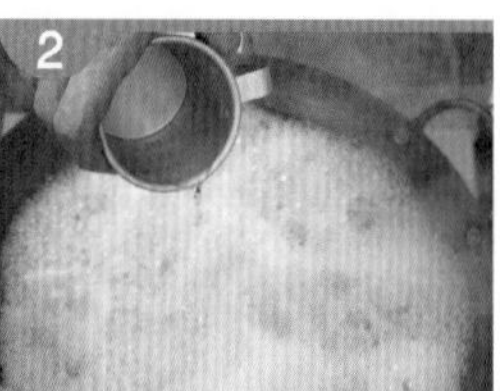

7. 成品：手工水餃共計 30 顆。

TIPS

1. 避免餃皮相黏及鬆弛程度不一，擀皮 10 片後即包餡，再繼續擀皮 10 片包餡，依此方式進行三次。
2. 依題意「樣式整齊、挺立、大小一致，整成元寶式樣」，因此包法不限，但必須樣式統一，收口處務必捏緊。
3. 依題意「餡需用完不可剩餘」，包餡前先秤餡料總重，確保每顆餡重一致，以扣重的方式取餡料。
4. 煮水餃，水量必須足夠，滾動空間大，亦可避免滾水渾濁。
5. 水沸騰再下水餃，可有效避免水餃破裂及水餃皮黏糊。
6. 水餃下鍋後，勺子輕推直至水餃浮起，可避免水餃黏鍋底及相互粘黏。
7. 煮水餃過程，水滾後掀蓋，避免大滾，爐火不可太大，最好的狀態是沸而不騰，降低開口及爆裂的機會。
8. 水滾後下水餃煮至滾，掀蓋，再次加冷水，使皮薄餡多的水餃，內外熟度均勻而不致糊爛，此再次加水的動作謂之「點水」。
9. 以下示範水餃的三種不同包法：

範例一

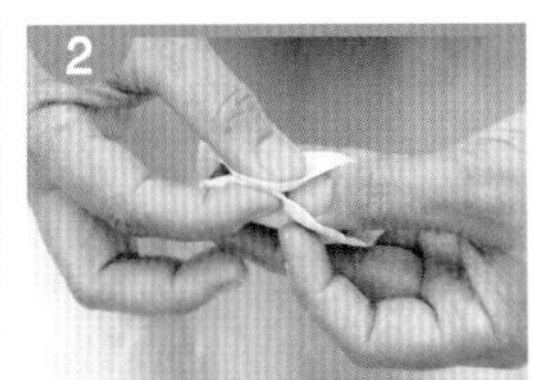
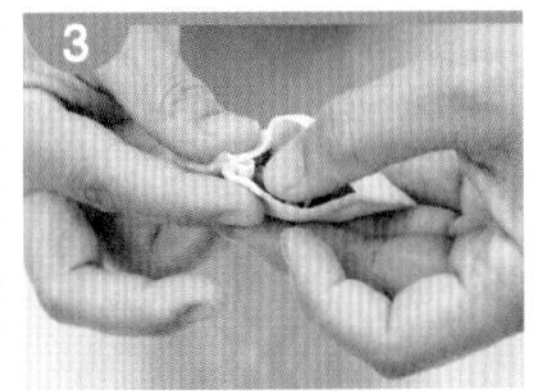
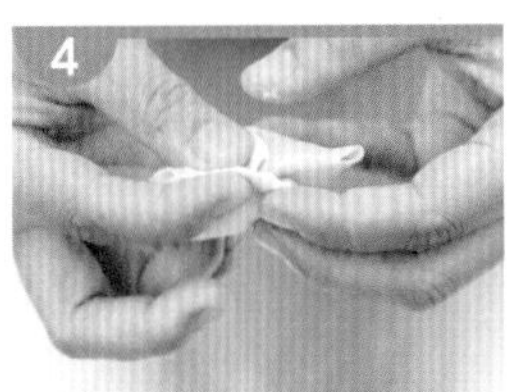
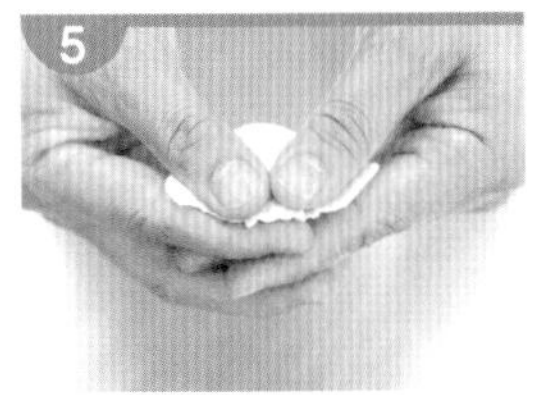

範例二

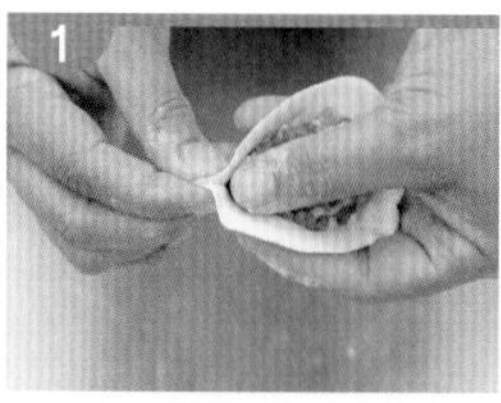

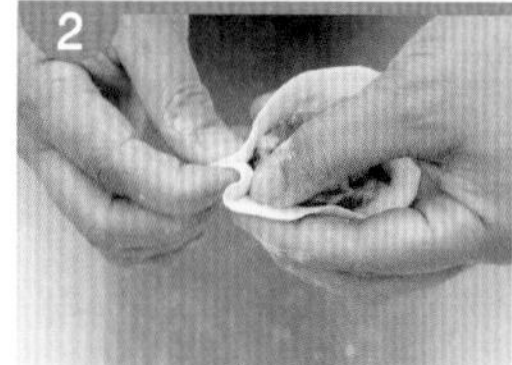

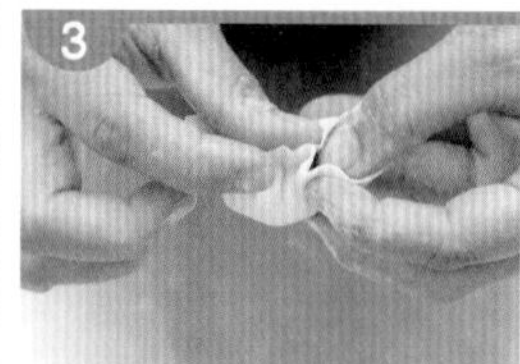

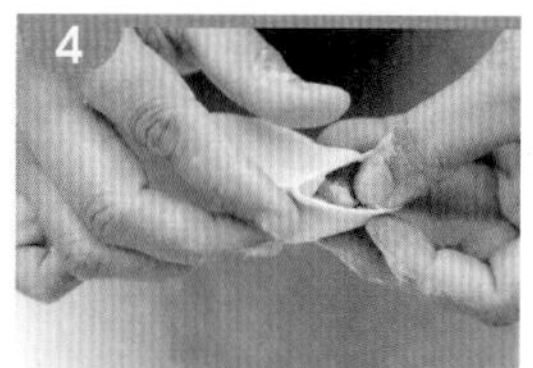

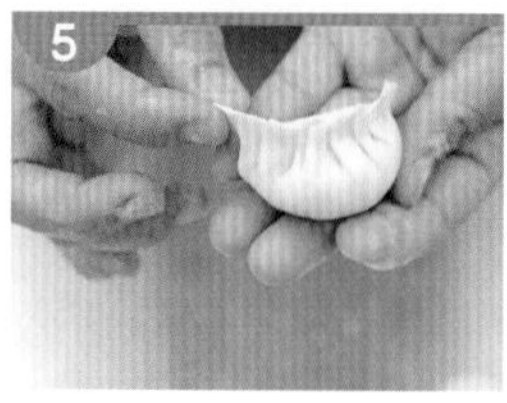

範例三

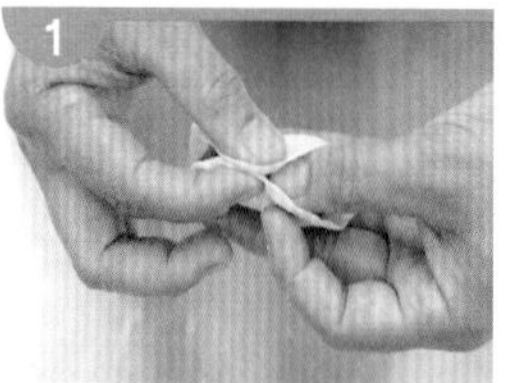

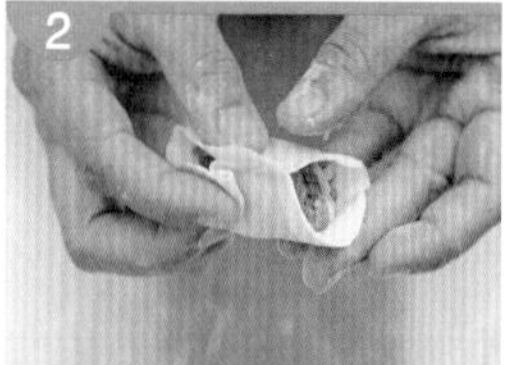

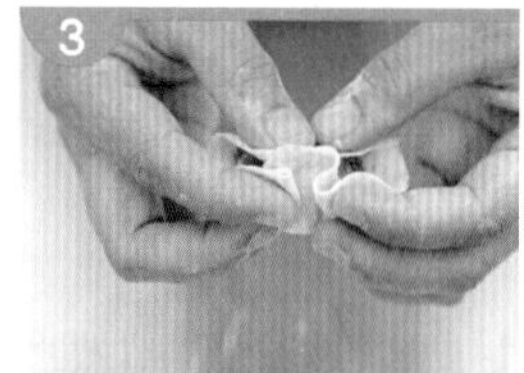

NG 圖說

樣式未統一

表皮破損

（壹）試題說明

一、本類麵食共四小項（編號 096-970301B~970304B）。

二、完成時限為四小時，包含冷水麵食、燙麵食、燒餅類麵食，依勾選之分項各抽考一種產品，共二種產品。

三、燙麵食之麵糰或麵皮製作可使用攪拌機，熟製需用蒸籠或平底鍋。

四、產品製作之試題說明及要求之品質標準，係依產品而定，請參考每小項之「試題說明」。

五、產品製作重量與數量，係依產品而定，請參考每小項之「製作說明」。

六、制定麵糰配方時，不可加計任何損耗。麵糰重量需符合試題說明與製作說明，製作配方於製作後不可再修改，監評會核對配方表與實作重量。

七、麵糰與餡料製備之所有操作程序需完全符合衛生標準規範；所需重量應確實計算，不可剩餘，也不得分多次製作。

八、本類麵食共用材料（每項產品）

編號	名稱	材料規格	單位	重量	備註
1	中筋麵粉	符合國家標準 (CNS) 規格	公克	1000	含防黏粉
2	澱粉	木（樹）薯、玉米等	公克	200	
3	砂糖	細砂	公克	30	
4	液體油	大豆沙拉油等	公克	800	含煎熟用
5	鹽	精製	公克	100	
6	味精	市售品	公克	80	
7	香（麻）油	市售品	公克	50	
8	白胡椒粉	市售品	公克	50	
9	醬油	市售品	公克	50	
10	青蔥	生鮮	公克	400	
11	薑	生鮮	公克	100	
12	米酒	市售品	公克	30	

備註：

1. 考生制定配方，需依本類麵食共用材料與各小項產品之專用材料表內所列之材料自由選用。
2. 所選用之材料重量不可超出所定之重量範圍。各類食品添加物之使用範圍及限量應符合食品安全衛生管理法第 18 條訂定「食品添加物使用範圍及限量暨規格標準」。
3. 「水」任意使用，不限重量。

八、本類麵食專業設備（每人份）

編號	名稱	設備規格	單位	數量	備 註
1	蒸籠布	細軟的綿布或不沾布，可用蒸烤紙或墊紙替代	條	2	配合蒸籠規格
2	蒸籠	雙層不鏽鋼製，直徑 40 公分以上，附底鍋與鍋蓋，瓦斯爐火力與蒸籠需配合	組	1	附有小圓孔蒸盤，大小需配合蒸籠亦可使用於發酵箱
3	平底煎板	以電或瓦斯為熱源，圓形內徑 32~40 公分附長鏟、蓋；方形容量不可低於圓形	組	1	
4	包餡匙	竹或不鏽鋼製長 15~20 公分	支	1	

荷葉餅

★★ 096-970301B ★★

燙麵食

01B

試題說明

1. 用燙麵麵糰製作。麵糰經適當之鬆弛，平均分割成所需數量，將中間沾油（可再沾麵粉）的二個麵糰相疊後，以機械或手工整型成直徑 18±2 公分以上的圓麵皮，用乾烙（麵糰與煎板或鍋子不可有油）方式熟製後，麵片需撕開成兩片，每片再折成四摺之產品。
2. 產品表面需具均勻的色澤、大小一致、厚薄一致、不變形、外型完整不可破爛、兩面不可煎焦（可有少數焦點）；需完全熟透、質地柔軟、具有韌性、內外不可有異物、無異味、具有良好的口感。

材料

1. 中筋麵粉
2. 沸水
3. 冷水

製作說明

1. 製作直徑 18±2 公分之荷葉餅 40 片（麵糰不可剩餘）。
2. 製作重量：
   (1) 麵糰重量 1000 公克。
   (2) 麵糰重量 1040 公克。
   (3) 麵糰重量 1080 公克。

專用材料（每人份）

編號	名稱	材料規格	單位	數量	備註
本試題使用共用材料即可，無專用材料。					

備註：考生制定配方，需依本專用材料與本類麵食之共用材料表內所列之材料自由選用，所選用之材料重量不可超出所定之重量範圍。

配方計算

(1) 已知麵糰重量 1000、1040、1080 公克
(2) 計算公式：麵糰各項材料重量＝麵糰重量／百分比小計 × 各單項材料百分比

配方計算總表

材料名稱	%	麵糰 1000 公克		麵糰 1040 公克		麵糰 1080 公克	
中筋麵粉	100	1000/170×100	588	1040/170×100	612	1080/170×100	635
沸水	40	1000/170×40	235	1040/170×40	245	1080/170×40	254
冷水	30	1000/170×30	177	1040/170×30	183	1080/170×30	191
小計	170		1000		1040		1080
液體油		適量		適量		適量	
中筋麵粉		適量		適量		適量	

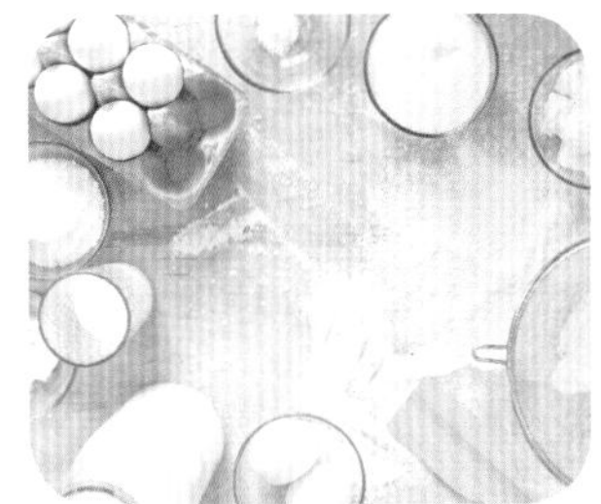

荷葉餅流程圖

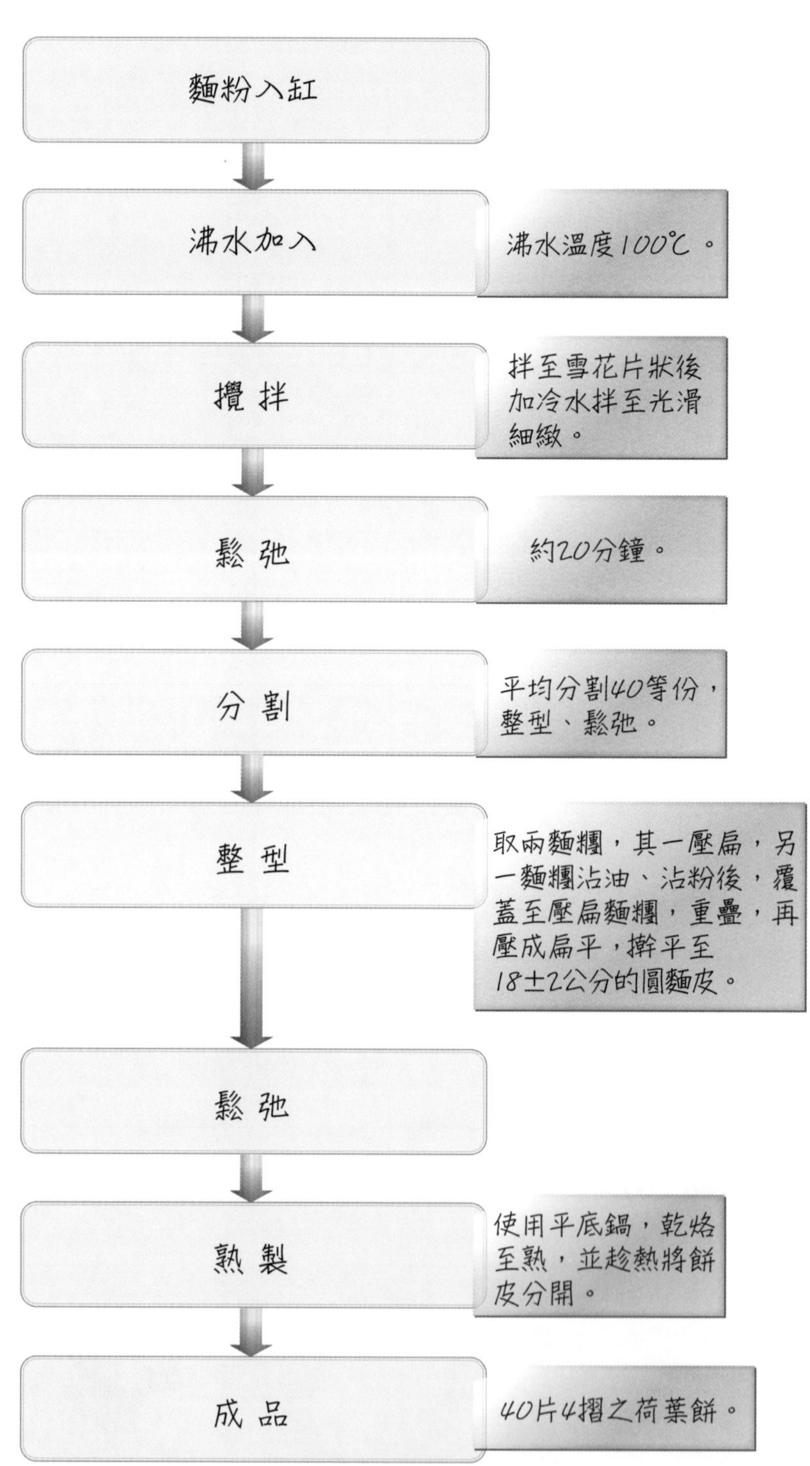

※ 1. 產品完成後才可填寫製作報告表。
2. 書寫內容可參閱本流程圖。

步驟圖說

1. 麵糰製作、鬆弛：1. 麵粉入缸，加入 100℃沸水，2. 槳狀攪拌器拌至雪片狀，3. 冷水加入，4.5. 中速攪拌，停機刮缸，6. 繼續拌至光滑細緻，燙水麵吸水量多，黏性強，7. 備塑膠袋沾少許油，8. 麵糰入袋 9. 鬆弛約 20 分鐘。

2. 分割、整型、鬆弛：1. 麵糰秤總重，2. 均分四等份，3. 壓扁 4.5.6. 捲成等長條狀（每條長約 20 公分），7.8. 每條再均分 10 等份，共分割 40 個小麵糰，9. 滾圓，覆蓋鬆弛。

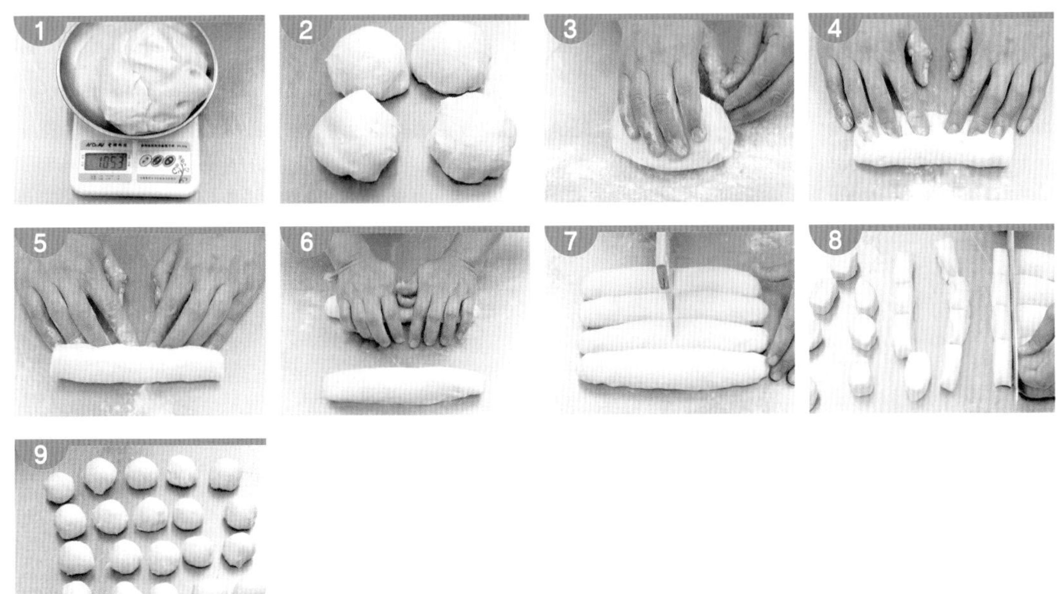

3. 整型：1. 取其中 20 個圓麵糰光滑面朝外，2. 壓扁；另 20 個，3. 光滑面朝下，先沾滿 2/3 的油，4. 再沾滿 2/3 的高筋麵粉，5. 直接疊在先前壓扁的圓麵糰上，6. 利用手腹將雙層麵糰壓成扁平狀，7.8.9. 再以擀麵棍由中間向上向下 開，再轉 90° 由中間向上向下擀開，以同樣方式擀成直徑 18±2 公分的圓麵皮。注意餅皮周邊，擀壓勿用力過當，造成上下兩片黏合而無法撕開（如圖 8）。

4. 熟製：採乾烙法製作，平底鍋不加油，餅皮平貼鍋面，以微火加熱至 1. 表面有不規則凸起，2. 翻面續烙，3. 直至表面隆起，4. 起鍋。5.6. 沿四周輕輕撕開，7.8. 對摺，再對摺成為四摺之產品。

5. 成品：荷葉餅共計 40 片。

TIPS

1. 麵糰軟硬度影響品質，過軟，兩片相黏不易撕開；過硬，太厚，柔軟度不佳，水量的控制為關鍵。
2. 麵皮貼平鍋面，乾烙（麵糰與鍋子不可有油）至有不規則凸起，翻面；底部亦同，雙面呈均勻的色澤。
3. 起鍋後帶上衛生手套，趁熱分開成兩張，動作輕柔避免破裂。

NG 圖說

破損

有異物

沾黏

燒焦

燒賣

★★ 096-970302B ★★

燙麵食

02B

試題說明

1. 用燙麵麵糰製作。麵糰經適當之鬆弛，平均分割成所需數量，用機械或手工整型成直徑 8±1 公分的圓麵皮，麵皮包入餡料，用手工整型成大白菜式樣，用蒸籠蒸熟之產品。
2. 產品表面需具均勻色澤、大小一致、外型挺立、不變形、外型完整不可破損；切開後餡需完全熟透、不可鬆散或嚴重皮餡分離、內外不可有異物、無異味、具有良好的口感。

材料

皮：1. 中筋麵粉、2. 沙拉油、3. 冷水、4. 沸水

餡：a. 蔥、薑、b. 豬絞肉、c. 香菇、d. 香油、e. 醬油、f. 水、g. 玉米粉、h. 鹽

製作說明

1. 製作燒賣 30 個，皮：餡＝2：3（皮餡不可剩餘）。
2. 製作重量：
   (1) 麵糰重量 300 公克。
   (2) 麵糰重量 330 公克。
   (3) 麵糰重量 360 公克。

專用材料（每人份）

編號	名稱	材料規格	單位	數量	備註
1	絞碎豬肉	冷凍肉需解凍	公克	500	
2	香菇	市售品	公克	50	

備註：考生制定配方，需依本專用材料與本類麵食之共用材料表內所列之材料自由選用，所選用之材料重量不可超出所定之重量範圍。

配方計算

1. 麵糰部分

(1) 已知麵糰重量為 300、330、360 公克。
(2) 計算公式：麵糰各項材料重量＝麵糰重量／麵糰百分比小計 × 麵糰各單項材料百分比

2. 餡重部分

(1) 已知製作燒賣 30 個，皮：餡＝2：3。
(2) 麵糰重量 300，餡重＝300÷2×3＝450 麵糰重量 330，餡重＝330÷2×3＝495 麵糰重量 360，餡重＝360÷2×3＝540
(3) 計算公式：餡各項材料重量＝餡總重／餡百分比小計 × 餡各單項材料百分比

麵糰配方計算總表

材料名稱	%	麵糰 300 公克		麵糰 330 公克		麵糰 360 公克	
中筋麵粉	100	300/172×100	174	330/172×100	192	360/172×100	209
沸水	50	300/172×50	87	330/172×50	96	360/172×50	105
冷水	20	300/172×20	35	330/172×20	38	360/172×20	42
沙拉油	2	300/172×2	4	330/172×2	4	360/172×2	4
小計	172		300		330		360

餡料配方計算總表

材料名稱	%	餡重 450 公克		餡重 495 公克		餡重 540 公克	
豬絞肉	100	450/138×100	326	495/138×100	359	540/138×100	391
鹽	1	450/138×1	3	495/138×1	3	540/138×1	4
醬油	2	450/138×2	6	495/138×2	7	540/138×2	8
水	10	450/138×10	33	495/138×10	36	540/138×10	39
香油	5.5	450/138×5.5	18	495/138×5.5	20	540/138×5.5	22
香菇	6	450/138×6	20	495/138×6	22	540/138×6	23
蔥	10	450/138×10	33	495/138×10	36	540/138×10	39
薑	2	450/138×2	6	495/138×2	7	540/138×2	8
玉米粉	1.5	450/138×1.5	5	495/138×1.5	5	540/138×1.5	6
小計	138		450		495		540

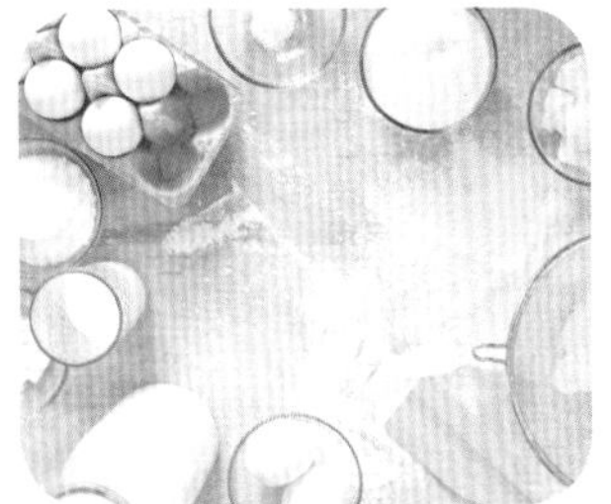

燒賣流程圖

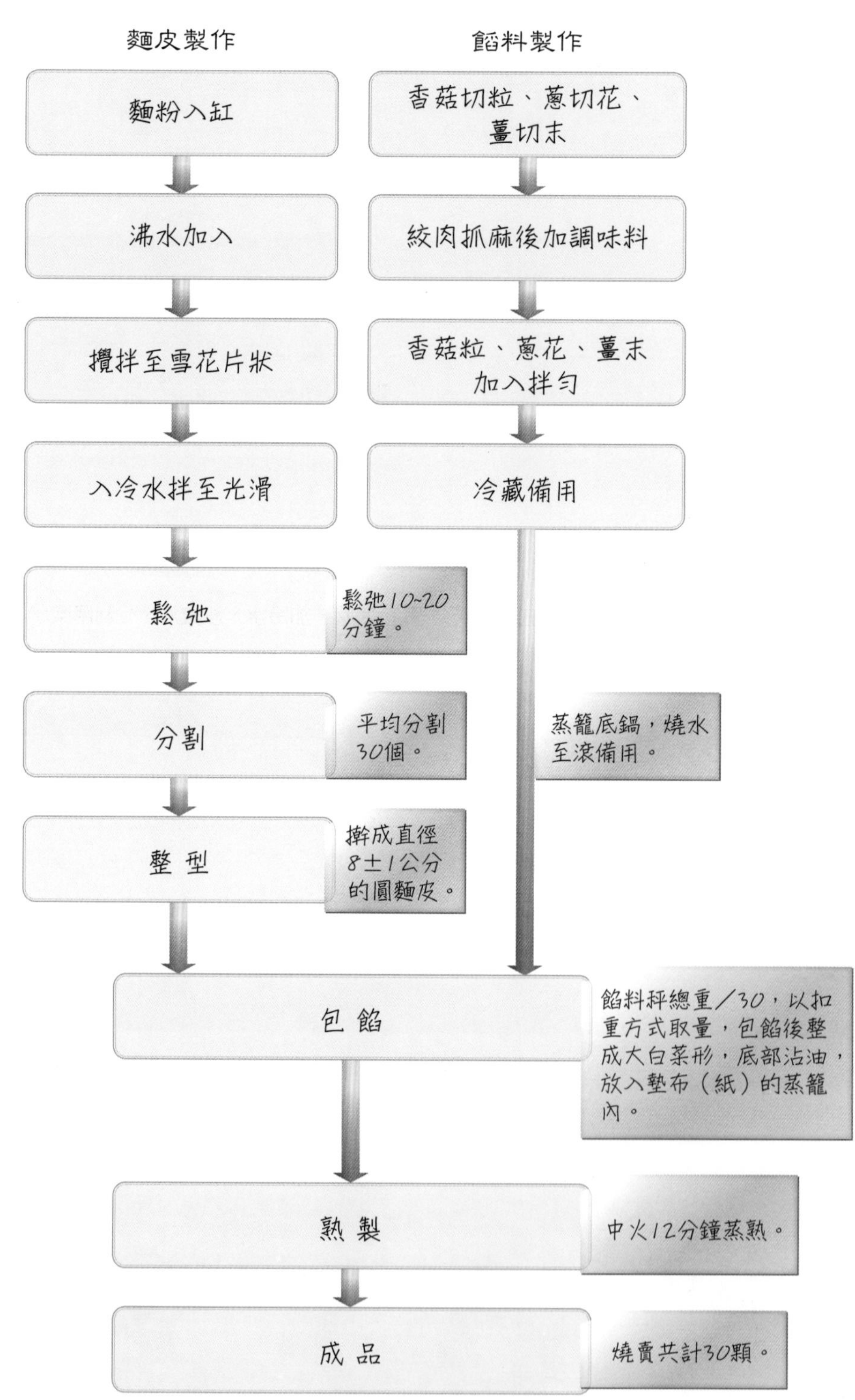

※ 1. 產品完成後才可填寫製作報告表。
2. 書寫內容可參閱本流程圖。

步驟圖說

1. 餡料製作：1. 蔥切珠、2. 香菇切粒、3. 薑切末，4. 豬絞肉抓麻至有黏性，5. 加鹽、醬油、香油拌勻，6. 加香菇、薑、蔥，7. 再次拌勻，8. 覆蓋冷藏備用。

※※※ 餡料操作程序需完全符合衛生標準規範 ※※※

2. 麵糰製作：1. 麵粉、沸水入攪拌缸拌打至 2. 雪花片狀，加冷水、沙拉油，3. 利用槳狀攪拌器繼續拌打至光滑，4. 覆蓋鬆弛。

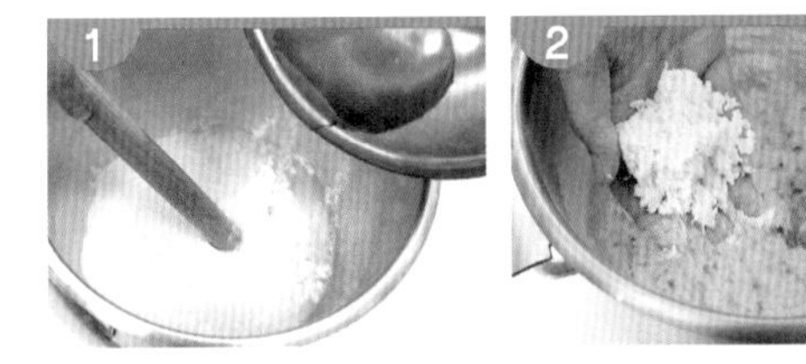

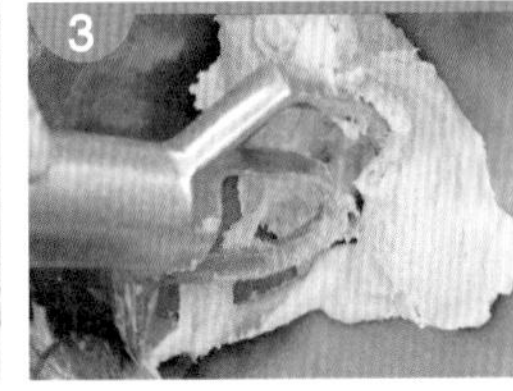

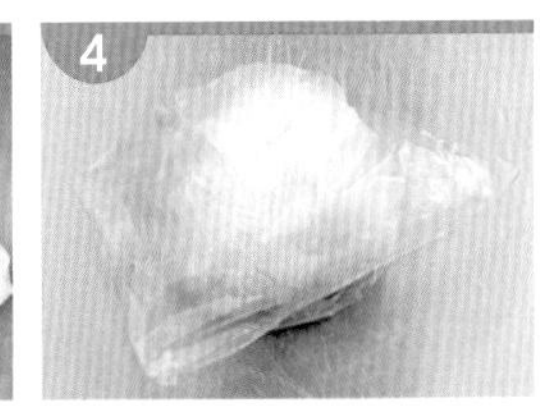

3. 分割：1. 麵糰均分三等份，2. 搓成長條狀，3. 每條均分 10 等份，4. 共計 30 顆。

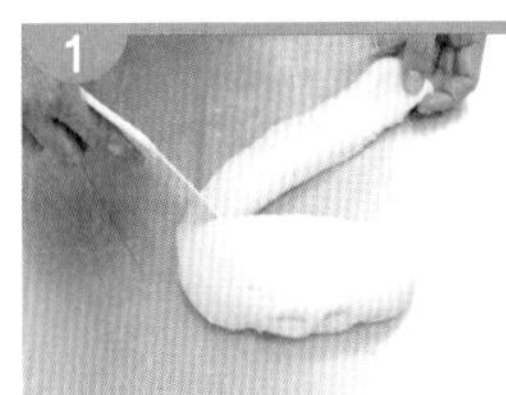

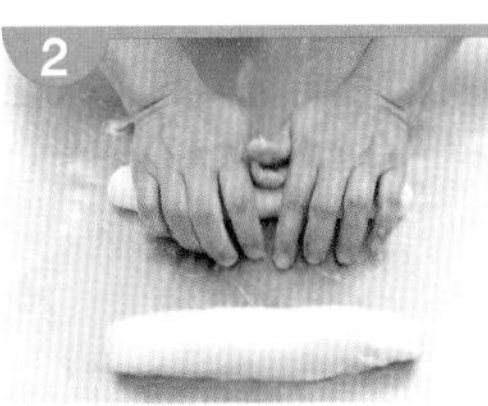

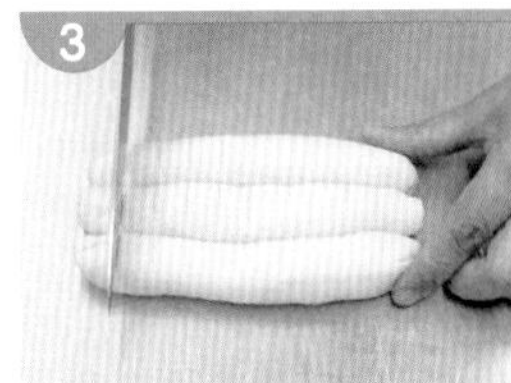

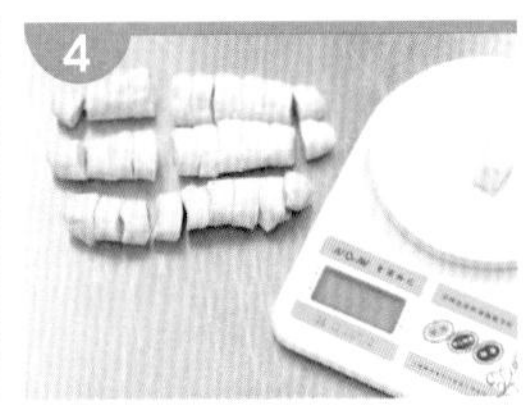

4. 整型：1. 切面朝上，2. 壓扁，3. 擀開至 8±1 公分，中間微厚，邊緣薄的圓形麵皮，4. 先擀 10 片，依擀皮先後順序整齊排列，並依序包餡，包完餡再繼續擀另 10 張皮，擀皮，包餡分三階段完成。

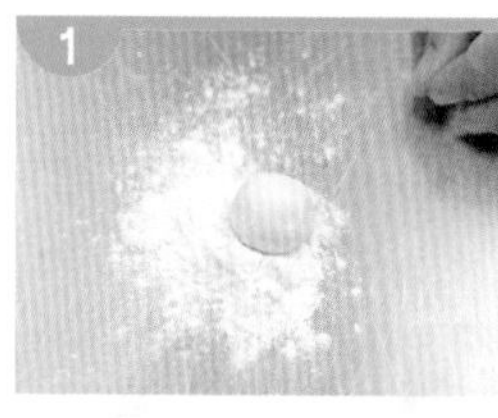

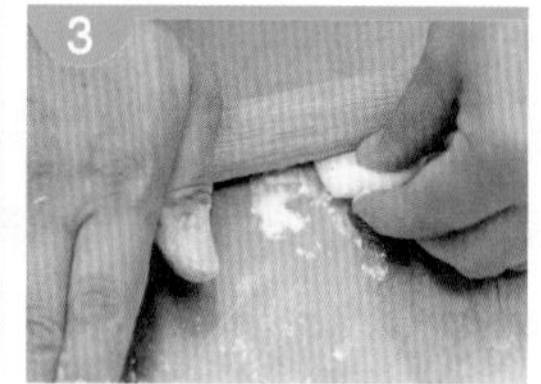
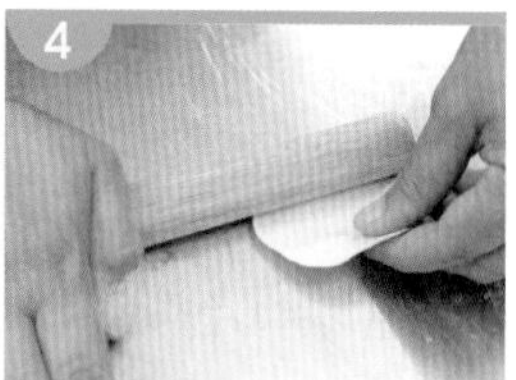
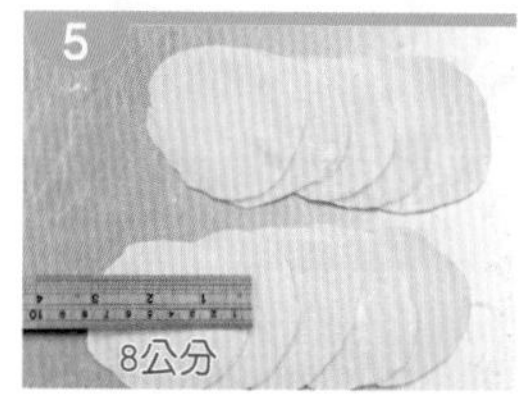

5. 包餡：1. 秤餡料總重，除以 30 個，以扣重方式取料，2.3. 利用包餡匙配合整型，4. 虎口微收，成波浪裙擺，5. 底部沾油 6.7. 放入已墊紙（布）的蒸籠內，並排列整齊。

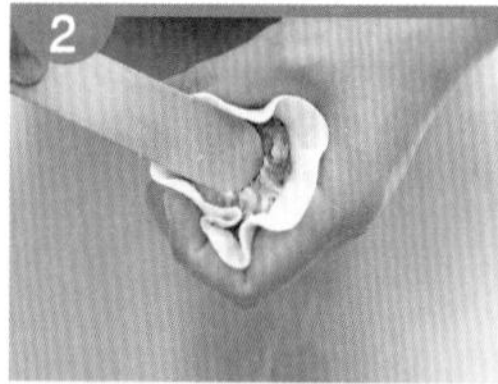
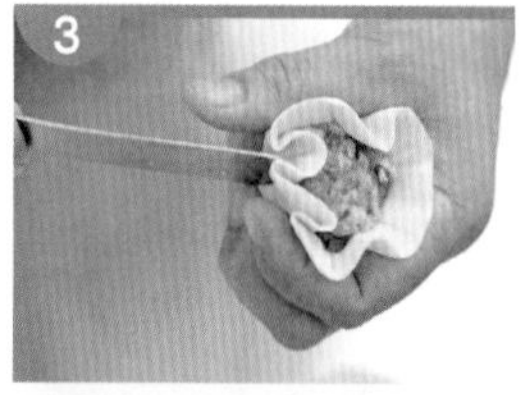
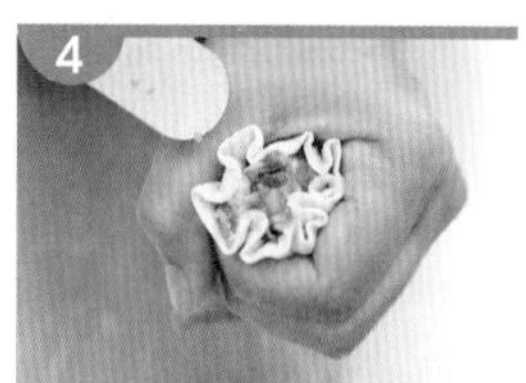
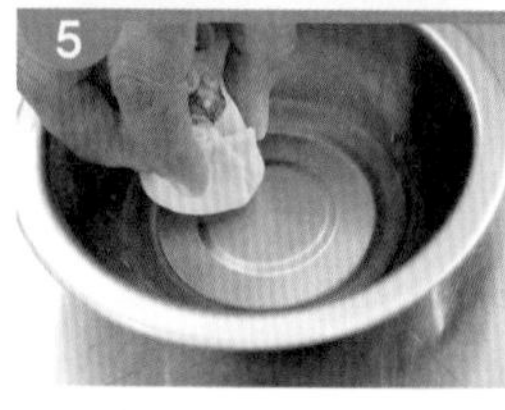

6. 熟製：1. 水煮沸騰，2. 鍋蓋加紗布入鍋，中火蒸約 12 分鐘，3. 熟成，趁熱輕取，避免底部粘黏而破裂。

7. 成品：燒賣共計 30 顆。

TIPS

1. 美觀的燒賣具備條件：皮薄，餡具黏性。
2. 包餡前，先行準備鋪有蒸籠紙（或蒸籠布浸油擰乾）的蒸籠。
3. 蒸籠紙（布）大小與蒸籠大小相當，避免蓋過孔洞，影響蒸氣流通。
4. 包餡時，依擀皮先後順序取用麵皮，進行包餡。
5. 30 顆燒賣，分三階段進行擀皮、包餡，一次完成 10 顆燒賣的整型動作。
6. 以蒸籠布包覆鍋蓋，可防止蒸氣水滴落，影響品質。

抓餅

★★ 096-970303B ★★

燙麵食

03B

試題說明

1. 用燙麵麵糰製作。麵糰經適當之鬆弛，平均分割成所需數量，用手工整型成直徑 14±1 公分的圓麵皮，用油煎烙方式熟製，熟後需在鍋內拍鬆之產品。
2. 產品表面需具均勻的金黃色澤、大小一致、厚薄一致、不變形、外型完整不可破爛、兩面不可煎焦（可有少數焦點）；切開後麵皮需完全熟透、外香脆、內柔軟、有明顯層次或細絲（拍散）、內外不可有異物、無異味、具有良好的口感。

材料

1. 中筋麵粉、2. 鹽、3. 冷水、4. 沸水、5. 細砂糖、6. 液體油

製作說明

1. 製作直徑 14±1 公分抓餅 12 個（麵糰不可剩餘）。
2. 製作重量：
   (1) 麵糰重量 1100 公克。
   (2) 麵糰重量 1200 公克。
   (3) 麵糰重量 1300 公克。

專用材料（每人份）

編號	名稱	材料規格	單位	數量	備註
本試題使用共用材料即可，無專用材料。					

備註：考生制定配方，需依本專用材料與本類麵食之共用材料表內所列之材料自由選用，所選用之材料重量不可超出所定之重量範圍。

配方計算

(1)	已知麵糰重量 1100、1200、1300 公克
(2)	計算公式：麵糰各項材料重量＝麵糰重量／百分比小計 × 各單項材料百分比

配方計算總表

材料名稱	%	麵糰 1100 公克		麵糰 1200 公克		麵糰 1300 公克	
中筋麵粉	100	1100/178×100	618	1200/178×100	674	1300/178×100	730
沸水	45	1100/178×45	278	1200/178×45	303	1300/178×45	329
冷水	30	1100/178×30	186	1200/178×30	202	1300/178×30	220
鹽	1	1100/178×1	6	1200/178×1	7	1300/178×1	7
細砂糖	1	1100/178×1	6	1200/178×1	7	1300/178×1	7
豬油	1	1100/178×1	6	1200/178×1	7	1300/178×1	7
小計	178		1100		1200		1300
液體油		適量		適量		適量	

抓餅流程圖

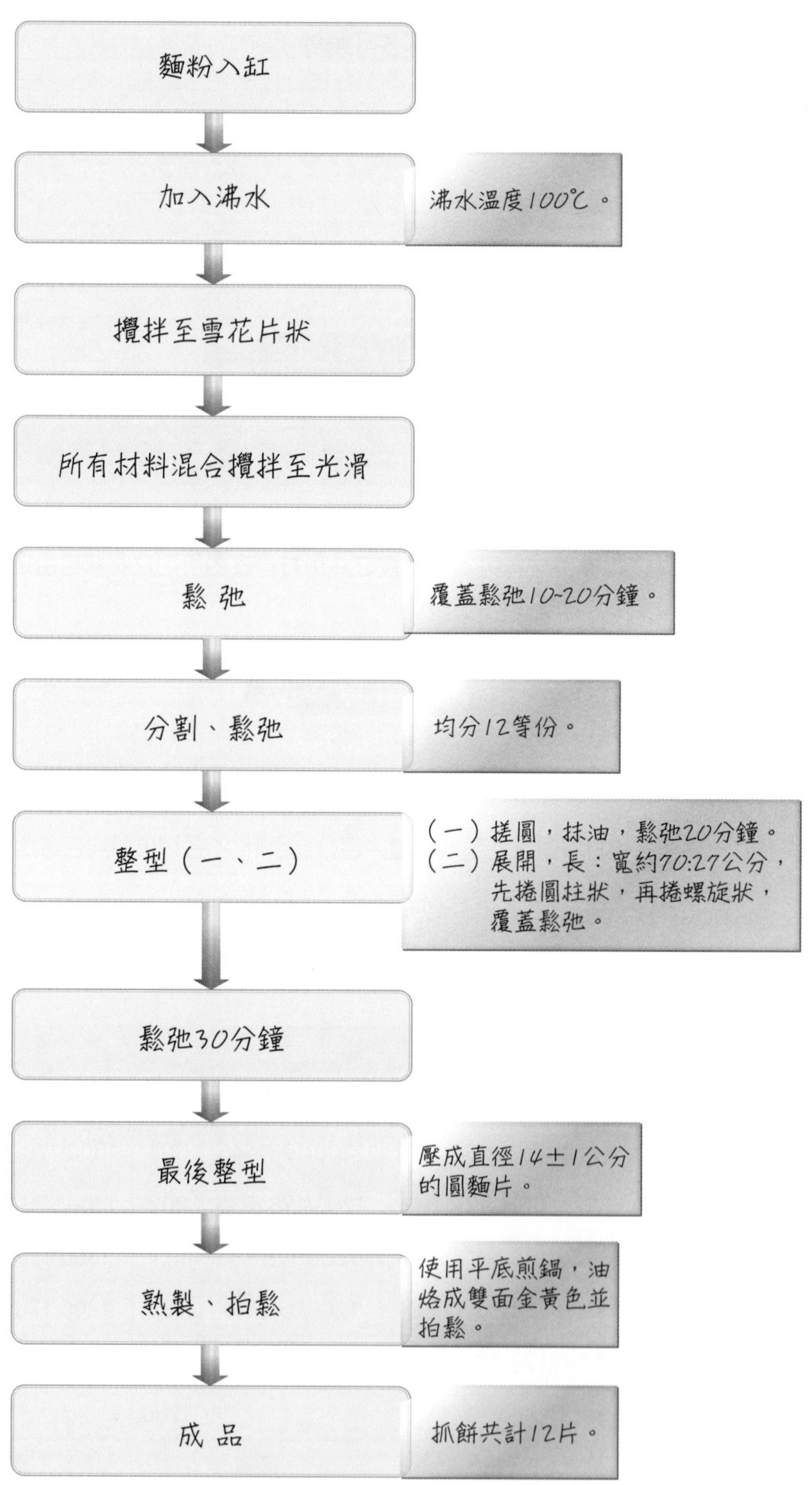

※ 1. 產品完成後才可填寫製作報告表。
2. 書寫內容可參閱本流程圖。

步驟圖說

1. 麵糰製作、鬆弛：1. 麵粉入缸，以 100℃沸水拌至雪花片狀，2. 冷水、鹽、細砂糖加入攪拌，3. 停機刮缸後繼續攪拌 4. 塑膠袋加少許液體油，5. 將拌至光滑的麵糰放入塑膠袋，6. 鬆弛約 20 分鐘。

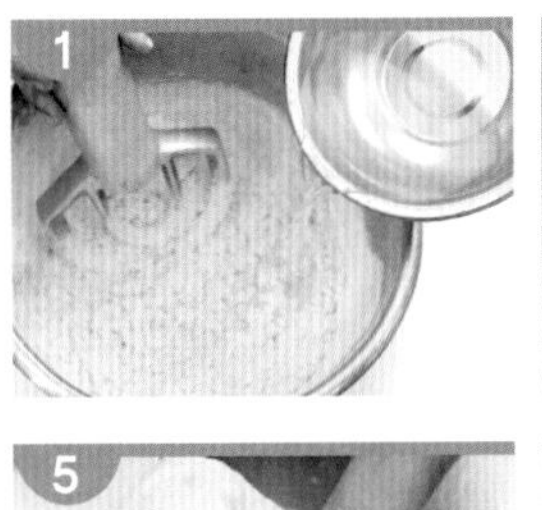

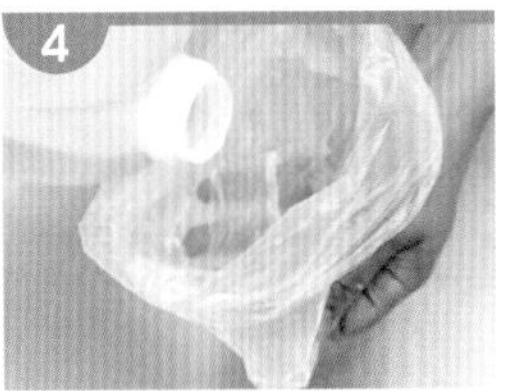
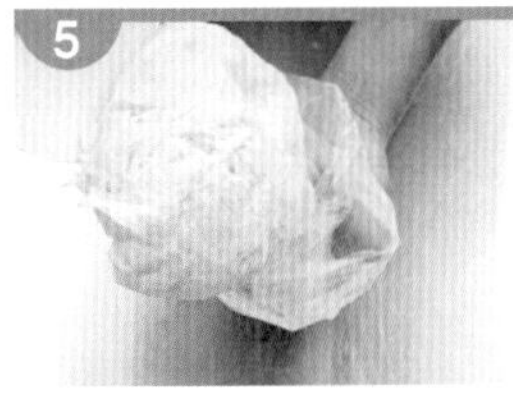
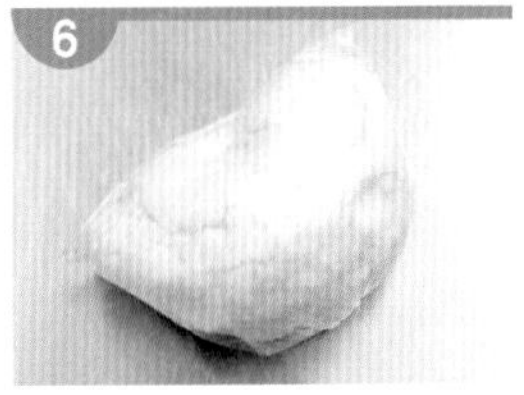

2. 分割、鬆弛：1. 麵糰秤重，2. 均分 12 等份，3. 滾圓、4. 沾油抹面，覆蓋鬆弛 20 分鐘。

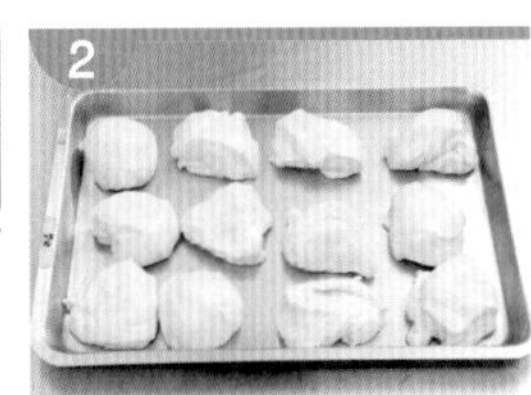
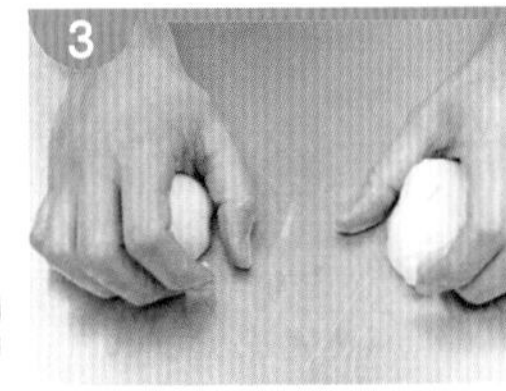
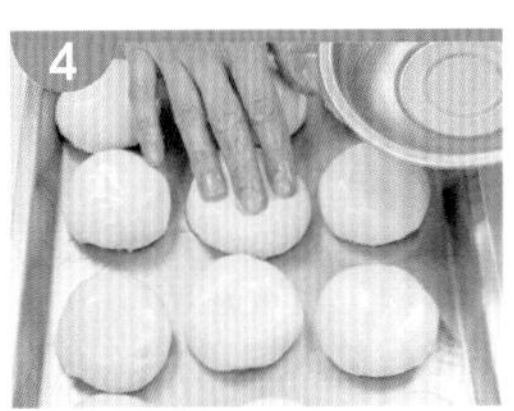

3. 整型、鬆弛：1. 桌面抹油，2. 麵糰再次抹油，3.4. 在沾有油的桌面上利用雙手將麵糰展開（亦可使用擀麵棍推開），再次抹油並覆蓋鬆弛。

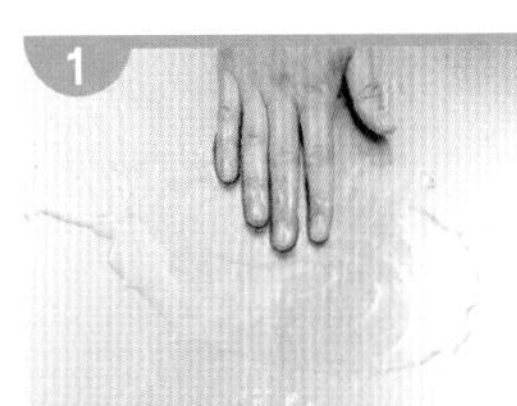
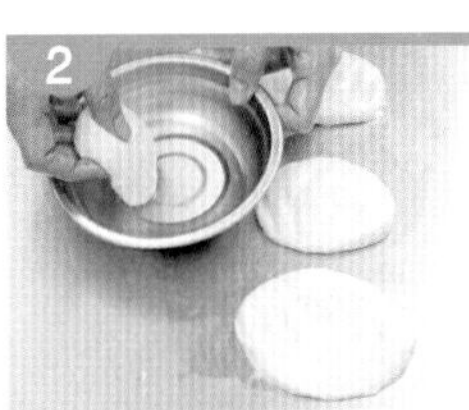
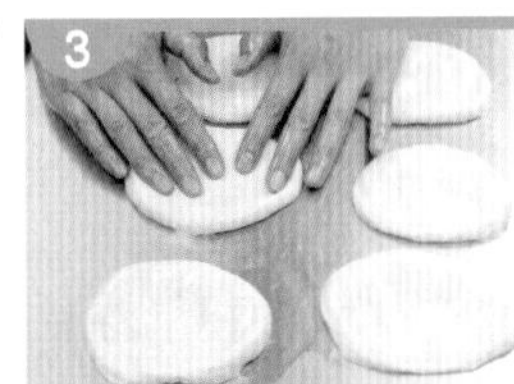
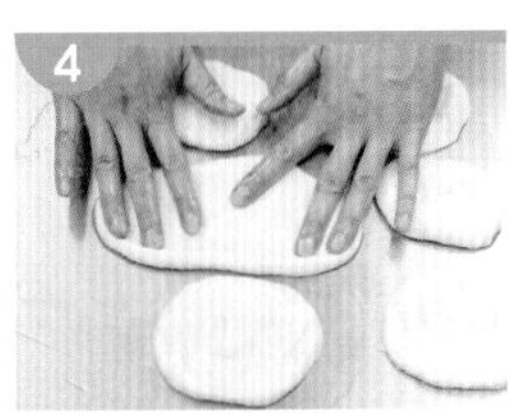

4. 整型（一）：1. 桌面再次抹油，2. 放上鬆弛後的麵糰，3.4. 鋪上塑膠袋或是保鮮膜，利用擀麵棍順勢將麵糰推開 5. 形成薄可透光的麵皮，6. 在薄麵皮上抹油鬆弛。

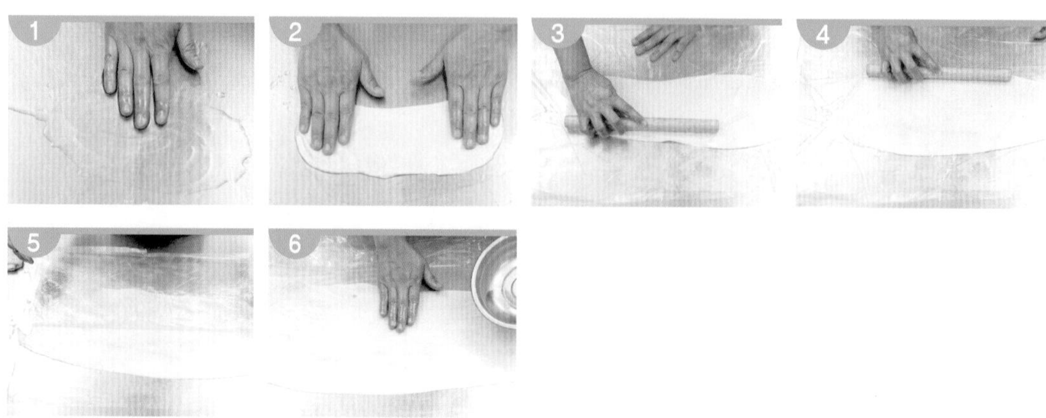

5. 整型（二）、鬆弛：1.2.3. 薄麵皮由上至下滾成長條狀（亦可以扇形方式處理），4. 再由左至右捲成螺旋狀，5. 尾端 6. 插入底部中心處，7. 微壓平，8. 裹油入盤，9. 覆蓋鬆弛。

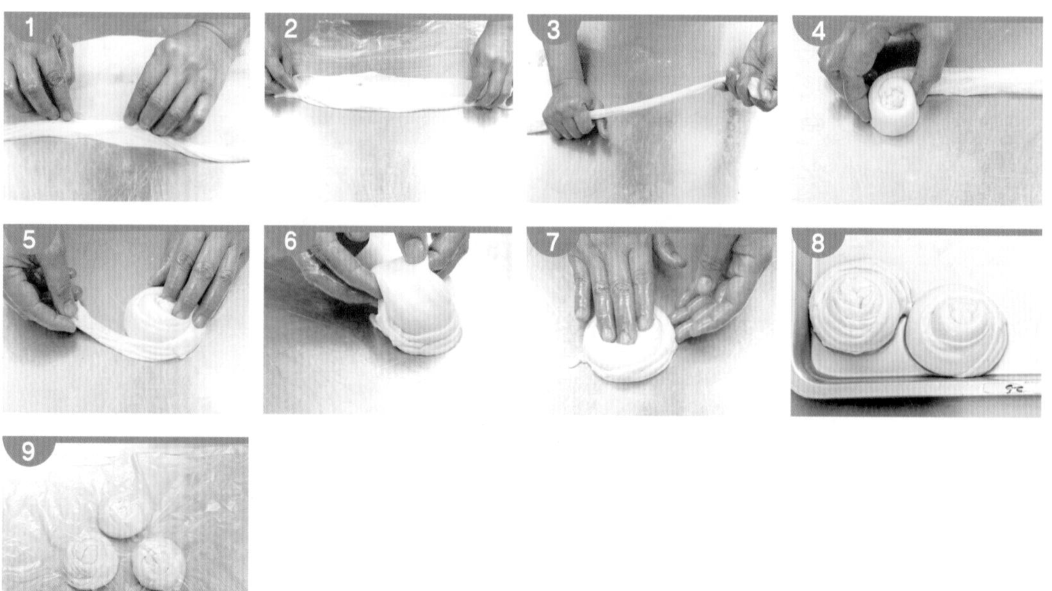

6. 最後整型、熟製、拍鬆：1. 桌面抹油，2. 輕壓麵糰至 3.14±1 公分（注意預留回縮空間），4. 入平底鍋以中小火煎至上色，翻面續煎，至雙面呈金黃色澤，有微微膨漲即代表熟成，此時熄火，5. 在鍋內拍鬆。

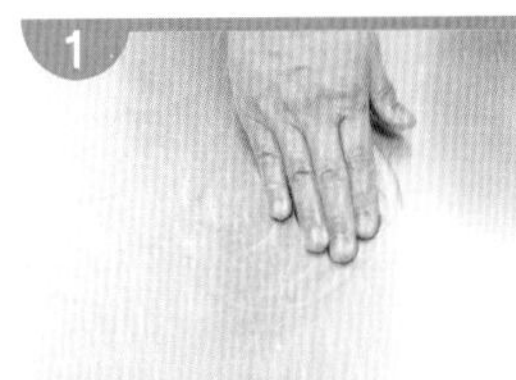
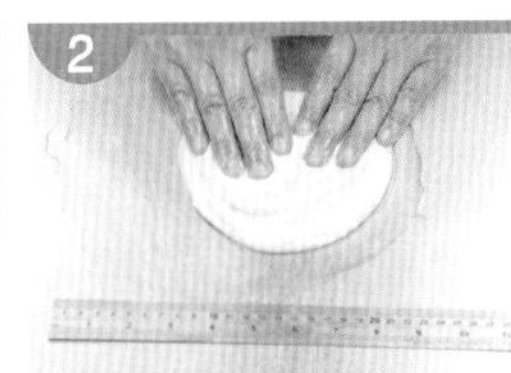
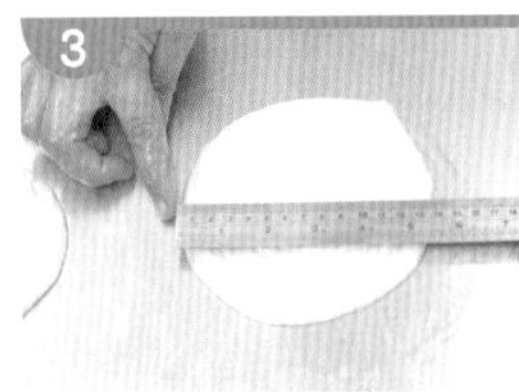

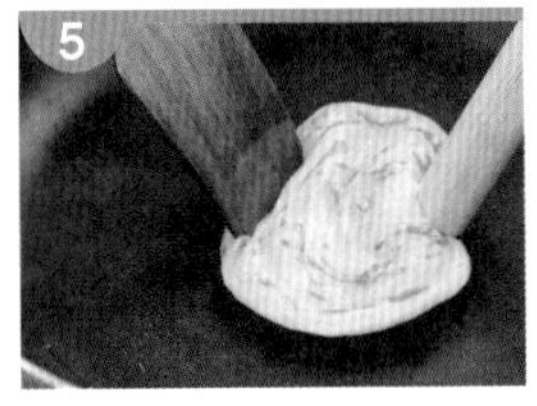

7. 成品：抓餅共計 12 片。

TIPS

1. 燙麵又稱沸水麵、開水麵，可塑性佳，產品不易變形，成品色澤較深，微帶甜味，質地軟 Q。
2. 調製燙麵目的，使澱粉糊化，增加吸水量，成品較冷水麵柔軟。
3. 麵糰攪拌至光滑細緻，否則延展性不佳，易造成破皮現象。
4. 鬆弛的目的，使麵糰溫度降低，水份的吸收更加均勻。
5. 3 斤塑膠袋沿 L 型剪開，展開成長方形，用於整型。
6. 桌面塗油，使攤開的塑膠袋靠油與桌面完全貼平密合；塑膠袋表面大量塗油，可輕鬆操作麵糰。
7. 依題意整型成 14±1 公分的圓麵皮，在最後整型時，必須注意麵糰回縮的程度，成品亦必須在 14±1 公分的範圍內。

8. 整型的方式亦可不使用塑膠袋，直接在抹油的桌面上操作（如圖 1.2.3.），此方式力道不宜過重，否則容易破皮。

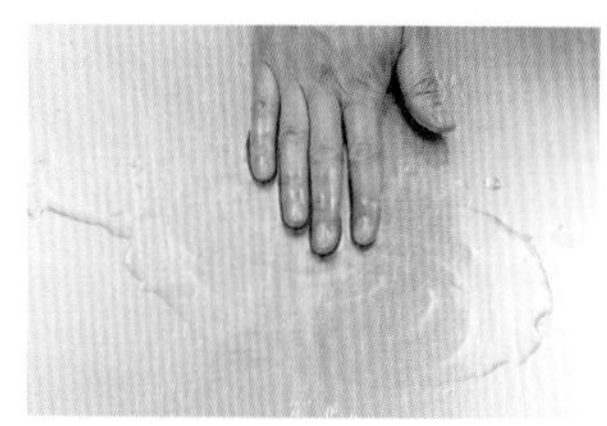
圖 1

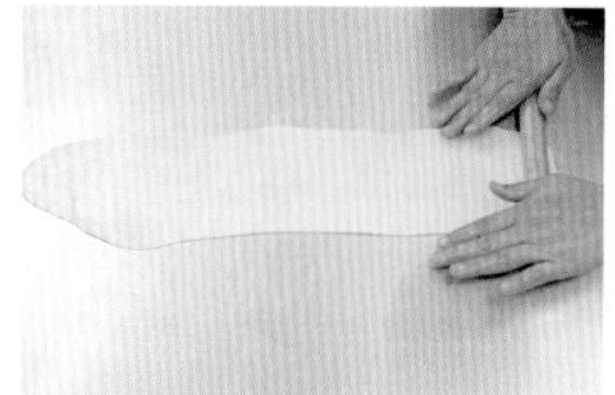
圖 2

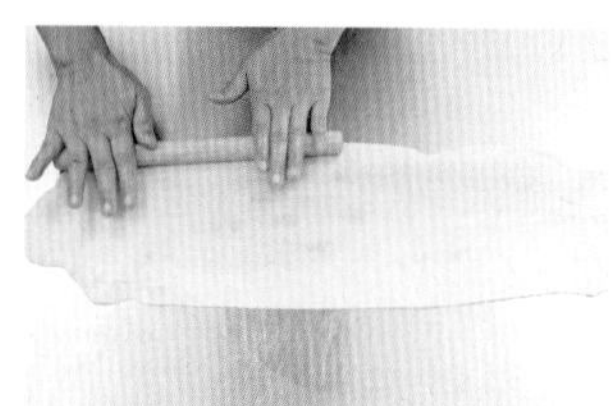
圖 3

NG 圖說

有異物

變形

焦黑

未熟

蛋餅

★★ 096-970304B ★★

燙麵食

04B

試題說明

1. 用燙麵麵糰製作。麵糰經適當之鬆弛，平均分割成所需數量，以機械或手工整型成直徑23±1 公分的圓麵皮，先用平底鍋油煎或用油烙熟，再煎蛋蓋上熟麵皮，熟後捲成三至四摺之產品。
2. 產品表面需具均勻的金黃色澤、大小一致、厚薄一致、不變形、外型完整不可破爛、兩面不可煎焦（可有少數焦點）；熟麵皮與蛋結合不可分離、切開後皮與蛋之間需完全熟透、內層柔軟、內外不可有異物、無異味、具有良好的口感。

材料

1. 中筋麵粉、2. 蛋、3. 沸水、4. 鹽、5. 冷水

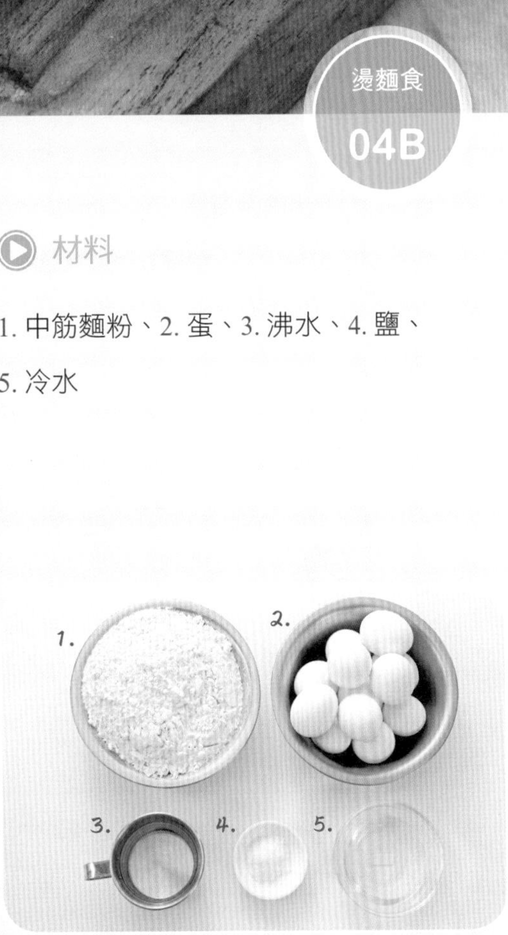

製作說明

1. 製作直徑 23±1 公分，蛋餅 12 個（麵糰不可剩餘）。
2. 製作重量：
   (1) 麵糰重量 1000 公克。
   (2) 麵糰重量 1050 公克。
   (3) 麵糰重量 1100 公克。

專用材料（每人份）

編號	名稱	材料規格	單位	數量	備註
1	蛋	生鮮	個	12	

備註：考生制定配方，需依本專用材料與本類麵食之共用材料表內所列之材料自由選用，所選用之材料重量不可超出所定之數量範圍。

配方計算

(1) 已知麵糰重量 1000、1050、1100 公克
(2) 計算公式：麵糰各項材料重量＝麵糰重量／百分比小計 × 各單項材料百分比

配方計算總表

材料名稱	%	麵糰 1000 公克		麵糰 1050 公克		麵糰 1100 公克	
中筋麵粉	100	1000/177×100	565	1050/177×100	593	1100/177×100	621
沸水	50	1000/177×50	282	1050/177×50	297	1100/177×50	312
冷水	25	1000/177×25	142	1050/177×25	148	1100/177×25	155
鹽	2	1000/177×2	11	1050/177×2	12	1100/177×2	12
小計	177		1000		1050		1100
蛋	12 個						

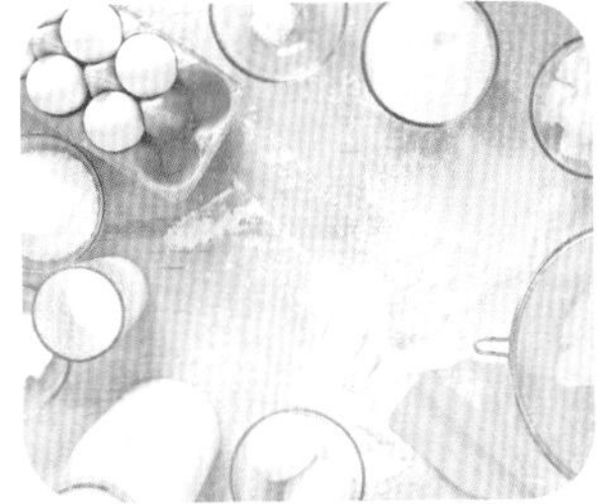

蛋餅流程圖

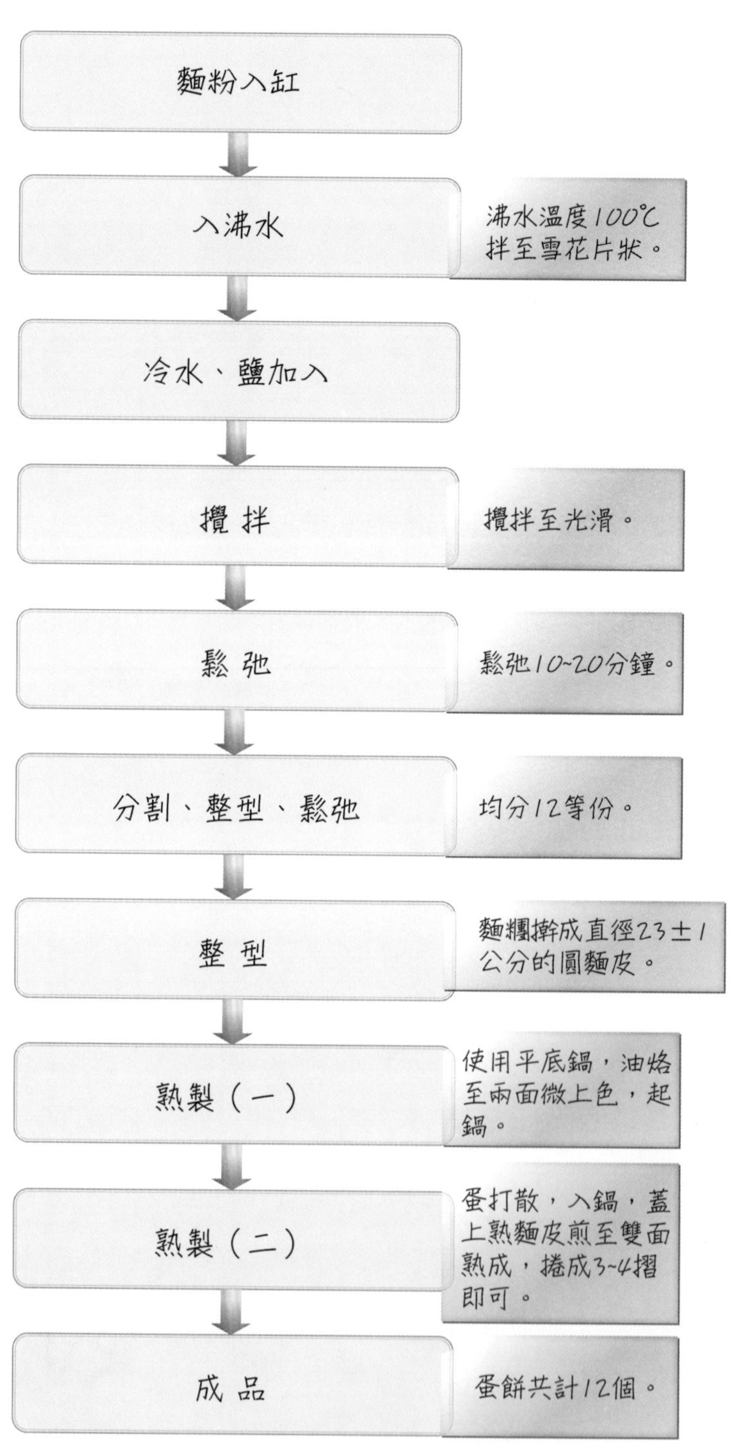

※ 1. 產品完成後才可填寫製作報告表。
2. 書寫內容可參閱本流程圖。

步驟圖說

1. 麵糰製作、鬆弛：1. 麵粉入缸加沸水，可使用擀麵棍快速攪拌至雪花片狀後 2. 加冷水、鹽，3. 再使用槳狀攪拌器拌至光滑，4. 覆蓋鬆弛約 20 分鐘。

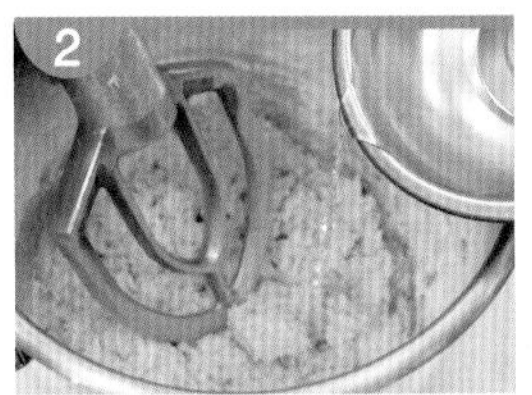
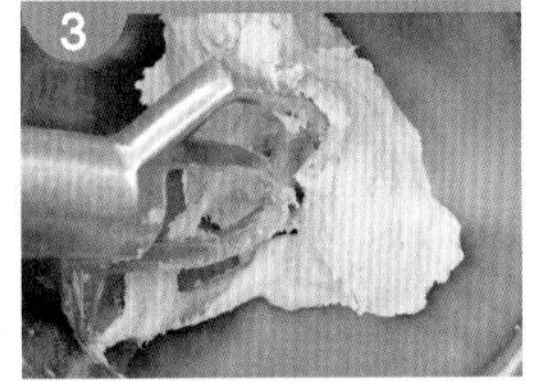
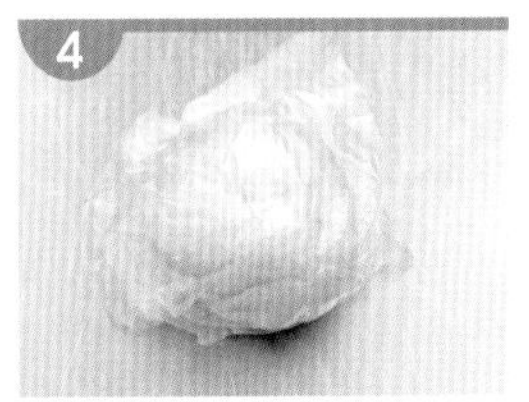

2. 分割、整型、鬆弛：1. 麵糰秤重，2. 均分 2 等份，3.4. 整型成條狀 5. 每條再平均分割 6 等份，共 12 顆，6. 滾圓、7. 覆蓋鬆弛。

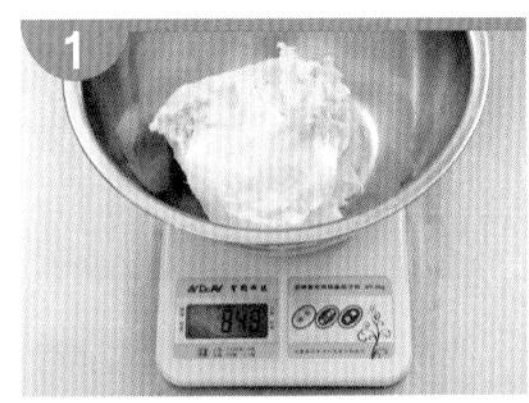
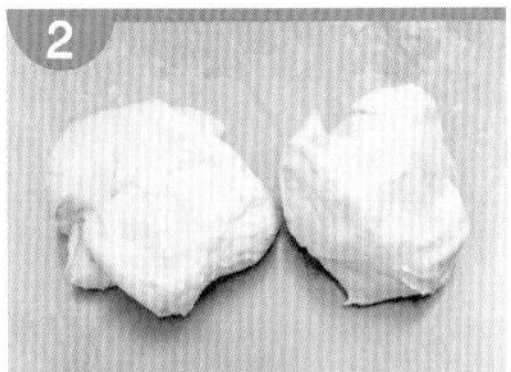
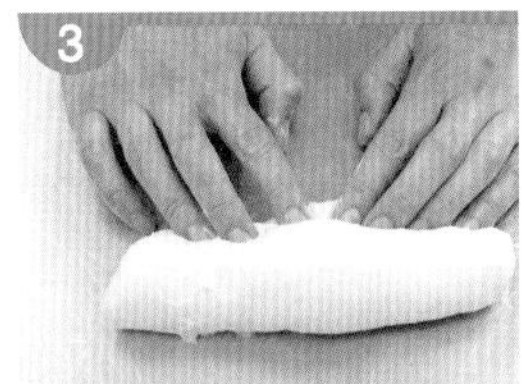
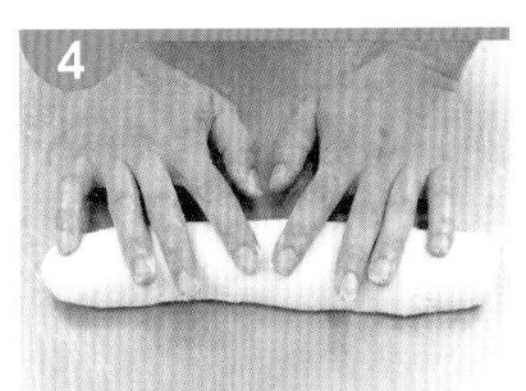
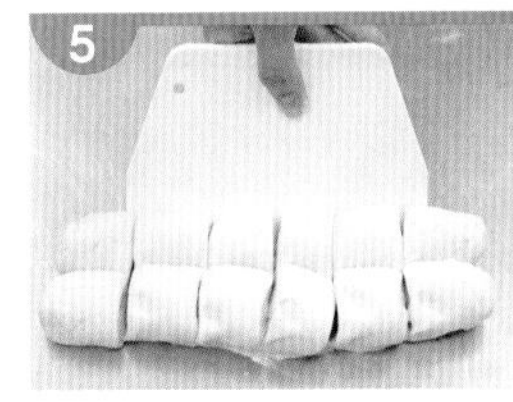
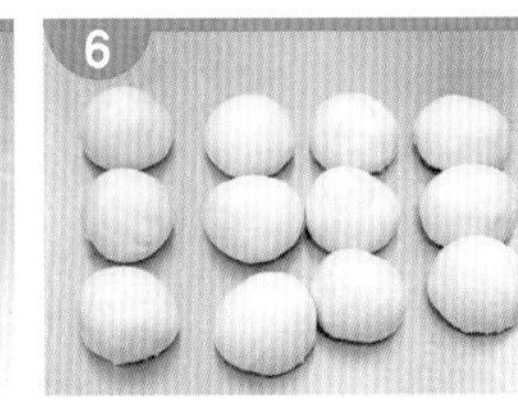

3. 整型：1.2. 鬆弛後麵糰依序沾粉 3. 利用手腹壓扁展開，覆蓋鬆弛，4. 再使用擀麵棍擀開，5. 再次覆蓋鬆弛，6. 繼續擀至直徑 23±1 公分的圓片狀。

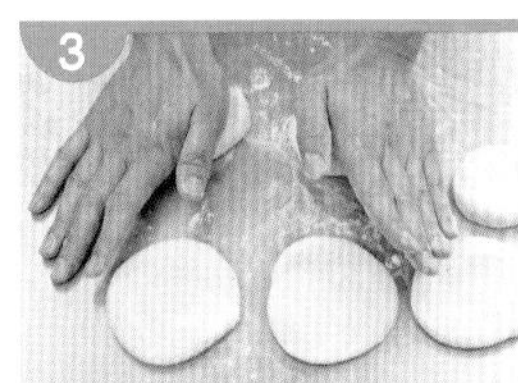
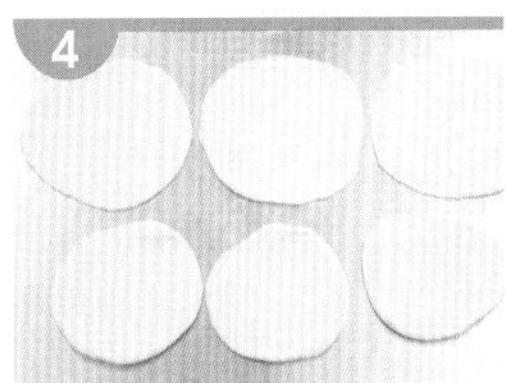
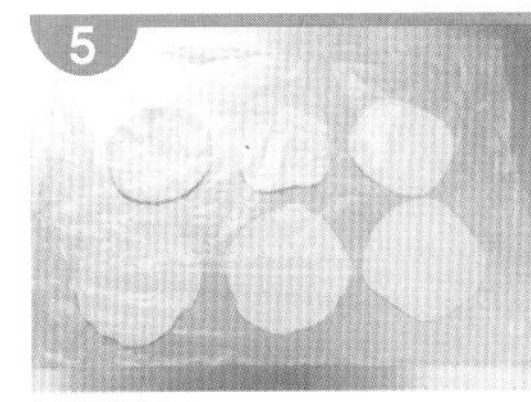
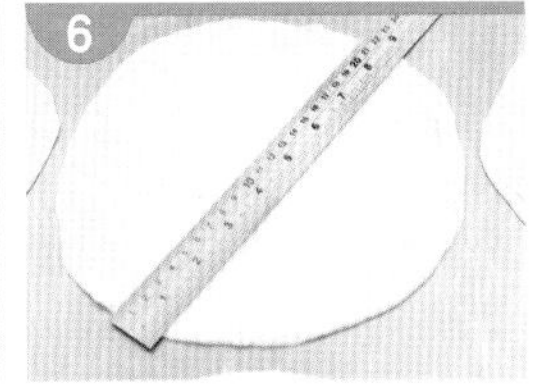

4. 熟製（一）：1. 平底鍋加熱後入少油，2. 麵皮平放，3. 小火煎至底部微上色，4. 翻面續煎至微上色，即可起鍋備用。

5. 熟製（二）：1.2. 取一顆蛋打散，3. 平底鍋加油小火加熱，4. 入蛋液，5. 餅皮覆蓋在蛋液上，稍壓餅皮，使蛋液、餅皮密合，並確認蛋液熟成，6. 翻面，7. 再煎，8. 捲 3~4 摺，加以按壓固定，9. 收口朝下，起鍋。

6. 成品：蛋餅共計 12 個。

TIPS

1. 燙麵麵糰攪拌至光滑狀，經過適當之鬆弛，可以輕易將麵皮擀開。
2. 蛋與餅皮間最易產生夾生狀況，因此將蛋打散後入鍋，較易熟成。

NG 圖說

焦黑

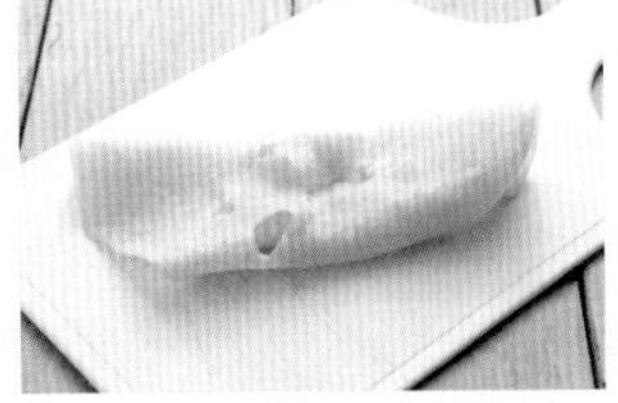

破爛

變形

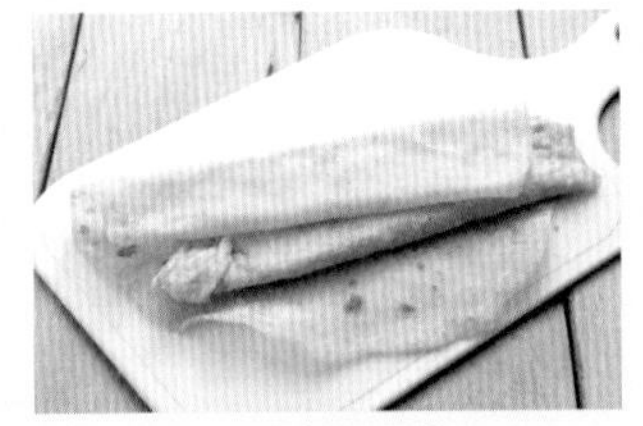

分離

蛋液夾生

MEMO

水調麵類－燒餅類麵食

（壹）試題說明

一、本類麵食共四小項（編號 096-970301C~970304C）。

二、完成時限為四小時，包含冷水麵食、燙麵食、燒餅類麵食，依勾選之分項各抽考一種產品，共二種產品。

三、麵糰或麵皮製作可使用攪拌機，熟製需用烤箱或平底煎板。

四、產品製作之試題說明及要求之品質標準，係依產品而定，請參考每小項之「試題說明」。

五、產品製作重量與數量，係依產品而定，請參考每小項之「製作說明」。

六、制定麵糰配方時，不可加計任何損耗。麵糰重量需符合試題說明與製作說明，製作配方於製作後不可再修改，監評會核對配方表與實作重量。

七、麵糰與餡料製備之所有操作程序需完全符合衛生標準規範；所需重量應確實計算，不可剩餘，也不得分多次製作。

八、本類麵食共用材料（每項產品）

編號	名稱	材料規格	單位	重量	備註
1	麵粉	高、中、低筋麵粉 符合國家標準 (CNS) 規格	公克	各 600	
2	鹽	精製	公克	50	
3	生白芝麻	市售品	公克	400	
4	液體油	大豆沙拉油等	公克	500	
5	固體油	純豬油、烤酥油	公克	500	
6	砂糖	細砂糖	公克	200	

備註：1. 考生制定配方，需依本類麵食共用材料與各小項產品之專用材料表內所列之材料自由選用。
2. 所選用之材料重量不可超出所定之重量範圍。各類食品添加物之使用範圍及限量應符合食品安全衛生管理法第 18 條訂定「食品添加物使用範圍及限量暨規格標準」。
3. 「水」任意使用，不限重量。

八、本類麵食專業設備（每人份）

編號	名稱	設備規格	單位	數量	備註
1	平底煎板	以電或瓦斯為熱源，圓形內徑 32~40 公分附鏟、蓋；方形容量不可低於圓形	組	1	
2	包餡匙	竹或不鏽鋼製長 15~20 公分	支	1	
3	刮板	塑膠製	支	1	

蟹殼黃

★★ 096-970301C ★★

燒餅類麵食

01C

試題說明

1. 用發酵麵糰製作。麵糰經適當之鬆弛或發酵，平均分割成所需數量，以小包酥方式，麵皮包油酥，擀捲成多層次之麵皮，包入自製蔥油餡，表面沾白芝麻，整成直徑 6±1 公分扁圓型，最後發酵後，用烤箱烤熟之產品。
2. 產品表面需具均勻的金黃色澤、大小一致、外型完整不可露餡或爆餡或底部未包緊、底不可烤焦、表面芝麻不可嚴重脫落；切開後皮餡之間需完全熟透、層次明顯、皮鬆酥、底部不可有硬厚麵糰或餡汁流出、內外不可有異物、無異味、具有良好的口感。

材料

皮：1. 中筋麵粉、2. 鹽、3. 速溶酵母粉、4. 水、5. 豬油、6. 細砂糖

酥：I. 豬油、II. 低筋麵粉

裝飾：A. 生白芝麻、B. 水

餡：a. 豬油、b. 糖、c. 中筋麵粉、d. 鹽、e. 胡椒粉、f. 青蔥

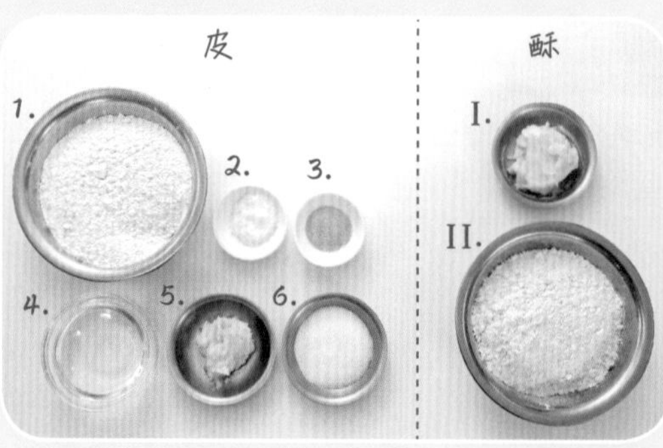

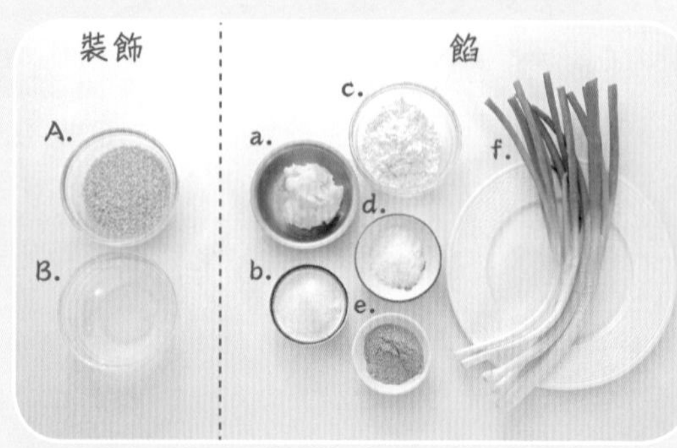

製作說明

1. 製作直徑 6±1 公分蟹殼黃 20 個，皮：酥：餡＝ 2:1:2。（皮酥餡不可剩餘）
2. 製作重量：
   (1) 發酵麵糰（皮）重量 500 公克。
   (2) 發酵麵糰（皮）重量 560 公克。
   (3) 發酵麵糰（皮）重量 600 公克。

專用材料（每人份）

編號	名稱	材料規格	單位	數量	備註
1	酵母	速溶酵母粉	公克	20	
2	青蔥	生鮮	公克	600	
3	胡椒粉	市售品	公克	20	
4	味精	市售品	公克	20	

備註：考生制定配方，需依本專用材料與本類麵食之共用材料表內所列之材料自由選用，所選用之材料重量不可超出所定之重量範圍。

配方計算

1. 麵皮部分

(1) 已知麵糰重量為 500、560、600 公克。
(2) 計算公式：麵糰各項材料重量＝麵糰重量／麵糰百分比小計 × 麵糰各單項材料百分比

2. 油酥部分

(1) 已知蟹殼黃，皮：酥：餡＝ 2：1：2。
(2) 麵糰重量 500，油酥重＝ 500÷2×1 ＝ 250 麵糰重量 560，油酥重＝ 560÷2×1 ＝ 280 麵糰重量 600，油酥重＝ 600÷2×1 ＝ 300
(3) 計算公式：各項油酥材料重量＝油酥重／油酥百分比小計 × 油酥各單項材料百分比

3. 餡部分

(1)	已知蟹殼黃皮：酥：餡＝2：1：2。
(2)	麵糰重量 500，餡重＝500÷2×2＝500 麵糰重量 560，餡重＝560÷2×2＝560 麵糰重量 600，餡重＝600÷2×2＝600
(3)	計算公式：餡各項材料重量＝餡總重／餡百分比小計 × 餡各單項材料百分比

發酵麵糰配方計算總表

材料名稱	%	發酵麵糰 500 公克		發酵麵糰 560 公克		發酵麵糰 600 公克	
中筋麵粉	100	500/188x100	266	560/188x100	298	600/188x100	319
水	60	500/188x60	160	560/188x60	178	600/188x60	192
速溶酵母粉	2	500/188x2	5	560/188x2	6	600/188x2	6
鹽	1	500/188x1	3	560/188x1	3	600/188x1	3
細砂糖	3	500/188x3	8	560/188x3	9	600/188x3	10
豬油	22	500/188x22	58	560/188x22	66	600/188x22	70
小計	188		500		560		600

油酥配方計算總表

材料名稱	%	油酥重 250 公克		油酥重 280 公克		油酥重 300 公克	
豬油	50	250/150x50	83	280/150x50	93	300/150x50	100
低筋麵粉	100	250/150x100	167	280/150x100	187	300/150x100	200
小計	150		250		280		300

餡料配方計算總表

材料名稱	%	餡重 500 公克		餡重 560 公克		餡重 600 公克	
蔥	100	500/146x100	342	560/146x100	384	600/146x100	411
糖	6	500/146x6	20	560/146x6	22	600/146x6	25
鹽	2.5	500/146x2.5	9	560/146x2.5	10	600/146x2.5	10
豬油	32	500/146x32	110	560/146x32	122	600/146x32	132
白胡椒粉	2.5	500/146x2.5	9	560/146x2.5	10	600/146x2.5	10
中筋麵粉	3	500/146x3	10	560/146x3	12	600/146x3	12
小計	146		500		560		600

裝　飾

糖水＝糖：水＝ 2：3	適量	適量	適量
生白芝麻	適量	適量	適量

蟹殼黃流程圖

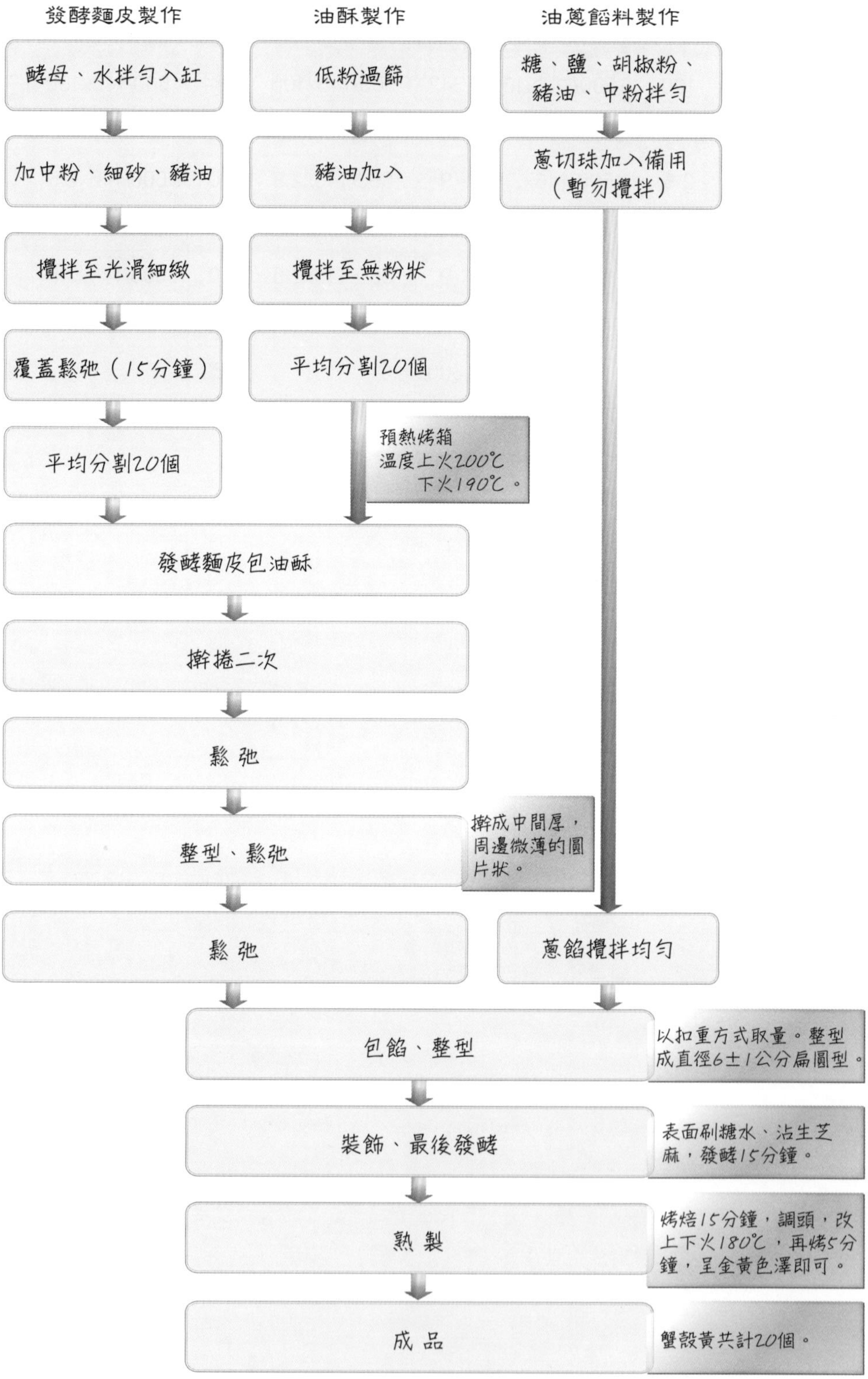

發酵麵皮製作
1. 酵母、水拌勻入缸
2. 加中粉、細砂、豬油
3. 攪拌至光滑細緻
4. 覆蓋鬆弛（15分鐘）
5. 平均分割20個

油酥製作
1. 低粉過篩
2. 豬油加入
3. 攪拌至無粉狀
4. 平均分割20個

預熱烤箱溫度上火200℃ 下火190℃。

油蔥餡料製作
1. 糖、鹽、胡椒粉、豬油、中粉拌勻
2. 蔥切珠加入備用（暫勿攪拌）

↓

- 發酵麵皮包油酥
- 擀捲二次
- 鬆弛
- 整型、鬆弛（擀成中間厚，周邊微薄的圓片狀。）
- 鬆弛

（油蔥餡料）→ 蔥餡攪拌均勻

- 包餡、整型（以扣重方式取量。整型成直徑6±1公分扁圓型。）
- 裝飾、最後發酵（表面刷糖水、沾生芝麻，發酵15分鐘。）
- 熟製（烤焙15分鐘，調頭，改上下火180℃，再烤5分鐘，呈金黃色澤即可。）
- 成品（蟹殼黃共計20個。）

※ 1. 產品完成後才可填寫製作報告表。
2. 書寫內容可參閱本流程圖。

步驟圖說

1. 麵皮製作：1.2. 酵母、水拌勻，3. 中粉、酵母水、細砂、豬油依序入缸，4. 以攪拌器拌至光滑細緻，5. 覆蓋鬆弛。

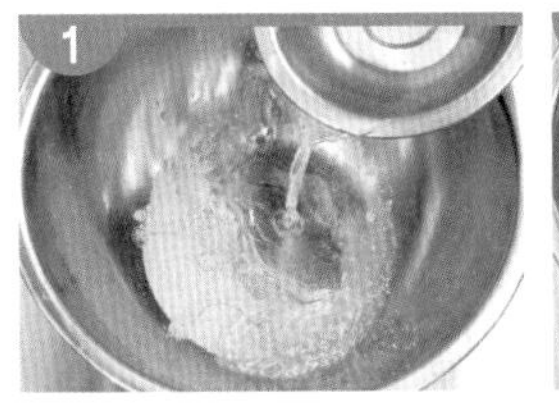
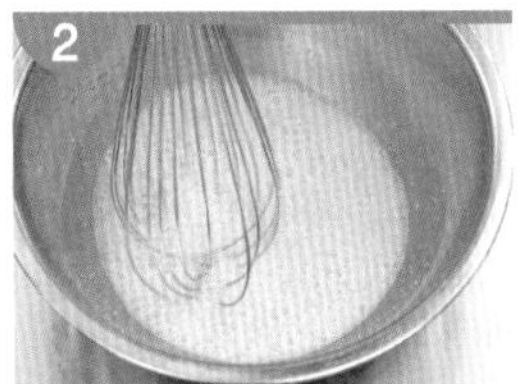
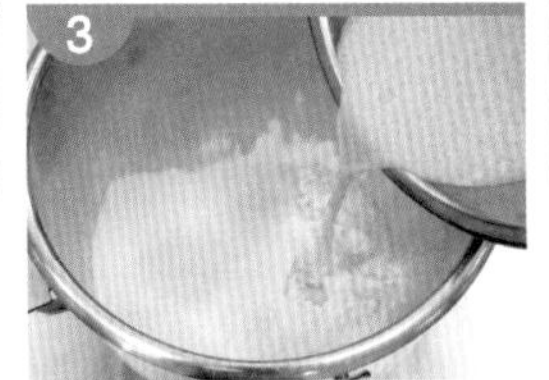
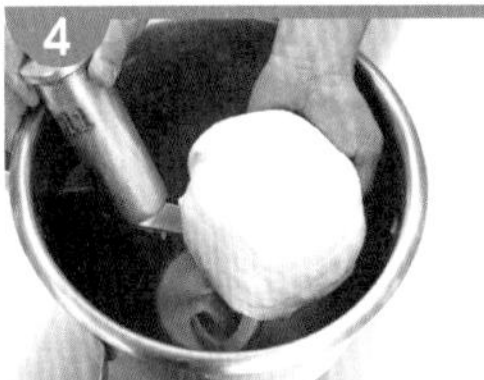
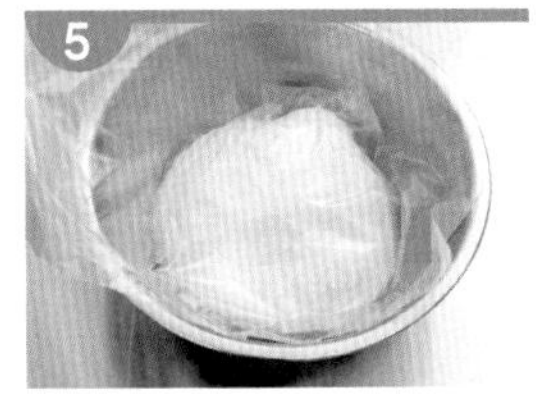

2. 油酥製作、分割：1. 過篩低粉、豬油拌至 2. 無粉狀（可在桌上手工進行），3. 均分 4 等份，4. 再均分 5 等份，共計 20 個。

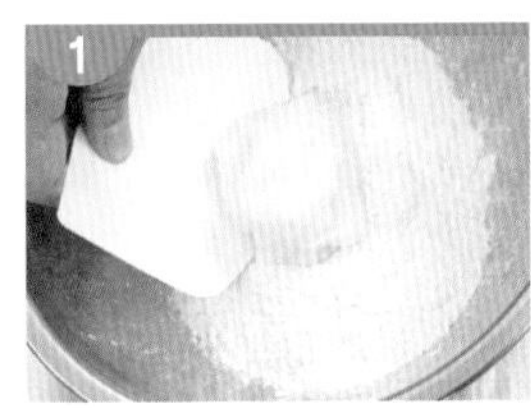
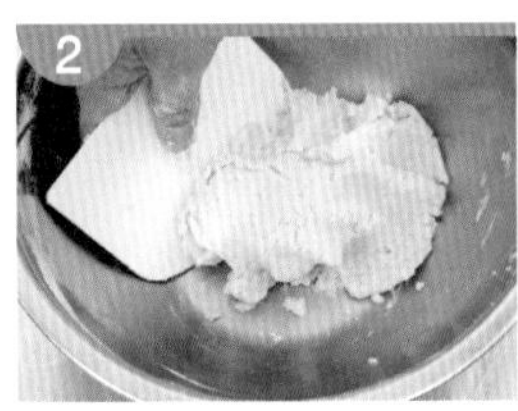
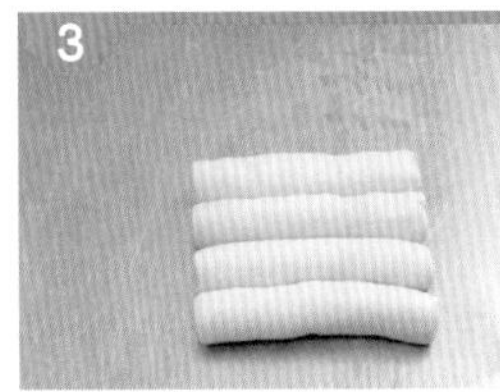

3. 餡料製作：1. 蔥切珠，2.3. 中筋麵粉、糖、豬油、鹽拌至 4. 無顆粒狀，5.6. 蔥花加入（包餡前再進行攪拌可避免出水），7. 覆蓋備用。

****** 餡料操作程序需完全符合衛生標準規範 ******

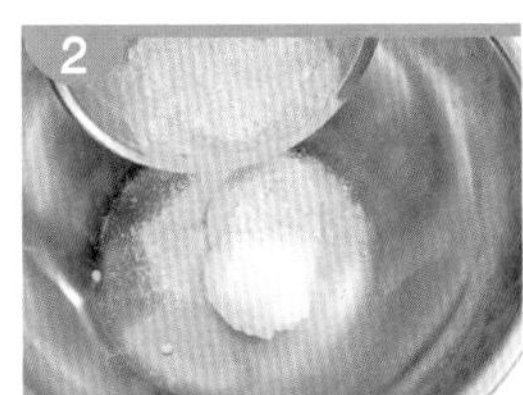
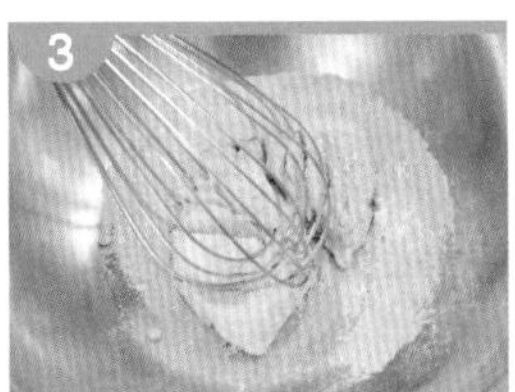
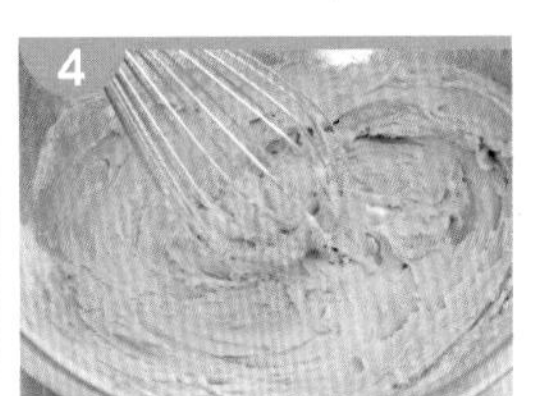

4. 麵皮分割：1. 鬆弛麵糰均分 4 等份，2. 平均共分割 20 個，覆蓋鬆弛。

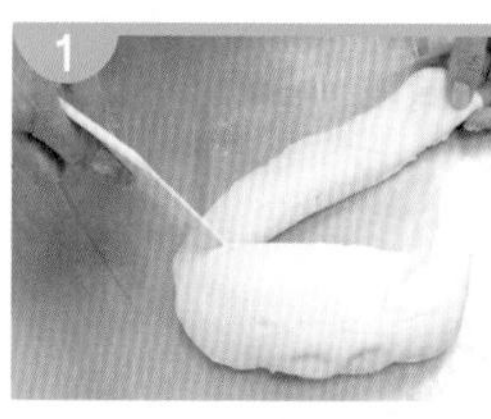
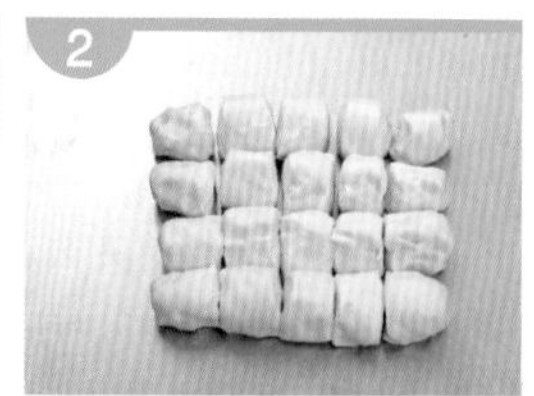

5. 皮包酥：1.2. 皮在下，酥在上，3. 皮將酥包覆捏緊後 4. 覆蓋鬆弛。

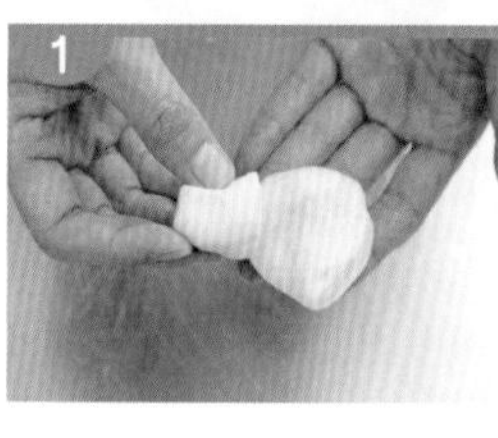
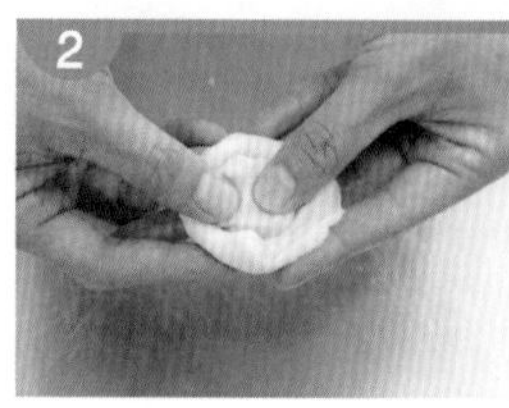
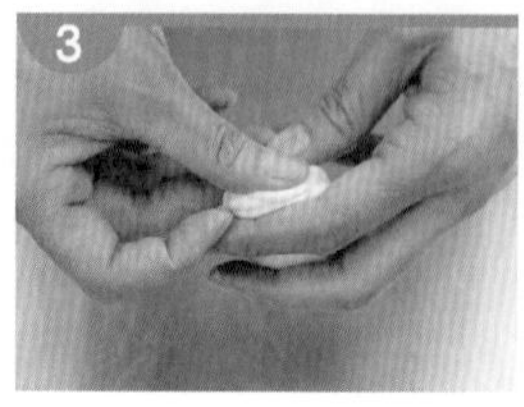
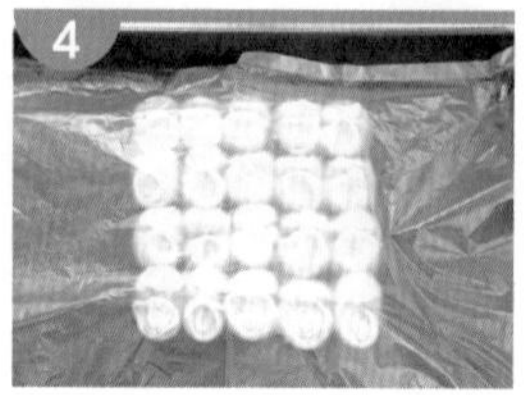

6. 擀捲兩次、鬆弛：1. 收口朝上按壓，2. 擀麵棍置中間向上擀長，3. 再由中間向下擀長，4. 利用指端由上向下捲收，收到底轉向，5. 收口朝上 6. 按壓 7. 擀麵棍置中間向上擀長，8. 再由中間向下擀長，9. 利用指端由上向下捲收，收口朝上，覆蓋鬆弛。

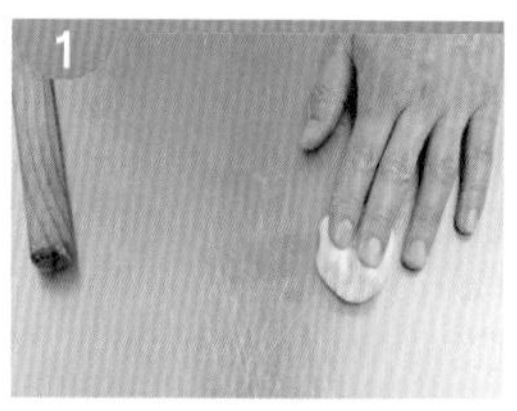
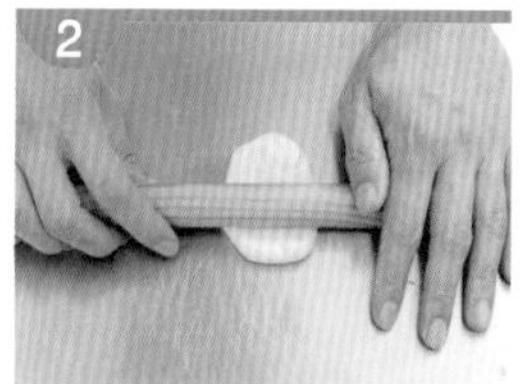
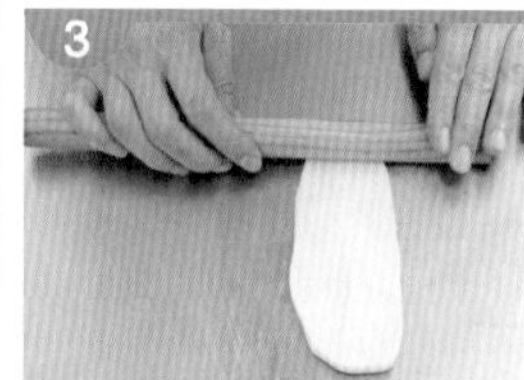
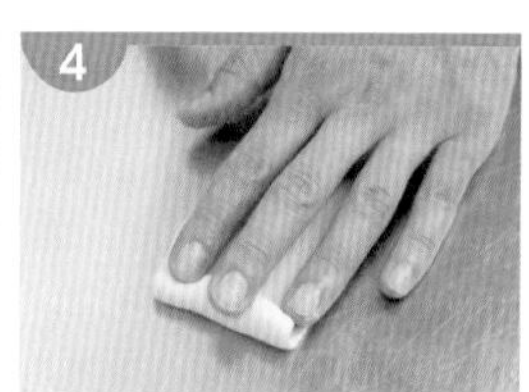

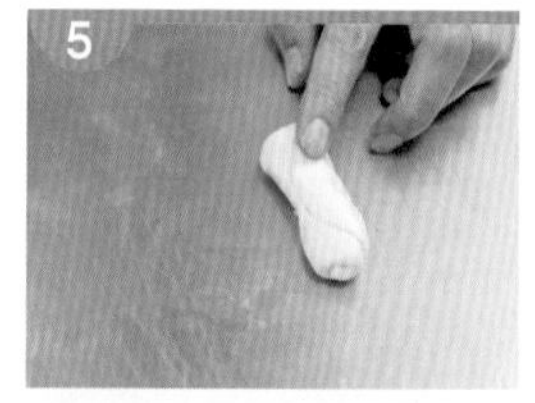
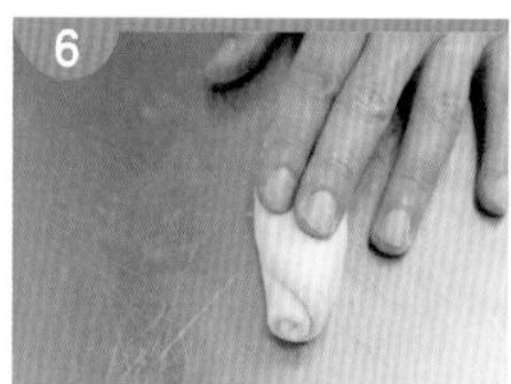
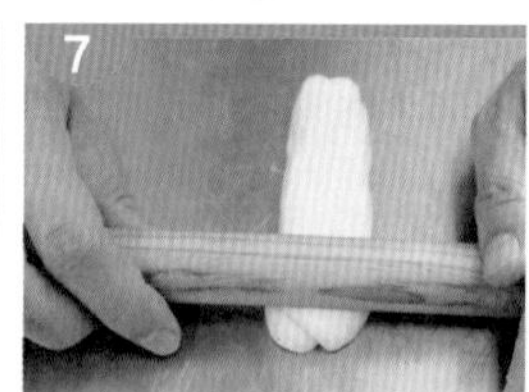
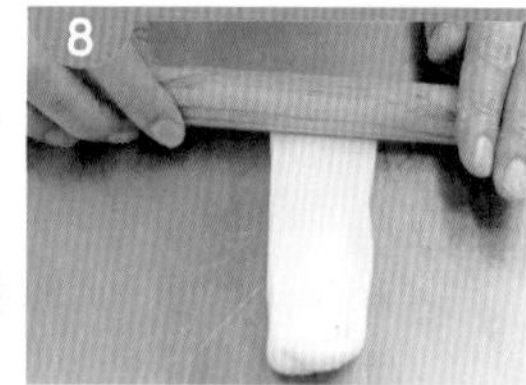
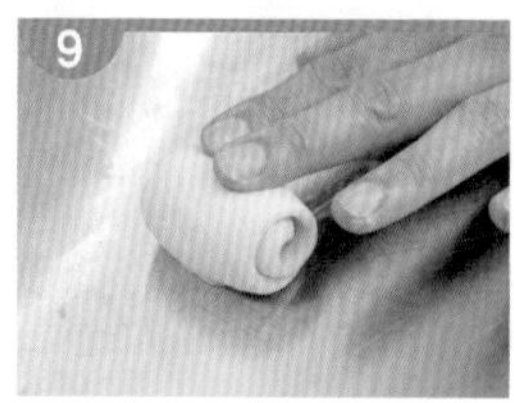

7. 整型、鬆弛：1. 收口朝上，食指向中間段下壓，兩端上翹，2. 將上翹的兩端向中間收口成一圓形，3. 收口朝下按壓，4. 擀開成中間微厚，邊薄的圓片狀，5. 覆蓋鬆弛。

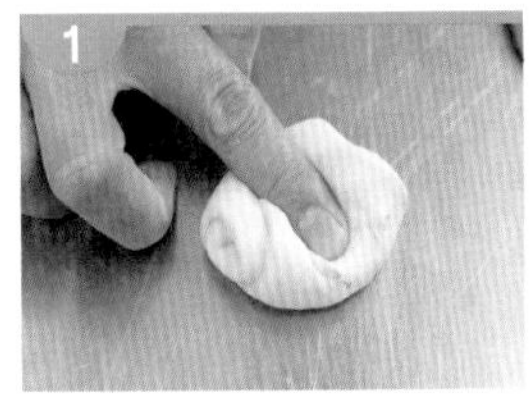
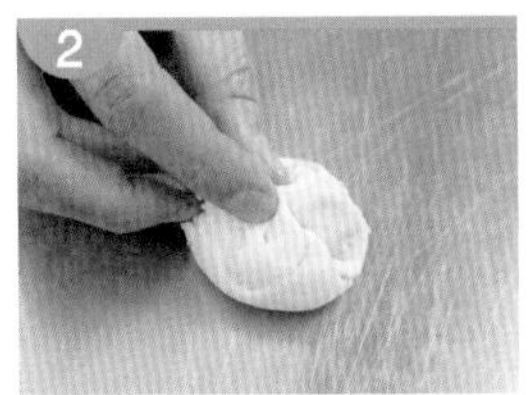
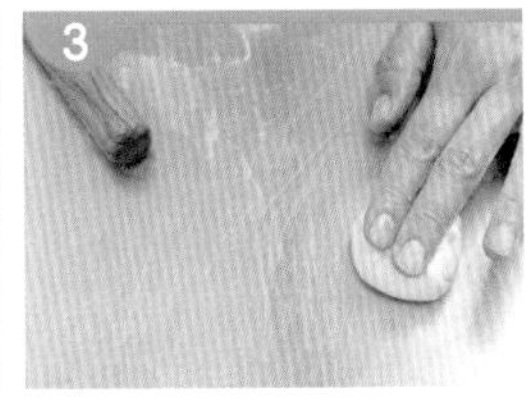
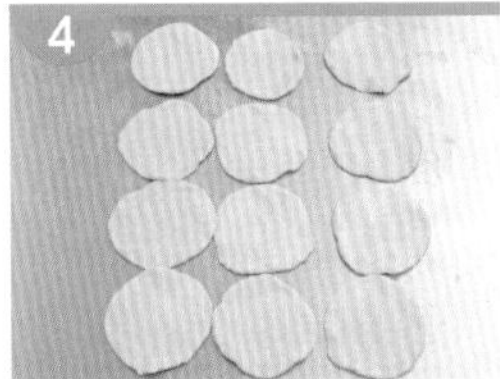
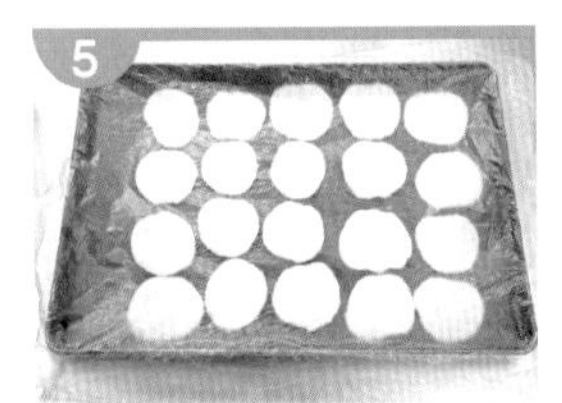

8. 包餡、整型：1. 秤餡料總重除以 20，以扣重方式 2. 取餡（操作時請使用包餡匙或湯匙），3.4.5. 收口務必捏緊，避免漏餡，6.7. 整型成直徑 6±1 公分扁圓狀。

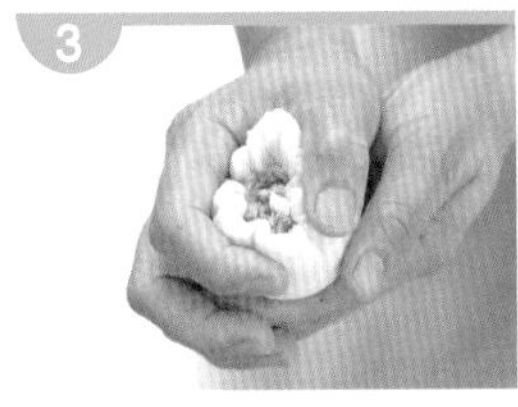
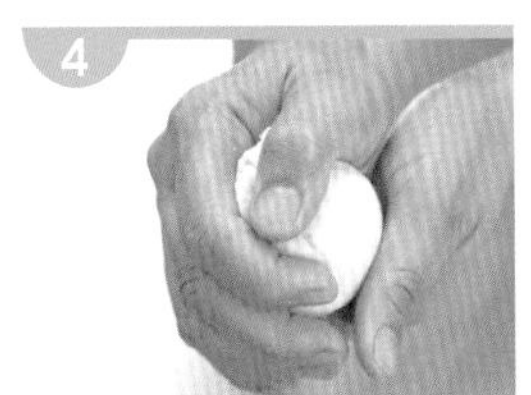
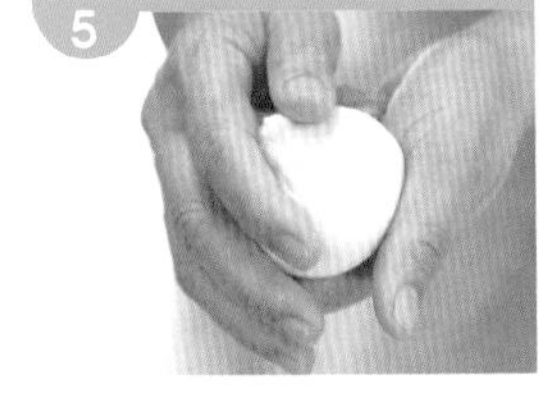
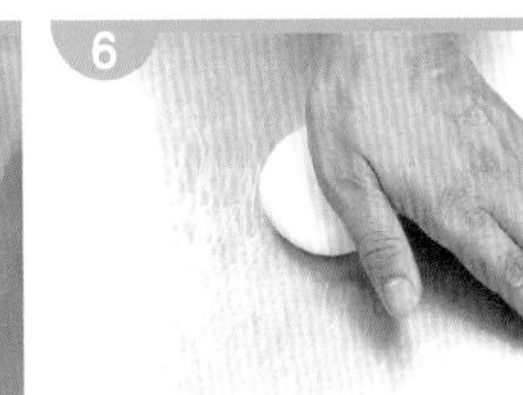
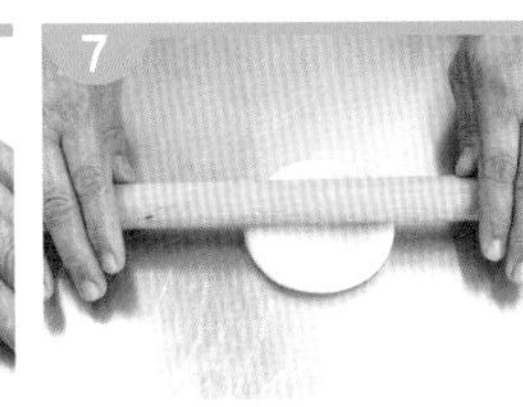

9. 裝飾、發酵：1. 先沾糖水（糖：水＝ 2:3），2.3. 再沾生芝麻 4. 確認直徑為 6±1 公分，5.6. 覆蓋最後發酵 15 分鐘。

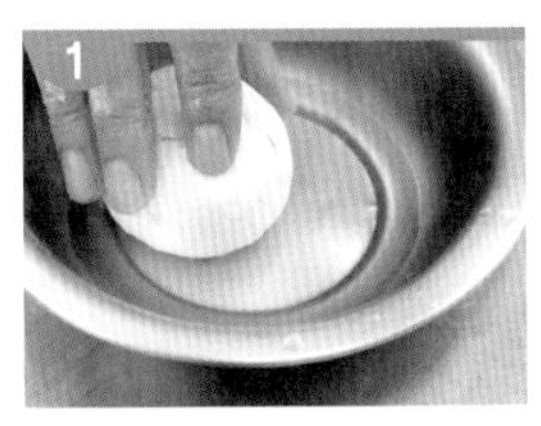

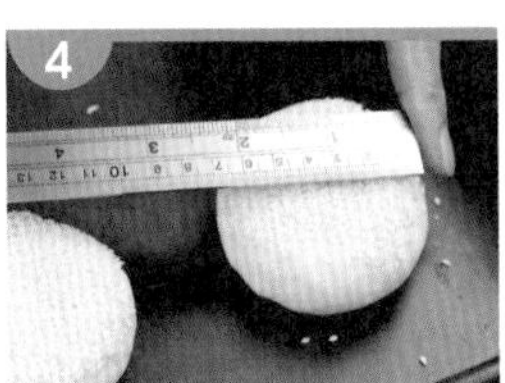
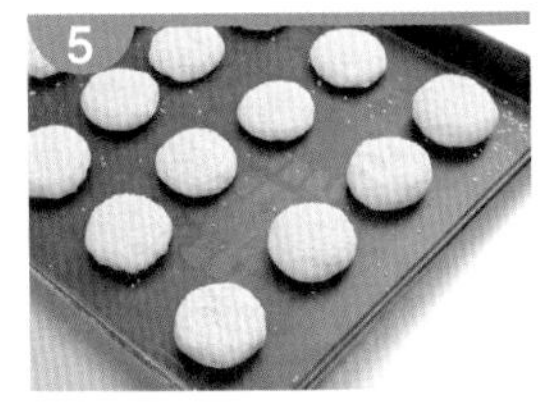
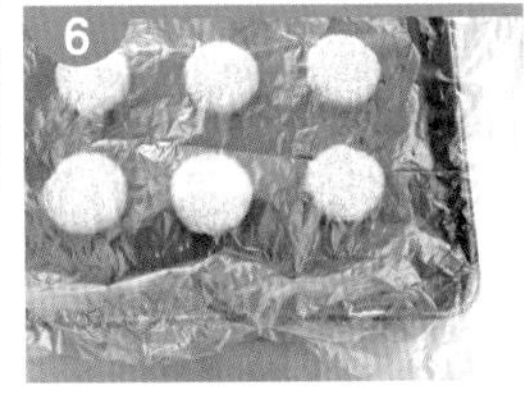

10. 熟製：1. 烤焙溫度上火 200／下火 190℃，烤焙 15 分鐘 2. 調頭，改上／下火 180℃，續烤 5 分鐘，3. 檢視底部上色，表面呈金黃色澤，4. 出爐。

11. 成品：蟹殼黃共計 20 個。

TIPS

1. 發酵麵糰與油酥的軟硬度要恰當；軟硬差距過大，影響操作及產品品質。
2. 整型與操作過程中，隨時覆蓋麵糰，避免接觸空氣，水份蒸發，產生結皮現象。
3. 餡料加中筋麵粉之目的，使得餡心成糰、質地較鬆、爽口，味道也較佳。
4. 包餡前，麵皮得到充分鬆弛，其彈性佳，易於包餡，不致漏餡。
5. 包餡收口時，注意底部不可有厚硬麵糰或餡汁流出。
6. 烘烤前務必進行覆蓋，常溫最後發酵。

芝麻醬燒餅

★★ 096-970302C ★★

燒餅類麵食

02C

試題說明

1. 用燙麵麵糰製作。麵糰經適當之鬆弛，用大包酥方式，將麵糰裹入芝麻醬，捲成圓柱，平均分割成所需數量，以手工整成圓形，表面沾白芝麻，整成直徑 6±1 公分扁圓型，用烤箱或平底鍋油煎或油烙之產品。
2. 產品表面需具均勻的金黃色澤、大小一致、外型完整不可裂開、底不可煎焦黑；切開後需完全熟透、內層柔軟、可見到芝麻醬夾心的層次、內外不可有異物、無異味、具有良好的口感。

材料

皮：1. 冷水、2. 糖、3. 沸水、4. 沙拉油、5. 鹽、6. 中筋麵粉

裝飾：A. 白芝麻、B. 糖水

餡：a. 糖、b. 低筋麵粉、c. 花椒粉、d. 鹽、e. 芝麻醬、f. 沙拉油

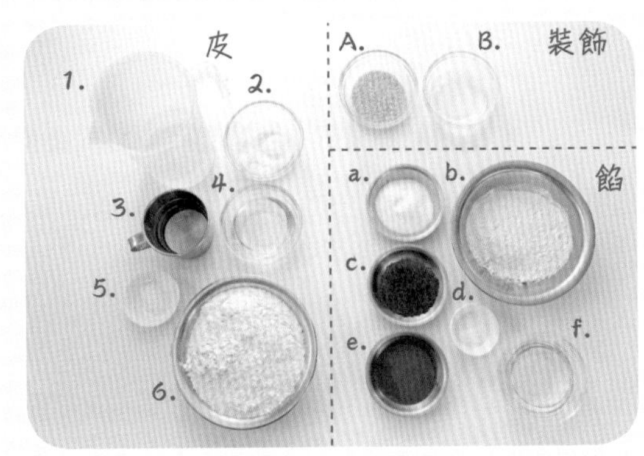

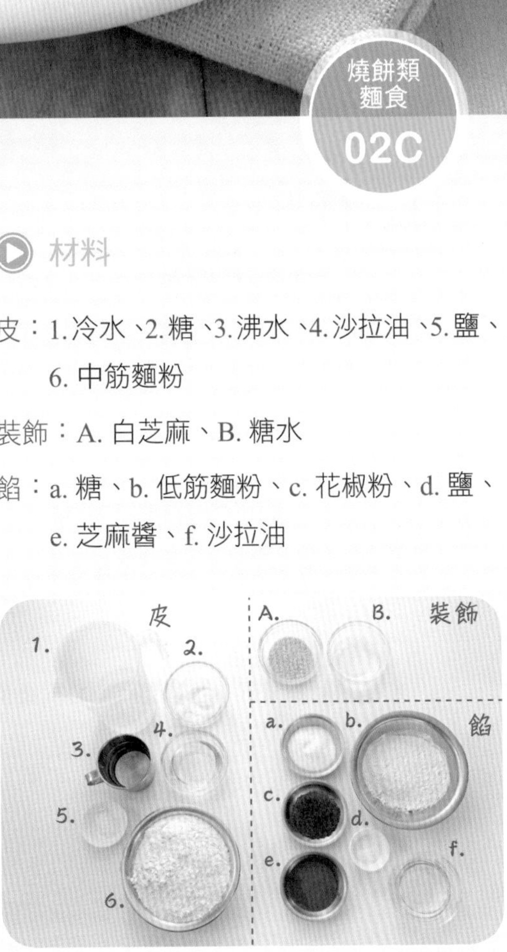

製作說明

1. 製作直徑 6±1 公分芝麻醬燒餅 20 個，芝麻醬含量為麵糰重量之 20%。
2. 製作重量：
   (1) 麵糰重量 800 公克。
   (2) 麵糰重量 900 公克。
   (3) 麵糰重量 1000 公克。

專用材料（每人份）

編號	名稱	材料規格	單位	數量	備註
1	花椒粉	市售品	公克	20	
2	芝麻醬	市售品	公克	300	

備註：考生制定配方，需依本專用材料與本類麵食之共用材料表內所列之材料自由選用，所選用之材料重量不可超出所定之重量範圍。

配方計算

1. 麵糰部分

(1) 已知麵糰重量為 800、900、1000 公克。
(2) 計算公式：各項麵糰材料重量＝麵糰重量／麵糰百分比小計 × 麵糰各單項材料百分比

2. 芝麻餡部分

(1) 已知製作芝麻醬燒餅 20 個，芝麻餡含量為麵糰之 20%。
(2) 麵糰重量 800，芝麻餡＝ 800×20% ＝ 160 麵糰重量 900，芝麻餡＝ 900×20% ＝ 180 麵糰重量 1000，芝麻餡＝ 1000×20% ＝ 200
(3) 計算公式：各項芝麻餡材料重量＝芝麻餡重量／芝麻餡百分比小計 × 芝麻餡各單項材料百分比

麵糰配方計算總表

材料名稱	%	麵糰 800 公克		麵糰 900 公克		麵糰 1000 公克	
中筋麵粉	100	800/195×100	410	900/195×100	462	1000/195×100	513
沸水	50	800/195×50	205	900/195×50	230	1000/195×50	256
冷水	20	800/195×20	82	900/195×20	92	1000/195×20	103
沙拉油	14	800/195×14	58	900/195×14	65	1000/195×14	72
糖	10	800/195×10	41	900/195×10	46	1000/195×10	51
鹽	1	800/195×1	4	900/195×1	5	1000/195×1	5
小計	195		800		900		1000

芝麻餡配方計算總表

材料名稱	%	芝麻餡 160 公克		芝麻餡 180 公克		芝麻餡 200 公克	
低筋麵粉	8.5	160/20x8.5	68	180/20x8.5	76	200/20x8.5	85
沙拉油	4	160/20x4	32	180/20x4	36	200/20x4	40
花椒粒粉	0.1	160/20x0.1	1	180/20x0.1	1	200/20x0.1	1
鹽	0.4	160/20x0.4	3	180/20x0.4	4	200/20x0.4	4
糖	3	160/20x3	24	180/20x3	27	200/20x3	30
芝麻醬	4	160/20x4	32	180/20x4	36	200/20x4	40
小計	20		160		180		200

裝　飾

糖水＝糖：水＝ 2：3	適量	適量	適量
白芝麻	適量	適量	適量

芝麻醬燒餅流程圖

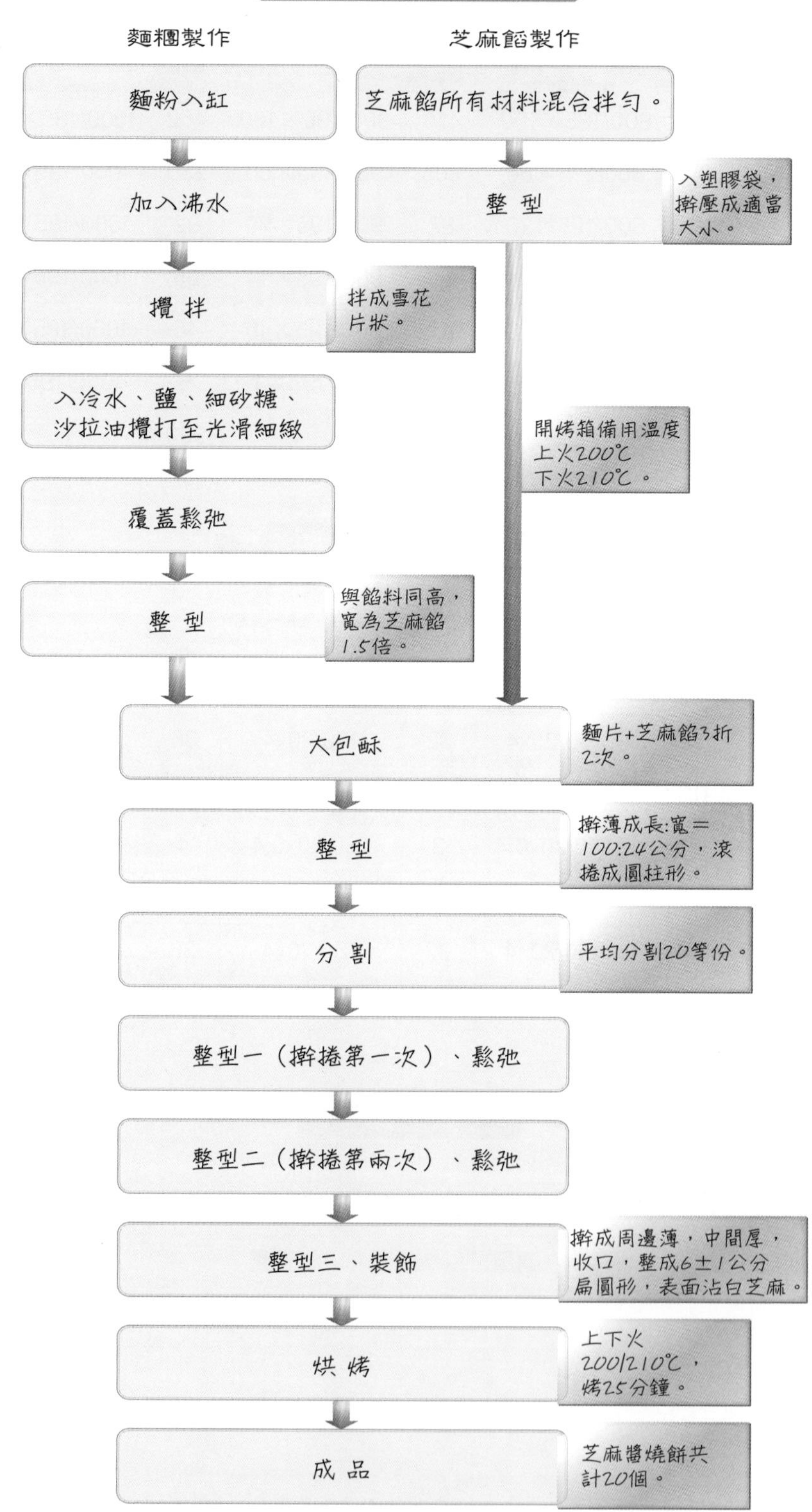

※ 1. 產品完成後才可填寫製作報告表。
2. 書寫內容可參閱本流程圖。

步驟圖說

1. 麵糰製作、鬆弛：1. 麵粉入缸，2. 加沸水拌至雪片狀，加冷水、鹽、沙拉油、3. 糖，使用槳狀攪拌器拌至光滑後，4. 覆蓋鬆弛。

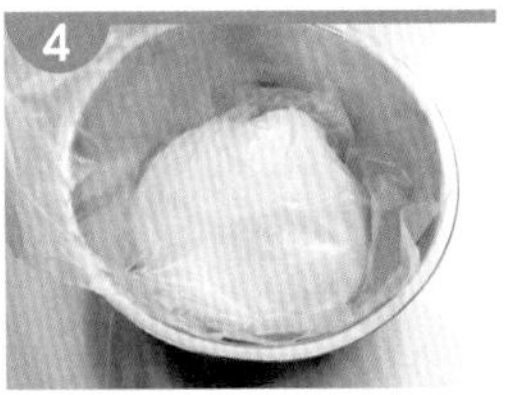

2. 餡料製作、整型：1.2.3. 芝麻餡所有材料混合拌勻，4. 入 1 斤塑膠袋中，5. 利用擀麵棍將餡料推壓平整，同塑膠袋大小，注意厚薄一致。

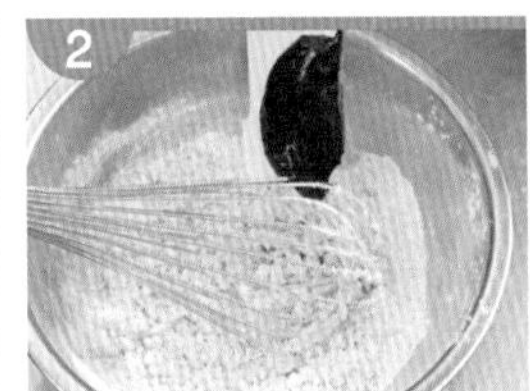

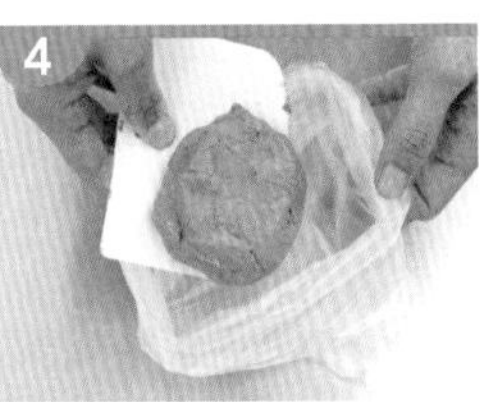
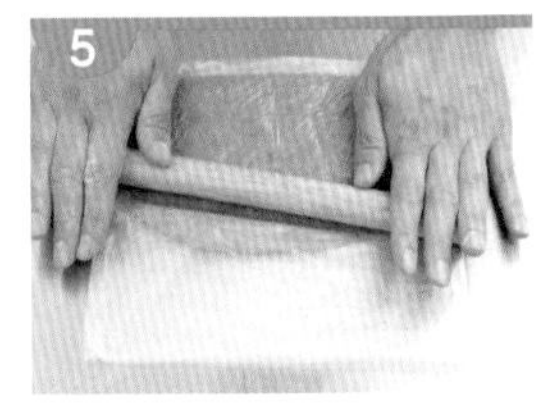

3. 麵糰整型：桌上撒上手粉，1.2. 將鬆弛後的麵糰擀薄成適合包裹芝麻餡的大小，寬度為芝麻餡的 1.5 倍，高度則與芝麻餡同高，將包裹芝麻餡的 1 斤袋沿 U 字型剪開，3. 整齊平放在擀好的麵片上，並拆除塑膠袋。

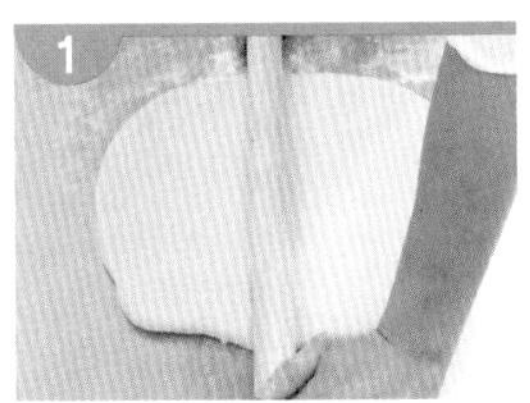
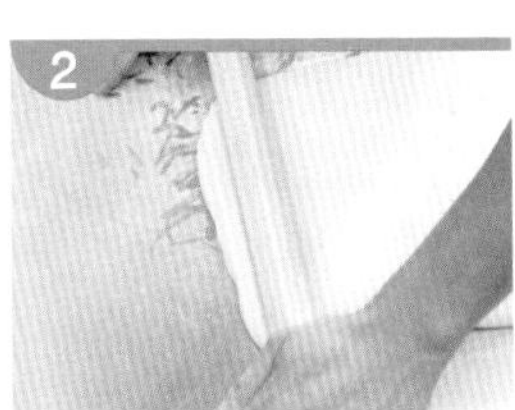
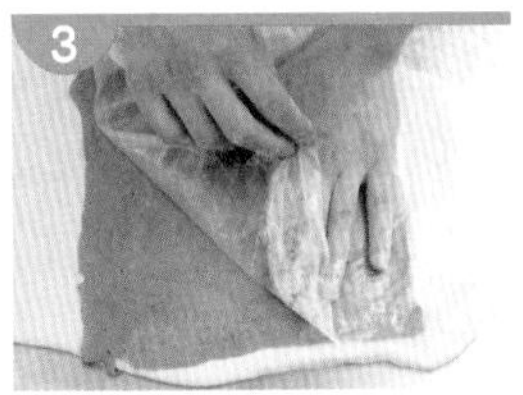

4. 大包酥組合：芝麻餡整齊的覆蓋麵片上，1. 將 1/3 未覆蓋芝麻餡的麵片重疊到芝麻餡上，2. 再將 1/3 有覆蓋芝麻餡的部分重疊在麵片上（此為 3 折 2 次的折疊方式），覆蓋鬆弛。3. 擀薄成長 100 公分，寬 24 公分（無法一次擀成 100 公分，可分次覆蓋鬆弛，再擀開）。4. 刷去多餘手粉，5. 再刷上薄薄一層水重覆兩次，使具黏性利於滾捲定型（水份過多不具黏性），6. 下方收口處壓薄破壞組織，目的在於收口平整，7. 由上緊緊往下滾捲成粗細一致的圓柱型，8. 覆蓋鬆弛 10 分鐘。

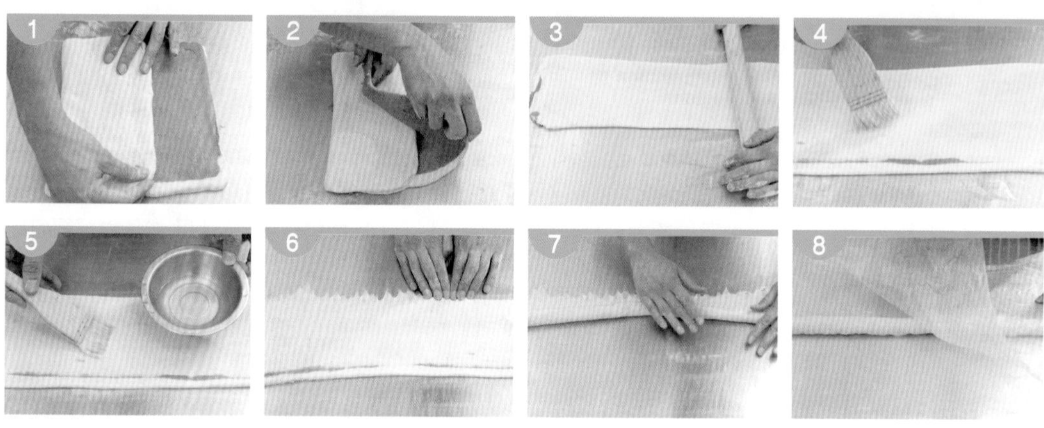

5. 分割：1. 量出總長均分 20 等份並做上記號，2. 以擀麵棍在記號處緊壓切痕，達到收口目的，3. 再用切麵刀朝切痕處切斷。

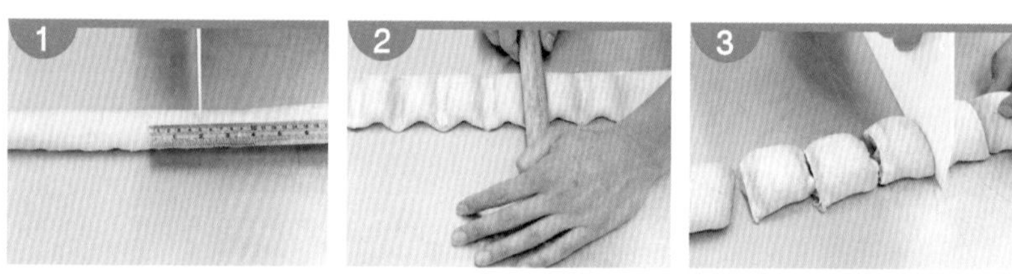

6. 整型（一）：第一次擀捲，1.2.3. 擀麵棍至中，先上後下擀長，4.5. 麵皮長度分 3 等份，兩邊向內側摺疊後，6. 覆蓋鬆弛。

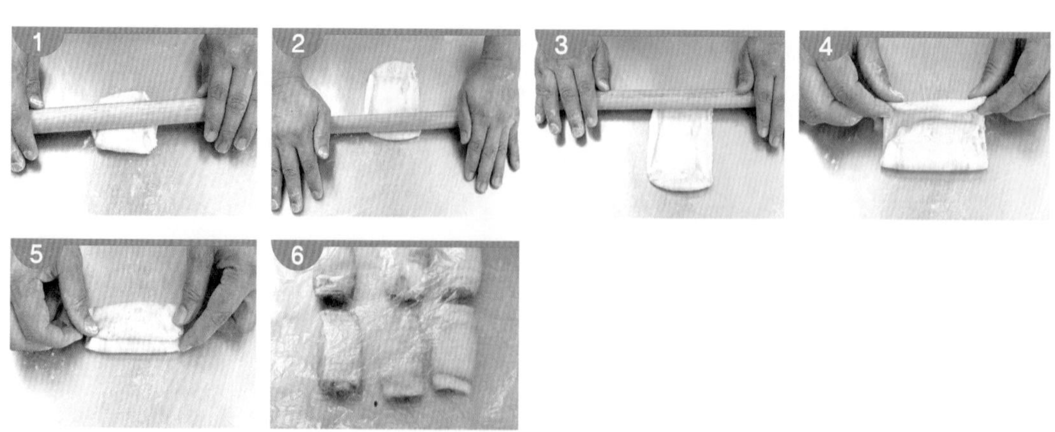

7. 整型（二）：第二次擀捲，取出鬆弛後的麵糰，收口朝下，1.2. 擀麵棍至中，先上後下擀長，3. 麵皮長度分 3 等份，4. 兩邊向內側摺疊後，5. 覆蓋鬆弛。

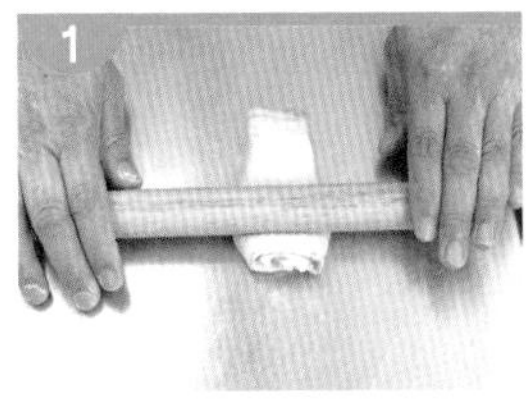
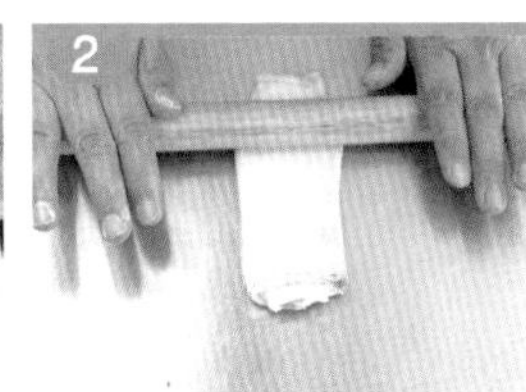
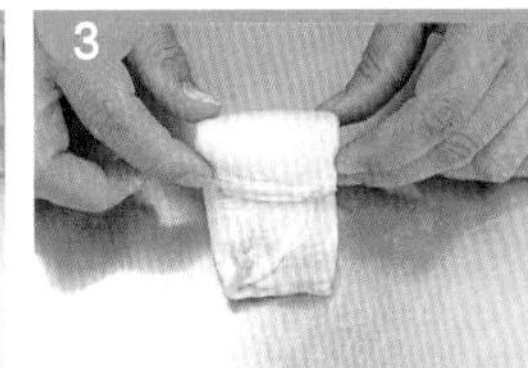
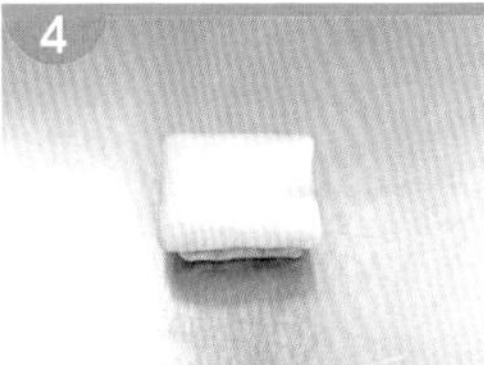
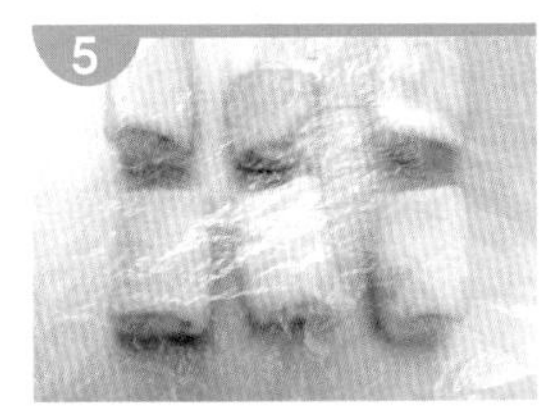

8. 整型（三）：取出鬆弛後麵糰，1. 收口朝下，四周擀薄，使中間呈凸出狀，2. 凸面朝下，底面朝上，雙手將四周薄麵皮向中間 3. 捏緊收口，4. 收尾小麵糰向下壓平。5. 取出六吋模型（可不用，注意直徑 6±1 公分），收口朝下，6. 利用手腹將麵糰輕壓至平整，7. 脫模。

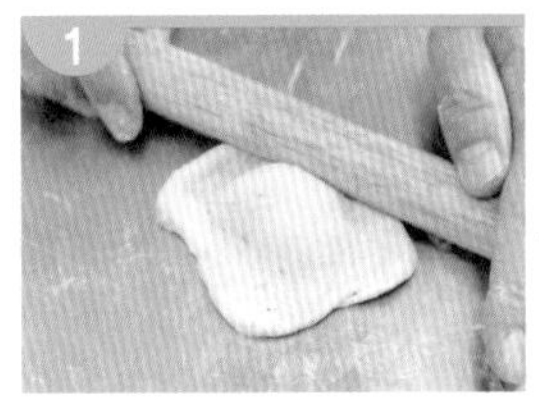
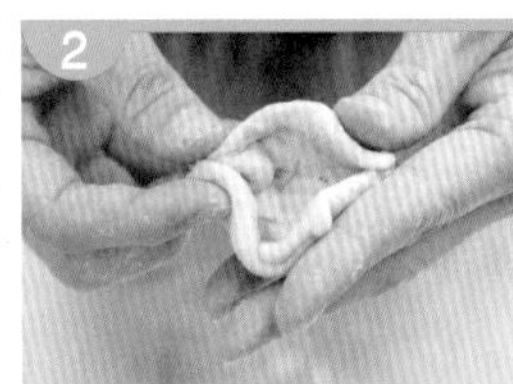
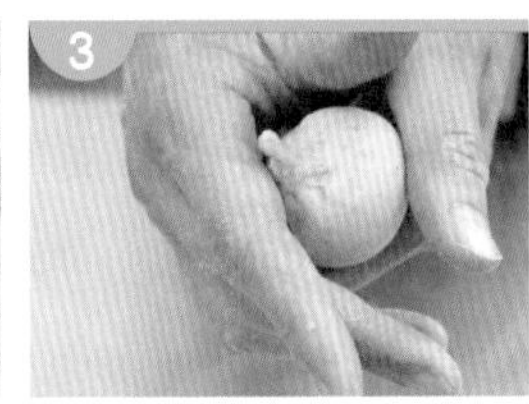
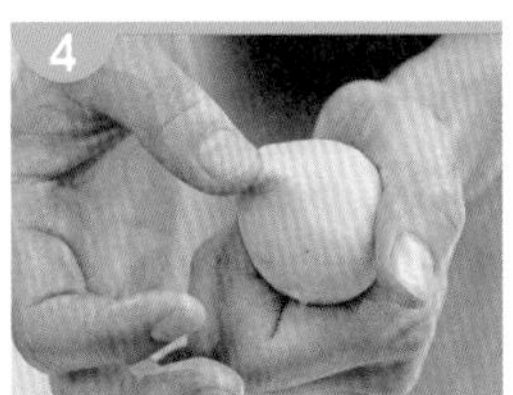
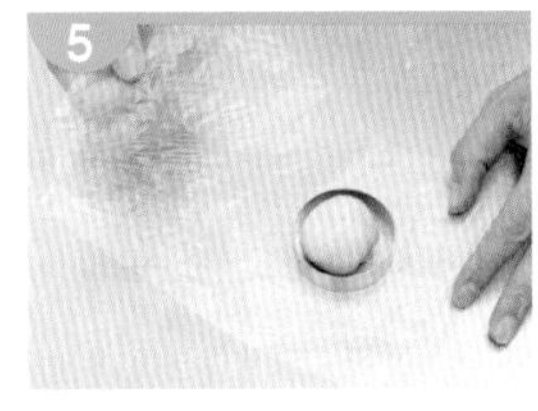
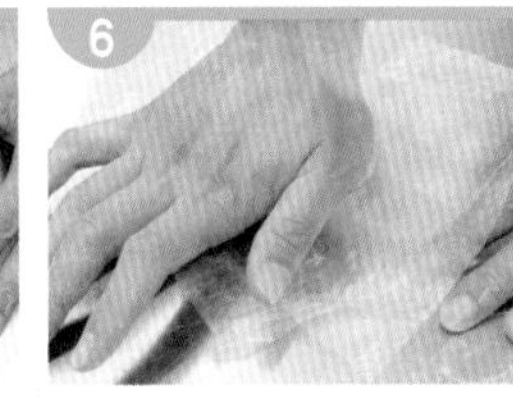
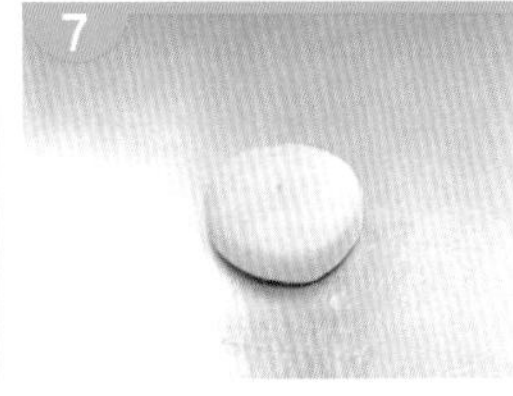

9. 裝飾：1. 表面刷上糖水，2. 表面緊壓白芝麻，3. 芝麻朝上 4. 整齊排放烤盤，5. 並覆蓋避免乾裂。

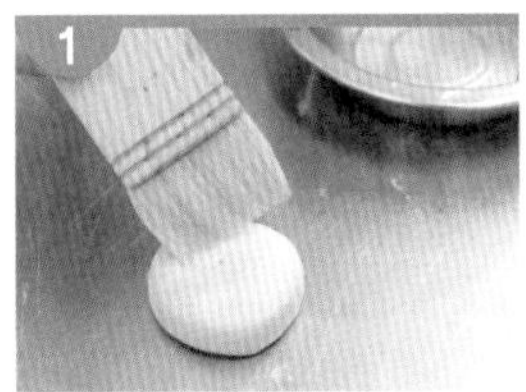

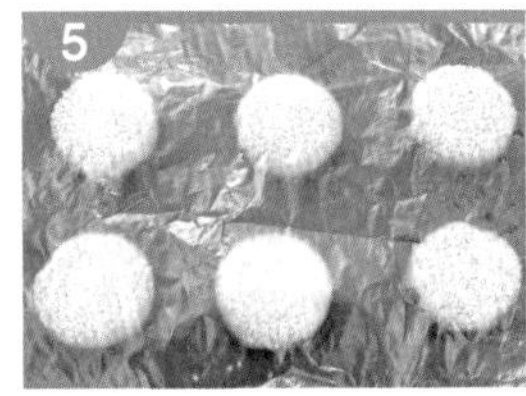

10. 熟製：1. 上火 200、下火 210℃，烤 15 分鐘 2. 調頭再烤 10 分鐘，烤至 3. 底部上色，表面呈金黃色澤即可。

11. 成品：芝麻醬燒餅共計 20 個。

TIPS

1. 製作芝麻醬燒餅注意重點：防止結皮，少用手粉，擀捲與包餡前充分鬆弛，包酥均勻、收口切忌太厚，擀酥要輕、厚薄均勻等。
2. 酥油皮的包酥方式有大包酥與小包酥兩種，依題意，本產品以大包酥方式製作。
   (1) 大包酥，總油皮麵糰包總油酥後擀捲，再分割成小麵糰後整型；優點：速度快、效率高、可以大量製作；缺點：層次較少、酥層不易均勻。
   (2) 小包酥，油皮與油酥分成小麵糰再個別擀捲整形；優點大小一致、酥層均勻、油皮不易破裂、品質佳；缺點速度慢、效率低、無法大量生產。
3. 麵皮表層刷水目的，加強黏性。倘若水份過多，便無黏著效果，反而不易操作；若水量不足，不具黏性而鬆散，增加製作難度。

NG 圖說

未完全熟透

發麵燒餅

★★ 096-970303C ★★

燒餅類麵食 03C

試題說明

1. 用發酵麵糰製作。麵糰經適當之鬆弛或發酵，用大包酥方式，將麵糰擀成麵帶，以蔥油作夾心，利用三摺方式摺疊後，表面撒白芝麻，平均分割成所需數量（可呈菱形、方型或長條型），經發酵後，用烤箱烤熟之產品。
2. 產品表面需具均勻的金黃色澤、大小一致、外型完整接縫處不得有不良開口、底不可烤焦；切開後三層麵皮均需完全熟透、組織柔軟、內外不可有異物、無異味、具有良好的口感。

材料

皮：1. 中筋麵粉、2. 速溶酵母粉、3. 冷水、4. 細砂糖、5. 沙拉油

餡：A. 青蔥、B. 胡椒粉、C. 鹽、D. 沙拉油

裝飾：a. 糖水、b. 生白芝麻

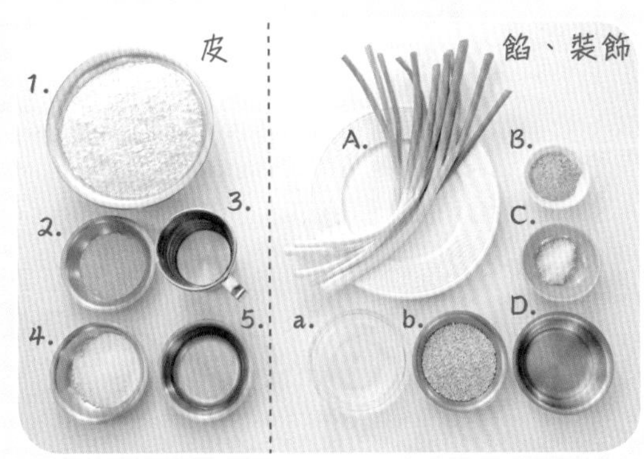

製作說明

1. 製作 15 個發麵燒餅，蔥油餡含量為麵糰重量之 10%（麵糰、蔥油不可剩餘）。
2. 製作重量：
   (1) 麵糰重量 900 公克。
   (2) 麵糰重量 930 公克。
   (3) 麵糰重量 960 公克。

專用材料（每人份）

編號	名稱	材料規格	單位	數量	備註
1	酵母	速溶酵母粉	公克	30	
2	青蔥	生鮮	公克	300	
3	味精	市售品	公克	20	
4	胡椒粉	市售品	公克	20	

備註：考生制定配方，需依本專用材料與本類麵食之共用材料表內所列之材料自由選用，所選用之材料重量不可超出所定之重量範圍。

配方計算

1. 麵糰部份

(1) 已知麵糰重量為 900、930、960 公克。
(2) 計算公式：各項麵糰材料重量＝麵糰重量／麵糰百分比小計 × 麵糰百分比各單項材料百分比

2. 蔥油餡部份

(1) 已知製作發麵燒餅 15 個，蔥油餡含量為麵糰之 10%。
(2) 麵糰重量 900，油蔥餡＝ 900×10% ＝ 90 麵糰重量 930，油蔥餡＝ 930×10% ＝ 93 麵糰重量 960，油蔥餡＝ 960×10% ＝ 96
(3) 計算公式：各項蔥油餡材料重量＝蔥油餡重量／蔥油餡百分比小計 × 蔥油餡各單項材料百分比

發酵麵糰配方計算總表

材料名稱	%	麵糰 900 公克		麵糰 930 公克		麵糰 960 公克	
中筋麵粉	100	900/173x100	520	930/173x100	537	960/173x100	555
速溶酵母粉	2.5	900/173x2.5	13	930/173x2.5	13	960/173x2.5	14
冷水	60	900/173x60	312	930/173x60	323	960/173x60	333
細砂糖	5	900/173x5	26	930/173x5	27	960/173x5	28
沙拉油	5.5	900/173x5.5	29	930/173x5.5	30	960/173x5.5	30
合計	173		900		930		960

蔥油餡配方計算總表

材料名稱	%	油蔥餡 90 公克		油蔥餡 93 公克		油蔥餡 96 公克	
青蔥	9	90/12x9	68	93/12x9	70	96/12x9	72
鹽	1.5	90/12x1	8	93/12x1	8	96/12x1	8
白胡椒粉	0.5	90/12x0.5	4	93/12x0.5	4	96/12x0.5	4
沙拉油	1	90/12x1	8	93/12x1	8	96/12x1	8
合計	12						

裝　飾

生白芝麻	適量	適量	適量
糖水＝糖：水＝ 2：3	適量	適量	適量

發麵燒餅流程圖

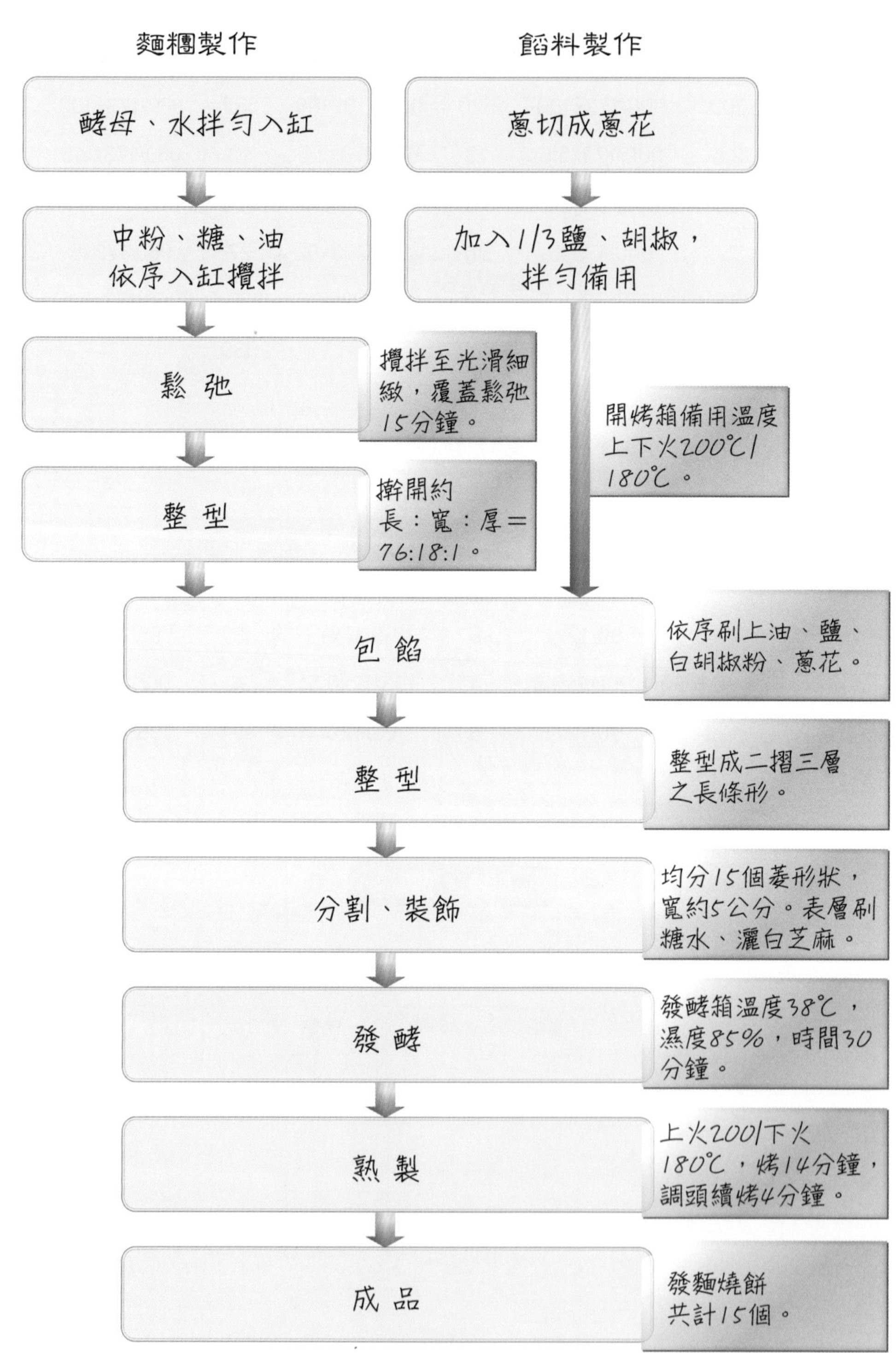

※ 1. 產品完成後才可填寫製作報告表。
2. 書寫內容可參閱本流程圖。

步驟圖說

1. 麵糰製作、鬆弛：1. 酵母、水拌勻入缸，2. 中粉、糖、油依序入攪拌缸，槳狀攪拌器拌至 3. 光滑細緻，4. 覆蓋鬆弛。

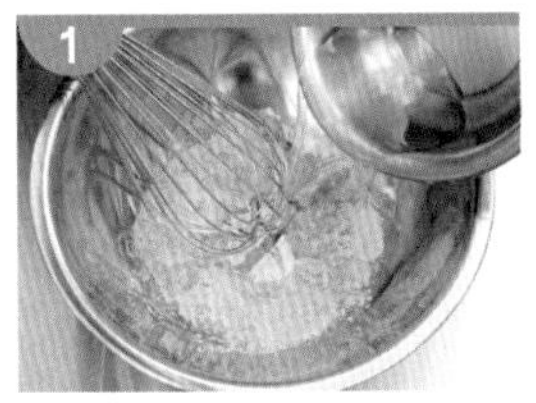
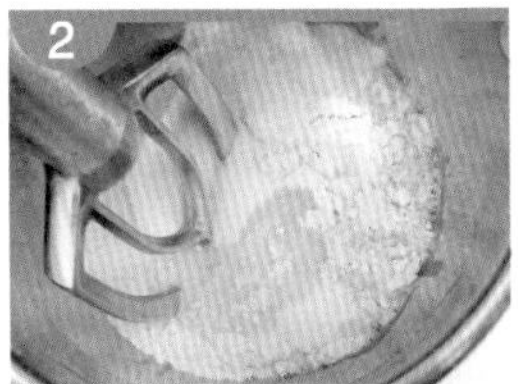

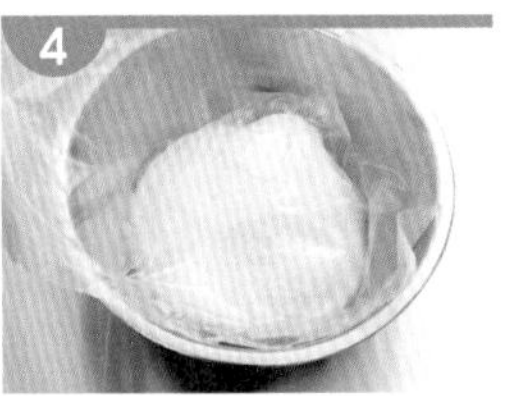

2. 餡料製作：1. 蔥切成蔥花，加入 2.1/3 量的鹽、胡椒粉、3 油加入，4. 攪拌均勻，5. 覆蓋備用。

****** 餡料操作程序需完全符合衛生標準規範 ******

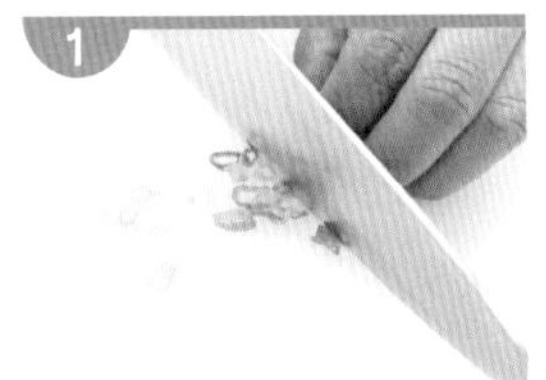

3. 整型、包餡、整型、分割：1. 麵糰發酵後，雙手壓平，2. 擀開至長 84 公分、寬 18 公分。3. 表面均勻刷上油、4. 灑上剩餘 2/3 的胡椒粉、鹽，5. 麵帶寬 18 公分，目視分三等份，中間帶均勻鋪上蔥花餡，6. 留白處分別向下、7. 向上折疊，對齊壓平，使上下麵皮相黏，翻面，收口朝下（亦可不翻面），8. 量出總長，均分 15 等份，切成長方形或菱形狀均可（請參考 TIPS2）。

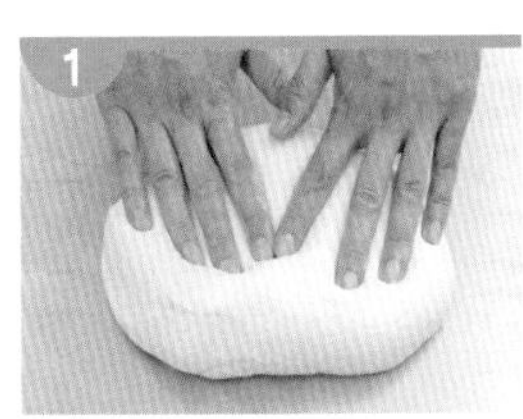
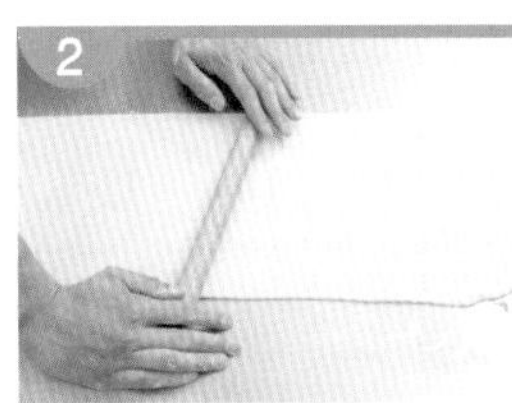

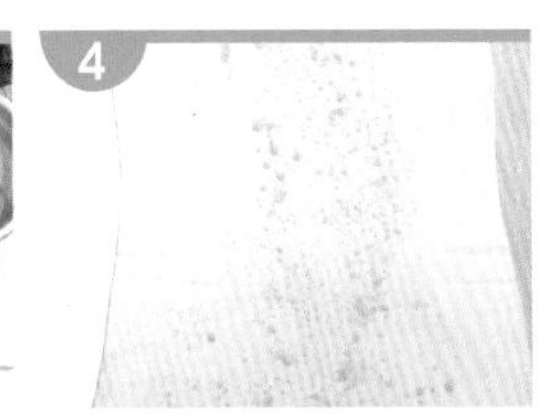

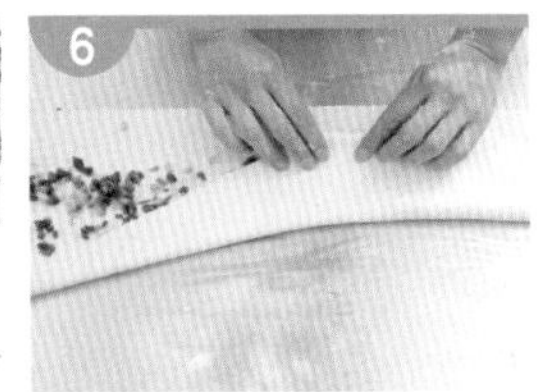
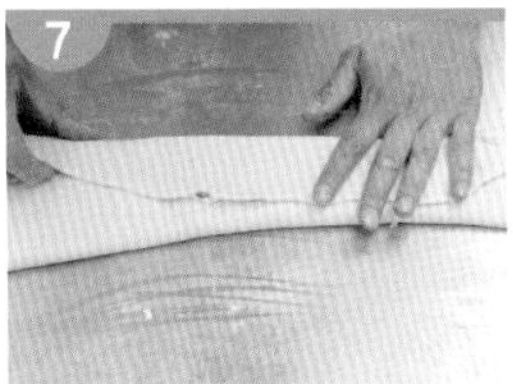
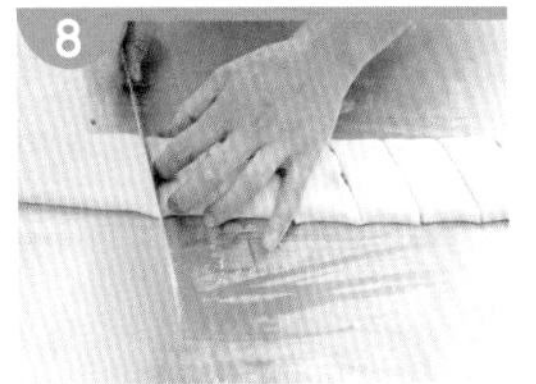

4. 裝飾、發酵：1. 表層刷糖水液（糖：水＝2:3），2. 均勻灑白芝麻，3. 整齊排放烤盤，入發酵箱（溫度 38℃／濕度 85%），發酵約 30 分鐘。

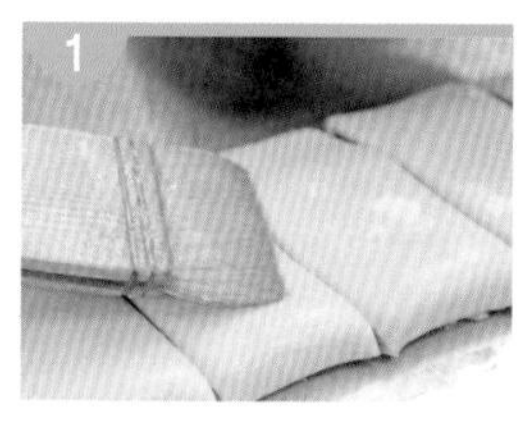

5. 熟製：上火 200℃／下火 180℃烤焙約 14 分鐘，調頭再烤至底部上色、1. 表層呈金黃色澤即可出爐。

6. 成品：發麵燒餅共計 15 個。

TIPS

1. 酵母和水拌合目的，使酵母可以均勻分布整個麵糰。
2. 切割方式，菱形、方型或長條型，依個人喜好，但樣式必須一致。
3. 圖 3 之頭尾合為一個，雖不美觀，但可減少損耗。

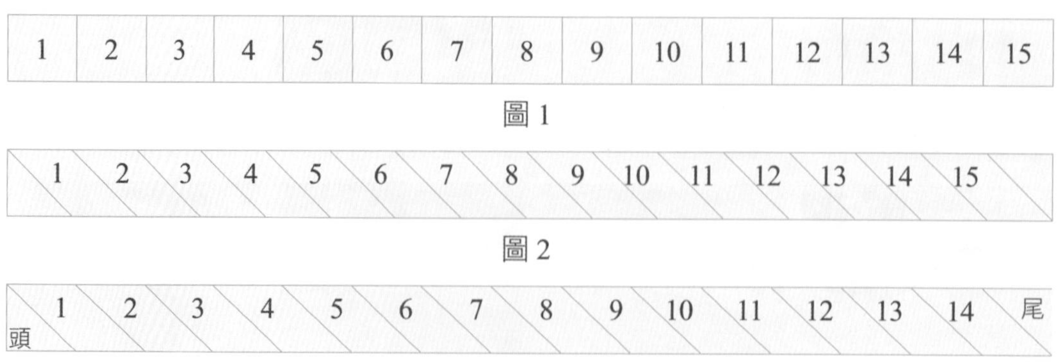

圖 1

圖 2

圖 3

蔥燒餅

★★ 096-970304C ★★

燒餅類
麵食
04C

試題說明

1. 用燙麵麵糰製作。麵糰經適當之鬆弛，平均分割成所需數量，將麵糰擀成長形麵片，包入蔥油餡後，整形成直徑 12±2 公分之扁圓形麵餅，用平底鍋兩面油煎或油烙（也可先用平底鍋油煎或油烙再入烤箱烤）熟製之產品。
2. 產品表面需具均勻的金黃色澤、大小一致、外型完整不可爆餡或未包緊、底不可煎或烤焦但可有少數焦點、不可散開成條狀；切開後皮餡之間需完全熟透、外皮香脆、內層柔軟、內外不可有異物、無異味、具有良好的口感。

材料

皮：1. 中筋麵粉、2. 冷水、3. 沙拉油、4. 沸水、5. 細砂糖

餡：a. 胡椒粉、b. 鹽、c. 豬油、d. 青蔥、e. 沙拉油

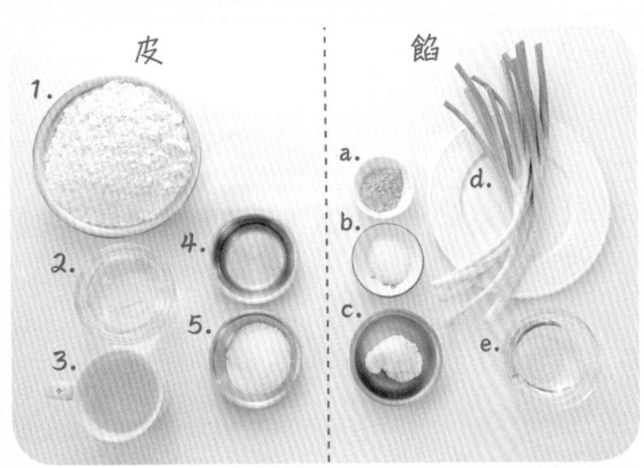

製作說明

1. 製作直徑 12±2 公分蔥燒餅 10 個，皮餡比＝ 2：1。
2. 製作重量：
   (1) 麵糰重量 800 公克。
   (2) 麵糰重量 850 公克。
   (3) 麵糰重量 900 公克。

專用材料（每人份）

編號	名稱	材料規格	單位	數量	備註
1	青蔥	生鮮	公克	800	
3	味精	市售品	公克	20	
4	胡椒粉	市售品	公克	20	

備註：考生制定配方，需依本專用材料與本類麵食之共用材料表內所列之材料自由選用，所選用之材料重量不可超出所定之重量範圍。

配方計算

1. 麵糰部份

(1) 已知麵糰重量為 800、850、900 公克。
(2) 計算公式：麵糰各項材料重量＝麵糰重量／麵糰百分比小計 × 麵糰各單項材料百分比

2. 油蔥餡部份

(1) 已知蔥燒餅皮餡比＝ 2：1。
(2) 麵糰重量 800，油蔥餡＝ 800/2×1 ＝ 400 麵糰重量 850，油蔥餡＝ 850/2×1 ＝ 425 麵糰重量 900，油蔥餡＝ 900/2×1 ＝ 450
(3) 計算公式：油蔥餡各項材料重量＝餡重量／餡百分比小計 × 餡各單項材料百分比

發酵麵糰配方計算總表

材料名稱	%	麵糰重 800 公克		麵糰重 850 公克		麵糰重 900 公克	
中筋麵粉	100	800/187×100	428	850/187×100	455	900/187×100	481
沸水	45	800/187×45	193	850/187×45	205	900/187×45	217
速溶酵母粉	2.5	800/187×2.5	10	850/187×2.5	11	900/187×2.5	12
冷水	30	800/187×30	128	850/187×30	136	900/187×30	144
細砂糖	4	800/187×4	17	850/187×4	18	900/187×4	20
沙拉油	5.5	800/187×5.5	24	850/187×5.5	25	900/187×5.5	26
小計	187		800		850		900

油蔥餡配方計算總表

材料名稱	%	油蔥餡 400 公克		油蔥餡 425 公克		油蔥餡 450 公克	
沙拉油	14	400/115×14	48	425/115×14	52	450/115×14	55
豬油	10	400/115×10	35	425/115×10	37	450/115×10	39
鹽	2.5	400/115×2.5	9	425/115×2.5	9	450/115×2.5	10
白胡椒粉	1.5	400/115×1.5	5	425/115×1.5	5	450/115×1.5	5
青蔥	87	400/115×87	303	425/115×87	322	450/115×87	340
小計	115		400		425		450

蔥燒餅流程圖

麵糰製作

麵粉入缸
↓
沸水加入攪拌至雪花片狀
↓
加冷水、糖、油攪拌至光滑
↓
整型——整成圓球狀。
↓
鬆弛——鬆弛10分鐘。
↓
分割——均分10等分（注意重量一致）。
↓
整型（一）、鬆弛——整型成20公分長條狀，抹油，覆蓋、鬆弛10分鐘。

餡料製作

蔥切蔥花
↓
加豬油、沙拉油、1/3鹽、1/3胡椒，拌勻備用

開烤箱備用，溫度上下火200℃/180℃。

合併

整型（二）、加餡料——整型長60公分、寬10公分，加餡、上下內餡包裹餡料。
↓
整型（三）、鬆弛——捲成圓形螺旋狀，收尾置於底部。
↓
整型（四）、鬆弛——整形成直徑12±2公分之扁圓形，發酵15分鐘。
↓
熟製——使用煎盤將兩面煎至金黃色，避免外熟內生，可入烤箱續烤。
↓
成品——蔥燒餅共計10個。

※ 1. 產品完成後才可填寫製作報告表。
2. 書寫內容可參閱本流程圖。

步驟圖說

1. 麵糰製作、鬆弛：1. 麵粉加熱水拌至 2. 雪花片狀，3. 續加冷水、糖、油，使用槳狀攪拌器，中速攪拌均勻，4. 拌至光滑細緻，5. 入袋鬆弛 10~15 分鐘。

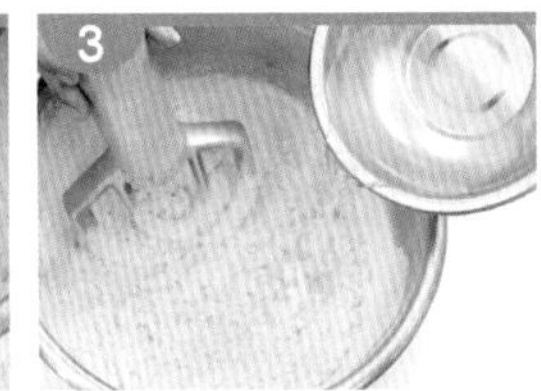

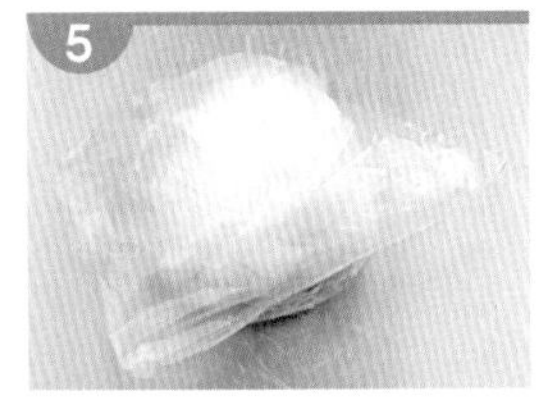

2. 分割：1. 容器抹油，2. 麵糰秤出總重，3. 均分 10 等份，4. 滾圓、5. 覆蓋鬆弛備用。

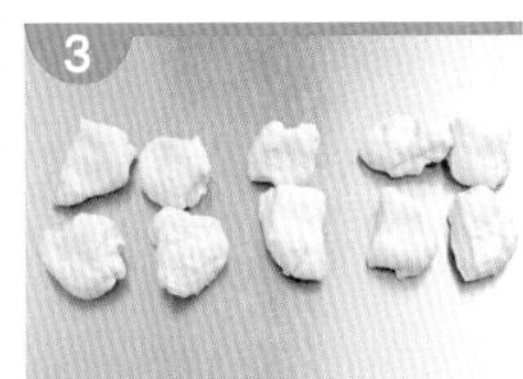
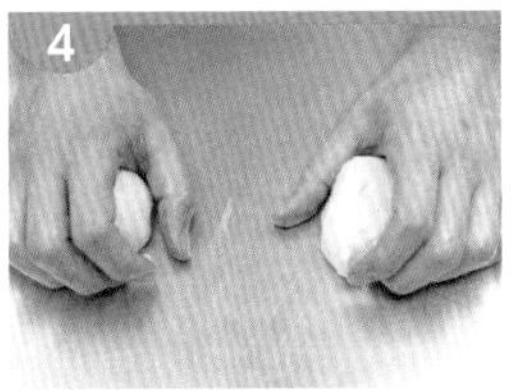
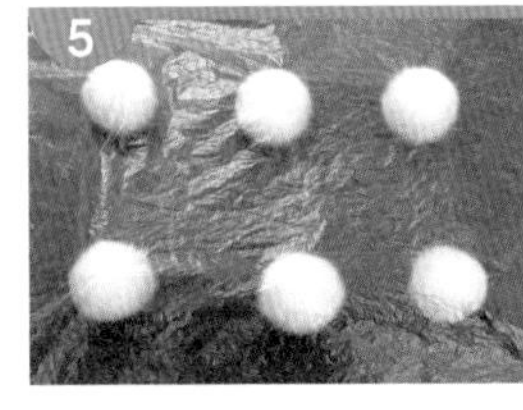

3. 整型（一）、鬆弛：1. 整型成長條狀，2. 表面抹油，3. 覆蓋鬆弛 10~20 分鐘。

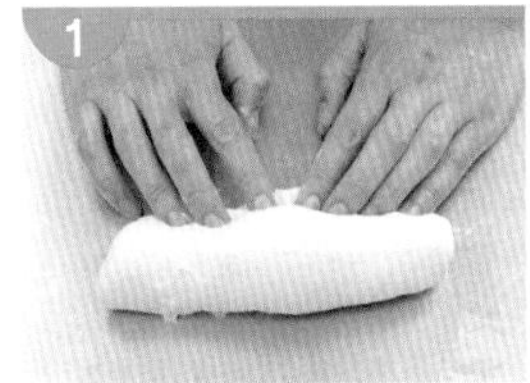

4. 餡料製作：1.2. 蔥切珠，3. 加 1/3 鹽、1/3 胡椒粉、豬油、沙拉油拌勻 4. 覆蓋備用。

****** 餡料操作程序需完全符合衛生標準規範 ******

5. 整型（二）：1. 桌面抹油，2. 麵糰壓平，3. 整型成 4. 長 60 公分，5. 寬 10 公分的長方形麵帶。

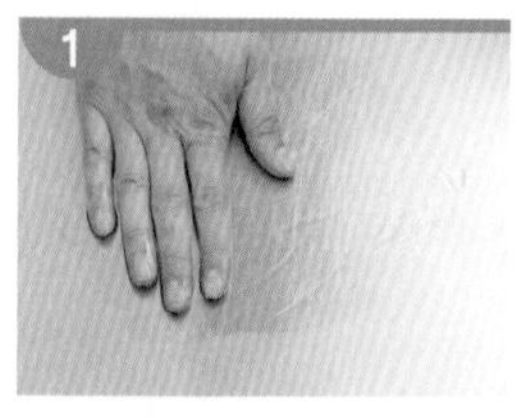
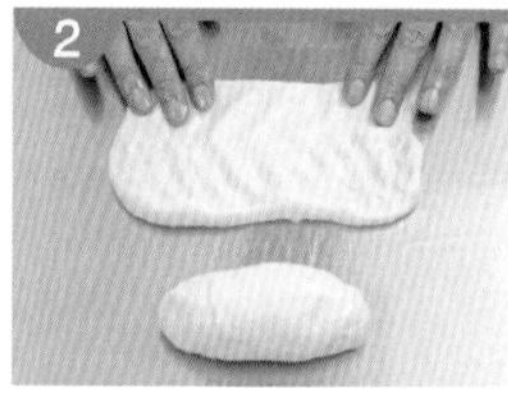
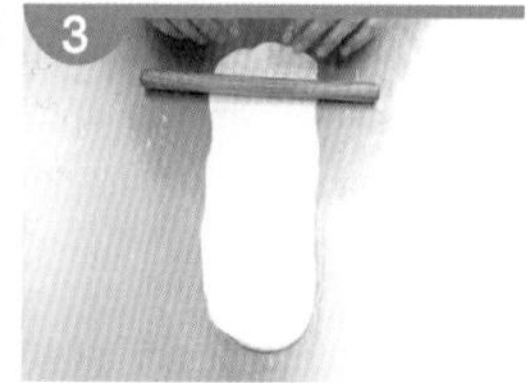
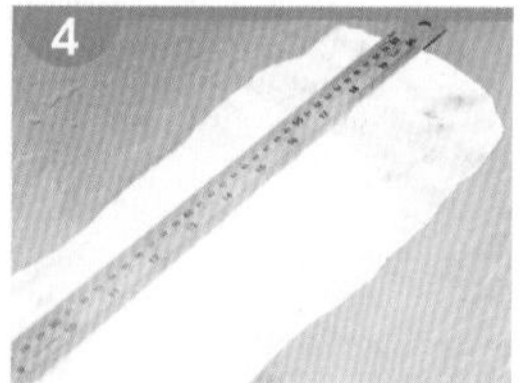
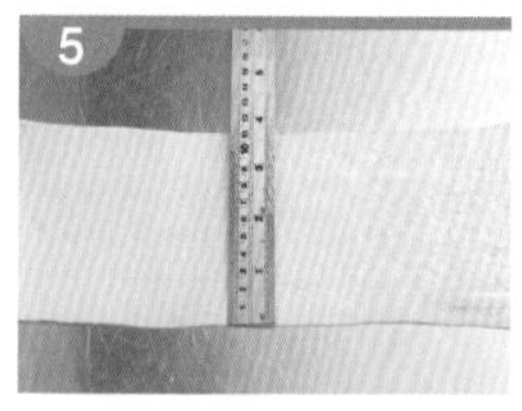

6. 包餡：1. 麵皮表層抹上拌勻的鹽、胡椒粉，上下邊各留白 3 公分，2. 中間均勻鋪上蔥油餡，3. 上、下端麵皮蓋上蔥油餡，4. 並重疊相黏後壓平（底部可鋪塑膠袋或保鮮膜防黏）。

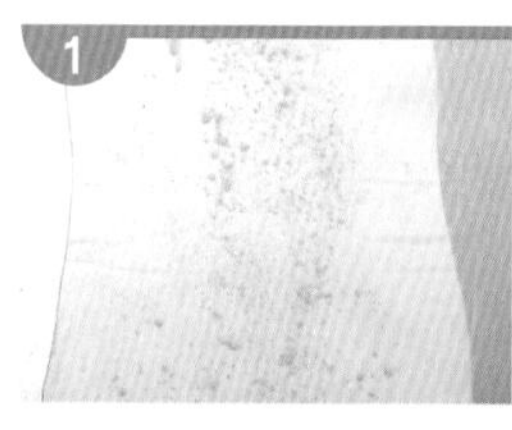
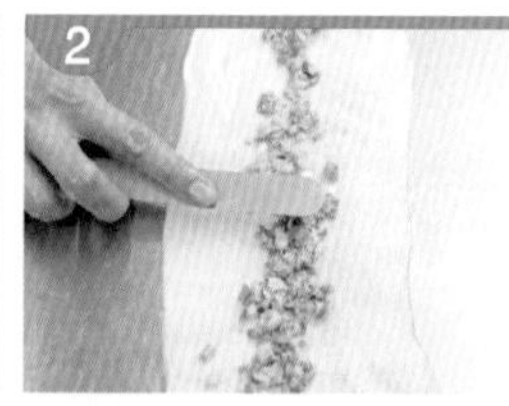
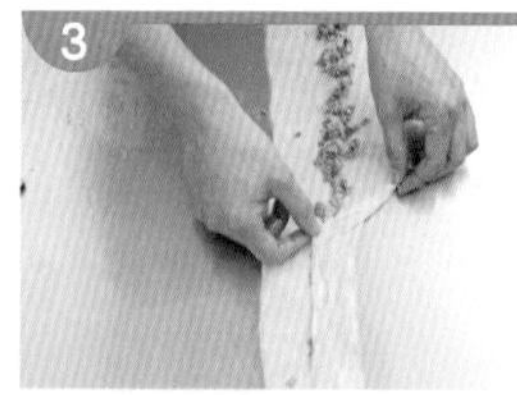
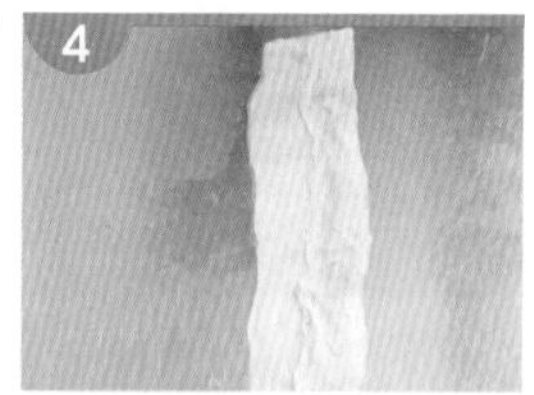

7. 整型（三）、鬆弛：1. 從一端捲成 2. 螺旋狀，3.4.5. 尾端收至底部，6. 覆蓋靜置鬆弛備用。

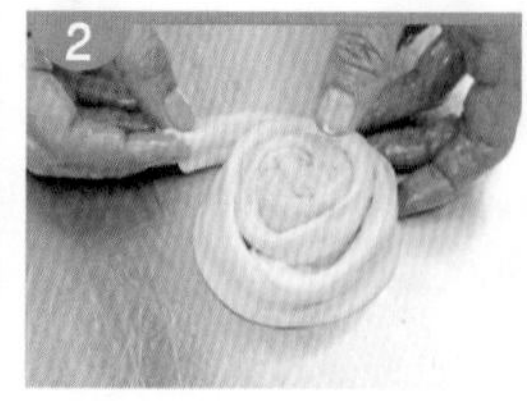
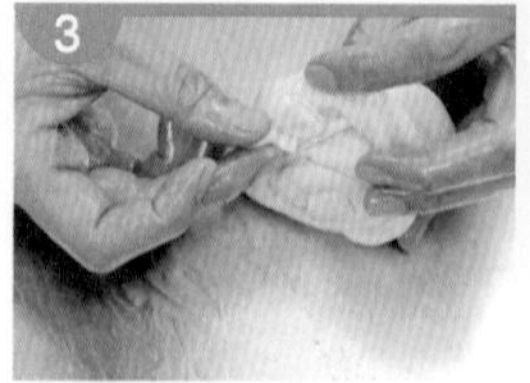
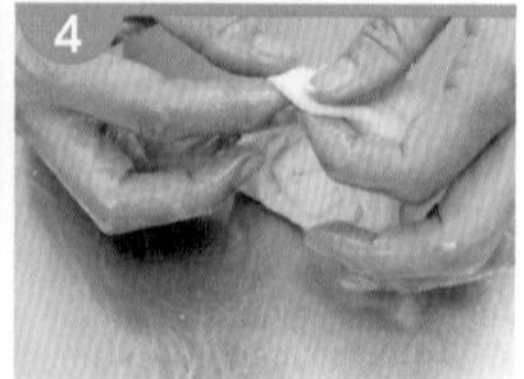

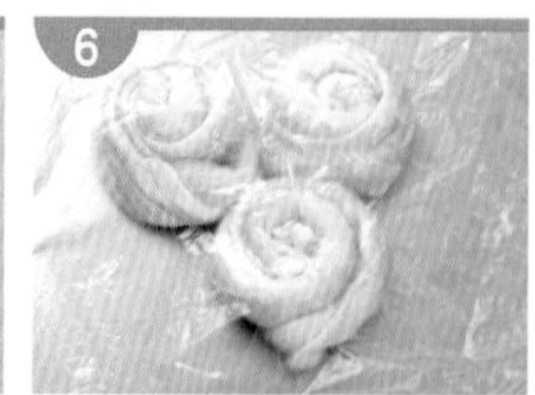

8. 整型（四）、發酵：1.2. 鬆弛後再次利用雙手由中間向外擴壓，3. 整型至直徑 12±2 公分扁圓狀，4. 覆蓋鬆弛 10~20 分鐘。

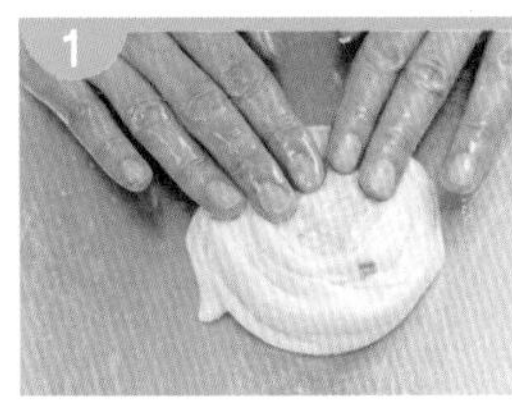
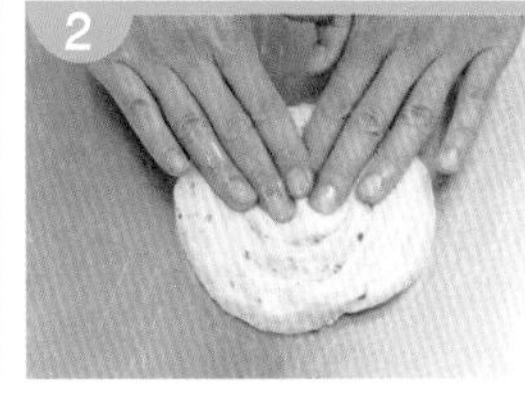
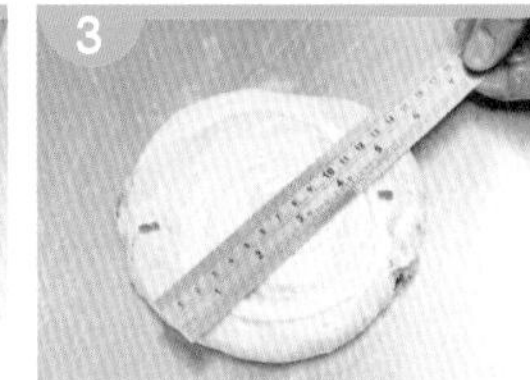

9. 熟製：1. 煎鍋入油，以中小火煎至上色翻面，2. 持續煎至金黃色澤，避免外熟內生，3. 可再入烤箱，上下火 160/160℃續烤 7 分鐘，4. 直至完全熟透。

10. 成品：蔥燒餅共計 10 個。

TIPS

1. 麵糰攪拌至光滑細緻，利於整型伸展。
2. 整型施力均勻，避免破皮，影響包餡及外觀品質。
3. 熟製時，熱鍋冷油，依次放入生麵糰，煎到上色後再翻面，直至雙面呈金黃色澤。
4. 熟製時以中小火為宜，火力過低難熟成，火力過高易燒焦，易產生外熟內生現象。
5. 熟製過程中，避免受熱不均勻，經常轉動餅皮，使每張麵餅平均受熱。
6. 判斷熟成，除了雙面呈金黃色澤，目視麵餅有膨脹現象，即表示中心已熟成。

MEMO

發麵類－發酵麵食

（壹）試題說明

一、本類麵食共四小項（編號 096-970301D~970304D）。

二、完成時限為四小時，包含發酵麵食、發粉麵食、油炸麵食，依勾選之分項各抽考一種產品，共二種產品。

三、發酵麵食麵糰製作可使用攪拌機與壓麵機，蒸熟需用蒸籠。

四、產品製作之試題說明及要求之品質標準，係依產品而定，請參考每小項之「試題說明」。

五、產品製作重量與數量，係依產品而定，請參考每小項之「製作說明」。

六、制定麵糰配方時，不可加計任何損耗。麵糰重量需符合試題說明與製作說明，製作配方於製作後不可再修改，監評會核對配方表與實作重量。

七、麵糰與餡料製備之所有操作程序需完全符合衛生標準規範；所需重量應確實計算，不可剩餘，也不得分多次製作。

八、本類麵食共用材料（每項產品）

編號	名稱	材料規格	單位	重量	備註
1	麵粉	高筋、中筋、低筋 符合國家標準 (CNS) 規格	公克	各 1000	含防黏粉
2	酵母	速溶酵母粉	公克	100	
3	砂糖	細砂糖	公克	300	
4	固體油	純豬油、烤酥油	公克	200	
5	泡打粉 (BP)	雙重反應式	公克	60	建議無鋁
6	乳化劑	食品級	公克	60	
7	奶粉	全脂或脫脂	公克	100	
8	鹽	精製	公克	40	

備註：

1. 考生制定配方，需依本類麵食共用材料與各小項產品之專用材料表內所列之材料自由選用。
2. 所選用之材料重量不可超出所定之重量範圍。各類食品添加物之使用範圍及限量應符合食品安全衛生管理法第 18 條訂定「食品添加物使用範圍及限量暨規格標準」。
3. 「水」任意使用，不限重量。

八、本類麵食專業設備（每人份）

編號	名稱	設備規格	單位	數量	備註
1	蒸籠布	細軟的綿布或不沾布，可用蒸烤紙或墊紙替代	條	2	
2	蒸 籠	雙層不鏽鋼製，直徑 40 公分以上，附底鍋與鍋蓋，瓦斯爐火力與蒸籠需配合	組	1	附有小圓孔蒸盤，大小需配合蒸籠亦可使用於發酵箱
3	包餡匙	竹或不鏽鋼製長 15~20 公分	支	1	
4	墊紙	8×8 公分	張	20	饅頭紙

基礎步驟

一、發酵麵糰的製作流程

發酵麵糰製作：1. 酵母、水混合 2. 攪拌均勻，3. 中粉、泡打粉、糖、豬油、4. 酵母水依序入缸，使用槳狀攪拌器先慢速，再轉中速 5. 拌至光滑細緻。

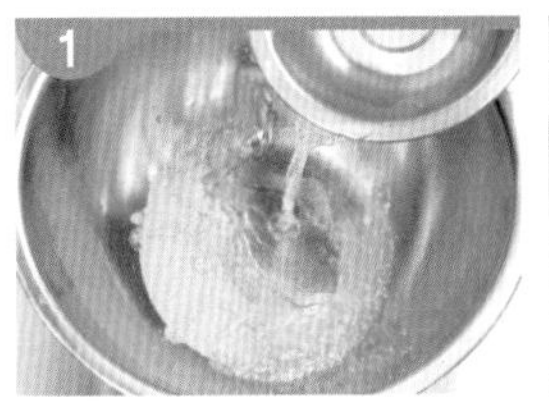
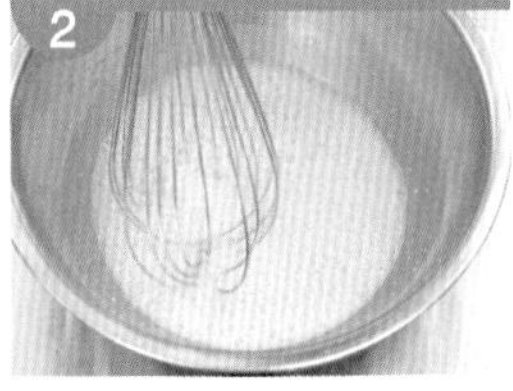

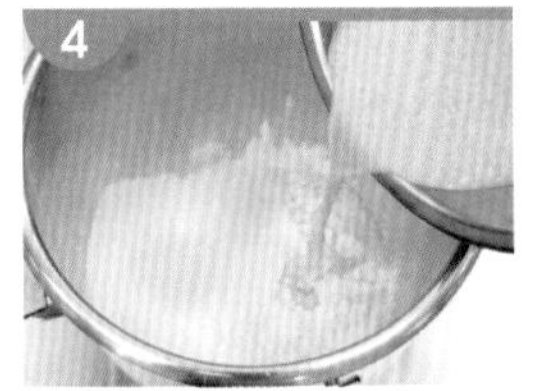
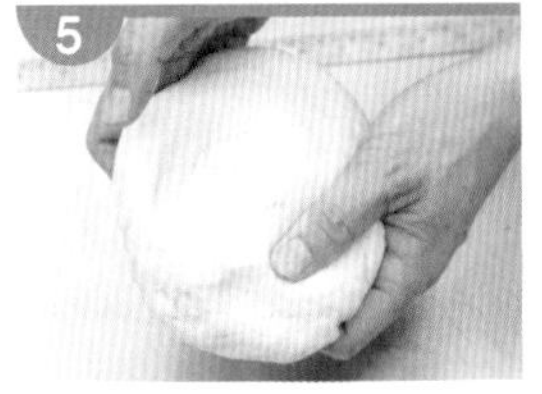

二、壓麵機的使用與壓延

（一）壓麵機的操作：1. 壓麵機全圖，2. 紅色按鈕為關，綠色按鈕為開，手動調整滾輪間距的空隙，3. 利用厚薄規測量滾輪間距的厚度。

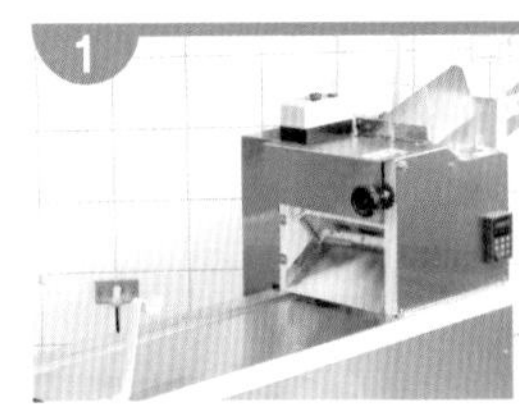
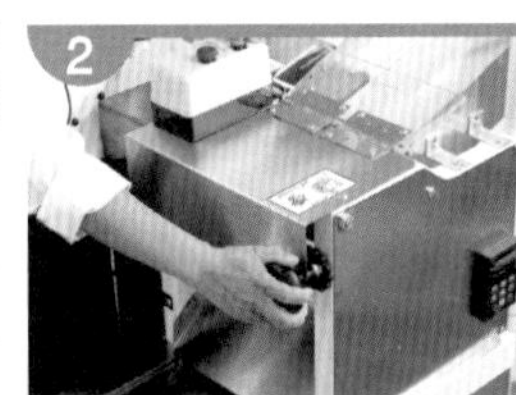

（二）壓麵機的壓延：使用壓麵機壓延成厚度為一顆芝麻高度，1. 鬆弛後麵糰盡量壓扁，尤其前端越薄，越好進入壓麵機，滾輪調至最大間距，2. 此時壓出的麵片約 1 公分厚，3. 麵片 3 摺並壓緊，再次壓延（有摺痕的兩邊，朝機器入口的兩邊放置，可使壓延後的空氣排出，不致產生麵皮被擠壓的爆破巨響），4. 縮小滾輪間距，5. 間距越小，壓出的麵片越薄越長，6. 麵帶過長，利用捲麵棍捲起，7. 掛在機器的掛勾上，滾輪參數逐次縮小進行壓延，8. 直到厚度為 1.5 毫米，約一顆芝麻粒的厚度。

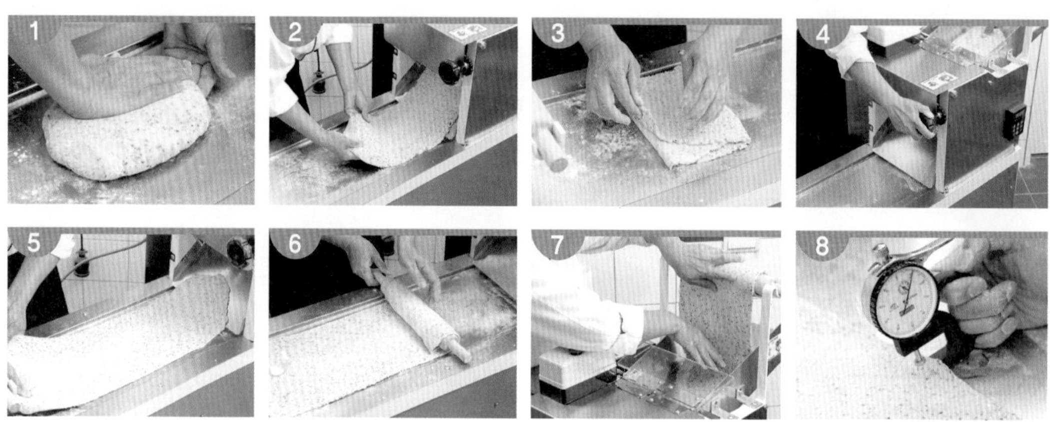

三、發酵麵糰的整型流程

發酵麵糰的麵片整型與鬆弛：1. 使用壓麵機壓延出光滑細緻 2. 長約 40~50 公分長方形麵帶，3. 桌面撒粉防沾黏，4. 整型成頭尾整齊的長方形麵片，5.6. 麵片下方以擀麵棍壓薄，7. 或以雙手破壞組織，以利滾捲收口處較平整，8. 麵皮表層刷水兩次（水量過濕、過乾均不具黏性），9. 由上而下雙指壓合 10. 再順勢往下緊壓滾捲成長條形，11. 覆蓋鬆弛。

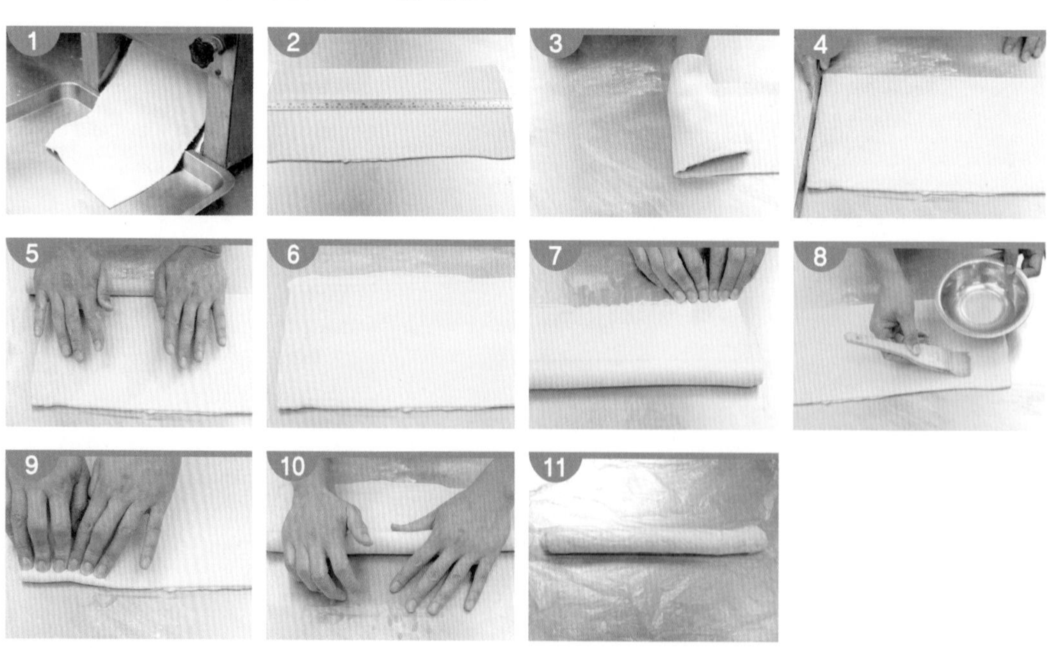

白饅頭

★★ 096-970301D ★★

發酵麵食

01D

試題說明

1. 用發酵麵糰製作。麵糰經適當之鬆弛或發酵、麵糰可用壓麵機壓延成麵片，捲成圓柱形，平均分割成所需數量，製作刀切饅頭（長（方）體），或用手整型成圓型饅頭（半圓球體），最後發酵後，用蒸籠蒸熟之產品。
2. 產品表面需色澤均勻無異常斑點、不破皮、不塌陷、不起泡、不皺縮、式樣整齊、挺立、大小一致；切開後組織均勻細緻、鬆軟、富彈韌性、不黏牙、內外不可有異物、無異味（鹼味或酸味）、具有良好的口感。

材料

1. 中筋麵粉、2. 速溶酵母粉、3. 泡打粉、4. 糖、5. 水、6. 豬油

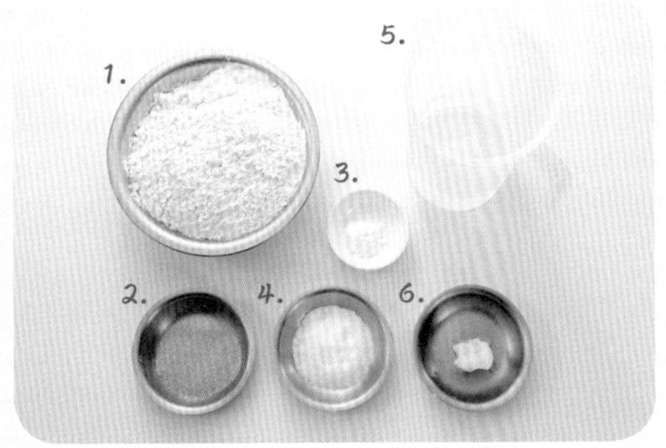

製作說明

1. 製作 14 個饅頭。（麵糰不可剩餘）
2. 製作重量：
   (1) 麵糰重量 840 公克。
   (2) 麵糰重量 960 公克。
   (3) 麵糰重量 1080 公克。

專用材料（每人份）

編號	名稱	材料規格	單位	數量	備註
本試題使用共用材料即可，無專用材料。					

備註：考生制定配方，需依本專用材料與本類麵食之共用材料表內所列之材料自由選用，所選用之材料重量不可超出所定之重量範圍。

配方計算

(1) 已知麵糰重量 840、960、1080 公克
(2) 計算公式：各項材料重量＝麵糰重量／百分比小計 × 各單項材料百分比

配方計算總表

材料名稱	%	麵糰 840 公克		麵糰 960 公克		麵糰 1080 公克	
中筋麵粉	100	840/162×100	519	960/162×100	592	1080/162×100	667
速溶酵母	2	840/162×2	10	960/162×2	12	1080/162×2	13
水	47	840/162×47	244	960/162×47	279	1080/162×47	313
泡打粉	1	840/162×1	5	960/162×1	6	1080/162×1	7
細砂糖	10	840/162×10	52	960/162×10	59	1080/162×10	67
豬油	2	840/162×2	10	960/162×2	12	1080/162×2	13
小計	162		840		960		1080

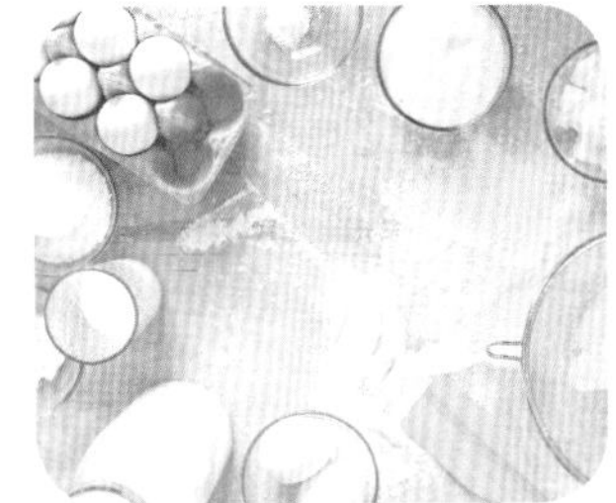

白饅頭流程圖

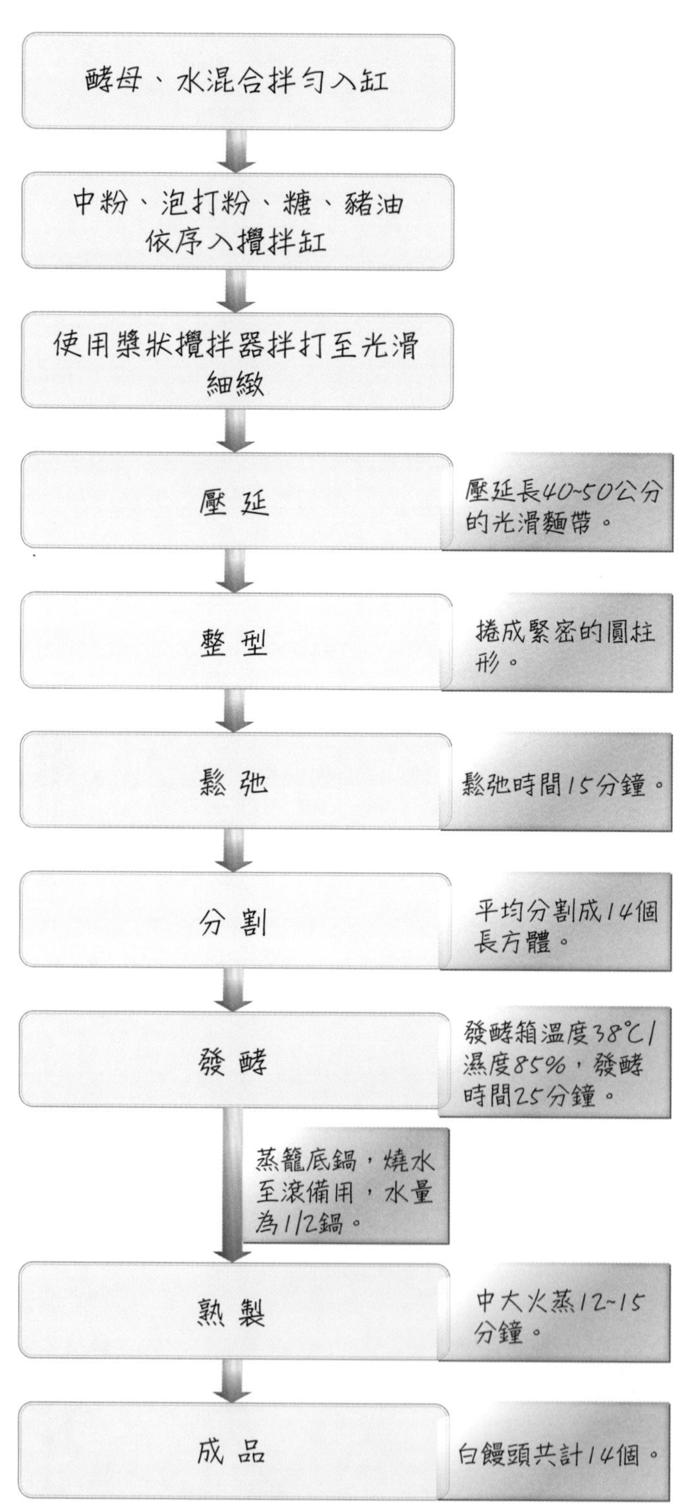

※ 1. 產品完成後才可填寫製作報告表。
2. 書寫內容可參閱本流程圖。

步驟圖說

1. 麵糰製作：參閱 p.129 基礎步驟「一、發酵麵糰的製作流程」。

2. 壓麵：參閱 p.129 基礎步驟「二、壓麵機的使用與壓延」。

3. 整型、鬆弛：參閱 p.130 基礎步驟「三、發酵麵糰的整型流程」。

4. 分割、發酵：鬆弛後，1. 量出總長，2. 均分 14 等份，寬度約 5 公分，3. 墊紙，入蒸籠，排列整齊，保留膨漲空間，進發酵箱發酵 25~30 分鐘。

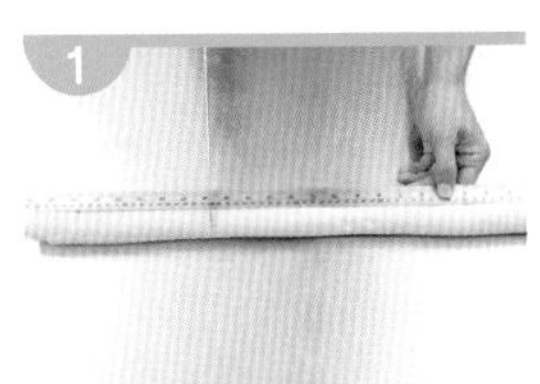
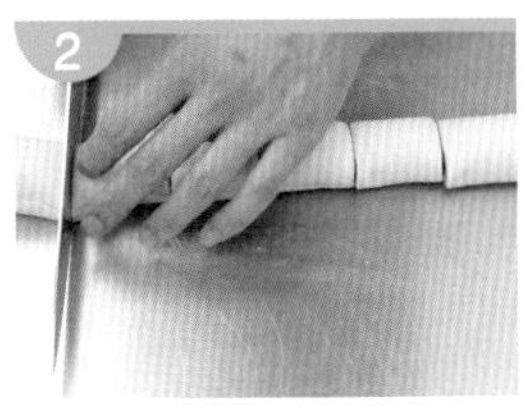

5. 熟製：1. 蒸鍋煮水，水量 1/2 高，水滾時機掌握在麵糰發酵完成之前，水滾入煮鍋熟製，2. 鍋蓋加布吸收水蒸氣，3. 鍋與蓋間夾筷子，中大火蒸 12~15 分鐘出爐，4. 白饅頭表面具光澤與彈性。

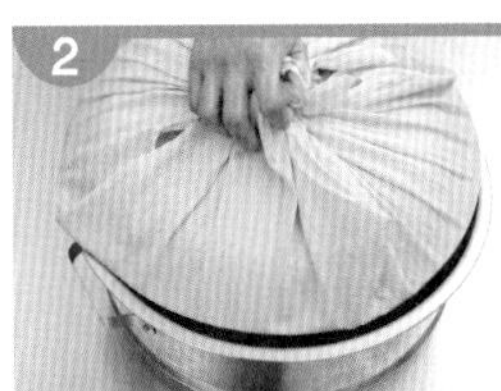

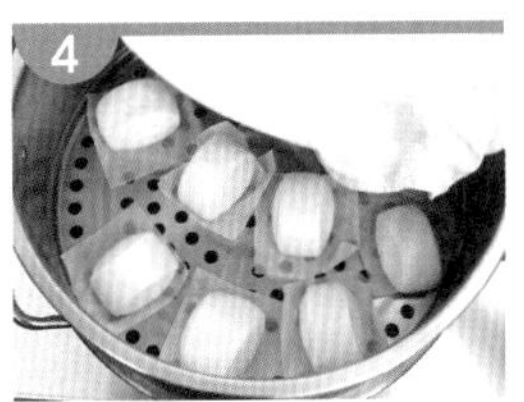

6. 成品：白饅頭共計 14 個。

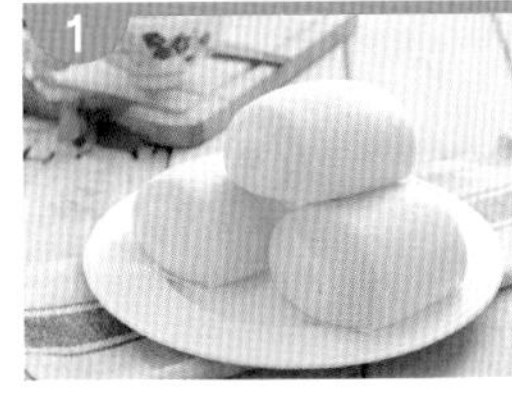

TIPS

1. 麵糰攪拌至光滑細緻，可縮短壓麵時間。
2. 鬆弛時間過長，麵糰太軟不利壓延。
3. 切麵寬度至少保持 4~5 公分，寬度不足，發酵膨脹後會因重心不穩而翻倒。
4. 切除的頭尾麵糰可以抹水，合併成一個。

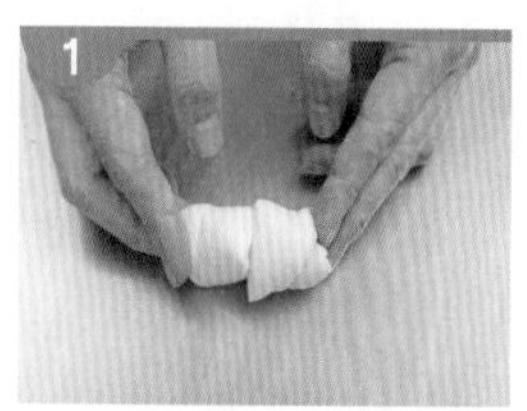

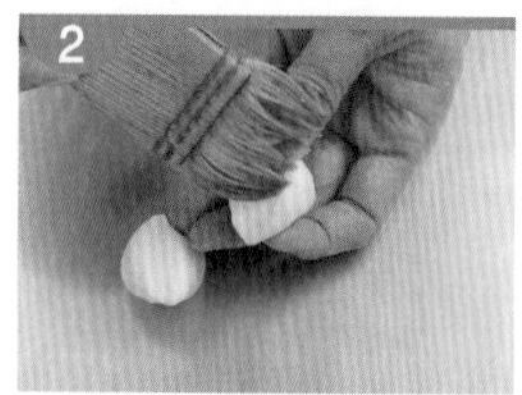

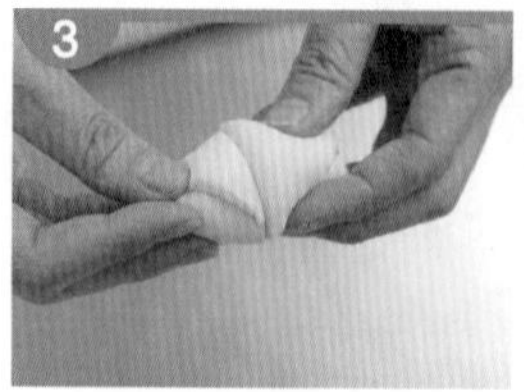

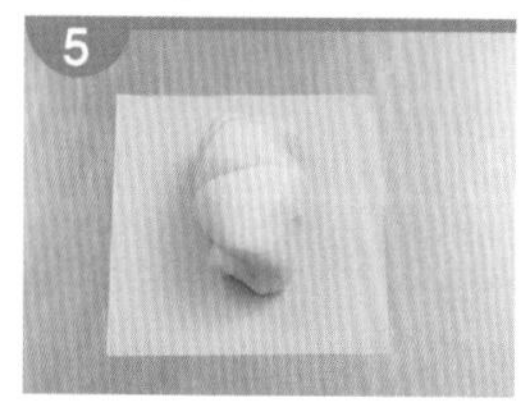

5. 鍋蓋加布方法（如圖），有助吸收水蒸氣，必須確實綁緊，若未綁緊，紗布吸附大量水氣，產生重量而下沉，容易碰觸產品，嚴重影響品質。

①

②

③

④

6. 成品表面具光澤與彈性。若手指輕壓，凹陷未彈起，表示尚未熟成，可再開大火蒸 3 分鐘。

三角豆沙包

★★ 096-970302D ★★

發酵麵食

02D

試題說明

1. 用發酵麵糰製作。麵糰經適當之鬆弛或發酵、麵糰可用壓麵機壓延成麵片，捲成圓柱形，平均分割成所需數量，包入含油豆沙餡，用手整形成三角形，最後發酵後，用蒸籠蒸熟之產品。
2. 產品表面需色澤均勻無異常斑點、不破皮、不塌陷、不起泡、不皺縮、式樣整齊、挺立、大小一致、捏合處不得有開口、餡不可外露；切開後組織均勻細緻、鬆軟、富彈韌性、不黏牙、內外不可有異物、無異味、具有良好的口感。

材料

皮：1. 中筋麵粉、2. 泡打粉、3. 速溶酵母粉、4. 水、5. 細砂糖、6. 豬油、7. 奶粉

餡：a. 含油豆沙餡

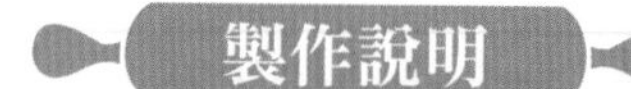

製作說明

1. 製作 14 個三角豆沙包，皮：餡＝ 5：2。（皮餡不可剩餘）
2. 製作重量：
   (1) 麵糰重量 700 公克。
   (2) 麵糰重量 770 公克。
   (3) 麵糰重量 840 公克。

專用材料（每人份）

編號	名稱	材料規格	單位	數量	備註
1	含油豆沙餡	市售含油烏豆沙	公克	500	

備註：考生制定配方，需依本專用材料與本類麵食之共用材料表內所列之材料自由選用，所選用之材料重量不可超出所定之重量範圍。

配方計算

1. 麵糰部份

(1) 已知麵糰重量為 700、770、840 公克。
(2) 計算公式：麵糰各項材料重量＝麵糰重量／麵糰百分比小計 × 麵糰各單項材料百分比

2. 豆沙餡部份

(1) 已知三角豆沙包，皮：餡＝ 5:2。
(2) 麵糰重量 700，豆沙餡＝ 700÷5×2 ＝ 280 麵糰重量 770，豆沙餡＝ 770÷5×2 ＝ 308 麵糰重量 840，豆沙餡＝ 840÷5×2 ＝ 336
(3) 計算公式：豆沙餡各項材料重量＝餡總重／餡百分比小計 x 餡各單項材料百分比

麵糰配方計算總表

材料名稱	%	麵糰 700 公克		麵糰 770 公克		麵糰 840 公克	
中筋麵粉	100	700/160x100	437	770/160x100	481	840/160x100	525
水	48	700/160x48	210	770/160x48	231	840/160x48	252
速溶酵母粉	2	700/160x2	9	770/160x2	10	840/160x2	10
泡打粉	1	700/160x1	4	770/160x1	4	840/160x1	5
奶粉	2	700/160x2	9	770/160x2	10	840/160x2	11
細砂糖	5	700/160x5	22	770/160x5	24	840/160x5	26
豬油	2	700/160x2	9	770/160x2	10	840/160x2	11
小計	160		700		770		840

豆沙餡配方計算總表

材料名稱	%	豆沙餡 280 公克		豆沙餡 308 公克		豆沙餡 336 公克	
含油豆沙餡	100	280/100x100	280	308/100x100	308	336/100x100	336
小計	100		280		308		336

三角豆沙包流程圖

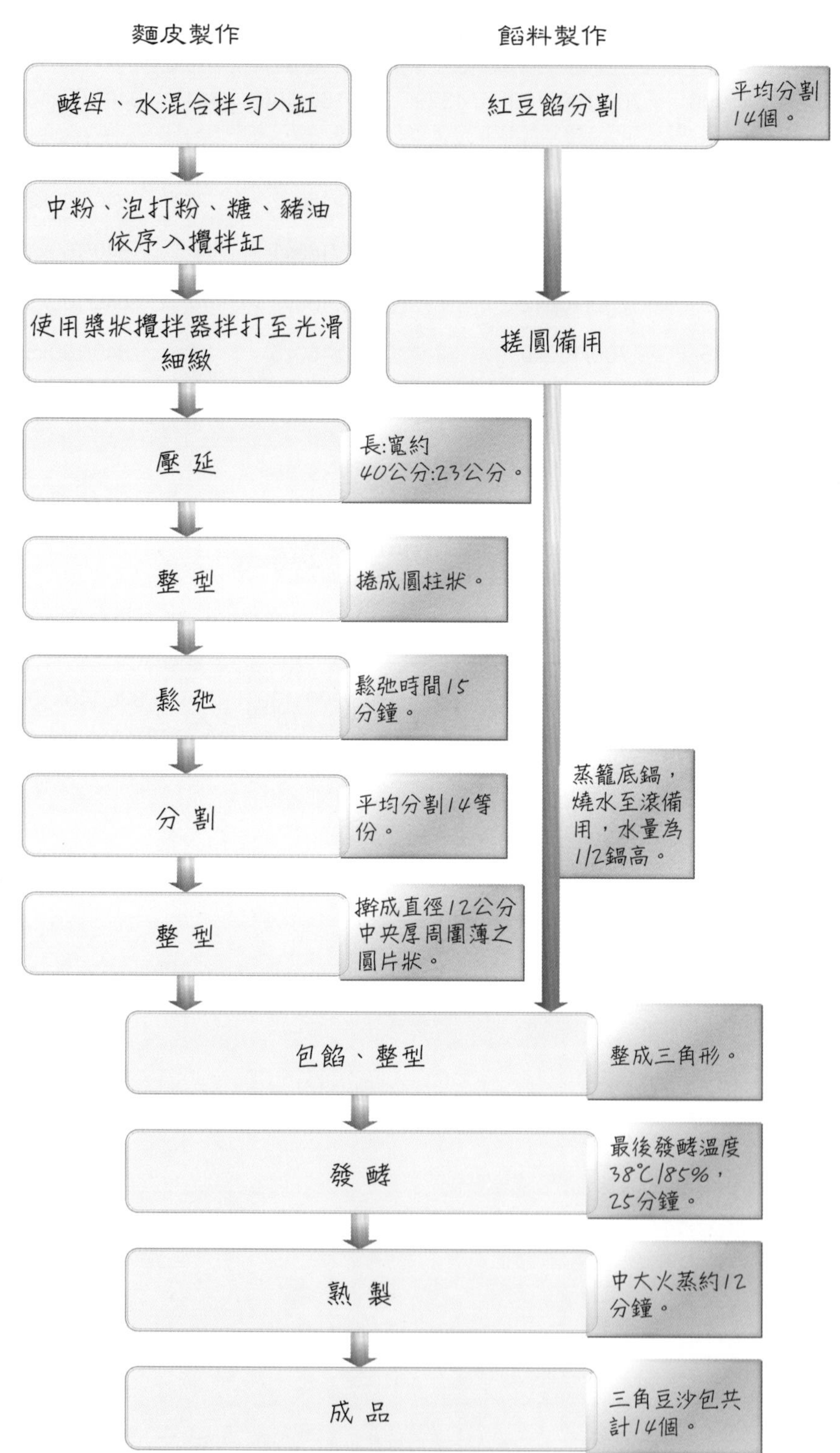

※ 1. 產品完成後才可填寫製作報告表。
 2. 書寫內容可參閱本流程圖。

步驟圖說

1. 麵糰製作：參閱 p.129 基礎步驟「一、發酵麵糰的製作流程」。

2. 壓麵：參閱 p.129 基礎步驟「二、壓麵機的使用與壓延」。

3. 整型、鬆弛：參閱 p.130 基礎步驟「三、發酵麵糰的整型流程」。

4. 分割紅豆餡：1. 紅豆餡揉成圓柱狀，2. 均分 14 個，3. 搓圓備用。

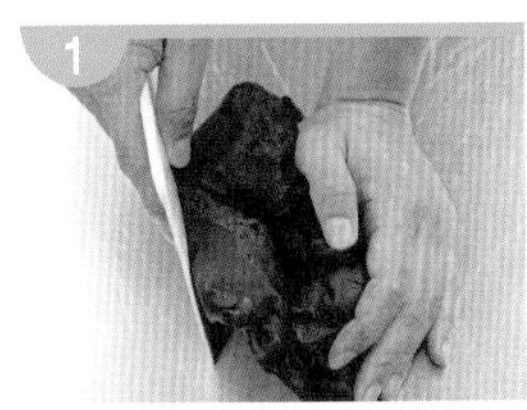

5. 分割、鬆弛：鬆弛後，量出總長，1. 均分 14 等份，2. 重量均等，3.4. 切面朝上，用手腹向下壓扁，覆蓋鬆弛。

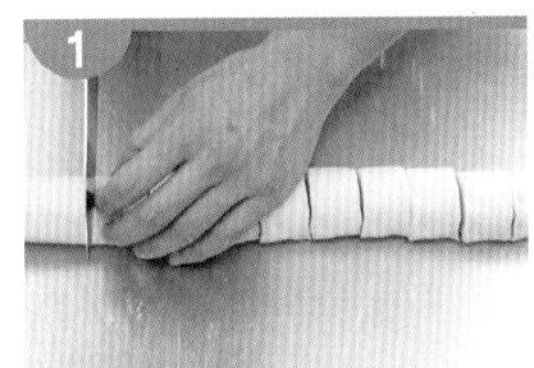
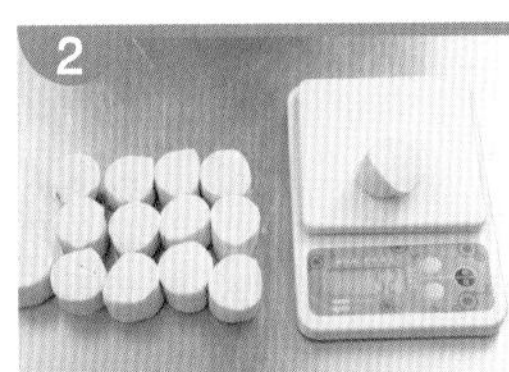
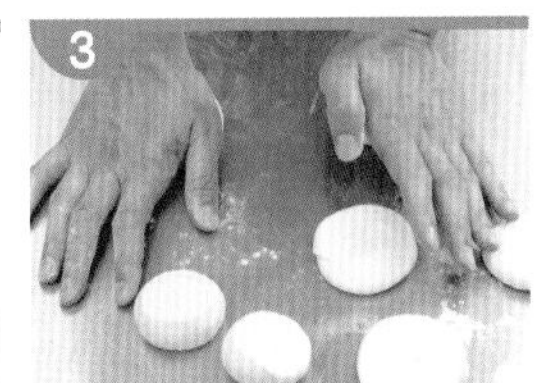
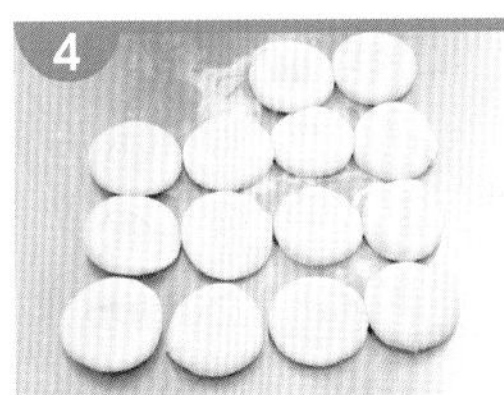

6. 整型、鬆弛：鬆弛後麵糰 1. 擀成直徑約 12 公分，2. 中央微厚、周圍薄的圓片狀，全部擀完覆蓋備用。

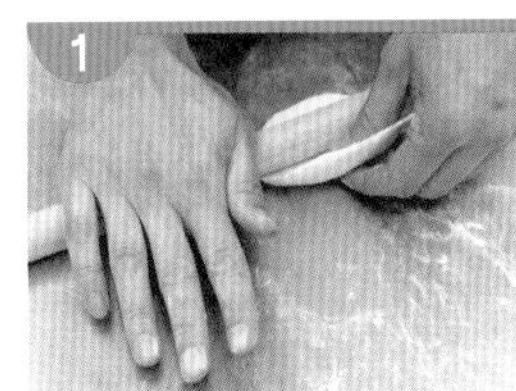
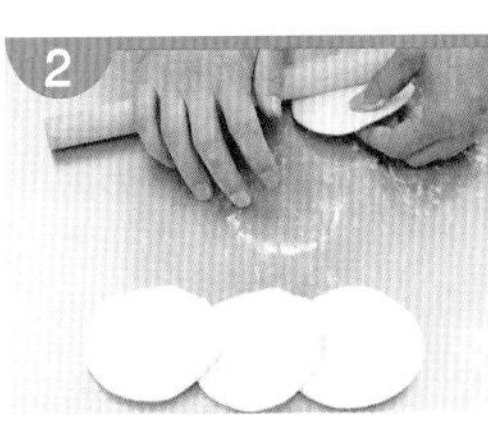
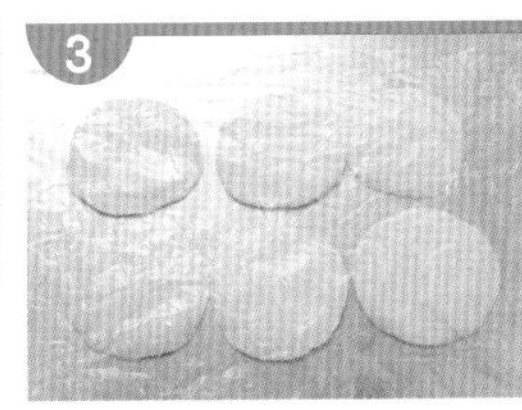

7. 包餡：1. 麵皮外圈抹水（少許即可），2. 餡置中央，3.4. 麵皮順著雙手的拇指、食指，整形成三角狀，5.6.7. 捏緊三邊及中央的黏合處。

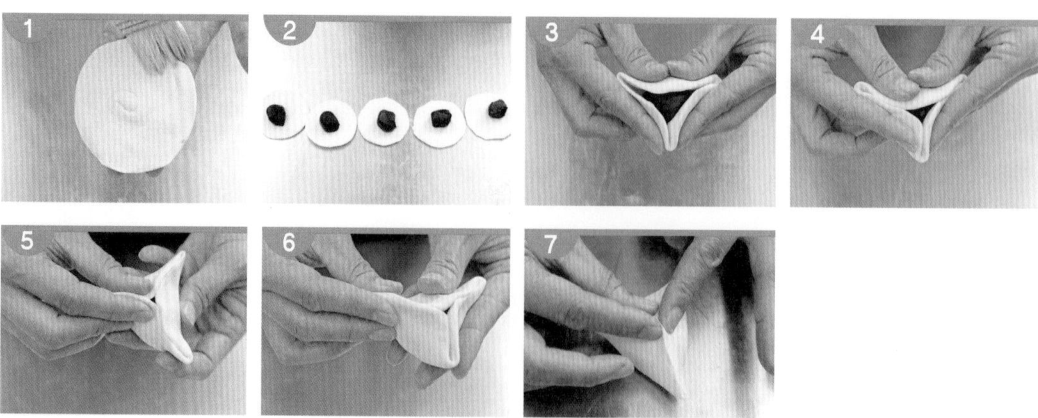

8. 發酵：1. 墊紙，入蒸籠，依序排列，保留膨漲空間，進發酵箱，發酵時間約 25~30 分鐘。

9. 熟製：1. 蒸鍋煮水，水量 1/2 高，水滾時機掌握在麵糰發酵完成之前，水滾入煮鍋熟製，2. 鍋蓋加布吸收水蒸氣，3. 鍋與蓋間夾筷子，中大火蒸 12~15 分鐘，4. 起鍋。

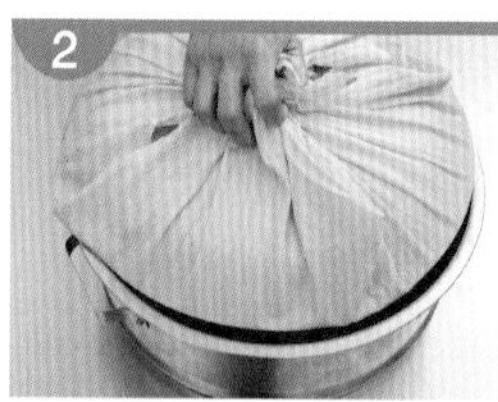
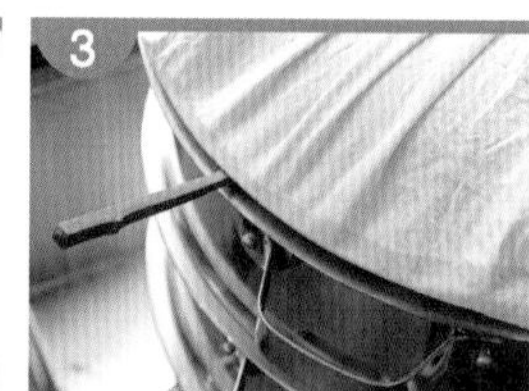

10. 成品：三角豆沙包共計 14 個。

TIPS

1. 麵皮表層刷水的目的，增加黏著性，第一次刷水微乾後，再刷第二次水。水份過濕或過乾均不能有效黏著。
2. 包餡前，麵皮外圈抹水的目的是增加黏著性，水份過多或過少均不宜。
3. 成品表面具光澤與彈性。若手指輕壓，凹陷未彈起，表示尚未熟成，可再開大火蒸 3 分鐘。

NG 圖說

捏合處不得有開口、餡不可外露

菜肉包

★★ 096-970303D ★★

發酵麵食 03D

試題說明

1. 用發酵麵糰製作。麵糰經適當之鬆弛或發酵，麵糰可用壓麵機壓延成麵片，捲成圓柱形，平均分割成所需數量，包入自製菜肉餡，用手整形成有摺紋的圓形或麥穗形，最後發酵後，用蒸籠蒸熟之產品。
2. 產品表面需色澤均勻無異常斑點、不破皮、不塌陷、不起泡、不皺縮、式樣整齊、挺立、大小一致、捏合處不得有不良開口（中間可留小孔洞）、餡不可外露；切開後組織均勻細緻、鬆軟、富彈韌性、不黏牙、內外不可有異物、無異味、具有良好的口感。

材料

皮：1. 中筋麵粉、2. 細砂糖、3. 豬油、4. 泡打粉、5. 速溶酵母粉、6. 水

餡：a. 高麗菜、b. 豬絞肉、c. 鹽、d. 細砂糖、e. 青蔥、f. 香油、g. 醬油

製作說明

1. 製作 14 個菜肉包，皮：餡＝ 5：2。（皮餡不可剩餘）
2. 製作重量：
   (1) 麵糰重量 700 公克。
   (2) 麵糰重量 770 公克。
   (3) 麵糰重量 840 公克。

專用材料（每人份）

編號	名稱	材料規格	單位	數量	備註
1	食用油	大豆沙拉油	公克	100	
2	絞碎豬肉	冷凍需解凍	公克	500	
3	高麗菜	生鮮	公克	500	或大白菜
4	青蔥	生鮮	公克	100	
5	香油	市售品	公克	50	
6	醬油	市售品	公克	50	
7	味精	市售品	公克	20	
8	胡椒粉	市售品	公克	10	
9	薑	生鮮	公克	50	
10	米酒	市售品	公克	30	

備註：考生制定配方，需依本專用材料與本類麵食之共用材料表內所列之材料自由選用，所選用之材料重量不可超出所定之重量範圍。

配方計算

1. 麵糰部份

(1) 已知麵糰重量為 700、770、840 公克。
(2) 計算公式：麵糰各項材料重量＝麵糰重量／麵糰百分比小計 × 麵糰各單項材料百分比

2. 餡料部份

(1)	已知製作 14 個菜肉包，皮：餡＝ 5:2。
(2)	麵糰重量 700，菜肉餡＝ 700÷5×2 ＝ 280 麵糰重量 770，菜肉餡＝ 770÷5×2 ＝ 308 麵糰重量 840，菜肉餡＝ 840÷5×2 ＝ 336
(3)	計算公式：菜肉餡各項材料重量＝餡總重／餡百分比小計 × 餡各單項材料百分比

麵糰配方計算總表

材料名稱	%	麵粉 700 公克		麵粉 770 公克		麵粉 840 公克	
中筋麵粉	100	700/165x100	425	770/165x100	467	840/165x100	509
水	50	700/165x50	212	770/165x50	233	840/165x50	255
速溶酵母	2	700/165x2	9	770/165x2	9	840/165x2	10
泡打粉	1	700/165x1	4	770/165x1	5	840/165x1	5
細砂糖	10	700/165x10	42	770/165x10	47	840/165x10	51
豬油	2	700/165x2	8	770/165x2	9	840/165x2	10
小計	165		700		770		840

菜肉餡配方計算總表

材料名稱	%	菜肉餡 280 公克		菜肉餡 308 公克		菜肉餡 336 公克	
豬絞肉	100	280/233×100	120	308/233×100	132	336/233×100	144
鹽	1	280/233×1	1	308/233×1	1	336/233×1	2
醬油	4	280/233×4	5	308/233×4	5	336/233×4	6
細砂糖	3	280/233×3	4	308/233×3	4	336/233×3	4
香油	5	280/233×5	6	308/233×5	7	336/233×5	7
青蔥	20	280/233×20	24	308/233×20	27	336/233×20	29
脫水高麗菜	100	280/233×100	120	308/233×100	132	336/233×100	144
高麗菜＝脫水高麗菜 ×2							
小計	233		280		308		336

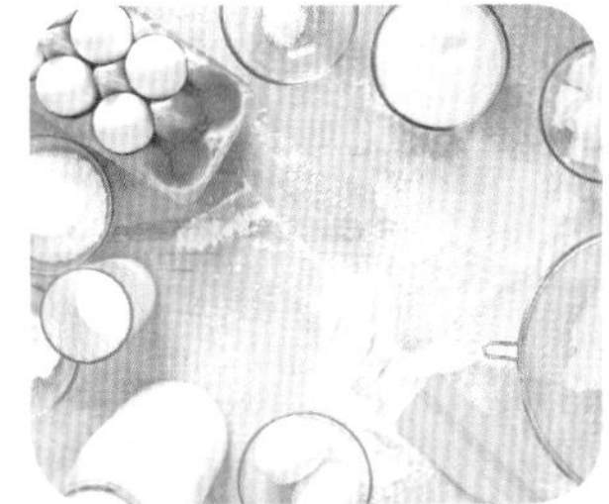

菜肉包流程圖

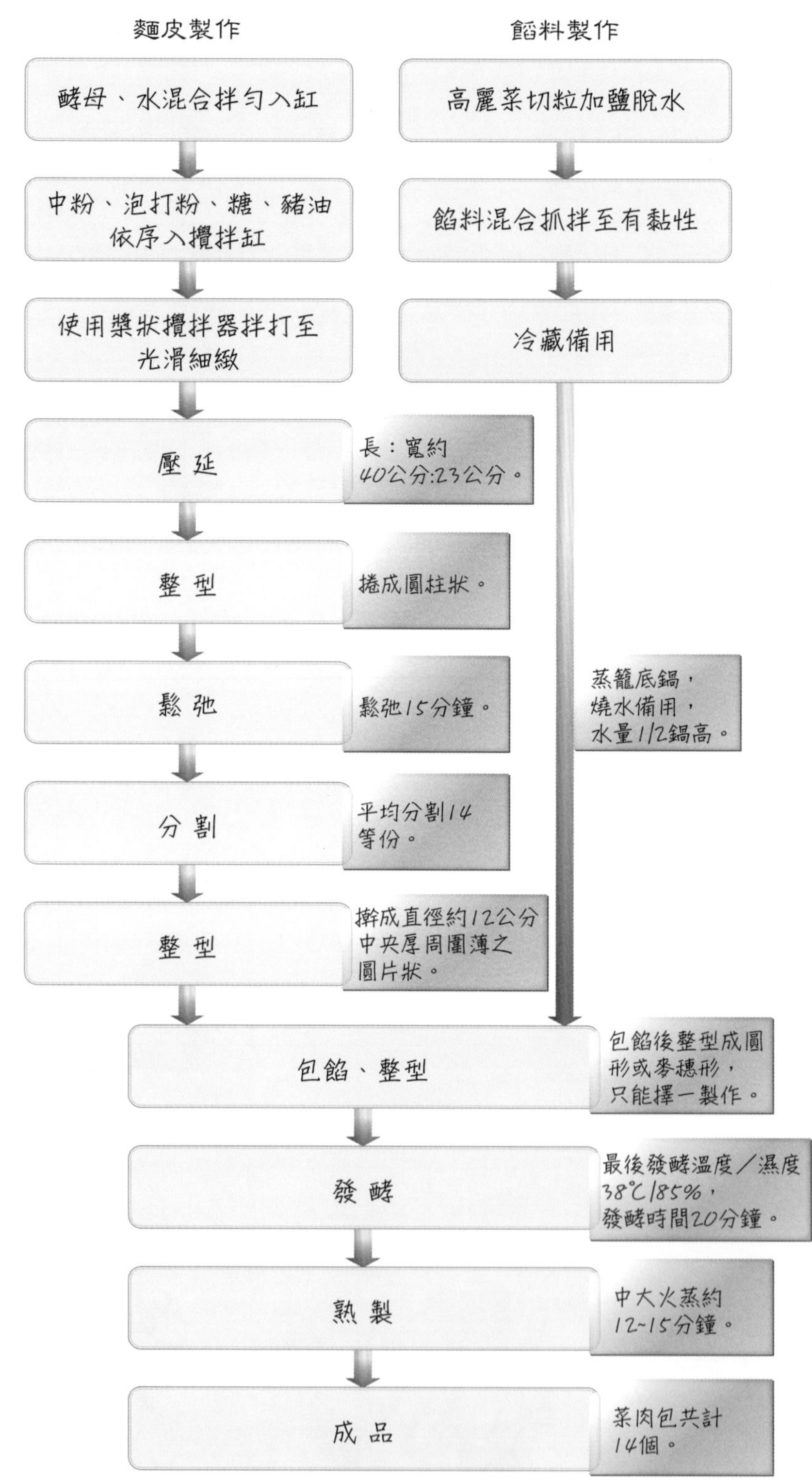

※ 1. 產品完成後才可填寫製作報告表。
2. 書寫內容可參閱本流程圖。

步驟圖說

1. 菜肉餡製作：

(1) 1. 高麗菜切丁，2. 加鹽拌勻靜置，3. 翻拌至軟化，壓擠水份至乾備用。

(2) 4. 絞肉抓麻至有黏性後 5. 調味，6. 加入脫水高麗菜、蔥花混合攪拌，覆蓋冷藏備用。

****** 餡料操作程序需完全符合衛生標準規範 ******

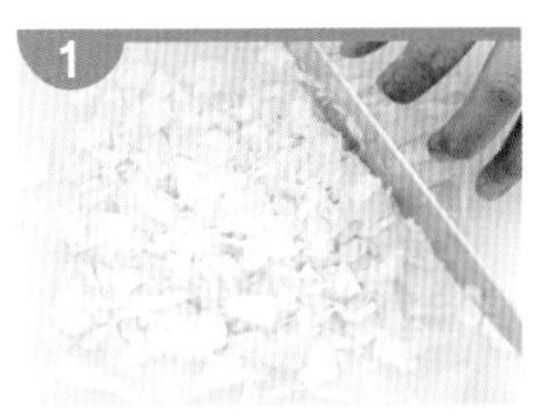

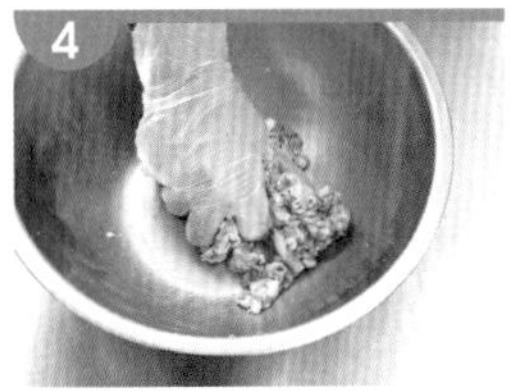
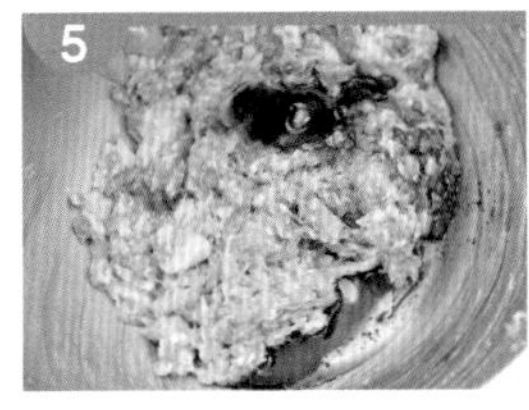

2. 麵糰製作：參閱 p.129 基礎步驟「一、發酵麵糰的製作流程」。

3. 壓麵：參閱 p.129 基礎步驟「二、壓麵機的使用與壓延」。

4. 整型、鬆弛：參閱 p.130 基礎步驟「三、發酵麵糰的整型流程」。

5. 分割、鬆弛：鬆弛後，1. 量出總長，2. 均分 14 等份，3. 重量均等，4.5. 切面朝上，用手腹向下壓扁，覆蓋鬆弛。

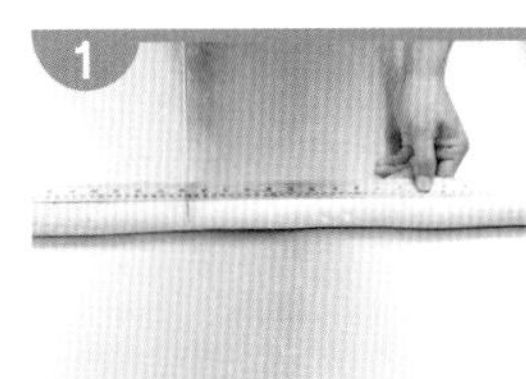
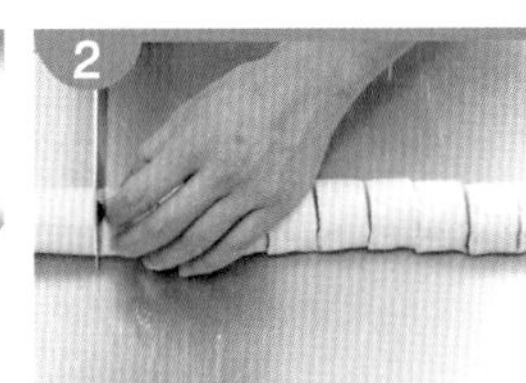
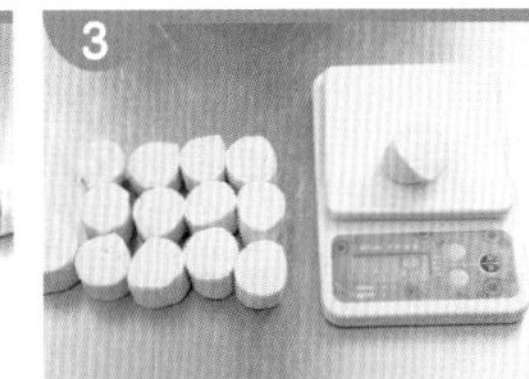
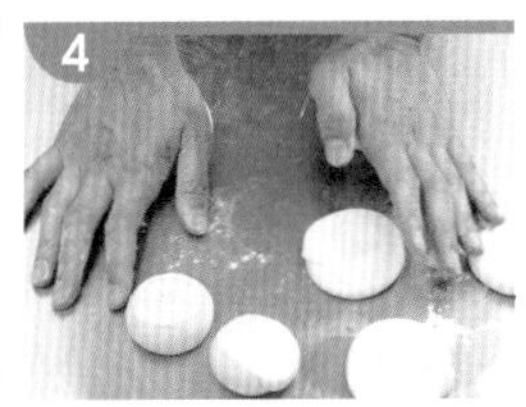
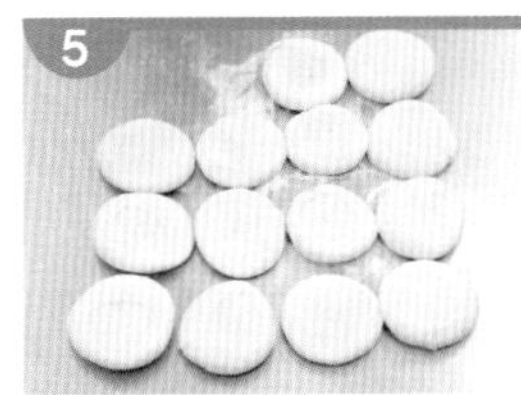

6. 整型、鬆弛：鬆弛後麵糰 1. 擀成直徑約 11 公分，2. 中央微厚、周圍薄的圓片狀，全部擀完 3. 覆蓋備用。

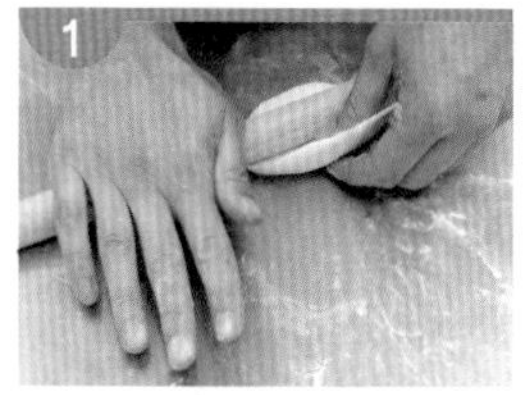
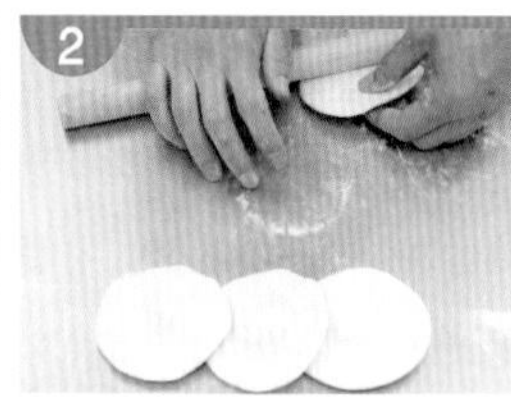

7. 包餡：餡料必須全部用完，不可剩餘。秤餡料總重 ÷14 ＝每個餡重，以扣重方式取料。包餡方法二擇一。

(1) 圓形：1.~10.。

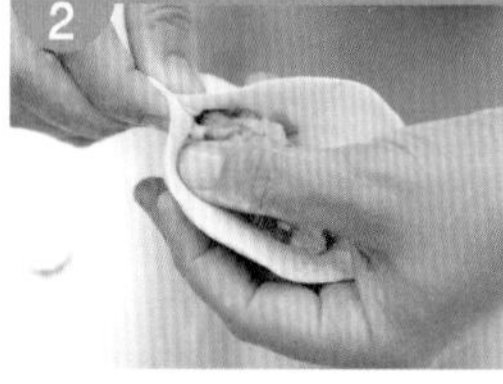
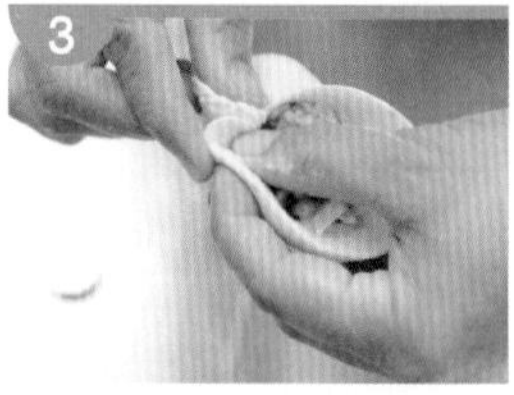
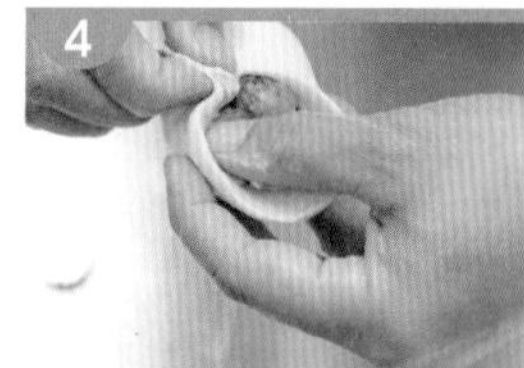
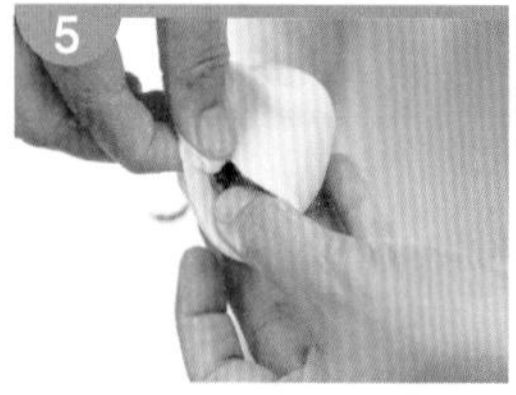
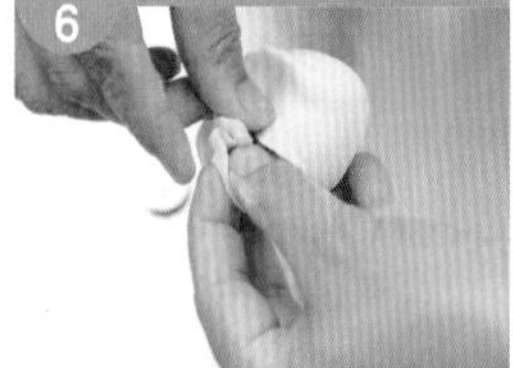
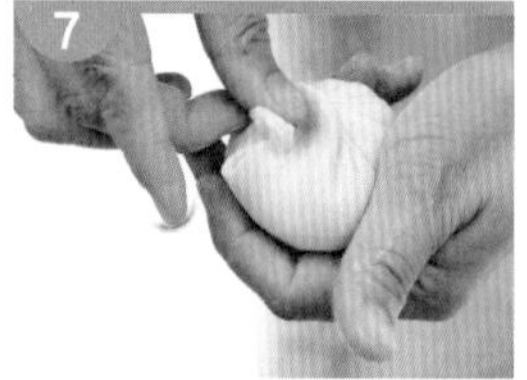
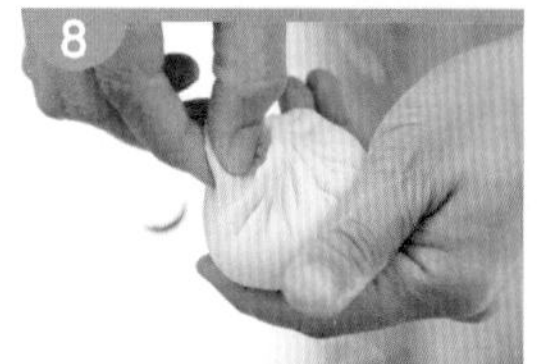
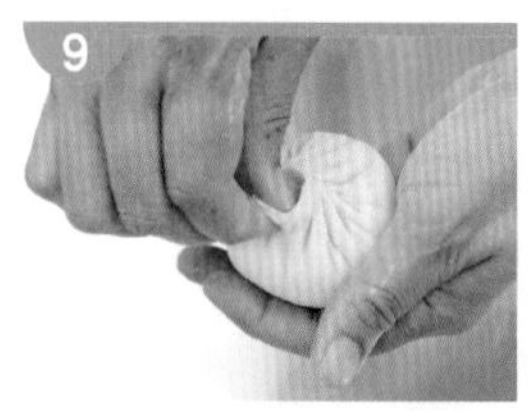
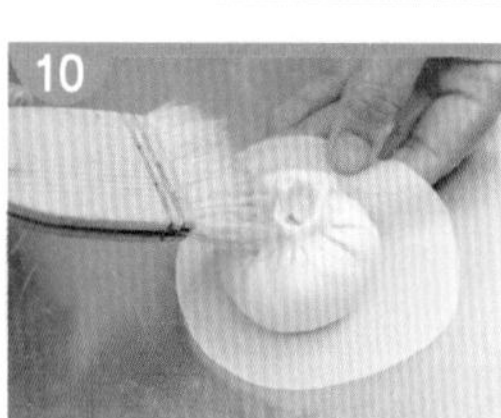

(2) 麥穗形：1.~12.。

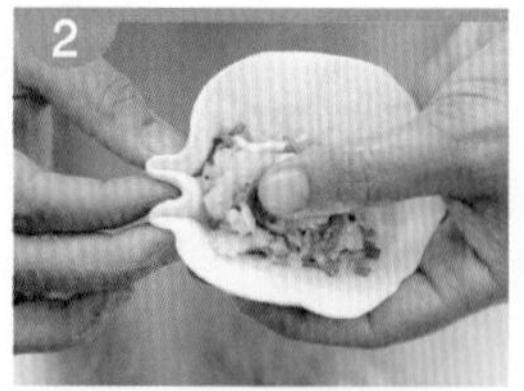
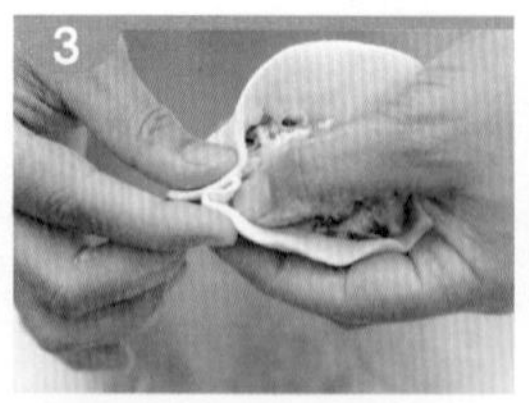
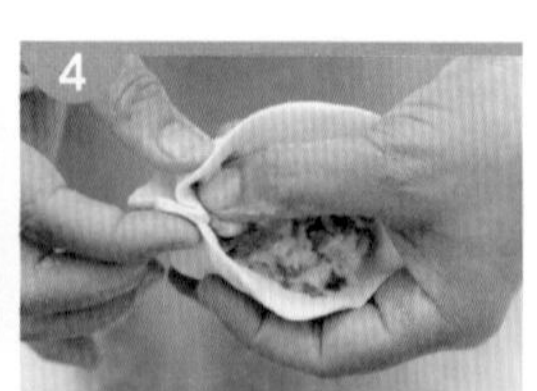
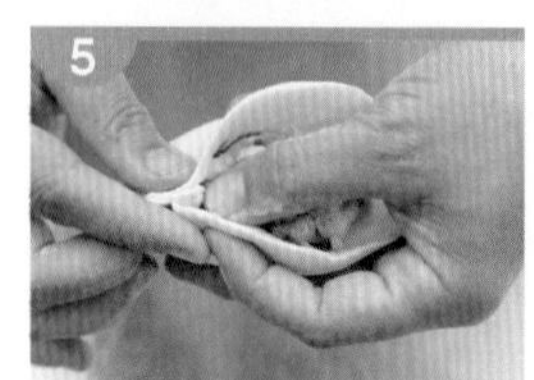
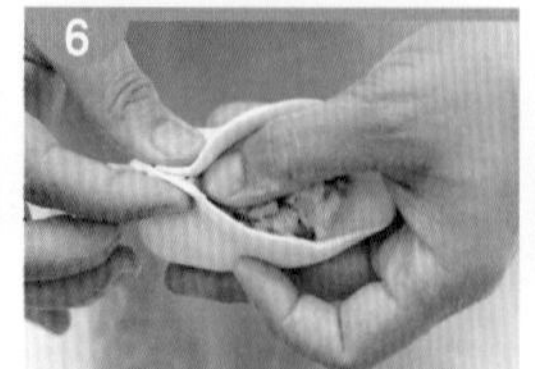
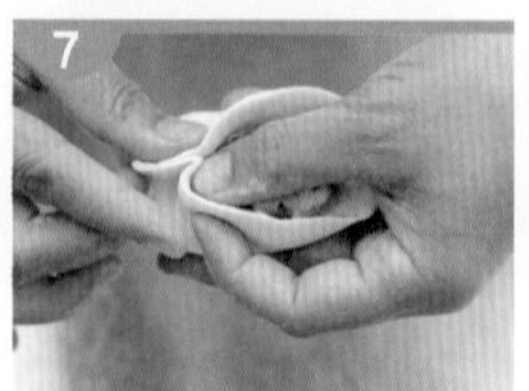
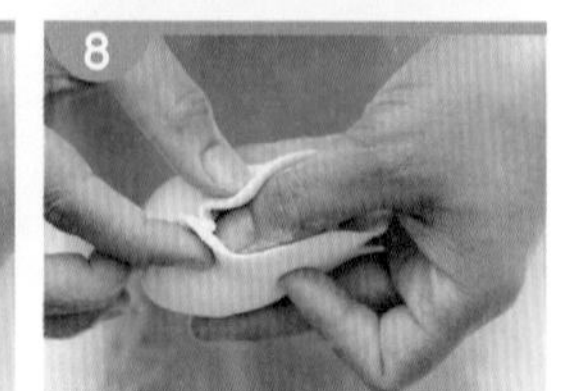

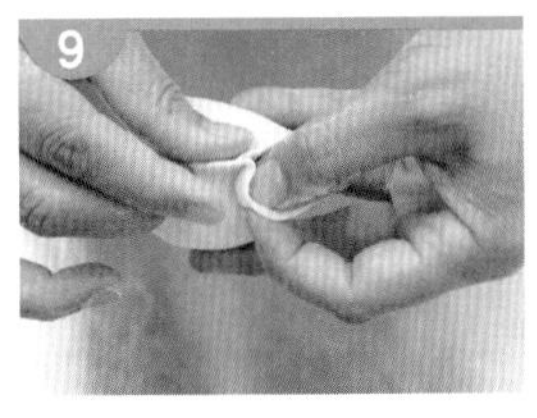
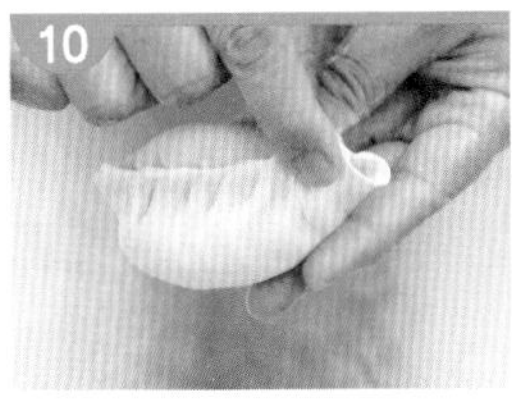
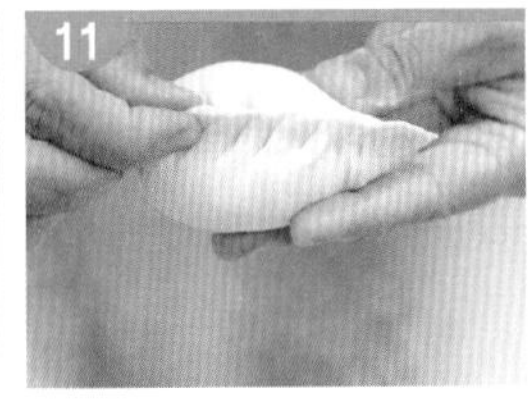
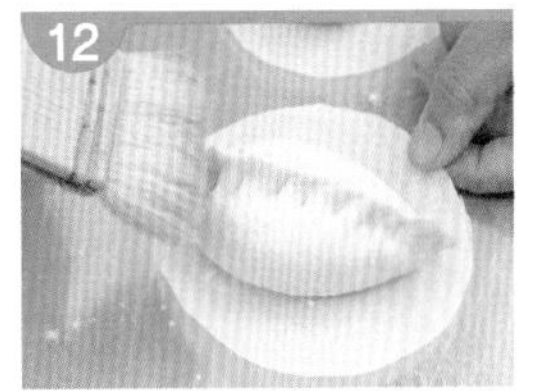

8. 發酵：1. 墊紙，入蒸籠，依序排列，保留膨漲空間，2. 進發酵箱，發酵時間約 25~30 分鐘。

9. 熟製：1. 蒸鍋煮水，水量 1/2 高，水滾時機掌握在麵糰發酵完成之前，水滾入煮鍋熟製，2. 鍋蓋加布吸收水蒸氣，鍋與蓋間夾筷子，中大火蒸 15~20 分鐘，3. 起鍋。

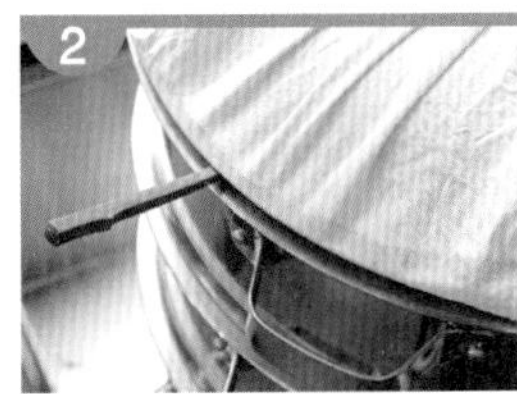
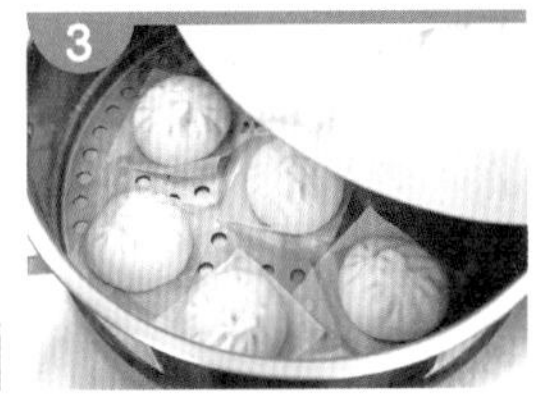

10. 成品：菜肉包共計 14 個。

TIPS

1. 高麗菜取量，為配方中脫水高麗菜的二倍量，加鹽脫水後即是脫水高麗菜的重量。
2. 本題可整形成圓形或麥穗形（擇一製作），一定要符合題意，式樣整齊。
3. 包餡時手沾粉或完成時刷薄粉，可使摺痕紋路明顯，不致因漲大而紋路相黏。
4. 收口時，捏合處密合，亦可留小孔洞，但餡不可外露。
5. 防止收縮的方法：夾筷子，使鍋蓋微開，蒸氣溫度約 95℃，起鍋前，開大火蒸 3 分鐘，熄火，蓋微開，冷熱空氣對流約 1 分鐘，掀開蓋子，防收縮。
6. 成品表面具光澤與彈性，輕壓後，凹陷未彈起，表示尚未熟成，可再開大火蒸 3 分鐘。

雙色饅頭

★★ 096-970304D ★★

發酵
麵食
04D

試題說明

1. 用發酵麵糰製作。麵糰經適當之鬆弛或發酵，將麵糰分成二塊（其中一塊麵糰需添加焦糖色素或可可粉揉勻），二塊麵糰各別以麵棍或壓麵機壓延成麵片，相疊後捲成圓柱形，平均分割成所需數量，最後發酵後，用蒸籠蒸熟之產品。
2. 產品表面需色澤均勻無異常斑點、不破皮、不塌陷、不起泡、不皺縮、式樣整齊、挺立、大小一致、切面呈雙色捲紋；切開後組織均勻細緻、鬆軟、富彈韌性、不黏牙、內外不可有異物、無異味、具有良好的口感。

材料

1. 中筋麵粉、2. 細砂糖、3. 水、4. 泡打粉、5. 豬油、6. 速溶酵母粉、7. 焦糖色素

製作說明

1. 製作 14 個雙色饅頭。
2. 製作重量：
   (1) 麵糰重量 700 公克。
   (2) 麵糰重量 770 公克。
   (3) 麵糰重量 840 公克。

專用材料（每人份）

編號	名稱	材料規格	單位	數量	備註
1	焦糖色素	食品級	公克	50	
2	可可粉	市售品	公克	50	深色

備註：考生制定配方，需依本專用材料與本類麵食之共用材料表內所列之材料自由選用，所選用之材料重量不可超出所定之數量範圍。

配方計算

(1) 已知麵糰重量 700、770、840 公克
(2) 計算公式：麵糰各項材料重量＝麵糰重量／百分比小計 × 各單項材料百分比

配方計算總表

材料名稱	%	麵糰 700 公克		麵糰 770 公克		麵糰 840 公克	
中筋麵粉	100	700/163x100	429	770/163x100	472	840/163x100	516
水	47	700/163x47	202	770/163x47	222	840/163x47	242
速溶酵母粉	2	700/163x2	9	770/163x2	9	840/163x2	10
泡打粉	1	700/163x1	4	770/163x1	5	840/163x1	5
焦糖色	1	700/163x1	4	770/163x1	5	840/163x1	5
細砂糖	10	700/163x10	43	770/163x10	48	840/163x10	52
豬油	2	700/163x2	9	770/163x2	9	840/163x2	10
小計	163		700		770		840

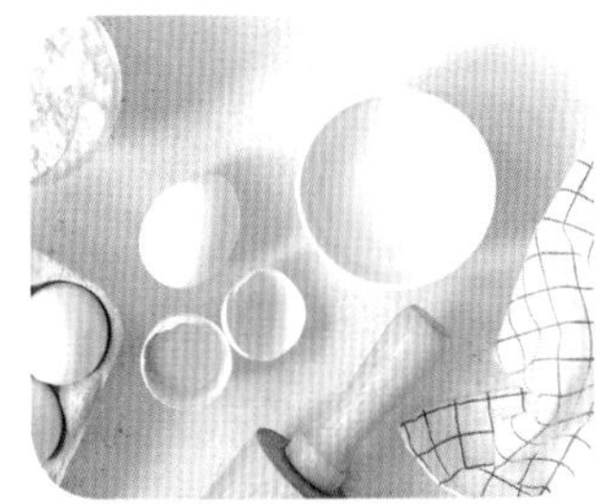
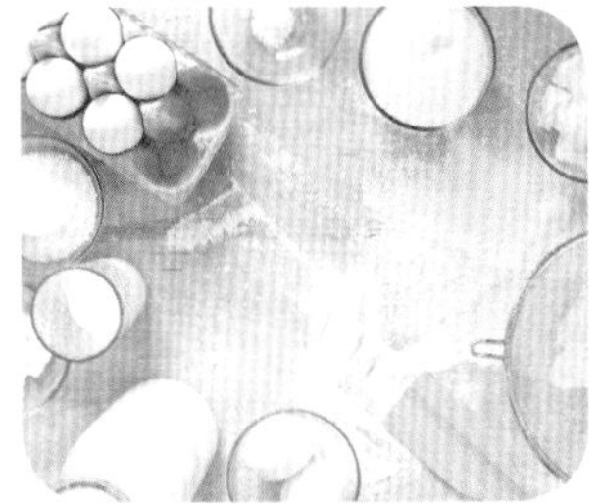

雙色饅頭流程圖

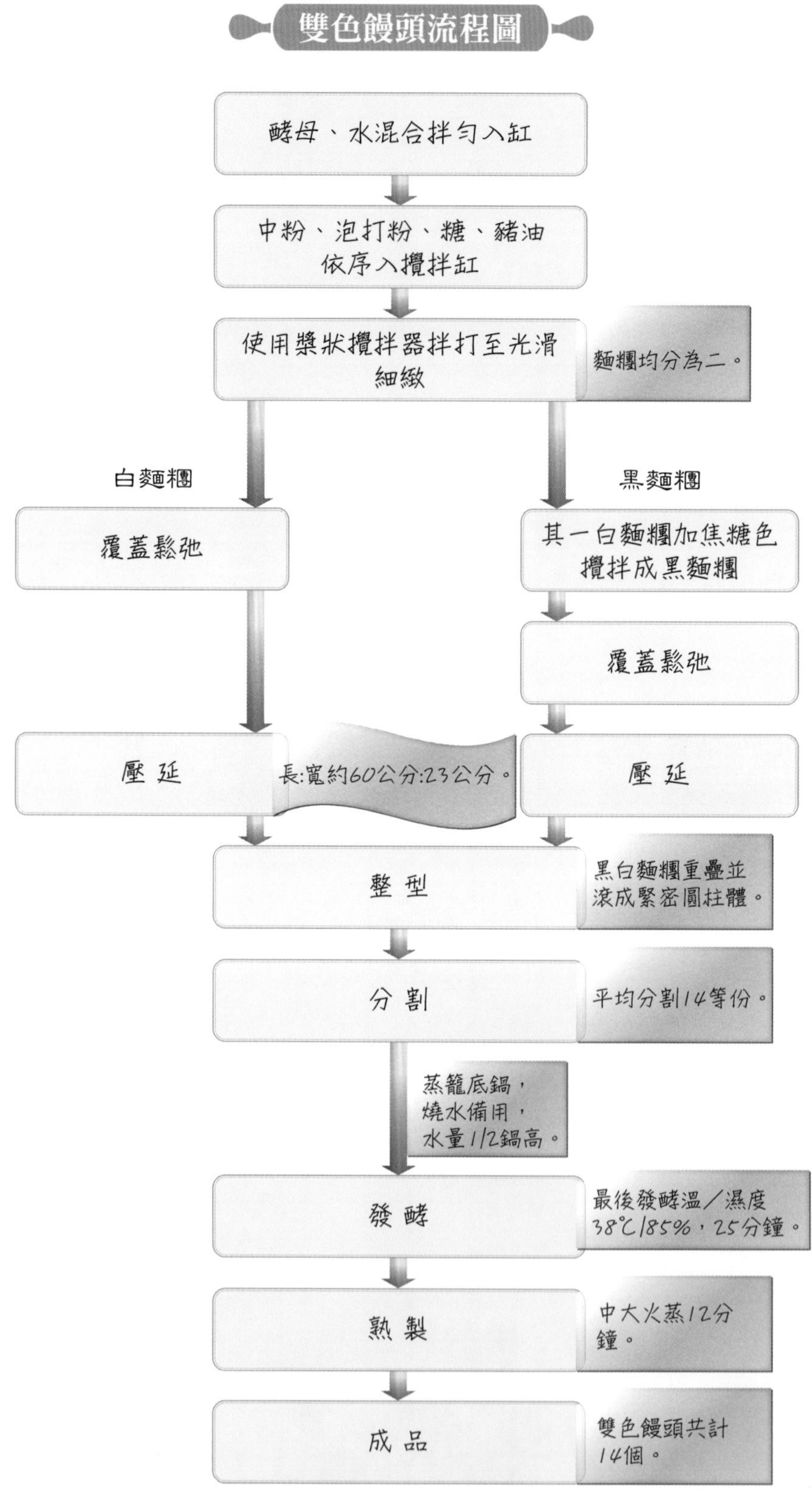

※ 1. 產品完成後才可填寫製作報告表。
2. 書寫內容可參閱本流程圖。

步驟圖說

1. 白麵糰製作：1. 酵母、水混合 2. 拌勻，3.4. 除焦糖色外，所有材料入缸，使用槳狀攪拌器，先慢速再停機轉中速拌至光滑，5. 麵糰秤出總重，6.7. 一分為二，8. 其一覆蓋備用。

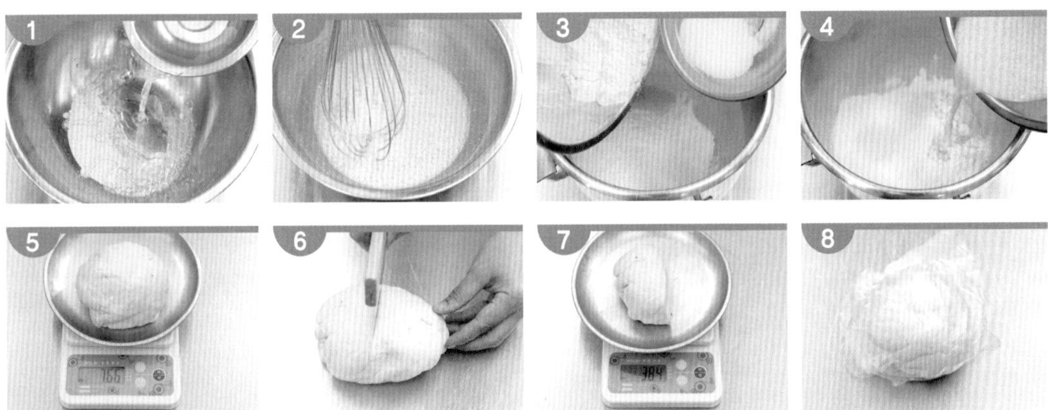

2. 黑麵糰製作：1. 其一白麵糰入缸，加焦糖色素，2. 攪拌至均勻上色，3. 覆蓋備用。

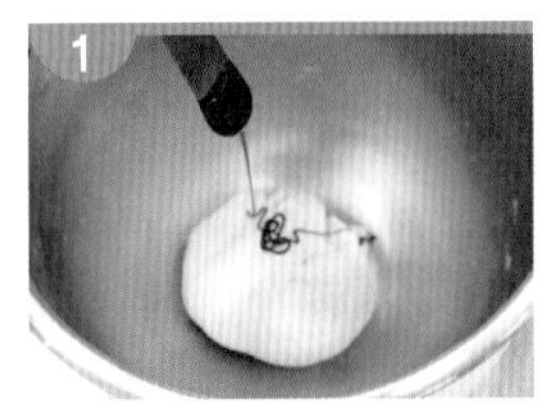
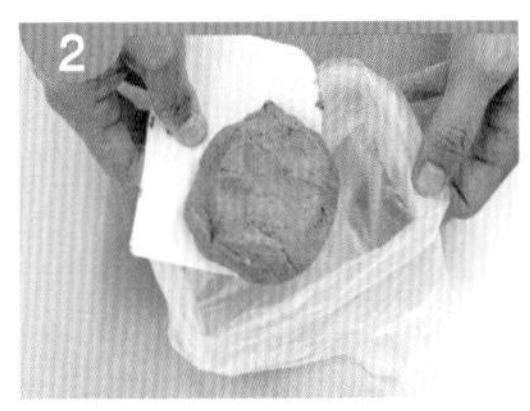
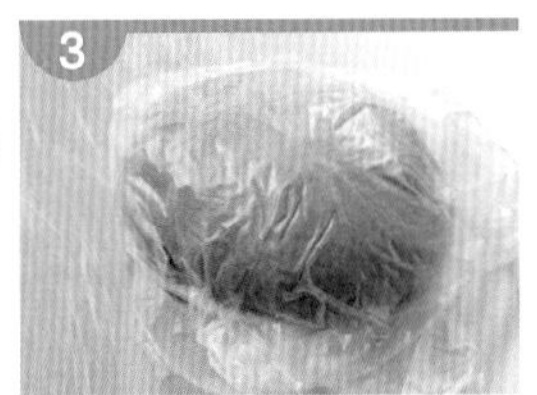

3. 白麵糰壓麵、整型、鬆弛：1. 壓延出光滑細緻，2. 長約 60 公分長方形麵帶，3. 桌面撒粉防黏，4. 整型成頭尾整齊的長方形麵片。

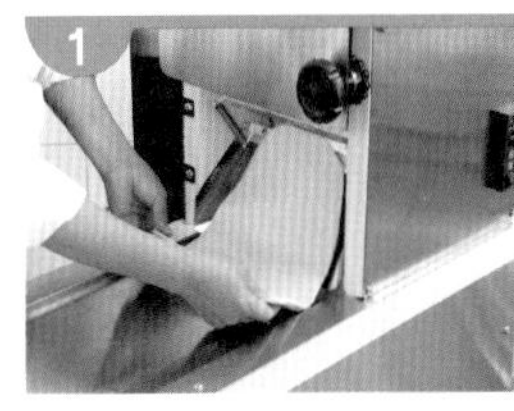
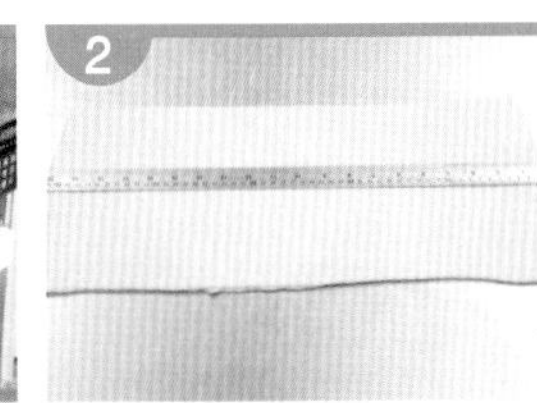
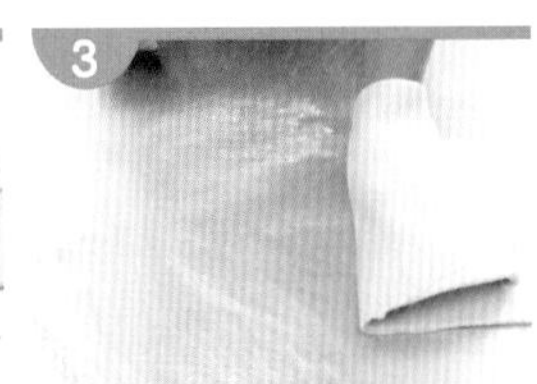
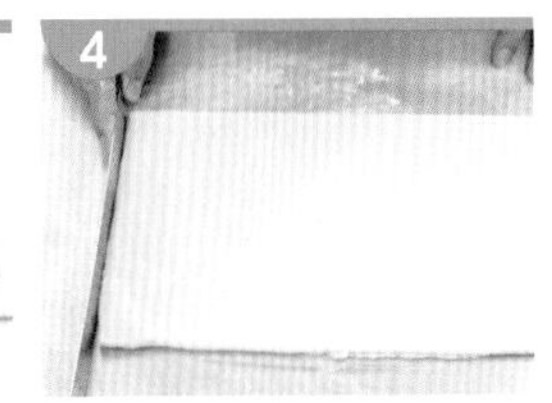

4. 黑麵糰壓麵、整型、鬆弛：1. 壓延出光滑細緻，2. 長約 60 公分長方形麵帶，3. 整型成頭尾整齊的長方形麵片。

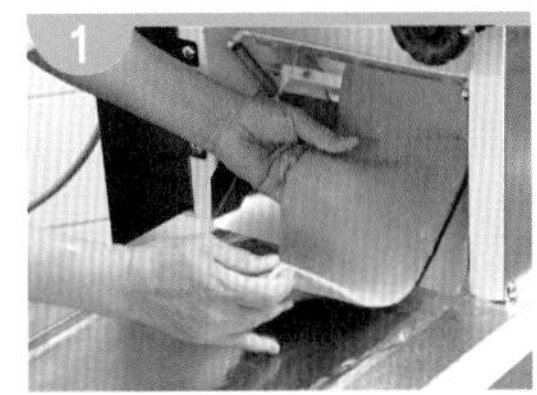
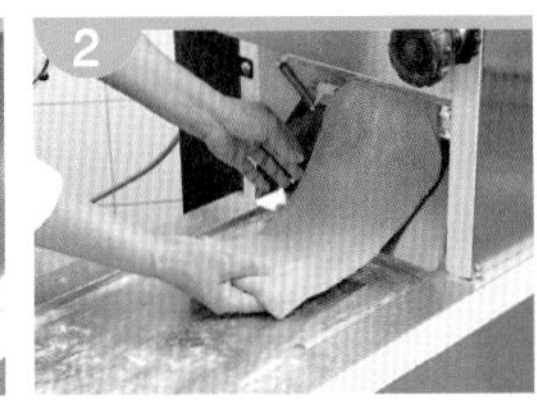
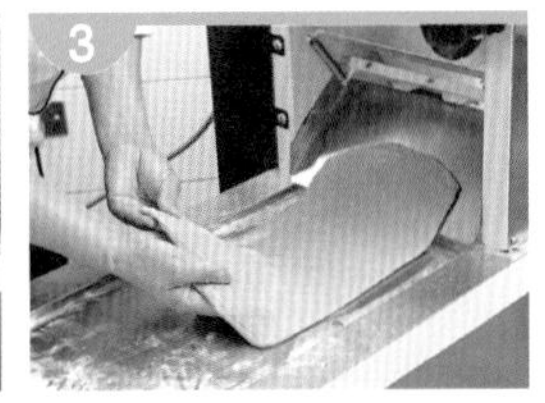

5. 黑白麵片重疊：1. 黑、白麵片上下不限（參考 TIPS 1），2. 黑麵片表層刷薄水兩次，3. 白麵片覆蓋黑麵片上，下緣處以擀麵棍壓扁，4. 再以指尖破壞組織，5. 白麵片表層刷薄水兩次，6. 由上而下捲緊壓合，7. 再順勢向下滾捲，8. 捲動過程要緊密接合，滾捲成長條狀並調整所需長度，頭尾修整後，所需長度約 60 公分。

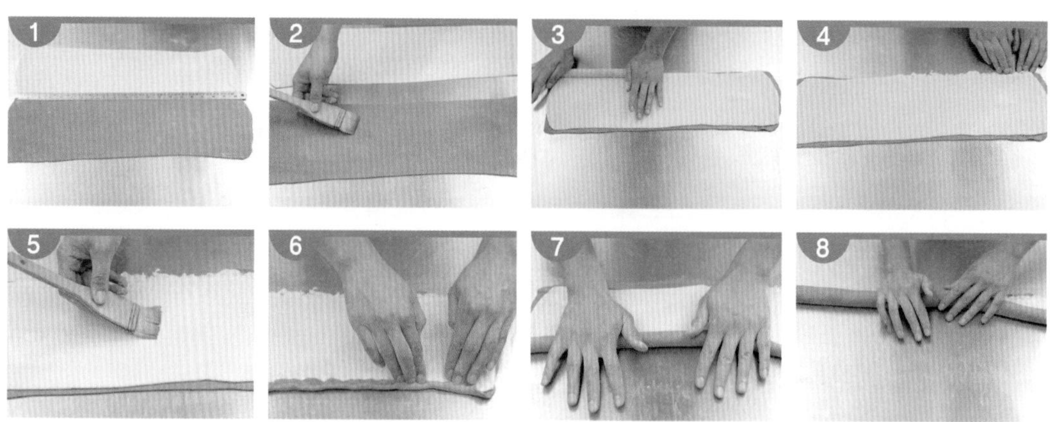

6. 分割、發酵：1. 均分 14 等份，2. 墊紙，入蒸籠，排列整齊並保留膨漲空間，3. 進發酵箱發酵 25~30 分鐘。

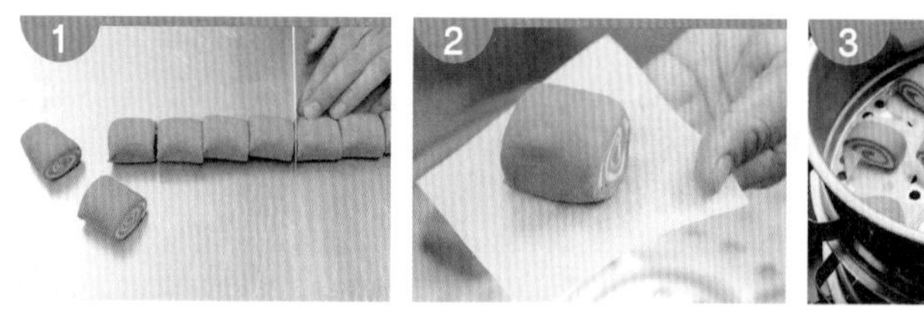

7. 熟製：1. 蒸鍋煮水，水量 1/2 高，水滾時機掌握在麵糰發酵完成之前，水滾入煮鍋熟製，2. 鍋蓋加布吸收水蒸氣，3. 鍋與蓋間夾筷子，中大火蒸 12~15 分鐘，4. 起鍋。

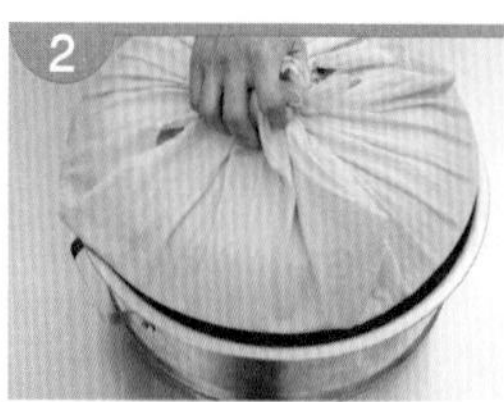

8. 成品：雙色饅頭共計 14 個。

TIPS

1. 黑、白麵糰等長、等寬，上下順序不限。1. 白麵皮覆蓋在黑麵皮之上，產品表層為黑色；2. 黑麵皮覆蓋在白麵皮之上，產品表層為白色。

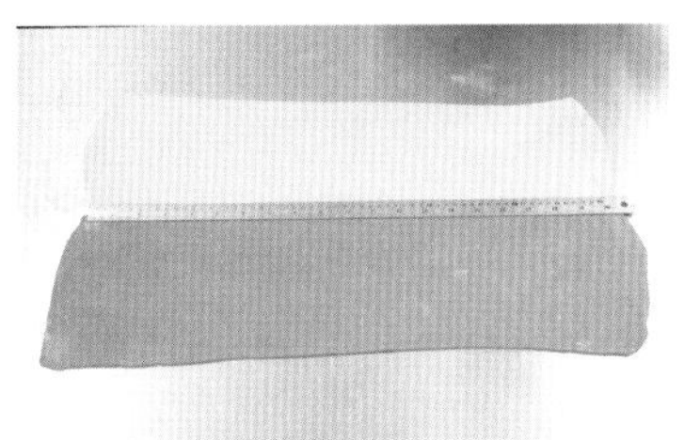
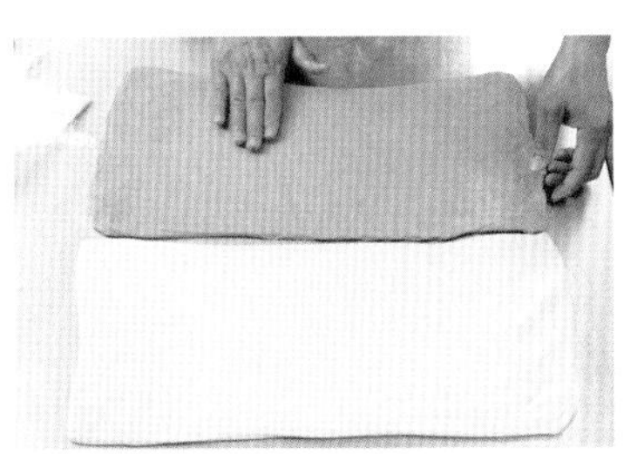

2. 麵片下方以擀麵棍壓扁，目的使捲成圓柱狀時，最後的黏合處平整。
3. 麵皮刷薄水以增加黏著性，微乾後再刷水一次，過濕、過乾均無法有效黏著。
4. 麵糰長度 ÷14 ＝分割寬度，分割後寬度在 4~5 公分之間，過窄重心不穩，易翻倒；過寬，形體不佳，不具賣相。
5. 切除的頭尾麵糰，可以抹水，合併成一個。

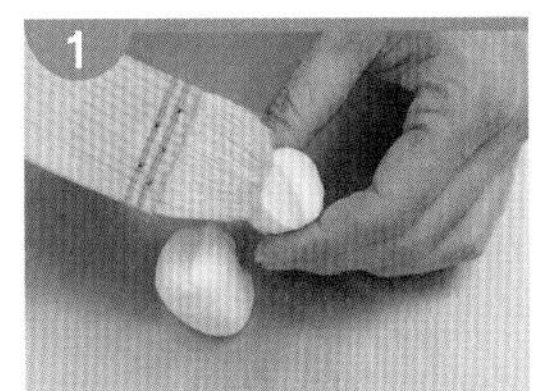

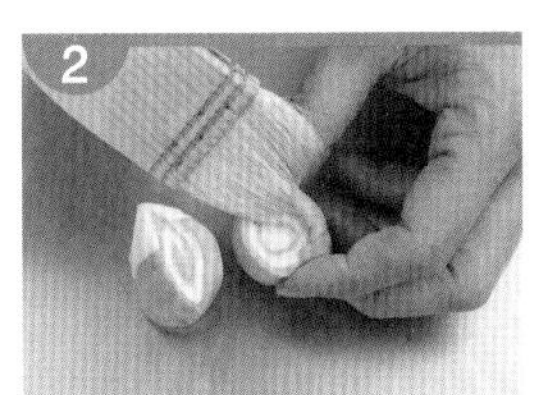

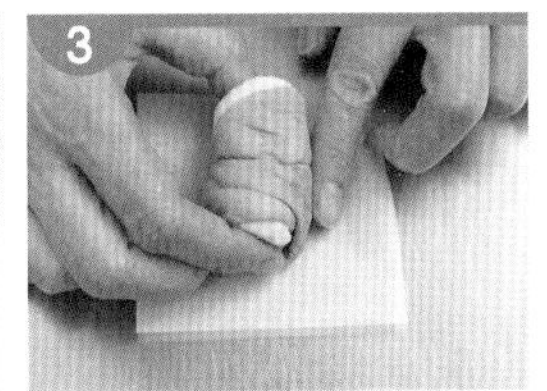

MEMO

（壹）試題說明

一、本類麵食共四小項（編號 096-970301E~970304E）。

二、完成時限為四小時，包含發酵麵食、發粉麵食、油炸麵食，依勾選之分項各抽考一種產品，共二種產品。

三、發粉麵食麵糊製作可使用攪拌機，蒸熟需用蒸籠。

四、產品製作之試題說明及要求之品質標準，係依產品而定，請參考每小項之「試題說明」。

五、產品製作重量與數量，係依產品而定，請參考每小項之「製作說明」。

六、制定麵糊配方時，不可加計任何損耗。麵糊重量需符合試題說明與製作說明，製作配方於製作後不可再修改，監評會核對配方表與實作重量。

七、麵糰與餡料製備之所有操作程序需完全符合衛生標準規範；所需重量應確實計算，不可剩餘，也不得分多次製作。

八、本類麵食共用材料（每項產品）

編號	名稱	材料規格	單位	重量	備註
1	低筋麵粉	符合國家標準 (CNS) 規格	公克	1000	
2	細砂糖		公克	1000	
3	泡打粉 (BP)	雙重反應式	公克	100	建議無鋁
4	食鹽	精製	公克	50	

備註：

1. 考生制定配方，需依本類麵食共用材料與各小項產品之專用材料表內所列之材料自由選用。
2. 所選用之材料重量不可超出所定之重量範圍。各類食品添加物之使用範圍及限量應符合食品安全衛生管理法第 18 條訂定「食品添加物使用範圍及限量暨規格標準」。
3. 『水』任意使用，不限重量。

九、本類麵食專業設備（每人份）

編號	名稱	設備規格	單位	數量	備註
1	蒸模	圓型鋁箔盒，（上口直徑 18±1 公分，高度 4~6 公分）	個	4	可用略同規格代替
2	鋁箔盒	耐熱 100℃以上（符合食品器具容器包裝衛生標準），容積 200~250 毫升，高度 6.5±0.5 公分	個	6	可用略同規格代替
3	蒸籠	雙層不鏽鋼製，直徑 40 公分以上，附底鍋與鍋蓋，瓦斯爐火力與蒸籠需配合	組	1	附有小圓孔蒸盤，大小需配合蒸籠亦可使用於發酵箱

蒸蛋糕

★★ 096-970301E ★★

發粉麵食

01E

試題說明

1. 用麵糊方式製作。原料可用拌機攪拌混合成適當濃稠的麵糊，平均裝模後，用蒸籠蒸熟之產品。
2. 產品表面需色澤均勻、表面光滑細緻、中央不凹陷、不皺縮、不塌陷、無異常斑點與麵粉結粒；切開後組織均勻細緻、底部不得有密實（未膨發）或生麵糊（未熟）、口感鬆軟、富彈性、不黏牙、內外不可有異物、無異味、具有良好的口感。

材料

1. 低筋麵粉、2. 蛋、3. 細砂糖 (1)、4. 細砂糖 (2)、5. 沙拉油、6. 泡打粉、7. 香草香精

製作說明

1. 製作蒸蛋糕 4 個（麵糊不可剩餘）。
2. 製作重量：
   (1) 麵糊重量 1200 公克。
   (2) 麵糊重量 1300 公克。
   (3) 麵糊重量 1400 公克。

專用材料（每人份）

編號	名稱	材料規格	單位	數量	備註
1	蛋	生鮮雞蛋	公克	1000	
2	奶粉	全脂或脫脂	公克	50	
3	食用油	大豆沙拉油等液體油	公克	100	
4	乳化劑	食品級	公克	50	可用 SP
5	香草香精	市售品	公克	10	

備註：考生制定配方，需依本專用材料與本類麵食之共用材料表內所列之材料自由選用，所選用之材料重量不可超出所定之重量範圍。

配方計算

(1) 已知麵糊重量 1200、1300、1400 公克
(2) 計算公式：麵糊各項材料重量＝麵糊重量／百分比小計 × 各單項材料百分比

配方計算總表

材料名稱	%	麵糊 1200 公克		麵糊 1300 公克		麵糊 1400 公克	
蛋白	110	1200/364×110	363	1300/364×110	392	1400/364×110	424
糖 (1)	50	1200/364×50	165	1300/364×50	171	1400/364×50	192
蛋黃	55	1200/364×55	181	1300/364×55	196	1400/364×55	212
糖 (2)	30	1200/364×30	99	1300/364×30	107	1400/364×30	115
低筋麵粉	100	1200/364×100	330	1300/364×100	357	1400/364×100	384
泡打粉	1	1200/364×1	3	1300/364×1	4	1400/364×1	4
香草香精	1	1200/364×1	3	1300/364×1	4	1400/364×1	4
沙拉油	17	1200/364×17	56	1300/364×17	61	1400/364×17	65
小計	364		1200		1300		1400

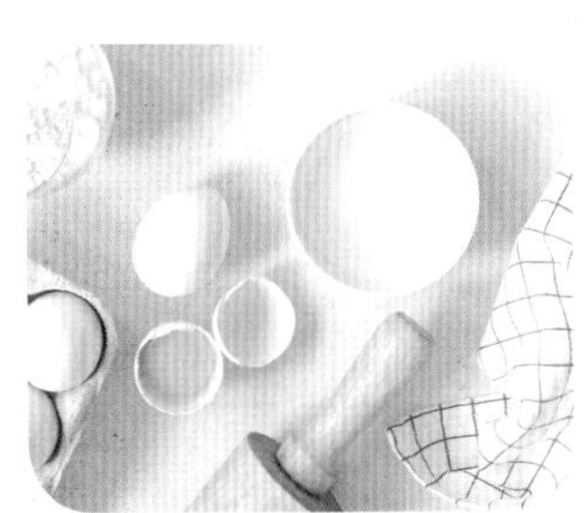
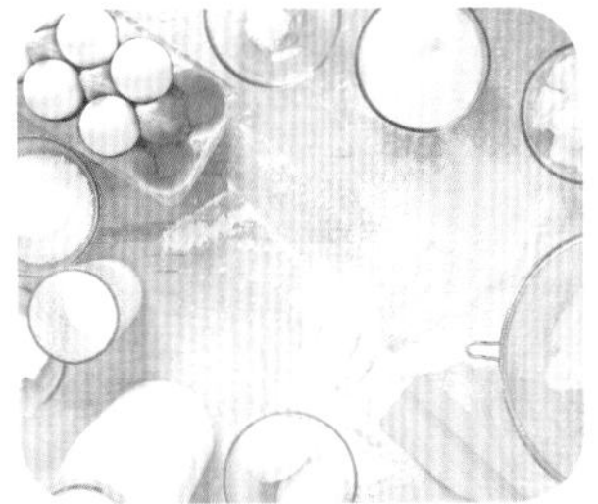

蒸蛋糕流程圖

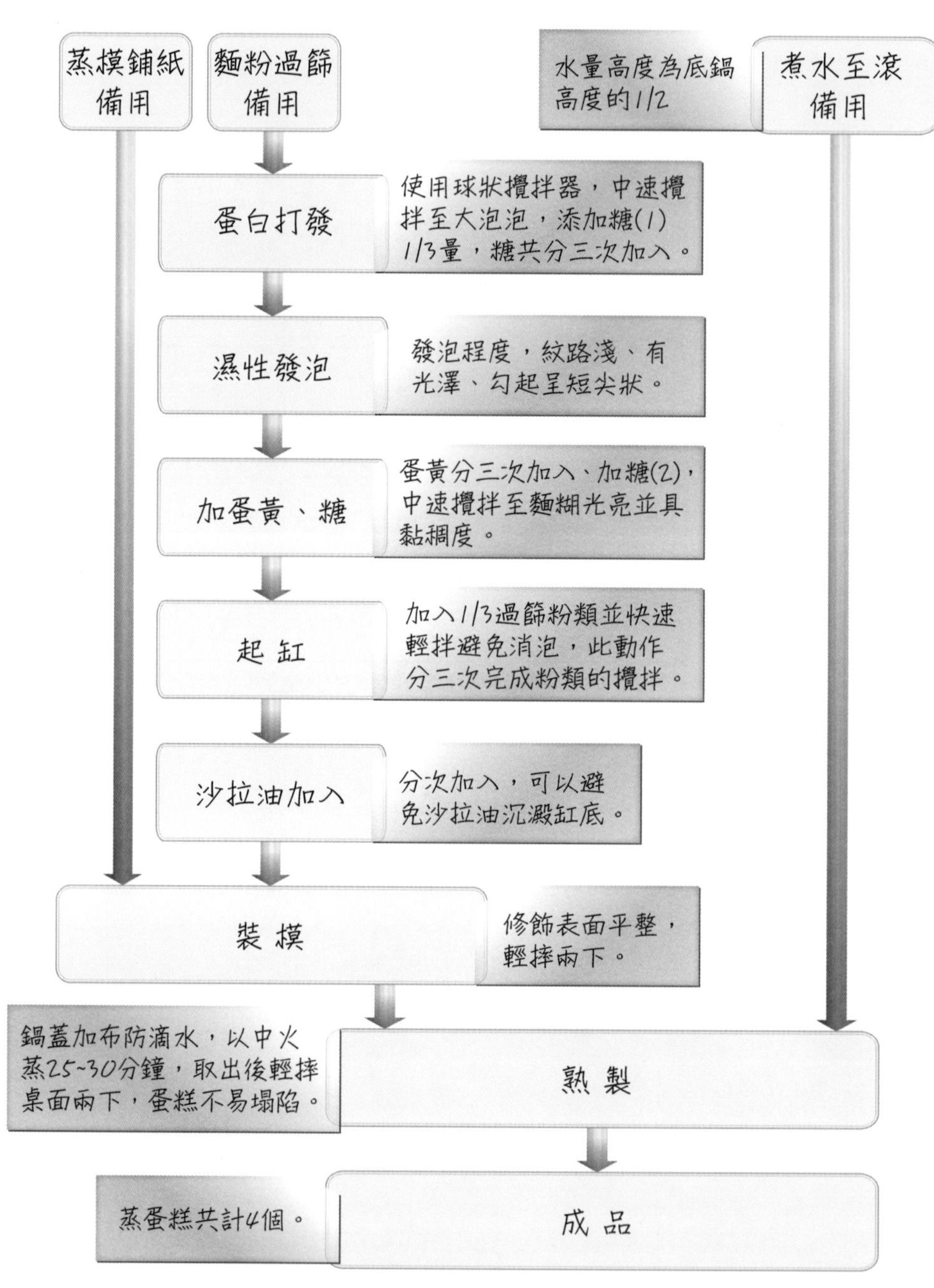

※ 1. 產品完成後才可填寫製作報告表。
2. 書寫內容可參閱本流程圖。

步驟圖說

1. 前置：1. 煮水（水量為1/2鍋高）至滾，2. 蛋黃覆蓋備用，3. 低粉、泡打粉混合過篩備用，4. 剪紙 5. 鋪模型墊底。

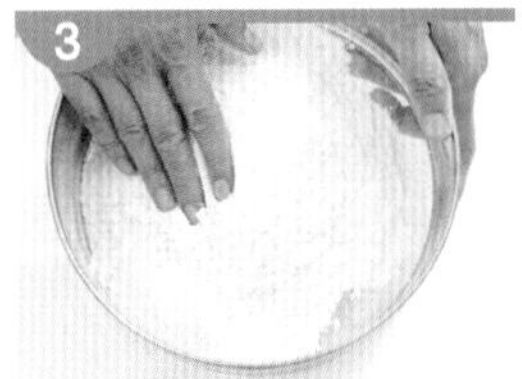

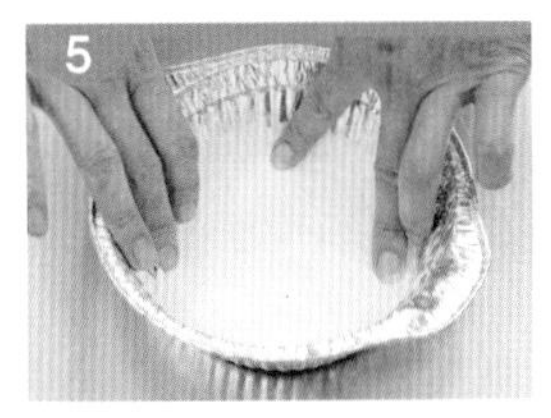

2. 麵糊製作 (1)：1. 蛋白入缸，使用網狀攪拌器中速拌至大泡泡後，2. 加細砂糖 (1)，糖分三次加入，3. 拌至濕性發泡呈短尖形，加入蛋黃（分三次加入）、糖 (2)，繼續以中速攪拌至 4. 麵糊光亮的狀態。

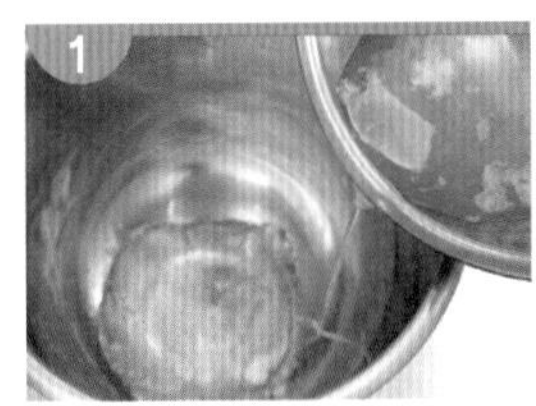

3. 麵糊製作 (2)：1. 蛋糊移至桌面，低粉取 1/3 量均勻灑在蛋糊表面，2. 軟刮板由下往上撈，使麵糊均勻分散，全部粉量分三次完成攪拌動作，3. 沙拉油及香草香精也分次加入拌勻。

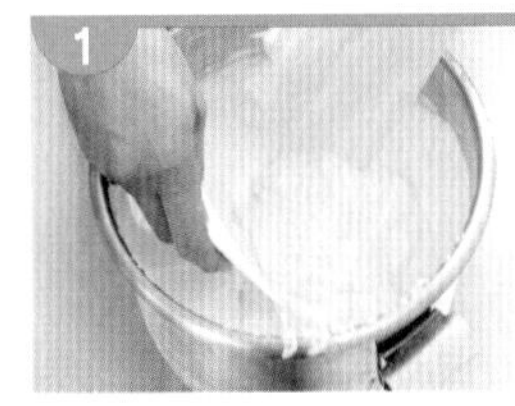

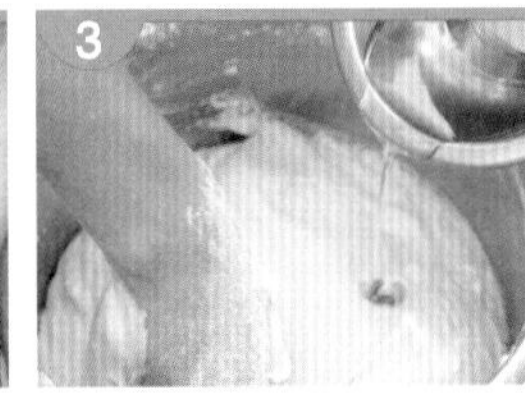

4. 裝模：1. 麵糊均分 4 等份，不可有剩餘，2. 畫圓，使麵糊表面平整，3. 輕敲兩下。

5. 熟製：1. 水滾 2. 入鍋，鍋蓋加布吸收水蒸氣，防止水珠滴落，影響品質；3. 鍋與蓋間夾筷子，中火蒸 25~30 分鐘，出爐後輕敲兩下，蛋糕不易塌陷。

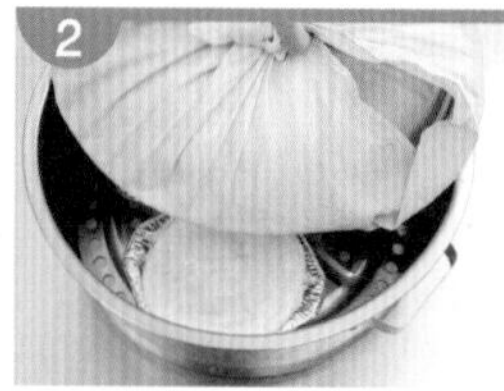

6. 成品：蒸蛋糕共計 4 個。

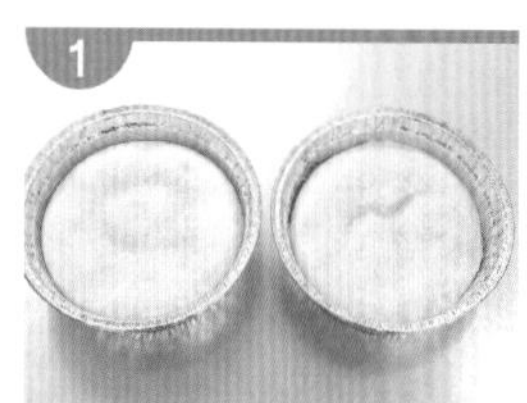

TIPS

1. 水沸騰後再行製作麵糊，反之，完成後的麵糊等待水滾，易產生消泡情況。
2. 麵糊攪拌未達光滑及具黏稠度，加入粉、油，攪拌過程中易消泡。
3. 粉、油一次倒入，不易攪拌均勻，且容易結塊，故分次加入。
4. 麵糊拌粉時注意事項：缸壁有無粉、動作輕柔、速度要快，否則容易消泡。
5. 先拌粉或先拌油，可依個人習慣而定。
6. 麵糊裝模完成，輕敲兩下，可排除氣泡，產品組織較綿密。
7. 熟製時火力過大，產品易縮皺。
8. 夾筷子，使鍋蓋微開，讓蒸氣外散，避免溫度過高而收縮。

NG 圖說

蒸氣水滴落，破壞表面

馬拉糕

★★ 096-970302E ★★

發粉麵食

02E

試題說明

1. 用麵糊方式製作。原料可用攪拌機攪拌混合成適當濃稠的麵糊，平均裝模後，用蒸籠蒸熟之產品。
2. 產品表面需色澤均勻、表面光滑微鼓（不得有大裂紋）、會有不規則表面、不塌陷、無異常斑點與麵粉結粒、大小一致、不可有上下層分離現象；切開後組織均勻近表皮處可有直立式不規則孔洞、底部不得有密實（未膨發）或生麵糊（未熟）、口感鬆軟、富彈性、不黏牙、內外不可有異物、無異味、具有良好的口感。

材料

1. 低筋麵粉、2. 細砂糖、3. 全蛋、4. 奶粉、5. 香草粉、6. 泡打粉、7. 沙拉油

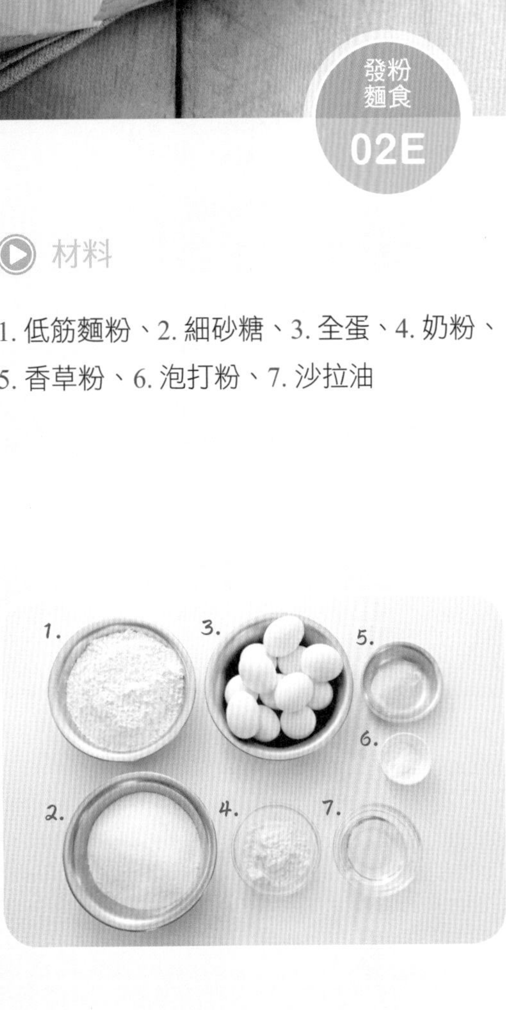

製作說明

1. 製作馬拉糕 4 個（麵糊不可剩餘）。
2. 製作重量：
   (1) 麵糊重量 1600 公克。
   (2) 麵糊重量 1640 公克。
   (3) 麵糊重量 1680 公克。

專用材料（每人份）

編號	名稱	材料規格	單位	數量	備註
1	蛋	生鮮	公克	1000	
2	碳酸氫鈉	食品級	公克	20	小蘇打
3	奶粉	全脂或脫脂	公克	50	
4	食用油	大豆沙拉油等液體油	公克	200	
5	砂糖	細砂糖	公克	800	
6	鹼粉	食品級	公克	20	碳酸鈉
7	香草香精	食品級	公克	10	
8	布丁粉	速溶雞蛋布丁粉	公克	100	卡士達粉

備註：考生制定配方，需依本專用材料與本類麵食之共用材料表內所列之材料自由選用，所選用之材料重量不可超出所定之重量範圍。

配方計算

(1) 已知麵糰重量 1600、1640、1680 公克
(2) 計算公式：麵糊各項材料重量＝麵糊重量 / 百分比小計 × 各單項材料百分比

配方計算總表

材料名稱	%	麵粉 1600 公克		麵粉 1640 公克		麵粉 1680 公克	
細砂糖	100	1600/404×100	396	1640/404×100	406	1680/404×100	416
奶粉	8	1600/404×8	31	1640/404×8	32	1680/404×8	33
香草香精	2.5	1600/404×2.5	10	1640/404×2.5	10	1680/404×2.5	10
低筋麵粉	100	1600/404×100	396	1640/404×100	406	1680/404×100	416
泡打粉	3.5	1600/404×3.5	14	1640/404×3.5	14	1680/404×3.5	15
全蛋	160	1600/404×160	634	1640/404×160	650	1680/404×160	665
沙拉油	30	1600/404×30	119	1640/404×30	122	1680/404×30	125
合計	404		1600		1640		1680

馬拉糕流程圖

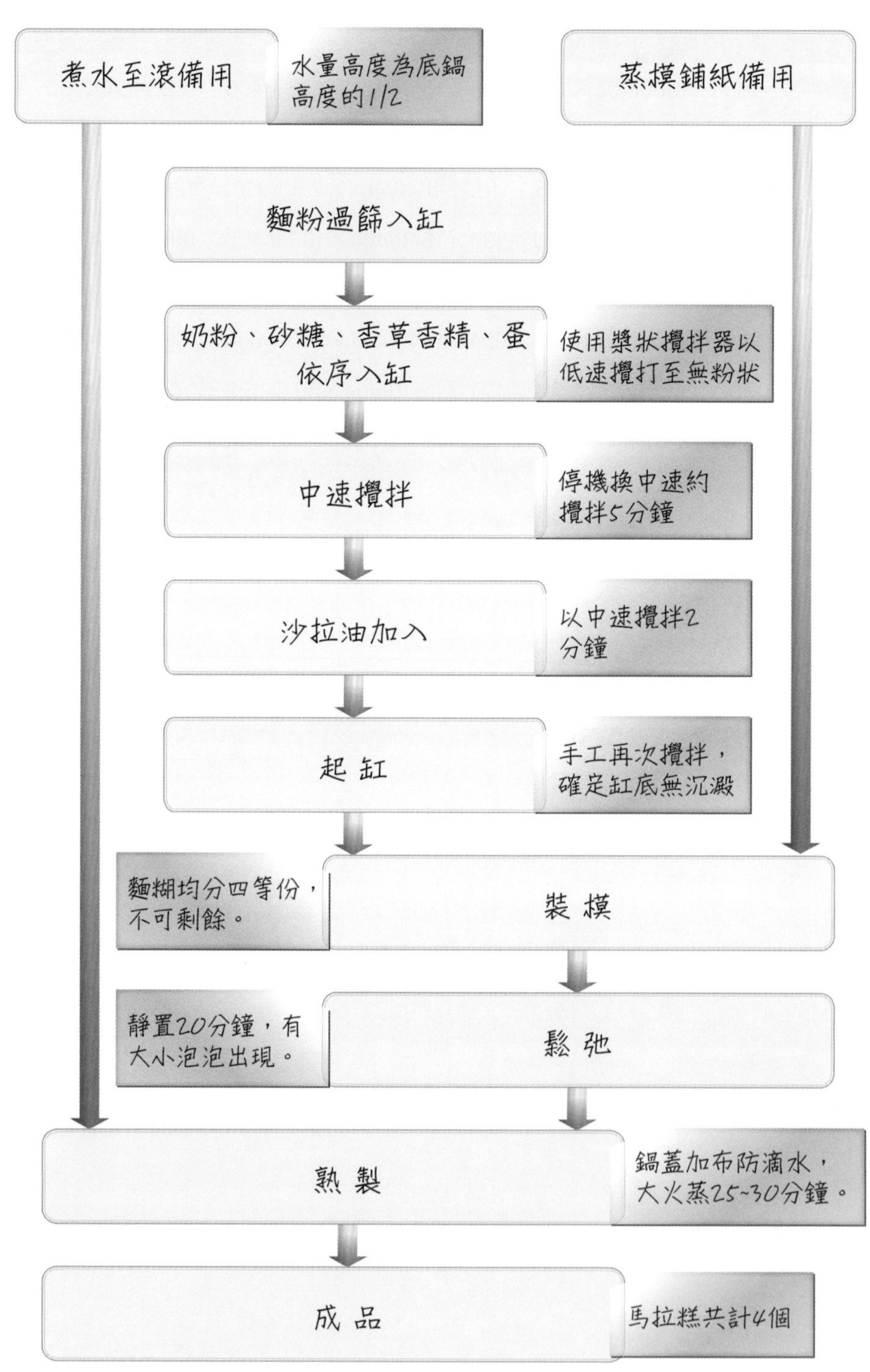

※ 1. 產品完成後才可填寫製作報告表。
2. 書寫內容可參閱本流程圖。

步驟圖說

1. 前置：1. 煮水（水量為 1/2 鍋深）至滾，2. 低粉、泡打粉、香草香精混合過篩備用，3. 剪紙，4. 鋪模型墊底。

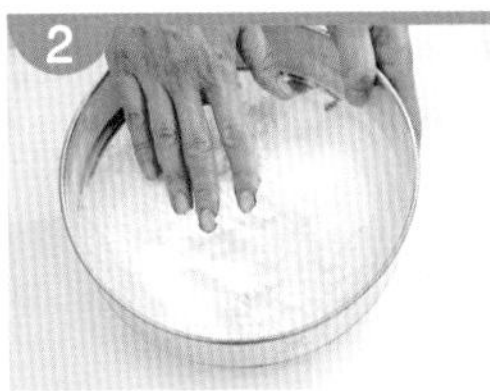
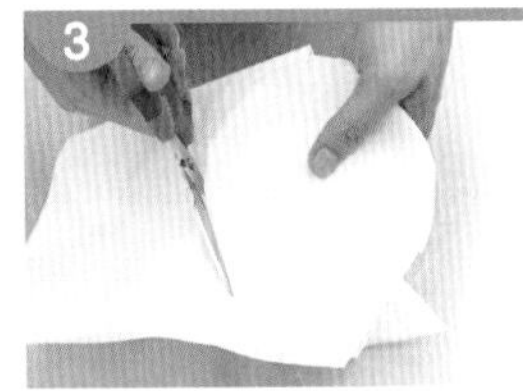
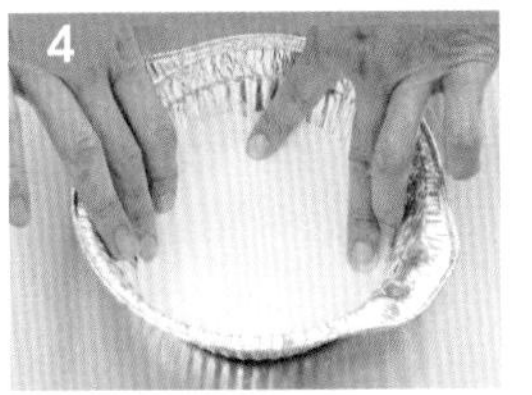

2. 麵糊製作：1. 粉類、糖、蛋分序入缸，2. 槳狀攪拌器低速拌至無粉停機轉中速，加沙拉油拌至糖溶解，3. 麵糊光亮有黏稠度，並確認底部有無沉澱物。

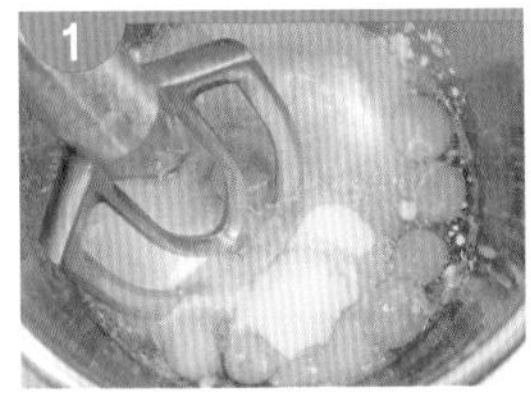
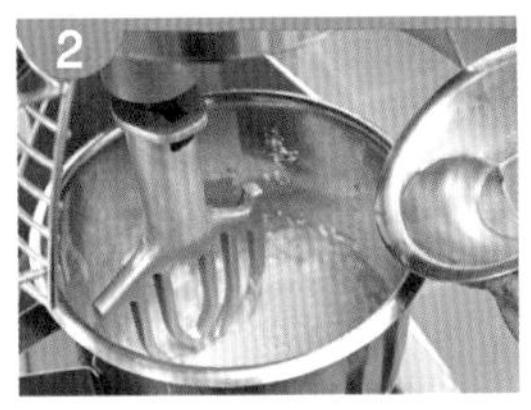
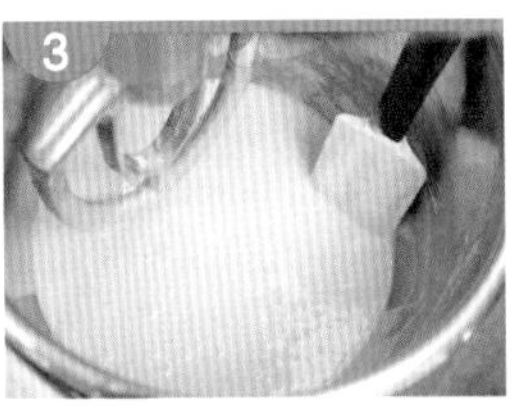

3. 裝模、靜置：1.2. 入模，麵糊均分 4 等份，不可剩餘，3. 由麵糊中心向外畫圓，使組織均勻，4. 靜置鬆弛 15 分鐘，表層產生不規則汽泡。

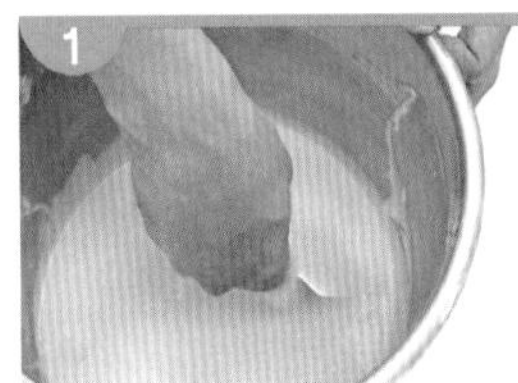

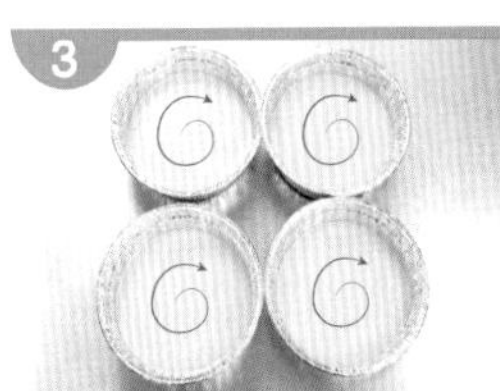

4. 熟製：1. 水滾 2. 蒸籠入鍋，鍋蓋加布吸收水蒸氣，防止水珠滴落，影響品質；3. 鍋與蓋間夾筷子，大火蒸 25~30 分鐘。

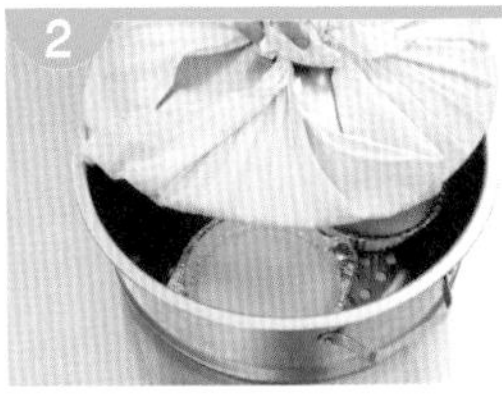
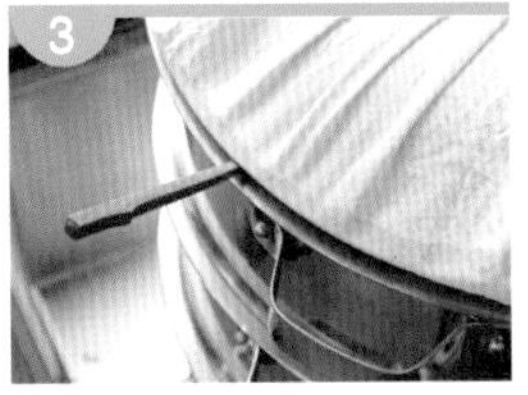

5. 成品：馬拉糕共計 4 個。

TIPS

1. 馬拉糕與蛋糕所使用的攪拌器具不同，馬拉糕利用槳狀攪拌器，產生氣泡少；蛋糕則使用網狀攪拌器，可產生較多氣泡。
2. 鍋蓋加布，可幫助吸收水蒸氣，防止水珠滴落，影響品質。
3. 依題意「切開後組織均勻，近表皮處有直立式不規則小孔洞」（如下圖），俗稱「蚯蚓洞」。

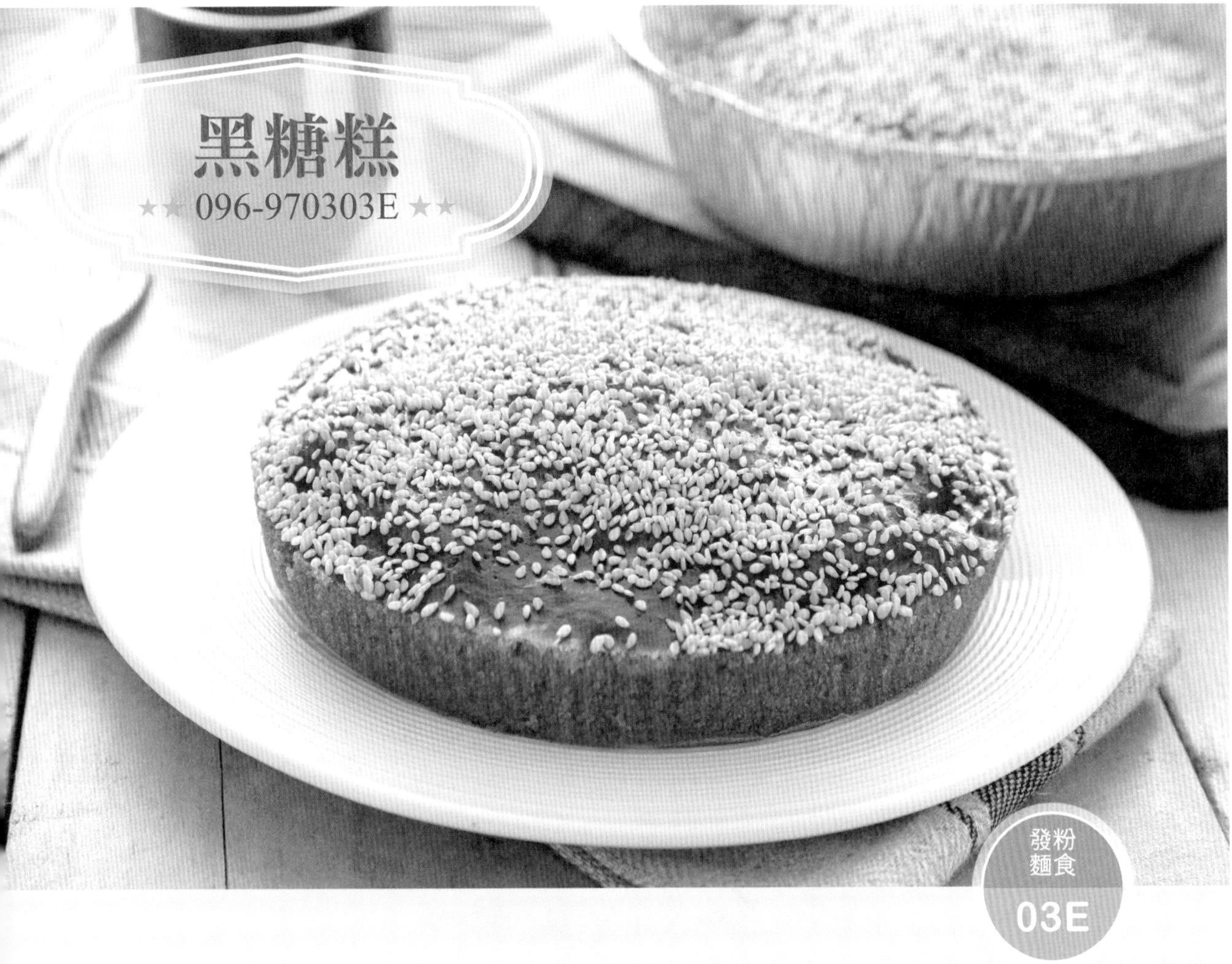

黑糖糕

★★ 096-970303E ★★

發粉麵食

03E

試題說明

1. 用麵糊方式製作。原料可用攪拌機攪拌混合成適當濃稠的麵糊，平均裝模後，用蒸籠蒸熟，表面以熟白芝麻裝飾之產品。
2. 產品表面需色澤均勻、表面微鼓有光澤（不得有大裂紋）、會有不規則表面、不塌陷、無異常斑點與麵粉結粒、大小一致、不可有密實現象；切開後組織均勻可有不規則小孔洞、底部不得有密實（未膨發）或生麵糊（未熟）、口感鬆軟、富彈性、不黏牙、內外不可有異物、無異味、具有良好的紅糖風味。

材料

1. 黑糖、2. 低筋麵粉、3. 樹薯澱粉、4. 泡打粉、5. 水、6. 熟白芝麻

製作說明

1. 製作黑糖糕 4 個（麵糊不可剩餘）。
2. 製作重量：
   (1) 麵糊重量 1400 公克。
   (2) 麵糊重量 1440 公克。
   (3) 麵糊重量 1480 公克。

專用材料（每人份）

編號	名稱	材料規格	單位	數量	備註
1	澱粉	木薯、樹薯等	公克	300	
2	黑糖	市售品	公克	700	紅糖
3	熟白芝麻	市售品	公克	100	

備註：考生制定配方，需依本專用材料與本類麵食之共用材料表內所列之材料自由選用，所選用之材料重量不可超出所定之重量範圍。

配方計算

(1) 已知麵糊重量 1400、1440、1480 公克
(2) 計算公式：麵糊各項材料重量＝麵糊重量／百分比小計 × 各單項材料百分比

配方計算總表

材料名稱	%	麵糊 1400 公克		麵糊 1440 公克		麵糊 1480 公克	
低筋麵粉	100	1400/375×100	373	1440/375×100	384	1480/375×100	394
樹薯澱粉	50	1400/375×50	187	1440/375×50	192	1480/375×50	197
泡打粉	5	1400/375×5	19	1440/375×5	19	1480/375×5	20
黑糖	100	1400/375×100	373	1440/375×100	384	1480/375×100	395
水	120	1400/375×120	448	1440/375×120	461	1480/375×120	474
小計	375		1400		1440		1480
熟白芝麻		適量		適量		適量	

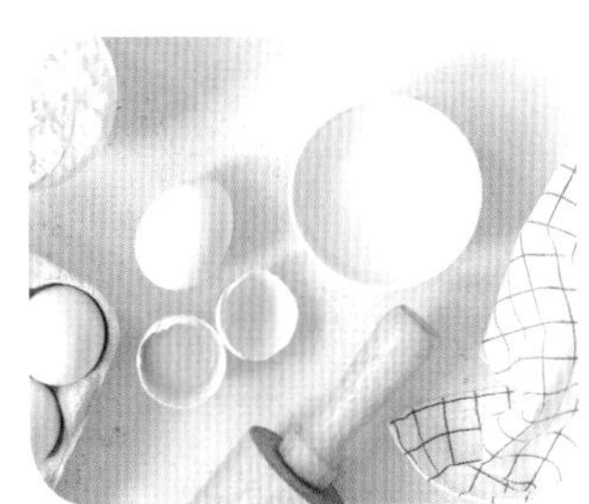
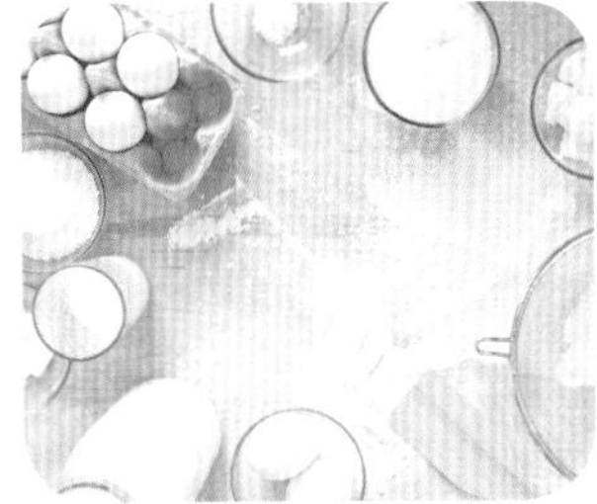

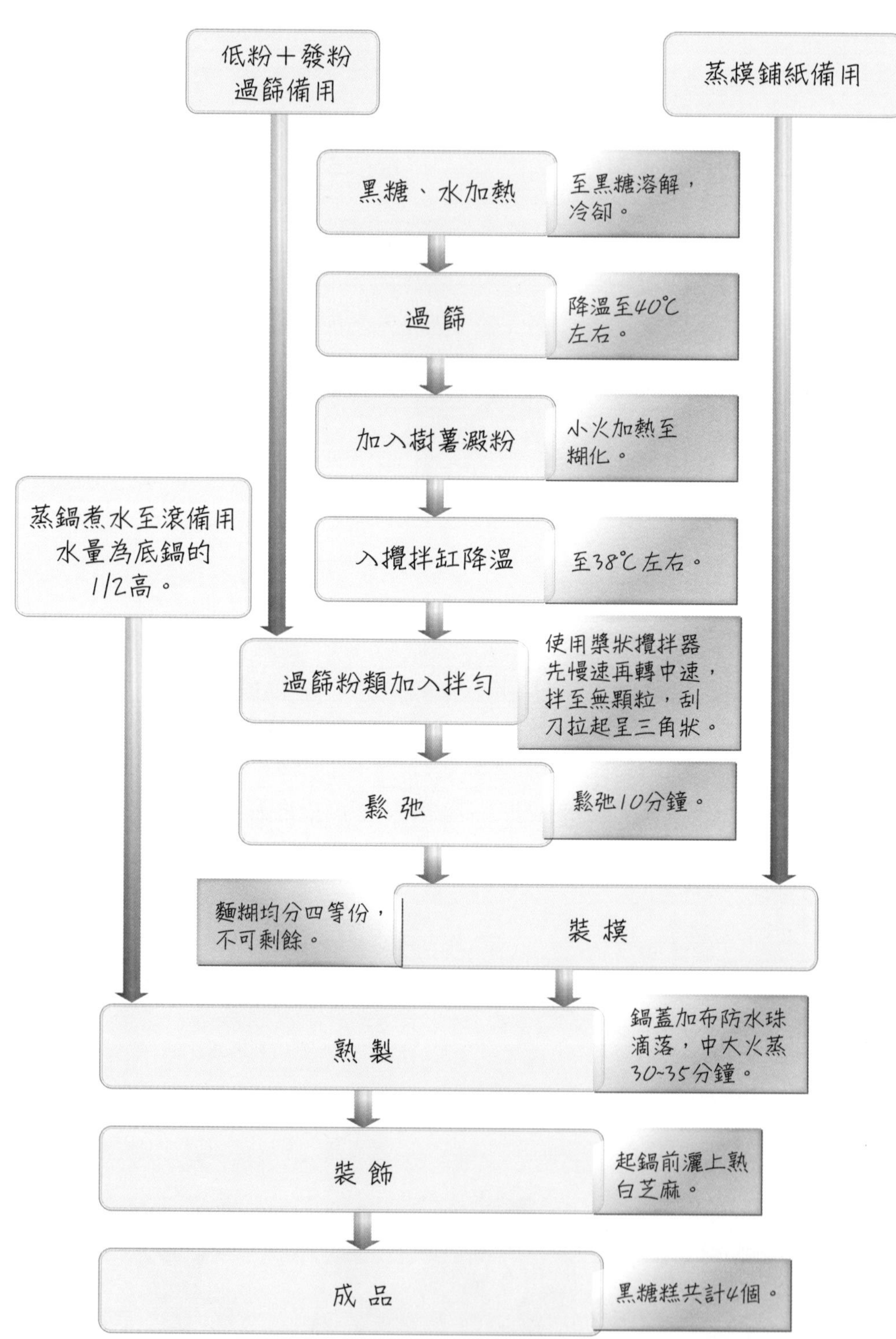

※ 1. 產品完成後才可填寫製作報告表。
2. 書寫內容可參閱本流程圖。

步驟圖說

1. 前置作業：1. 低粉＋泡打粉過篩，2. 黑糖、水入鍋，3. 煮至黑糖溶解，4. 冷卻到 38℃備用，5. 過濾，6. 蒸鍋煮水至沸騰備用，7. 剪紙，8. 鋪模型墊底。

2. 麵糊製作：1. 黑糖水＋樹薯澱粉，小火拌至糊化後，入攪拌缸冷卻至 38℃，2. 粉類入缸，使用槳狀攪拌器先慢速再停機轉中速拌至濃稠無顆粒狀，3. 刮缸底確認無沉澱物，4. 入模，麵糊均分 4 等分，不可剩餘。

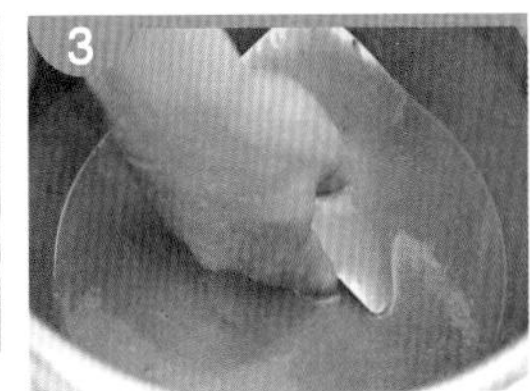

3. 熟製：1. 水滾 2. 蒸籠入鍋，鍋蓋加布吸收水蒸氣，防止水珠滴落，影響品質；3. 鍋與蓋間夾筷子，中小火蒸 30~35 分鐘。

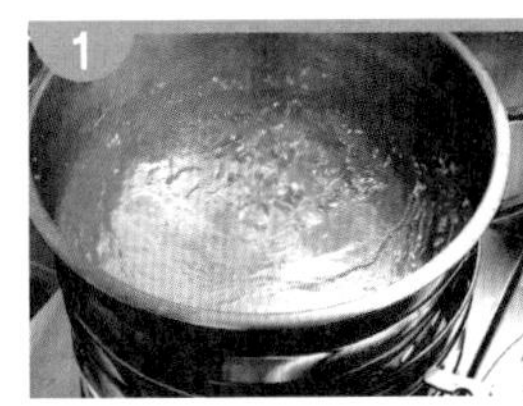

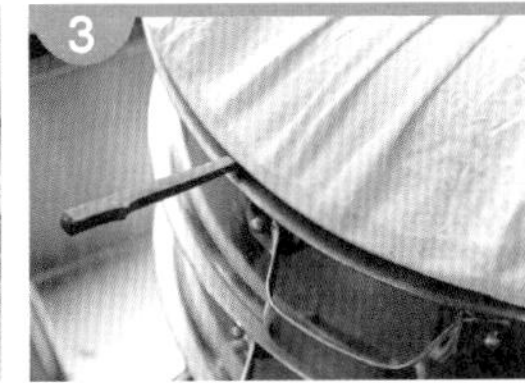

4. 裝飾：1. 熟成，起鍋前 2. 撒上熟白芝麻（注意！必須使用湯匙），出爐。

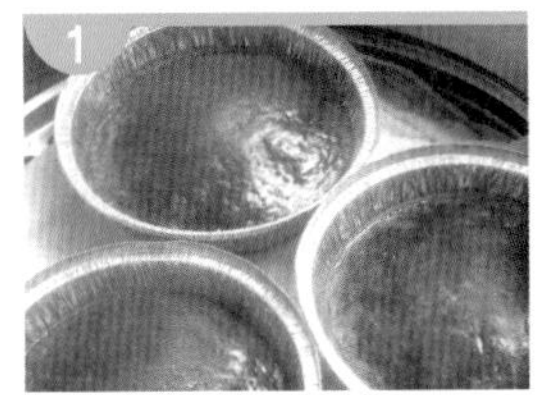

5. 成品：黑糖糕共計 4 個。

1

TIPS

1. 考場設備如果為單口瓦斯爐，黑糖水先行製作，再煮水。
2. 確認蒸鍋水已達沸騰，再行製作麵糊。
3. 麵糊攪拌至光滑，若有沉澱物或顆粒，可過篩處理。
4. 鍋蓋加布，幫助吸收水蒸氣，防止水珠滴落，影響產品品質。
5. 熟製之初，火候過大，容易產生裂痕，視爐具調節火力大小與熟製時間。
6. 灑芝麻務必掌握衛生規範，不可以手取之。

發糕

★★ 096-970304E ★★

發粉麵食

04E

試題說明

1. 用麵糊方式製作。原料可用攪拌機攪拌混合成適當濃稠的麵糊，平均裝模後，用蒸籠蒸熟之產品。
2. 產品表面需色澤均勻、有 3 瓣或以上之自然裂口（不可人為）、無異常斑點與麵粉結粒、大小一致；切開後組織均勻細緻、底部不得有密實（未膨發）或生麵糊（未熟）、口感鬆軟、富彈性、不黏牙、內外不可有異物、無異味、具有良好的口感。

材料

1. 低筋麵粉、2. 細砂糖、3. 水、4. 泡打粉

製作說明

1. 製作發糕 6 個（麵糊不可剩餘）。
2. 製作重量：
   (1) 麵糊重量 1000 公克。
   (2) 麵糊重量 1060 公克。
   (3) 麵糊重量 1120 公克。

專用材料（每人份）

編號	名稱	材料規格	單位	數量	備註
1	香草香精	食品級	公克	10	

備註：考生制定配方，需依本專用材料與本類麵食之共用材料表內所列之材料自由選用，所選用之材料重量不可超出所定之重量範圍。

配方計算

(1) 已知麵糊重量 1000、1060、1120 公克
(2) 計算公式：麵糊各項材料重量＝麵糊重量／百分比小計 × 各單項材料百分比

配方計算總表

材料名稱	%	麵糊 1000 公克		麵糊 1060 公克		麵糊 1120 公克	
低筋麵粉	100	1000/264×100	379	1060/264×100	402	1120/264×100	424
泡打粉	4	1000/264×4	15	1060/264×4	16	1120/264×4	17
水	85	1000/264×85	322	1060/264×85	341	1120/264×85	361
細砂糖	75	1000/264×75	284	1060/264×75	301	1120/264×75	318
小計	264		1000		1060		1120

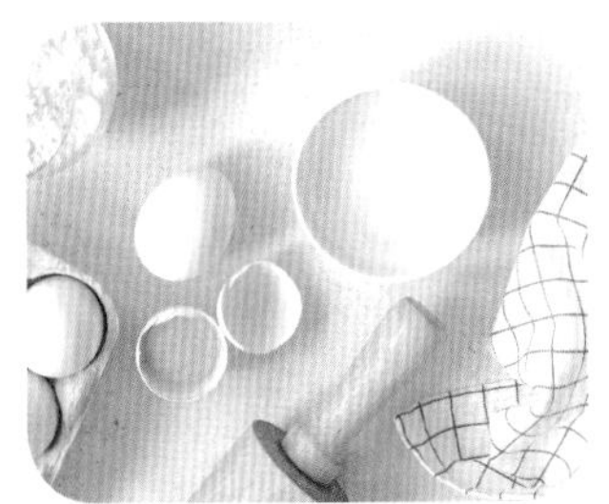
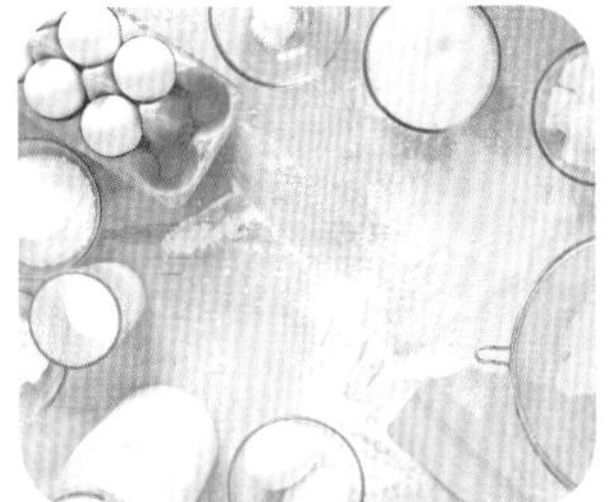

發糕流程圖

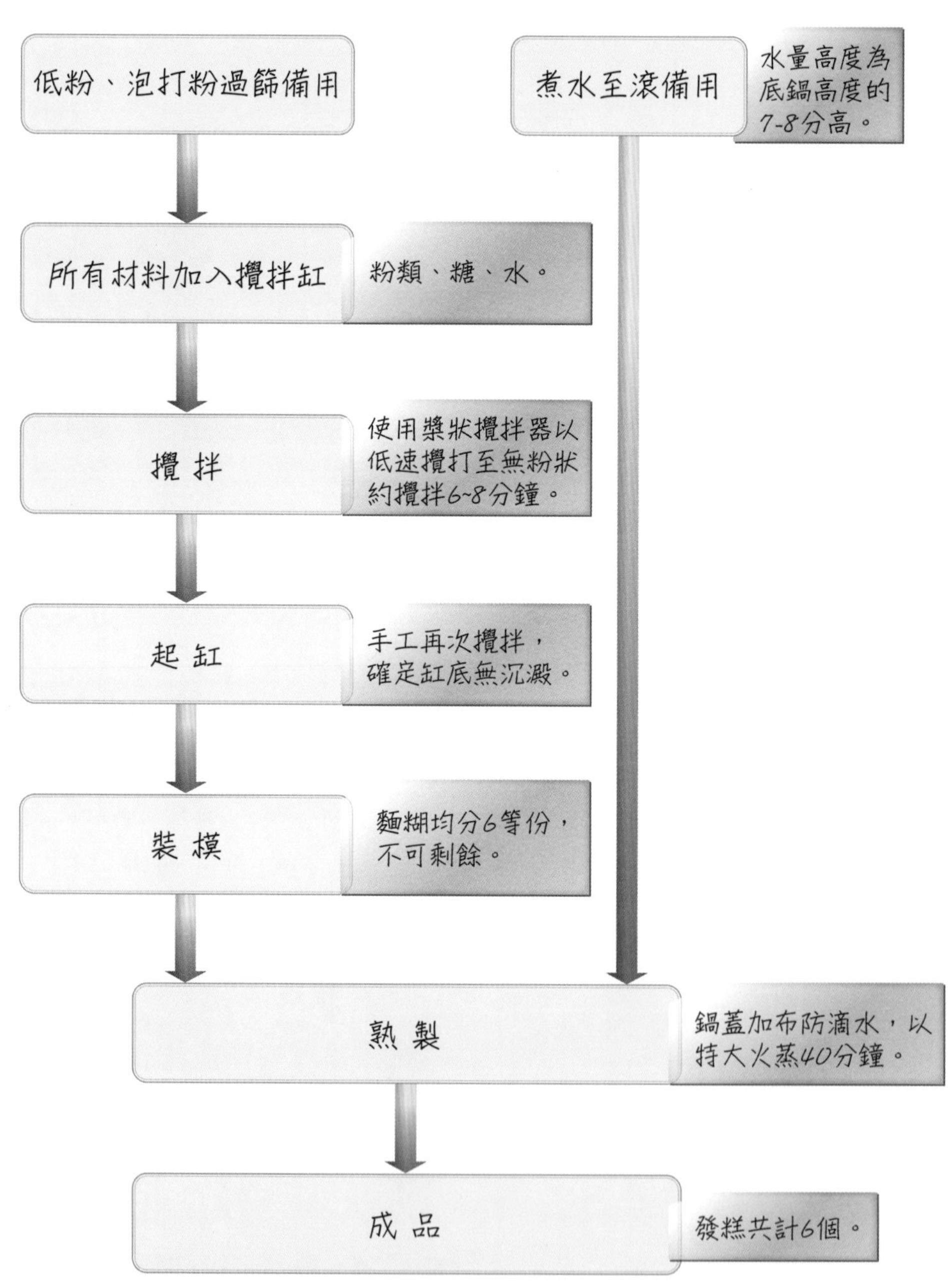

※ 1. 產品完成後才可填寫製作報告表。
2. 書寫內容可參閱本流程圖。

步驟圖說

1. 前置：1. 煮水至沸騰（水量為蒸鍋的 7~8 分滿），2. 低粉＋泡打粉過篩備用。

2. 麵糊製作：1. 粉類、糖、水入缸，2. 槳狀攪拌器先慢速拌至無粉，停機轉中速 3. 拌至均勻、光滑細緻、有亮度、4. 流速順暢之狀態，手工攪拌確認無沉底。

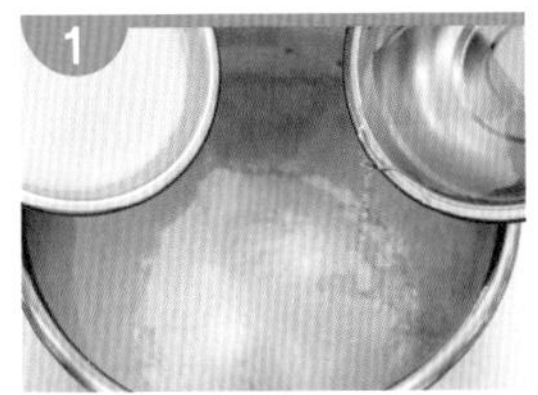
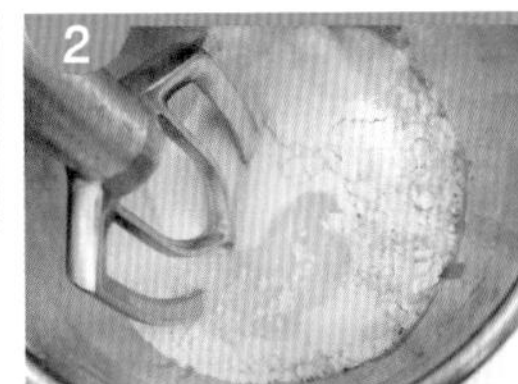
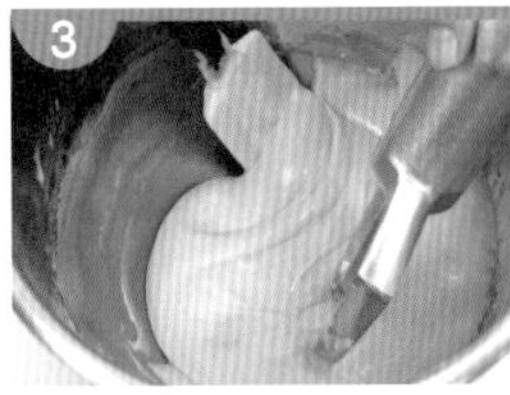

3. 裝模：1. 均分 6 等份，2. 裝模後輕敲桌面排出空氣後靜置 10 分鐘。

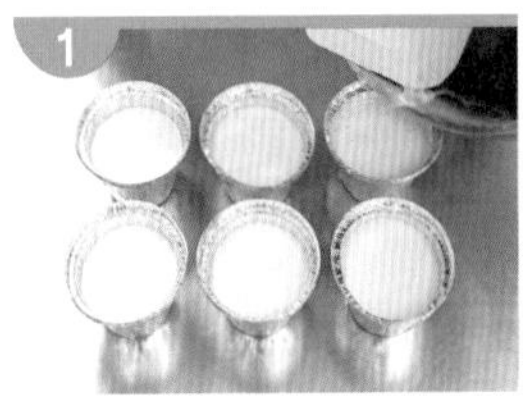

4. 熟製：1. 水滾 2. 入鍋，鍋蓋加布吸收水蒸氣，大火蒸 40 分鐘，熟製過程鍋蓋密閉，不掀鍋蓋，可促進裂紋生成，3. 成品必須有 3 瓣或以上之自然裂口。

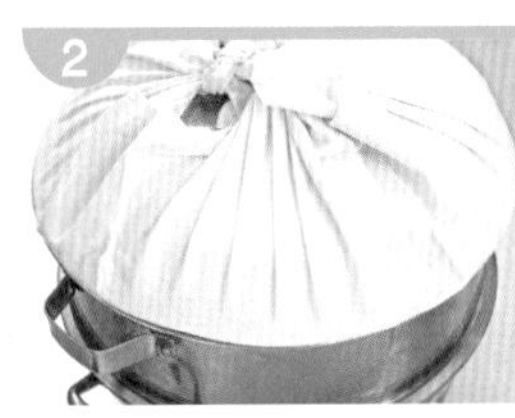
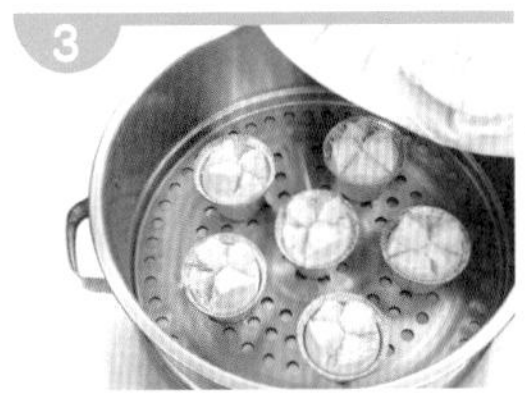

5. 成品：發糕共計 6 個。

TIPS

1. 家中如以瓷碗操作，①先入蒸籠熱碗，②填料前將水分擦拭乾燥，③再以扣重方式裝入麵糊，④蒸熟產品。

①
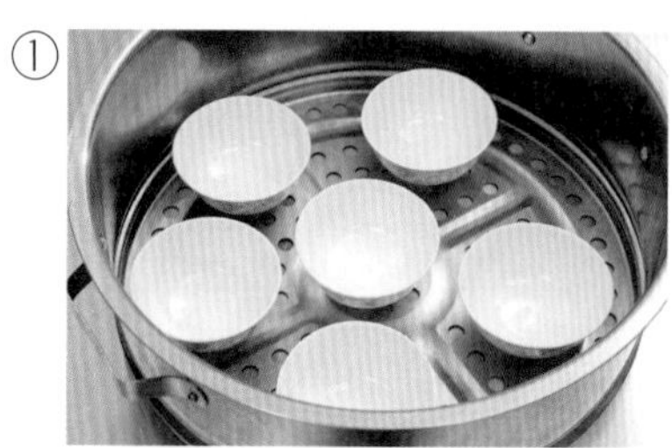

②

③
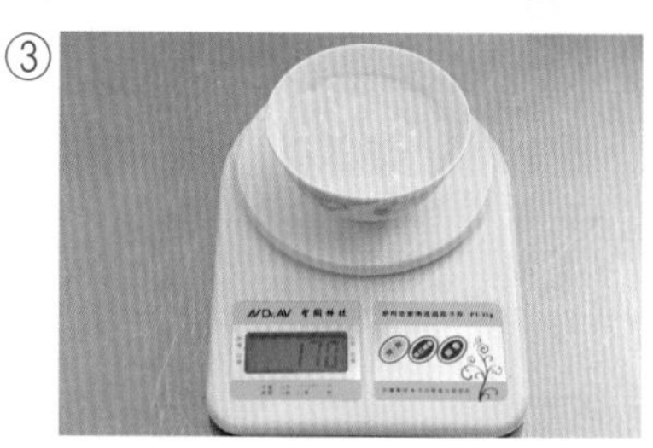

④

2. 確認蒸鍋水沸騰，再進行麵糊製作。
3. 麵糊均分 6 等份不可剩餘。
4. 鍋蓋加布，可幫助吸收水蒸氣，防止水的滴落，影響品質。
5. 熟製時火力大，裂紋較佳。
6. 底鍋水 7~8 分高，大滾，水蒸氣聚足，裂紋效果更佳。

（壹）試題說明

一、本類麵食共四小項（編號 096-970301F~970304F）。

二、完成時限為四小時，包含發酵麵食、發粉麵食、油炸麵食，依勾選之分項各抽考一種產品，共二種產品。

三、麵糰製作可使用攪拌機，熟製需用油炸機，麵帶之壓延可用壓（延）麵機。

四、產品製作之試題說明及要求之品質標準，係依產品而定，請參考每小項之「試題說明」。

五、產品製作重量與數量，係依產品而定，請參考每小項之「製作說明」。

六、制定麵糰配方時，不可加計任何損耗。麵糰重量需符合試題說明與製作說明，製作配方於製作後不可再修改，監評會核對配方表與實作重量。

七、麵糰與餡料製備之所有操作程序需完全符合衛生標準規範；所需重量應確實計算，不可剩餘，也不得分多次製作。

八、本類麵食共用材料（每項產品）

編號	名稱	材料規格	單位	重量	備註
1	高筋麵粉	符合國家標準 (CNS) 規格	公克	1000	
2	中筋麵粉	符合國家標準 (CNS) 規格	公克	1000	
3	低筋麵粉	符合國家標準 (CNS) 規格	公克	1000	
4	砂糖	細砂糖	公克	1000	
5	鹽	精製	公克	50	
6	固體油	純豬油、奶油、烤酥油	公克	200	
7	泡打粉 (BP)	雙重反應式	公克	50	建議無鋁
8	油炸油	大豆沙拉油、精製棕櫚油等	公克	18000	

備註：

1. 考生制定配方，需依本類麵食共用材料與各小項產品之專用材料表內所列之材料自由選用。
2. 所選用之材料重量不可超出所定之重量範圍。各類食品添加物之使用範圍及限量應符合食品安全衛生管理法第 18 條訂定「食品添加物使用範圍及限量暨規格標準」。
3. 『水』任意使用，不限重量。

九、本類麵食專業設備（每人份）

編號	名稱	設備規格	單位	數量	備註
1	油炸機	以瓦斯或電熱為熱源，附平底炸網，容積 10 公升以上，內徑長度至少 45 公分	台	1	每人一台
2	圓洞漏杓	不銹鋼直徑 15 公分以上	支	1	
3	攪拌匙	木、竹、不鏽鋼製，長 30±5 公分	支	1	拌糖凍用
4	量尺	30 公分或以上	支	1	
5	不鏽鋼盤	長 50 公分 × 寬 30 公分 × 高 3 公分左右	個	1	沙其瑪用

沙其瑪

★★ 096-970301F ★★

油炸麵食

01F

試題說明

1. 用發粉麵糰製作。麵糰經適當之鬆弛，以手工擀薄或壓延機壓延成薄麵帶後，用手工切條、油炸成脆麵條，拌入熬煮至適當糖度的糖漿，倒入模型內壓緊，冷卻後切塊之產品。
2. 產品表面需具均勻的金黃色澤、大小一致、外型完整不可破散或硬實、不可炸黑、表面糖漿分佈均勻、底部不可有嚴重厚硬或軟黏的糖漿；切開後組織膨鬆、鬆軟、不黏牙、內外不可有異物、無異味、具有良好的口感。

材料

麵糰：1. 高筋麵粉、2. 蛋、3. 碳酸氫銨

糖漿：a. 糖、b. 沙拉油、c. 麥芽糖、d. 鹽、e. 水

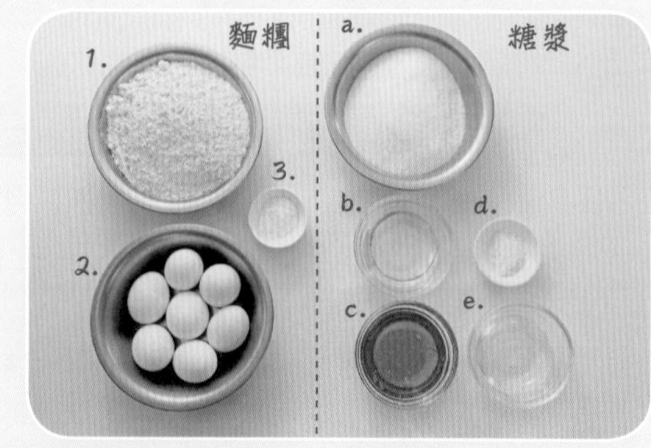

製作說明

1. 製作沙其瑪一盤並切成 30 塊（大小一致，麵糰與糖漿不可剩餘）。
2. 製作重量：
   (1) 麵糰重量 700 公克。
   (2) 麵糰重量 750 公克。
   (3) 麵糰重量 800 公克。

專用材料（每人份）

編號	名稱	材料規格	單位	數量	備註
1	蛋	生鮮雞蛋	公克	500	
2	碳酸氫銨	市售品	公克	40	
3	麥芽糖	84±1° Brix	公克	500	

備註：考生制定配方，需依本專用材料與本類麵食之共用材料表內所列之材料自由選用，所選用之材料重量不可超出所定之重量範圍。

配方計算

(1) 已知麵糰重量 700、750、800 公克

(2) 計算公式：
1. 麵糰各項材料重量＝麵糰重量／麵糰百分比小計 × 麵糰各單項材料百分比
2. ∵麵粉：糖漿＝ 1:1
   ∴糖漿＝麵粉重量／糖漿百分比小計 × 糖漿各單項材料百分比

麵糰、糖漿配方計算總表

材料名稱	%	麵糰 700 公克		麵糰 750 公克		麵糰 800 公克	
高筋麵粉	100	700/172x100	407	750/172x100	436	800/172x100	465
蛋	70	700/172x70	285	750/172x70	305	800/172x70	326
碳酸氫銨	2	700/172x2	8	750/172x2	9	800/172x2	9
小計	172		700		750		800
糖	100	700/196x100	357	750/196x100	383	800/196x100	408
水	35	700/196x35	125	750/196x35	134	800/196x35	143
麥芽糖	50	700/196x50	178	750/196x50	191	800/196x50	204
鹽	1	700/196x1	4	750/196x1	4	800/196x1	4
沙拉油	10	700/196x10	36	750/196x10	38	800/196x10	41
小計	196		700		750		800

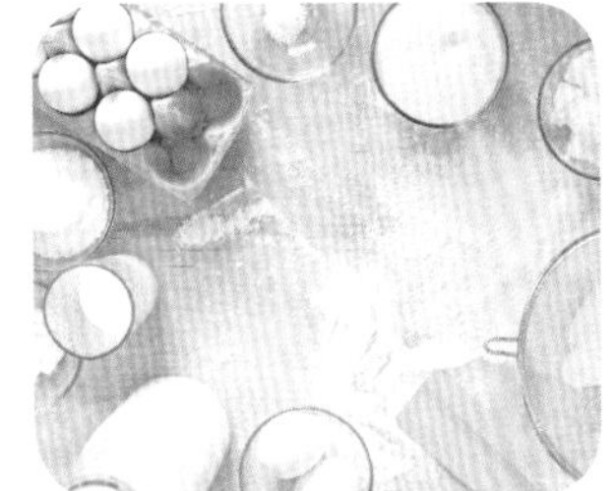

沙其瑪流程圖

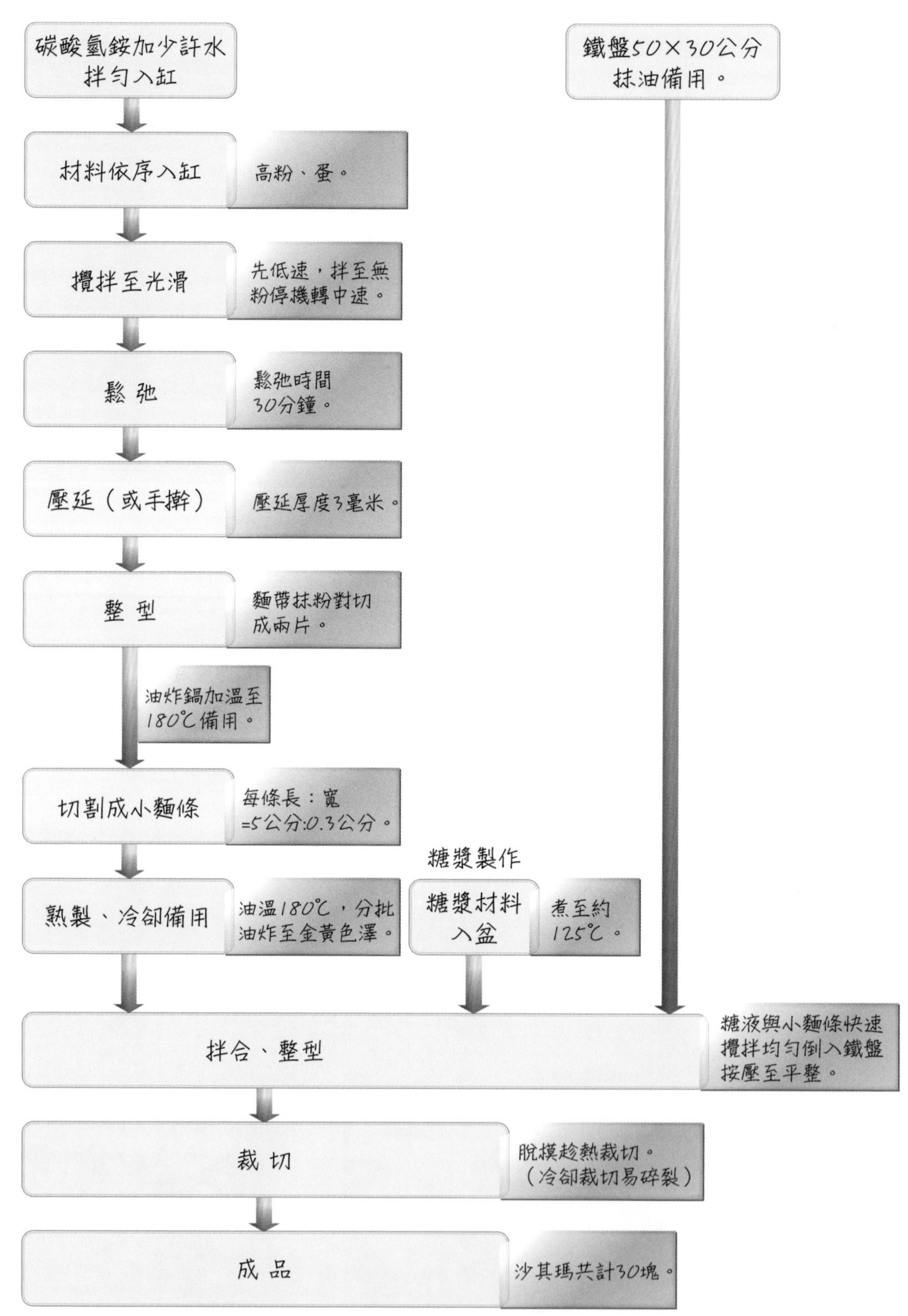

※ 1. 產品完成後才可填寫製作報告表。
2. 書寫內容可參閱本流程圖。

步驟圖說

1. 前置：1. 碳酸氫銨加少許水拌勻、2. 不銹鋼盤（長、寬、高＝ 50 公分 ×30 公分 ×3 公分），抹上薄油備用。

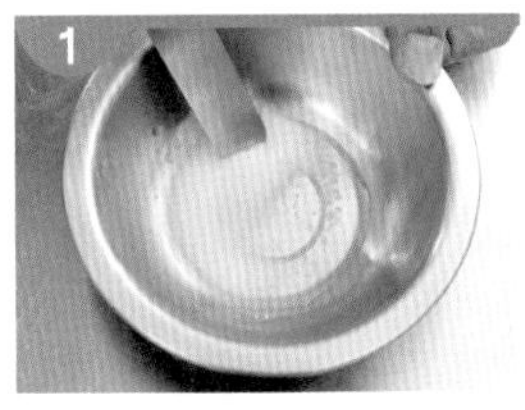

2. 麵糰製作、覆蓋鬆弛：1. 高粉、蛋、碳酸氫銨水依序入缸，使用槳狀攪拌器先慢速拌至無粉狀，停機再轉中速，攪拌至 2. 光滑細緻，麵糰較緊繃不易展開；3. 覆蓋鬆弛，4. 鬆弛後麵糰具彈性，可拉出薄膜。

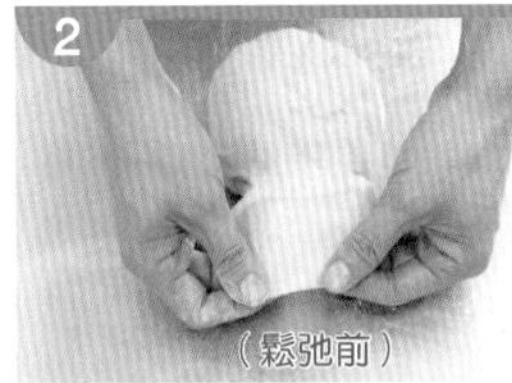
（鬆弛前）

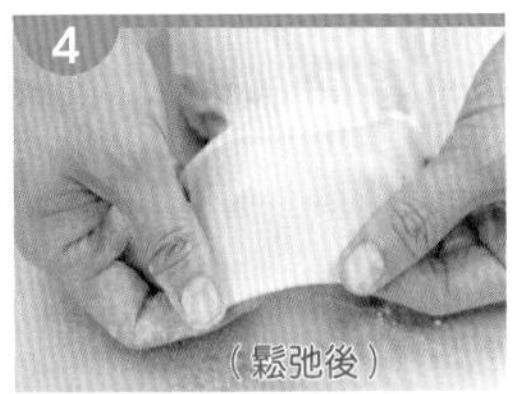
（鬆弛後）

3. 整型：壓延（參閱 p.129 壓麵機的使用與壓延）或手工擀薄至 1. 量尺厚度為 0.3 公分，2. 厚度機為 3 毫米。

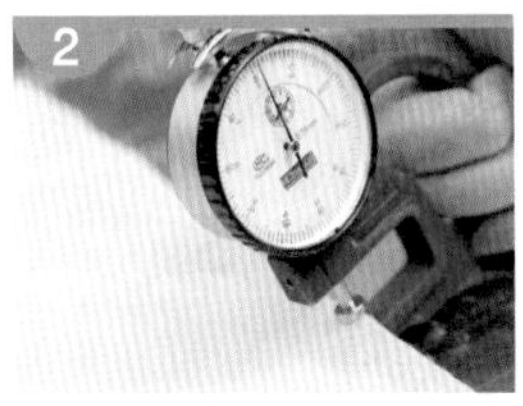

4. 分割：1. 長條麵帶上灑粉，中間對切成兩片，2. 重疊放置為雙層，對齊修邊，3. 每 5 公分做上記號，4. 切成長條狀，5. 麵帶橫放，切 0.3 公分成小麵條，6. 小麵條灑上高筋麵粉混合均勻，並將雙層麵條分開，避免沾黏，熟製前 7. 過篩多餘麵粉。

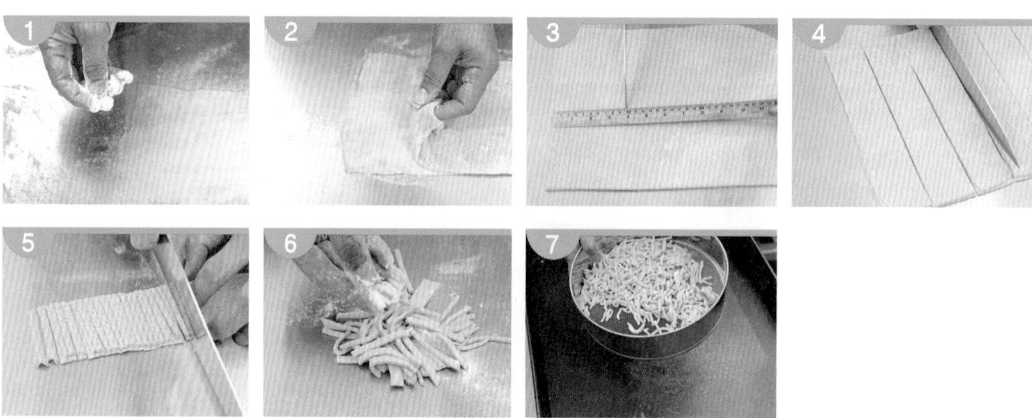

5. 熟製：1.2. 油溫加熱至 175℃，3.4. 麵條分批入鍋，5. 經常翻動使麵條均勻上色，6. 炸至金黃色澤，此時油溫 180℃，7. 撈出，瀝油，冷卻（冷卻過程乃繼續上色，故不宜上色過深），入大鋼盆備用。

****** 必須使用考場提供之油炸機 ******

6. 糖漿製作：1.2. 糖、沙拉油、麥芽糖、鹽、水入鍋，小火熬煮，過程中勿翻攪糖液，以免起砂發白（翻砂），3. 若糖液沾黏鍋邊，可利用沾水刷子將鍋邊糖液輕刷乾淨；4. 熬煮至糖液拉起呈絲狀（參閱 TIPS3），5. 此時溫度已達 120℃ ~125℃。

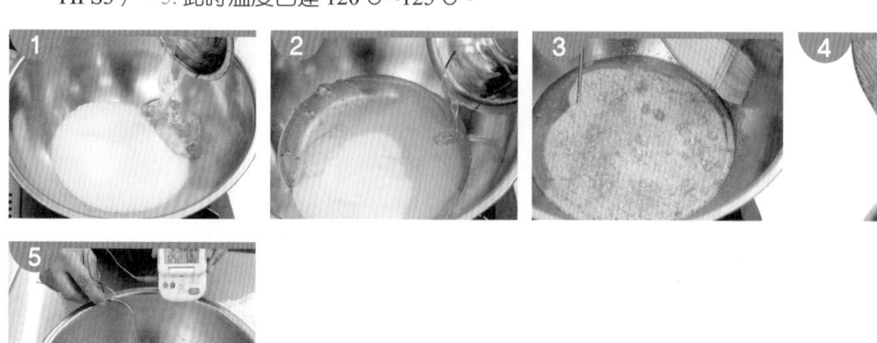

7. 拌合、整型：：1. 糖液趁熱倒入麵條中，2. 快速攪拌均勻，3. 大盆下放一小鍋熱水，可減緩冷卻速度，4. 拌勻後迅速倒入已抹油的不銹鋼盤內，5. 墊上白報紙，快速按壓推平，6. 稍微冷卻，鋪上塑膠袋，利用擀麵棍擀壓平整。

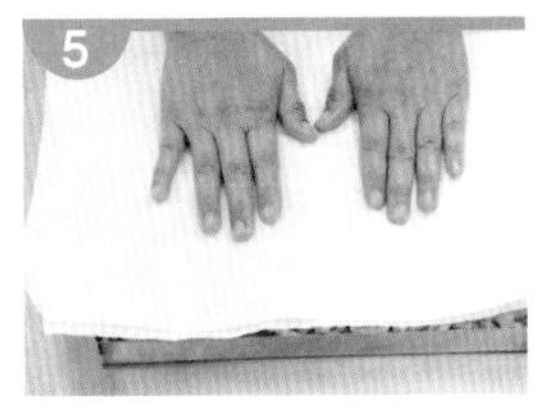

8. 翻面、裁切：1. 整型平整後，2. 在塑膠袋上放上砧板（亦可利用烤盤底部進行）翻面，3. 使砧板朝下，不銹鋼盤在上，4. 取下鋼盤，5. 進行測量保持大小一致 6. 趁溫熱裁切（冷卻後糖漿凝固不易操作，以壓切方式，保持切面整齊）。

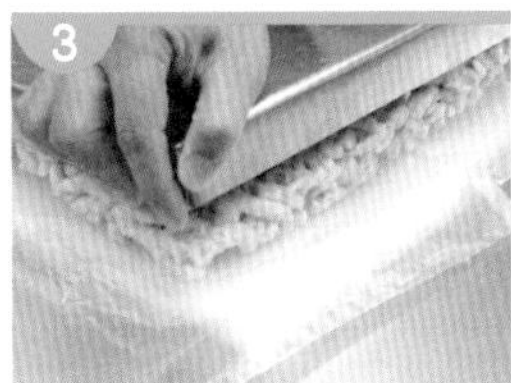

9. 成品：沙其瑪共計 30 塊。

TIPS

1. 油溫測試，取一小麵條入油鍋，沉底表示溫度不足；2~3 秒浮起代表可下鍋油炸，此時溫度已達 180℃左右。

圖 1

2. 油炸過程，常測油溫，以免油溫下降，影響油炸品質；油溫過高，添加新油達到降溫效果。

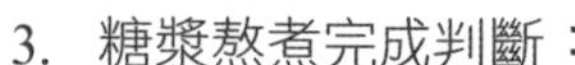

3. 糖漿熬煮完成判斷：
   (1) 溫度計測量約 120℃ ~125℃。
   (2) 舀起糖液向下滴落，呈現細絲狀（圖 1）。
   (3) 備一小碗冷水，舀起糖液滴落在冷水中，凝結成軟球狀（圖 2）。

圖 2

4. 不銹鋼盤（長 50 公分、寬 30 公分），共裁切成 30 塊，每塊沙其瑪的尺寸如下圖。

50cm

10	10	10	10	10	
					5
					5
					5
					5
					5
					5

30cm

NG 圖說

外型鬆散

開口笑

★★ 096-970302F ★★

油炸麵食

02F

試題說明

1. 用發粉麵糰製作。麵糰經適當之鬆弛，平均分割成所需之數量，沾上白芝麻以手工方式搓圓，用油炸機炸熟之產品。
2. 產品表面需具均勻的金黃色澤、大小一致、外型完整不可破散或硬實、表面需有自然裂口、芝麻分佈均勻、不可炸黑；切開後組織膨鬆、鬆酥、不黏牙、內外不可有異物、無異味、具有良好的口感。

材料

1. 低筋麵粉、2. 細砂糖、3. 白芝麻、4. 蛋白液、5. 全蛋、6. 泡打粉、7. 鹽、8. 純豬油

製作說明

1. 製作 30 個開口笑（麵糰不可剩餘）。
2. 製作重量：
   (1) 麵糰重量 600 公克。
   (2) 麵糰重量 630 公克。
   (3) 麵糰重量 660 公克。

專用材料（每人份）

編號	名稱	材料規格	單位	數量	備註
1	蛋	生鮮雞蛋	公克	400	
2	白芝麻	乾淨市售生鮮品	公克	400	

備註：考生制定配方，需依本專用材料與本類麵食之共用材料表內所列之材料自由選用，所選用之材料重量不可超出所定之重量範圍。

配方計算

(1) 已知麵糰重量 600、630、660 公克
(2) 計算公式：麵糰各項材料重量＝麵糰重量／百分比小計 × 各單項材料百分比

麵糰配方計算總表

材料名稱	%	麵糰 600 公克		麵糰 630 公克		麵糰 660 公克	
低筋麵粉	100	600/196x100	306	630/196x100	321	660/196x100	336
泡打粉	2	600/196x2	6	630/196x2	6	660/196x2	7
純豬油	8	600/196x8	25	630/196x8	26	660/196x8	27
細砂糖	45	600/196x45	138	630/196x45	145	660/196x45	152
全蛋	40	600/196x40	122	630/196x40	129	660/196x40	135
鹽	1	600/196x1	3	630/196x1	3	660/196x1	3
小計	196		600		630		660

裝　飾

生白芝麻		適量	適量	適量
蛋白液		適量	適量	適量

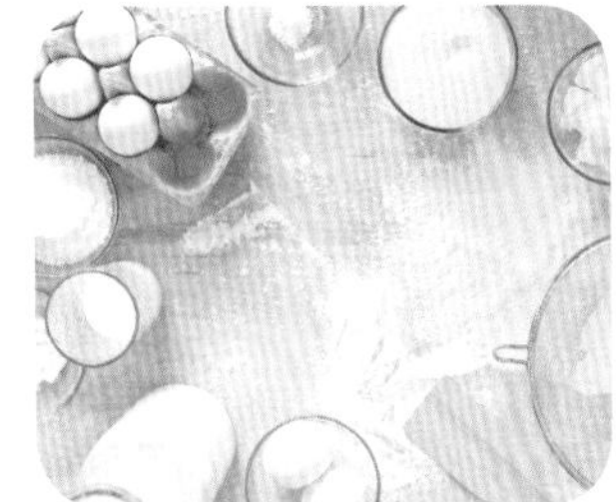

開口笑流程圖

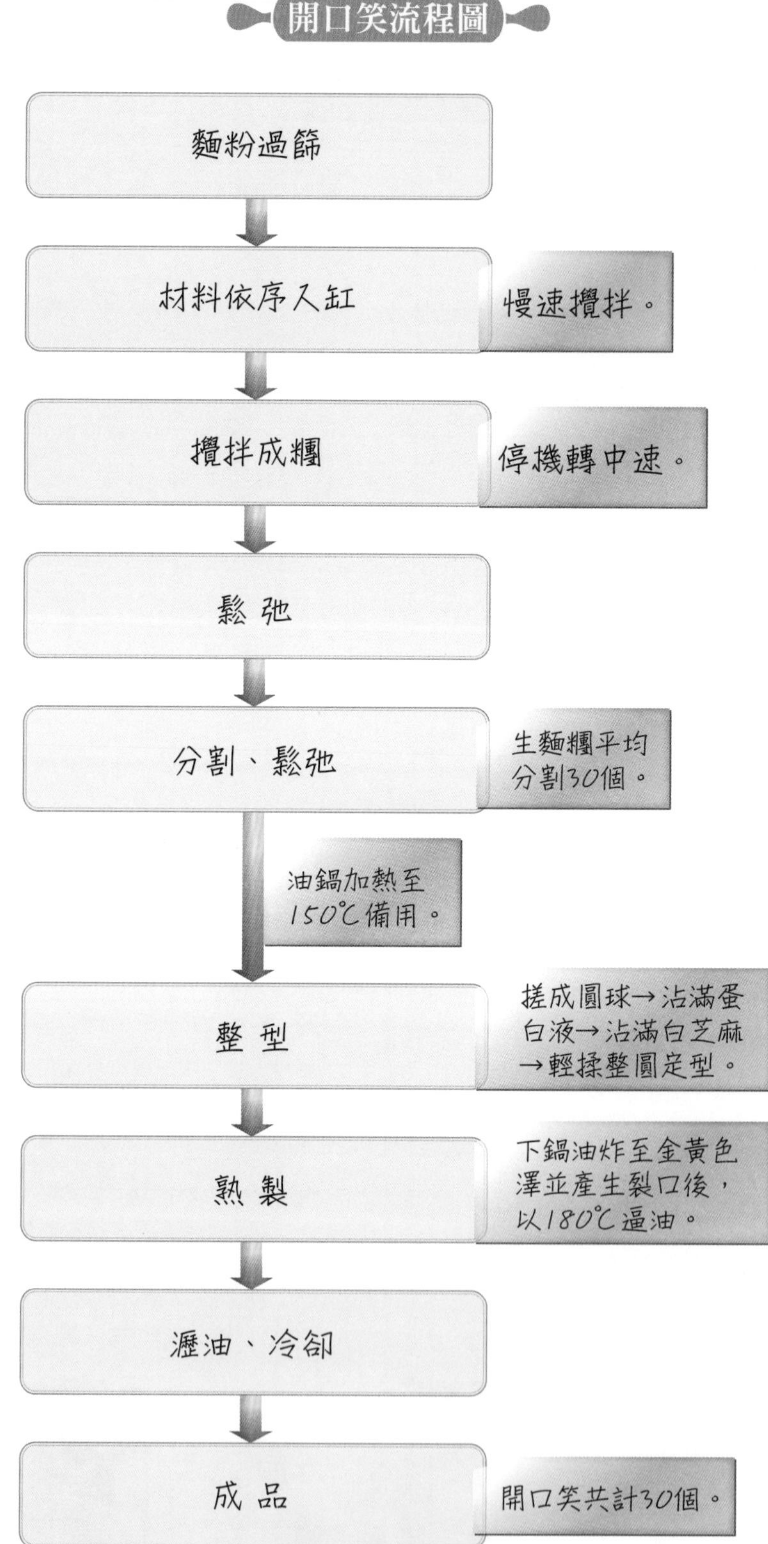

※ 1. 產品完成後才可填寫製作報告表。
2. 書寫內容可參閱本流程圖。

步驟圖說

1. 前置：粉類過篩。

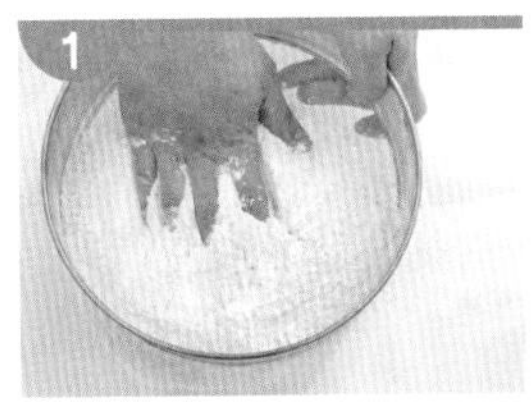

2. 麵糰製作：1. 麵糰材料依序入缸，2. 使用槳狀攪拌器先慢速拌至無粉狀，停機轉中速攪拌成糰，3. 覆蓋鬆弛。

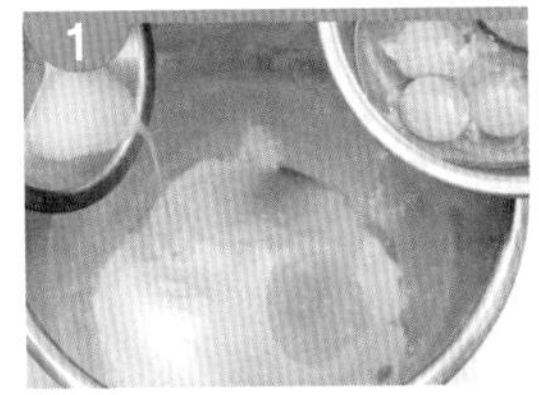
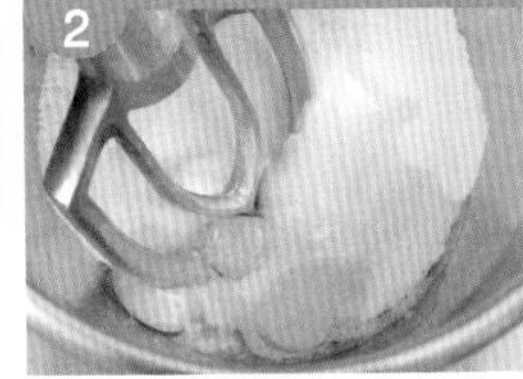
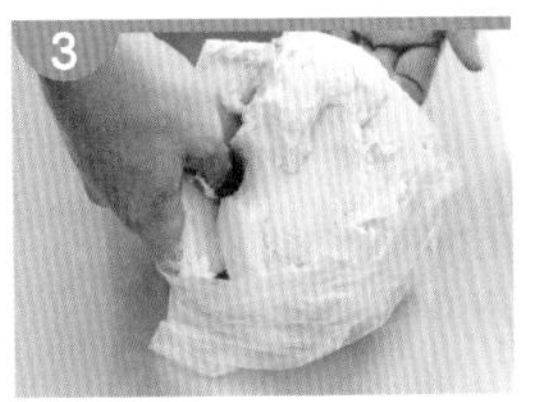

3. 分割：1. 麵糰分 6 等份搓成條狀，2. 每等份再均分 5 小塊，共 30 個，搓成圓球狀備用。

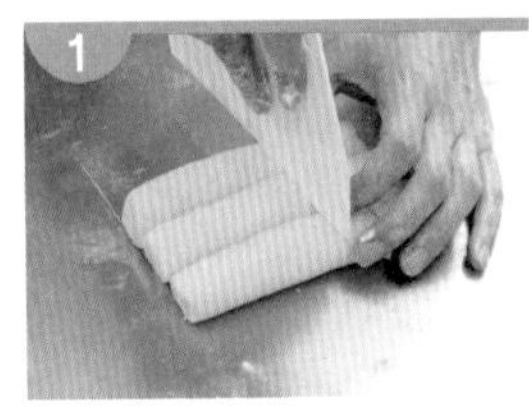
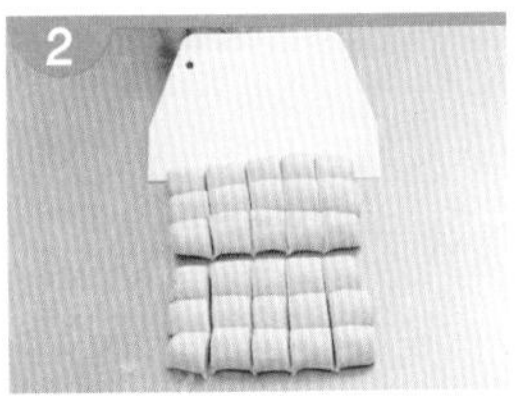

4. 整型：1. 鬆弛後圓球麵糰沾滿蛋白液，2. 再沾白芝麻，3. 輕輕揉圓定型，使芝麻緊黏麵糰不致脫落，4. 裝盤備用。

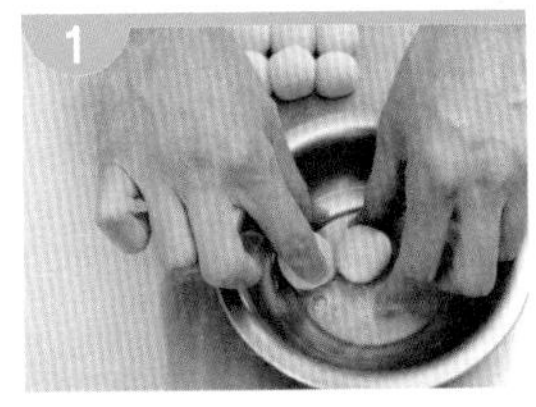
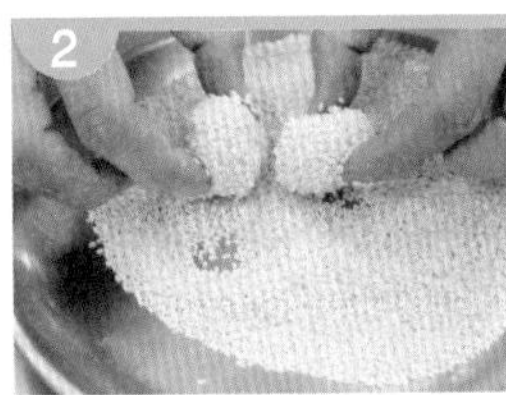
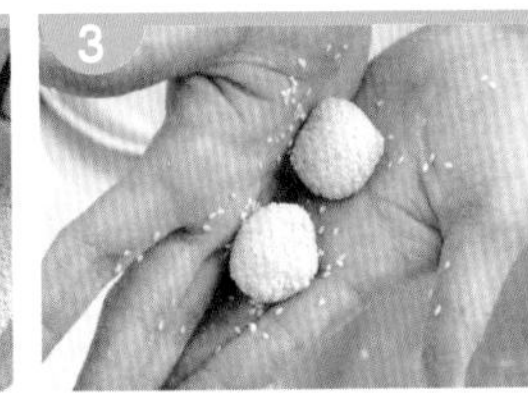

5. 熟製：本產品須低溫長時間油炸（油溫過高，容易產生外熟內生的現象），1. 油炸過程溫度控制在 150℃，2. 分批入油鍋，並攪拌之，使其平均受熱，避免沾鍋底，3. 慢慢產生裂口，並呈金黃色澤，4. 撈起、瀝油、冷卻。

****** 必須使用考場提供之油炸機 ******

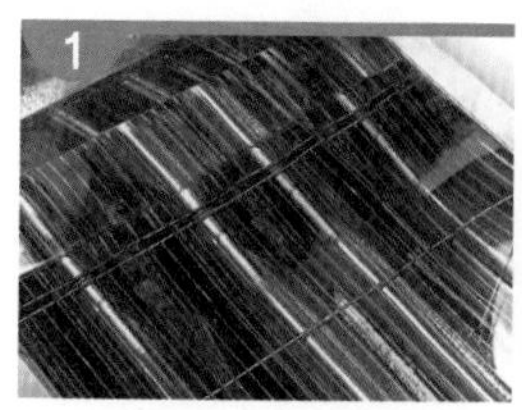
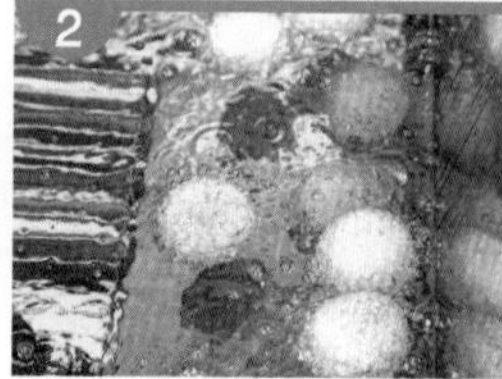

6. 成品：開口笑共計 30 個。

TIPS

1. 麵糰大小、形狀一致，熟成時間、成品樣式才會整齊。
2. 考場配備每人一台油炸機供考生使用。
3. 油炸過程，隨時注意油溫之控制與操作手法，油溫下降，影響油炸品質；油溫過高，添加新油可達到降溫效果。
4. 炸至金黃色撈起，油溫加至 180℃，再度入鍋，逼油 2 分鐘，撈起，瀝油，此時，餘溫使麵糰持續上色，故起鍋顏色不宜過深。

NG 圖說

色澤不一

中間未熟

巧果

★★ 096-970303F ★★

油炸麵食 03F

試題說明

1. 用冷水麵糰製作。麵糰經適當之鬆弛，以手工擀薄或壓延機壓延成適當厚度之麵片，用手工切成 5 公分 ×2 公分左右的小麵片，用油炸機炸至鬆脆之產品。
2. 產品表面需具均勻的金黃色澤、外型完整不可起泡、芝麻分佈均勻、不可炸黑、不可破碎或硬實；組織鬆脆、不可受潮軟化、內外不可有異物、無異味、具有良好的口感。

材料

1. 中筋麵粉、2. 鹽、3. 豆腐、4. 黑芝麻、5. 細砂糖、6. 全蛋

製作說明

1. 製作巧果一批（麵糰不可剩餘）。
2. 製作重量：
   (1) 麵糰重量 800 公克。
   (2) 麵糰重量 900 公克。
   (3) 麵糰重量 1000 公克。

專用材料（每人份）

編號	名稱	材料規格	單位	數量	備註
1	黑芝麻	市售品	公克	100	
2	蛋	新鮮雞蛋	公克	200	
3	豆腐	市售品	公克	400	傳統豆腐

備註：考生制定配方，需依本專用材料與本類麵食之共用材料表內所列之材料自由選用，所選用之材料重量不可超出所定之重量範圍。

配方計算

(1) 已知麵糰重量 800、900、1000 公克
(2) 計算公式：麵糰各項材料重量＝麵糰重量／百分比小計 × 各單項材料百分比

配方計算總表

材料名稱	%	麵糰 800 公克		麵糰 900 公克		麵糰 1000 公克	
中筋麵粉	100	800/204x100	392	900/204x100	441	1000/204x100	490
細砂糖	30	800/204x30	118	900/204x30	132	1000/204x30	147
豆腐	40	800/204x40	157	900/204x40	177	1000/204x40	196
全蛋	25	800/204x25	98	900/204x25	110	1000/204x25	123
黑芝麻	8	800/204x8	31	900/204x8	35	1000/204x8	39
鹽	1	800/204x1	4	900/204x1	5	1000/204x1	5
小計	204		800		900		1000

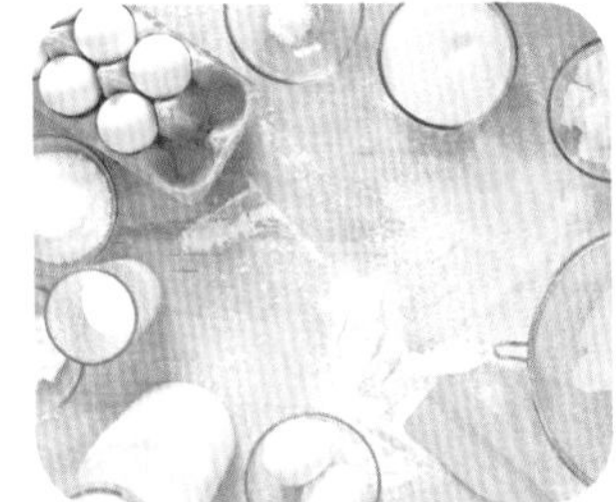

巧果流程圖

材料依序入缸	中筋麵粉、鹽、豆腐、黑芝麻、細砂糖、全蛋。
攪拌	全程以慢速攪拌。
成糰	黑芝麻保持完整不可攪拌至破碎。
鬆弛	鬆弛時間30分鐘。
壓延或手擀	壓延厚度為1.5毫米的光滑麵帶，為1粒芝麻的厚度。
整型	灑上手粉，利用長擀麵棍捲起麵帶。
（油鍋加溫至180℃備用。）	
裁切	平均切割成2公分×5公分之長方形。
篩粉、熟製	油溫175℃~180℃分批油炸至金黃色澤。
瀝油、冷卻	
成品	巧果一批。

※ 1. 產品完成後才可填寫製作報告表。
2. 書寫內容可參閱本流程圖。

步驟圖說

1. 麵糰製作、鬆弛：1. 材料依序入缸，2. 使用槳狀攪拌器全程慢速（目的使芝麻完整）3. 攪拌成糰，4. 覆蓋鬆弛。

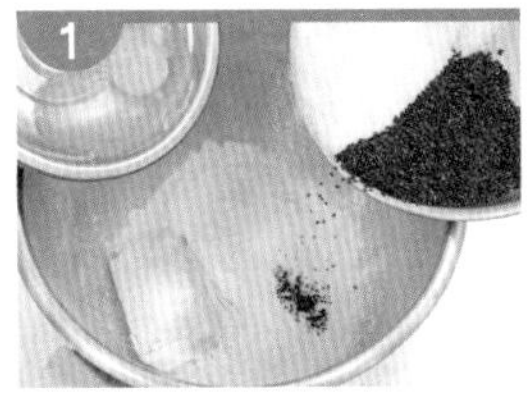

2. 壓麵機壓延：用壓麵機壓延成麵片（文字敘述參閱 p.130），或手擀（參閱 TIPS 1.）至一顆芝麻厚度，約 1.5mm。

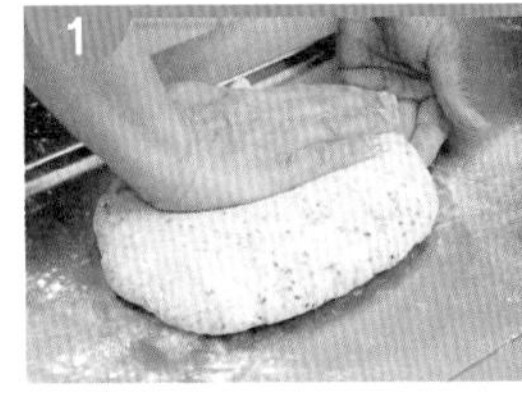

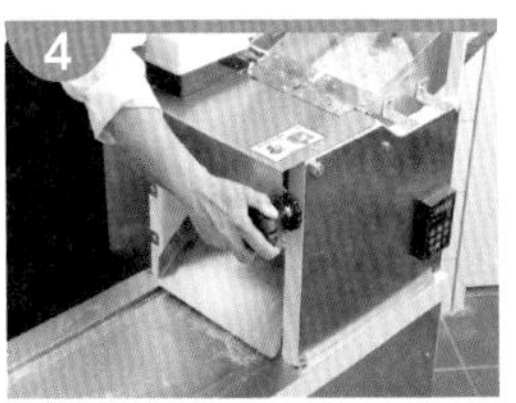
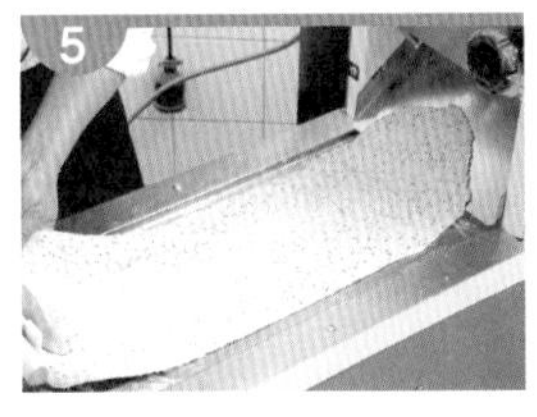

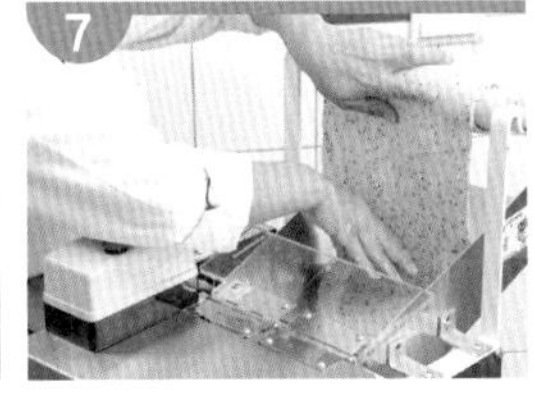

3. 整型、裁切：1. 長型擀麵棍捲起麵帶（捲起前灑上手粉），2. 刀子沿擀麵棍中心線輕輕按壓 3. 切斷（勿傷及擀麵棍）麵片，成堆疊之長方形麵片，4. 對齊，裁切成 3 公分條狀，5. 轉向斜刀切成 5 公分菱形片，入盆灑粉避免沾黏，檢查並撕開重疊麵片，6. 過篩，除去多餘麵粉（油炸時可保持油的清澈）。

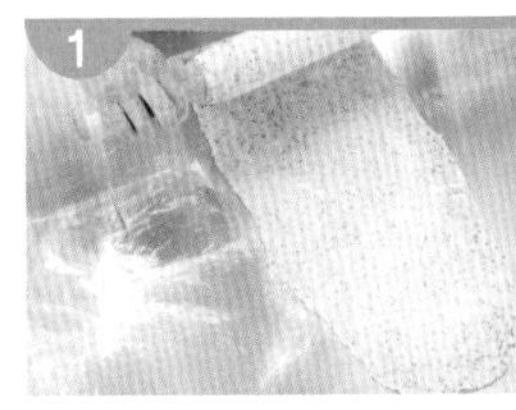

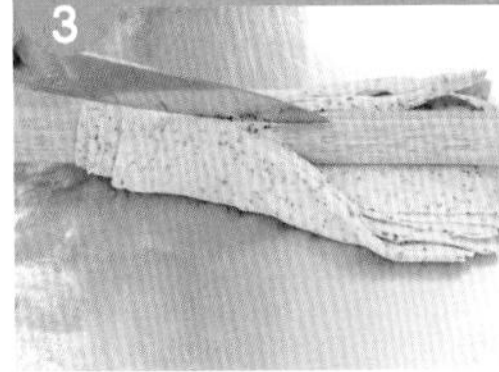
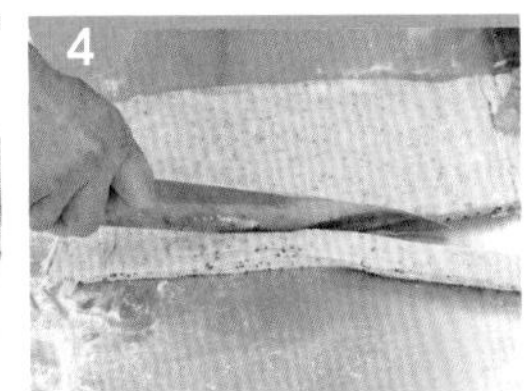

4. 熟製：1. 油加溫，2. 至 175℃ ~180℃（考場備有電子量溫器），取一麵片入鍋測試油溫，下沉 3~4 秒鐘浮起即可 3. 分批下鍋，4. 經常翻動，使麵片平均受熱，5. 上色至淺金黃色澤，6. 撈起瀝油，餘溫會使麵片顏色持續加深。

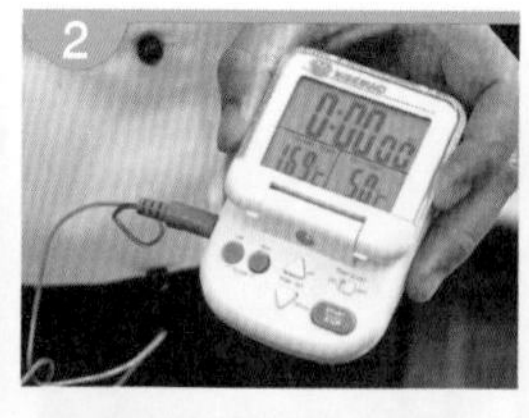

****** 必須使用考場提供之油炸機 ******

5. 成品：巧果一批。

TIPS

1. 麵片製作，除了壓麵機壓延，亦可手工擀薄，使麵糰擀壓成片，上、下灑粉，易操作不沾黏，1. 擀麵棍捲起麵片，2. 前後擀壓，使麵片變薄、變鬆，3. 展開、灑粉，重覆 1.2.3. 動作，擀至麵皮為一顆芝麻的厚度即可。

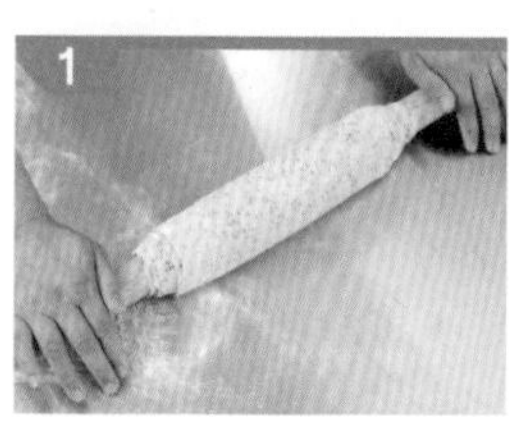
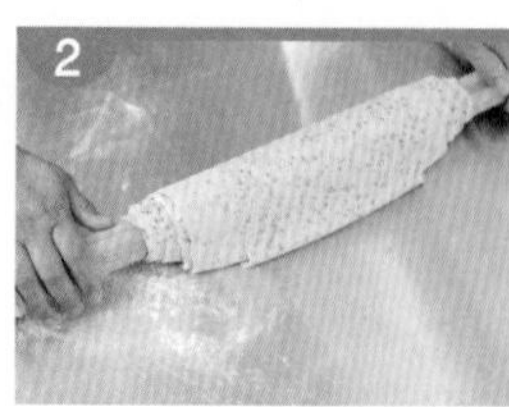
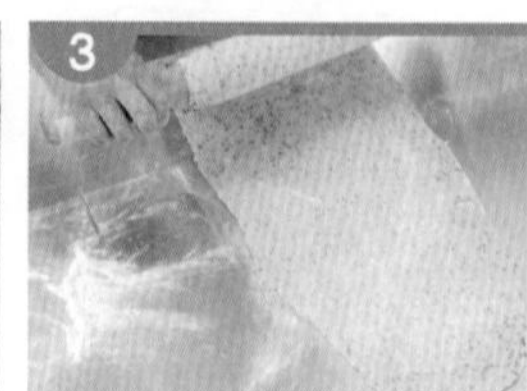

2. 麵片形狀，除菱形片，亦可長方形，但務求刀工一致，長方形切法如下，1. 麵片切成 2 公分條狀，2. 再橫切 5 公分，成為 5 公分 ×2 公分之小麵片，3. 灑粉→過篩→ 4. 油炸→ 5. 成品。

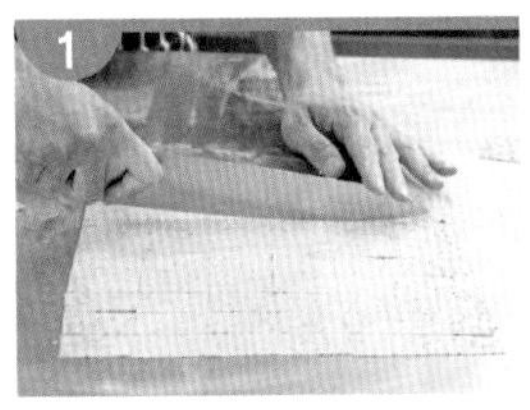
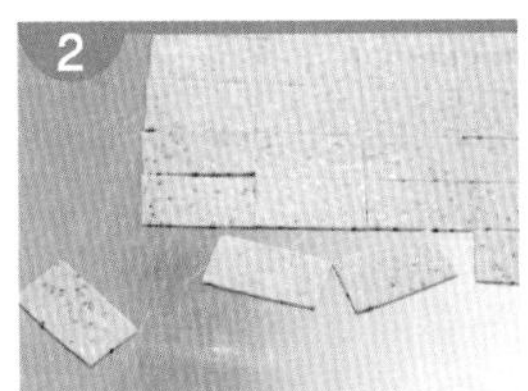

3. 熟製過程常測量油溫，並控制在 175℃ ~180℃，溫度過高可添加新油降溫；油溫過低則加強爐火，確保油炸品質。

NG 圖說

未達金黃色澤

重疊麵片

脆麻花

★★ 096-970304F ★★

油炸麵食

04F

試題說明

1. 用發粉或發酵麵糰製作。麵糰經適當之鬆弛或發酵，用麵棍擀成麵片，經切條或平均分割所需之數量，搓長後用手搓捲成單股或雙股，長 12±2 公分，鬆弛或最後發酵後，用油炸機炸至脆硬之產品。
2. 產品表面需具均勻的金黃色澤、大小一致、接頭不可散開、不可炸黑、不可破碎或硬實、絞股明顯不沾黏；切開後組織膨鬆有空洞、不可受潮軟化、內外不可有異物、無異味、具有良好的口感。

材料

1. 低筋麵粉、2. 水、3. 蛋、4. 中筋麵粉、5. 糖、6. 鹽、7. 沙拉油、8. 碳酸氫銨

製作說明

1. 製作 25 條，每條長 12±2 公分之脆麻花。（麵糰不可剩餘）
2. 製作重量：
   (1) 麵糰限重 500 公克。
   (2) 麵糰限重 525 公克。
   (3) 麵糰限重 550 公克。

專用材料（每人份）

編號	名稱	材料規格	單位	數量	備註
1	蛋	生鮮雞蛋	公克	100	
2	酵母	速溶酵母粉	公克	10	
3	液體油	大豆沙拉油等	公克	100	
4	燒明礬	食品級	公克	40	
5	小蘇打	食品級	公克	20	
6	碳酸氫銨	食品級	公克	20	

備註：考生制定配方，需依本專用材料與本類麵食之共用材料表內所列之材料自由選用，所選用之材料重量不可超出所定之重量範圍。

(1) 已知麵糰限重 500、525、550 公克
(2) 計算公式：麵糰各項材料重量＝麵糰重量／百分比小計 × 各單項材料百分比

配方計算總表

材料名稱	%	麵糰 500 公克		麵糰 525 公克		麵糰 550 公克	
低筋麵粉	75	500/160x75	235	525/160x75	246	550/160x75	258
中筋麵粉	25	500/160x25	78	525/160x25	82	550/160x25	86
細砂糖	2	500/160x2	6	525/160x2	7	550/160x2	7
沙拉油	1	500/160x1	3	525/160x1	3	550/160x1	4
全蛋	5	500/160x5	16	525/160x5	17	550/160x5	17
鹽	1	500/160x1	3	525/160x1	3	550/160x1	3
碳酸氫銨	1	500/160x1	3	525/160x1	3	550/160x1	3
水	50	500/160x50	156	525/160x50	164	550/160x50	172
小計	160		500		525		550

脆麻花流程圖

碳酸氫銨溶水後入缸

↓

其餘材料依序入缸 — 過篩低粉、水、蛋、中粉、糖、鹽、沙拉油。

↓

攪拌 — 中速攪拌至擴展略為光滑階段。

↓

鬆弛 — 鬆弛時間約40分鐘。

↓

整型、鬆弛 — 將麵糰整型成圓柱狀。

↓ 油鍋加溫至175~180℃備用。

分割 — 平均分割25個。

↓

整型、鬆弛 — 雙手搓長至25公分，再取兩端懸空對摺，使麵糰自然捲曲長度約12±2公分。

↓

熟製 — 油溫175~180℃。

↓

瀝油、冷卻

↓

成品 — 脆麻花共計25個。

※ 1. 產品完成後才可填寫製作報告表。
2. 書寫內容可參閱本流程圖。

步驟圖說

1. 前置：1. 中筋、低筋混合過篩，2. 碳酸氫銨加少許水攪拌至完全溶解。

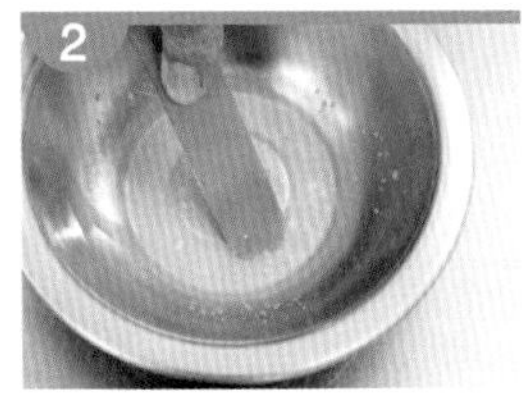

2. 麵糰製作、鬆弛：1.2. 所有材料入缸，使用攪拌器先慢速攪拌，停機再轉中速 3. 拌至擴展階段，無延展性，略為光滑，4. 取出覆蓋鬆弛。

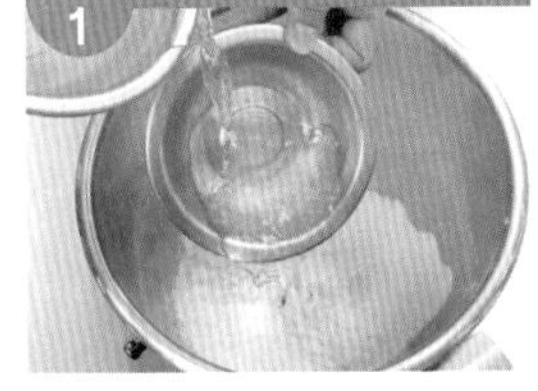

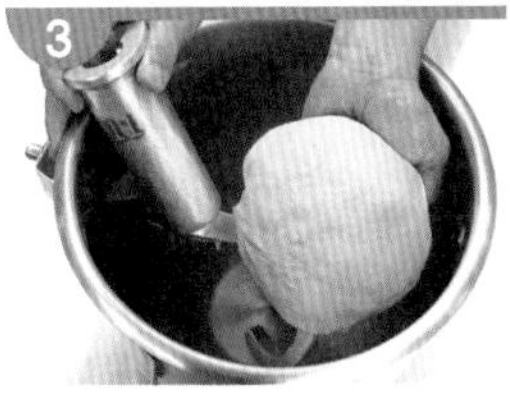
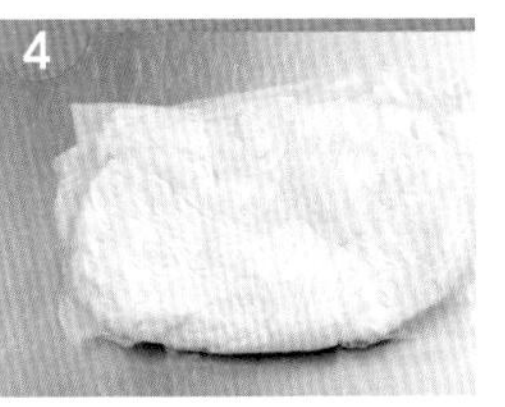

3. 分割、整型（一）：1. 鬆弛後的麵糰可拉出薄膜，2. 平均分割 25 個。3. 每個麵糰滾成長條形，，覆蓋鬆弛，4. 再搓長至 25 公分。

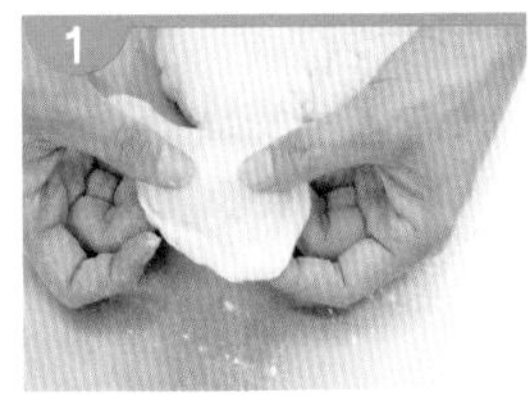
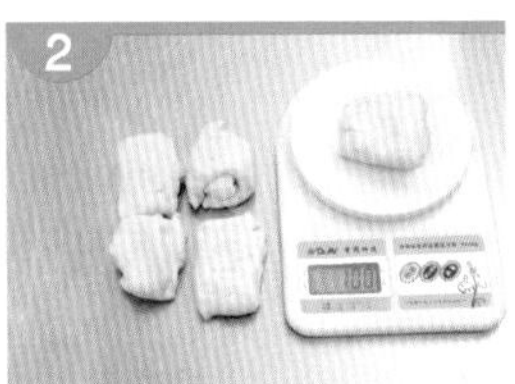
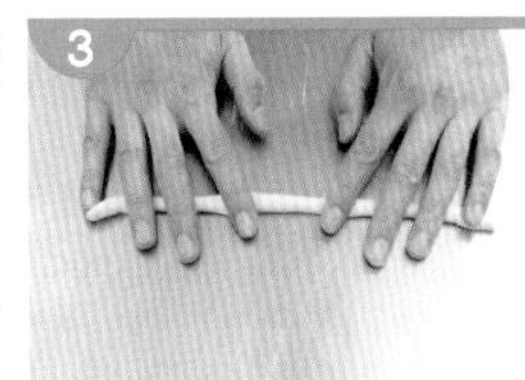
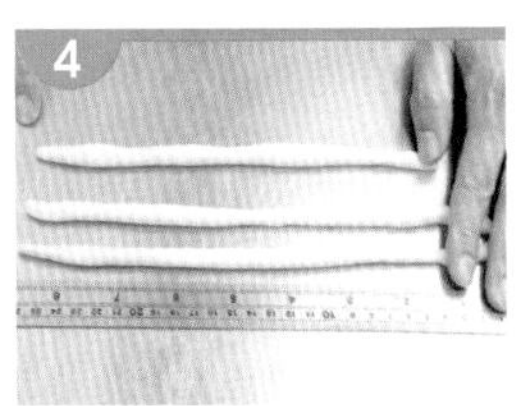

4. 整型（二）單股麻花作法：1. 噴少許水，使桌面保持乾淨及乾燥（桌面若有粉塵或濕滑，不易滾動麵條），將鬆弛後的麵條，2. 雙手一前一後繼續，搓長至 25 公分，3. 將兩端拉起，麵糰會自然捲曲，4. 再用手捲幾圈，使其更加緊密，兩頭接合 5. 捲成 10 公分長的單股麻花麵糰。

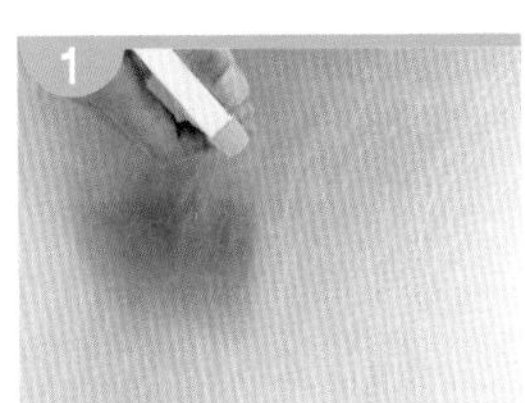
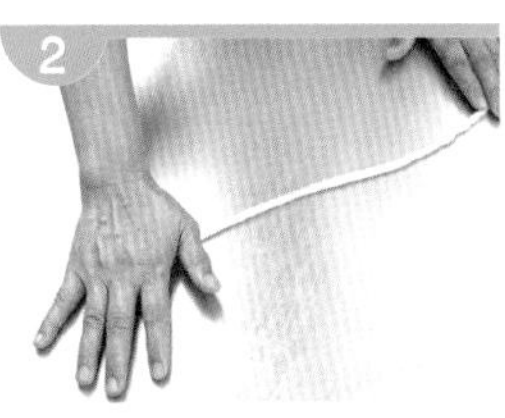

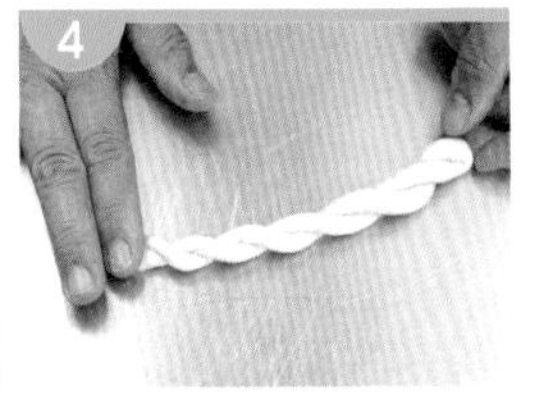

5. 熟製：1. 油加溫，並且油溫控制在 175℃ ~180℃，2. 先放 1~2 根測試油溫（沉底代表油溫不足）浮起則可加入所有麻花，油炸過程，3. 經常翻轉麵糰，使其平均受熱才能均勻（製作產品務必統一規格，不可單、雙股參雜），4. 避免外熟內生，且上色過深，麻花入鍋浮起後可降低溫度至 155~160℃，以低溫長時間炸至呈 5. 金黃色澤。

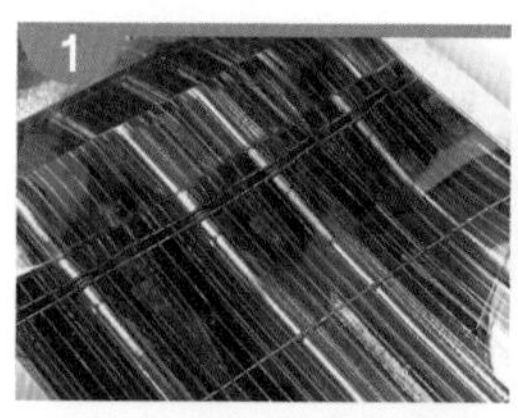
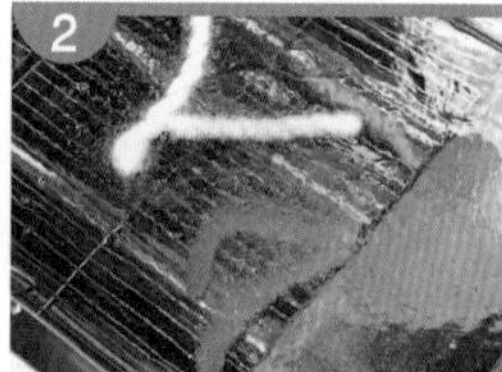
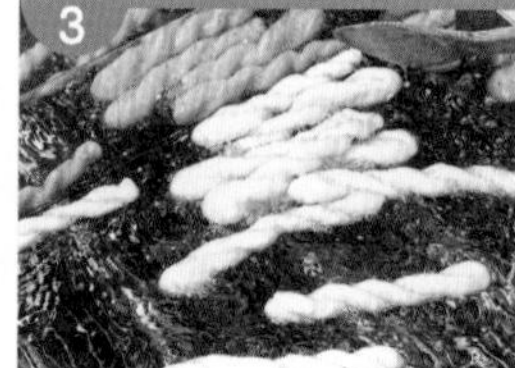
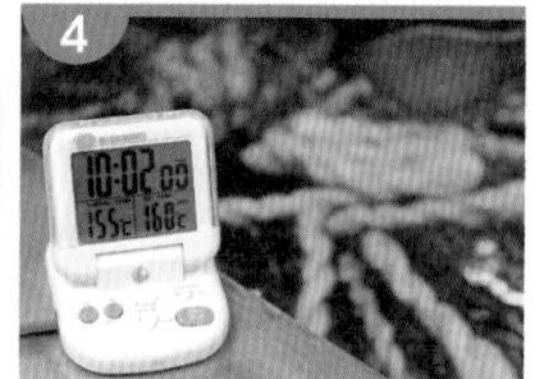

****** 必須使用考場提供之油炸機 ******

6. 成品：脆麻花共計 25 個。

TIPS

1. 脆麻花麵糰，攪拌程度，略為光滑即可，利於整型。
2. 雙手搓長麵糰，若太滑不易滾動，可在手上或桌面上噴極少量水，產生阻力，易於滾動。
3. 雙股麻花作法：1. 雙手噴少許水，將鬆弛後的麵條，2.3. 一手向前一手向後搓長 4. 至 50 公分，5. 兩端拉起重合，麵糰便會自然捲曲，6. 再用手捲幾圈，使其更加緊密，7. 再將捲曲麵糰兩端合起 8. 收口捏緊，9. 整形成 10 公分長的雙股麻花麵糰。

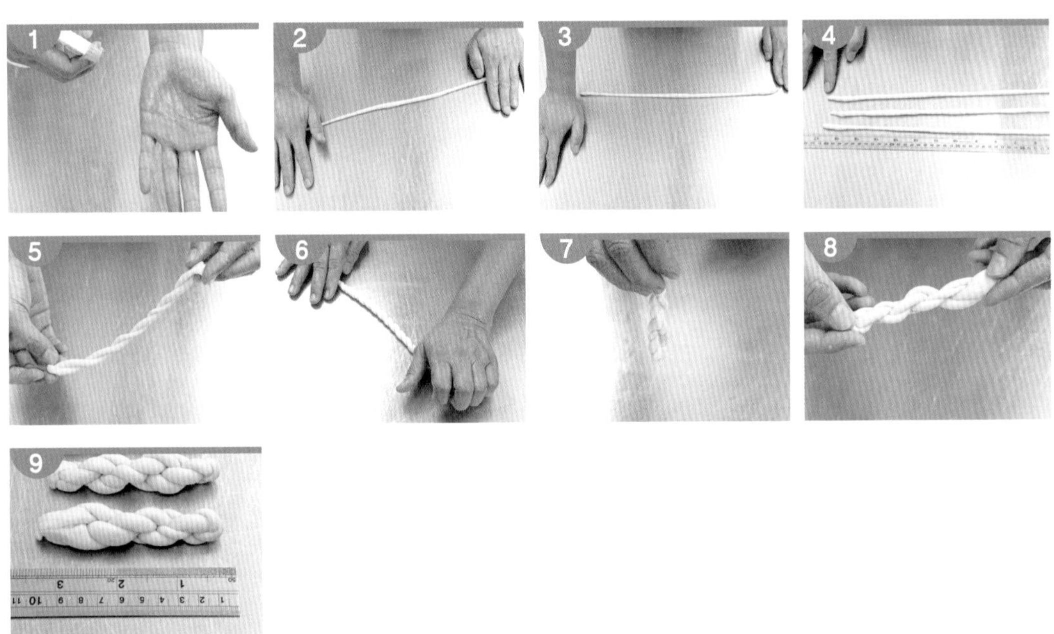

4. 無論單股、雙股麻花，其長度均為 10 公分，如下圖，只能取其一製作。

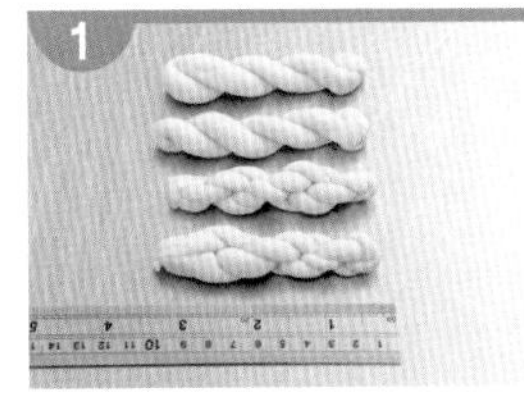

5. 熟製時，油溫過高，會產生外熟內生的現象。
6. 油炸溫度控制：油溫下降，影響品質，加強火候；油溫過高，可添加新油達到降溫效果。
7. 產品呈金黃色澤撈起後仍持續上色，故不宜上色過深起鍋。

NG 圖說

色澤不一

接頭散開

酥油皮類－酥油皮麵食

（壹）試題說明

一、本類麵食共四小項（編號 096-970301G~970304G）。

二、完成時限為四小時，包含酥油皮類麵食、糕漿皮類麵食，依勾選之分項各抽考一種產品，共二種產品。

三、油皮、油酥可使用攪拌機烤熟需用烤箱。

四、產品製作之試題說明及要求之品質標準，係依產品而定，請參考每小項之「試題說明」。

五、產品製作重量與數量，係依產品而定，請參考每小項之「製作說明」。

六、制定麵糰配方時，不可加計任何損耗。麵糰重量需符合試題說明與製作說明，製作配方於製作後不可再修改，監評會核對配方表與實作重量。

七、麵糰與餡料製備之所有操作程序需完全符合衛生標準規範；所需重量應確實計算，不可剩餘，也不得分多次製作。

八、本類麵食共用材料（每項產品）

編號	名稱	材料規格	單位	重量	備註
1	高筋麵粉	符合國家標準 (CNS) 規格	公克	600	含防黏粉
2	中筋麵粉	符合國家標準 (CNS) 規格	公克	600	含防黏粉
3	低筋麵粉	符合國家標準 (CNS) 規格	公克	500	
4	砂糖	細砂糖	公克	400	
5	糖粉	市售品	公克	400	
6	固體油	純豬油、奶油、烤酥油	公克	600	
7	液體油	沙拉油	公克	300	
8	鹽	精製	公克	50	

備註：

1. 考生制定配方，需依本類麵食共用材料與各小項產品之專用材料表內所列之材料自由選用。
2. 所選用之材料重量不可超出所定之重量範圍。各類食品添加物之使用範圍及限量應符合食品安全衛生管理法第 18 條訂定「食品添加物使用範圍及限量暨規格標準」。
3. 『水』任意使用，不限重量。

九、本類麵食專業設備（每人份）

編號	名稱	設備規格	單位	數量	備 註
1	圓形空心壓模	不鏽鋼，內徑 6、8、9 公分 3 種，高 1.5 公分左右	組	1	
2	剪刀	不鏽鋼小剪刀	個	1	菊花酥用
3	小尖刀	不鏽鋼，刀刃 12 公分左右，尖利	支	1	菊花酥用
4	墊紙	8×8 公分	張	30	饅頭紙

酥油皮製作流程

1. 粉類過篩：1. 麵粉過篩、2. 糖粉過篩。

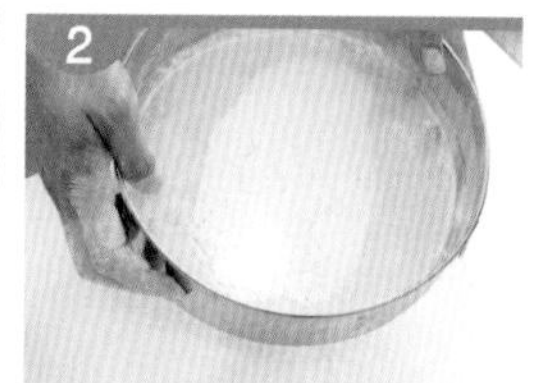

2. 油皮製作、覆蓋鬆弛：1. 中筋麵粉、糖粉、豬油、水，依序入攪拌缸，使用槳狀攪拌器，先慢速拌至無粉狀，停機再轉中速 2. 拌至光滑，3. 覆蓋鬆弛。

3. 油酥製作、分割：油酥可機械操作或手工製作，1. 低粉、豬油入攪拌缸，2. 槳狀攪拌器慢速拌至無粉狀即可，3. 先輕搓成條狀，分成 4 等長，4. 再依題意分割所需數量備用。

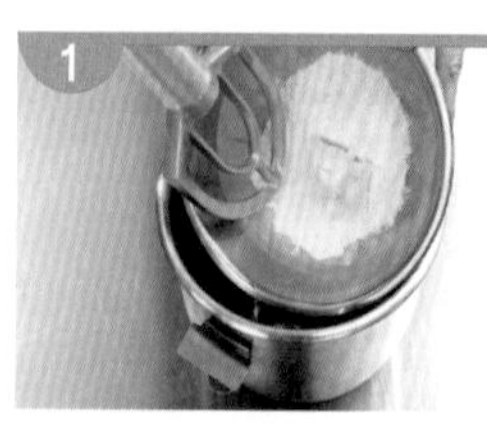
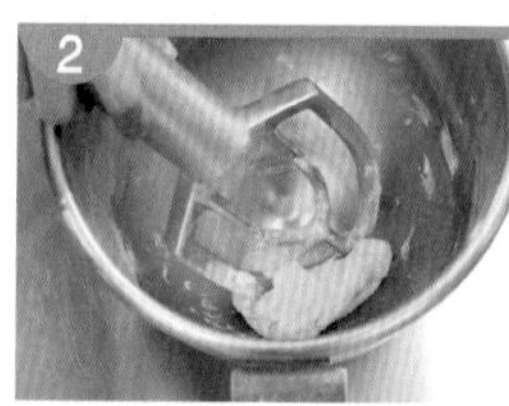
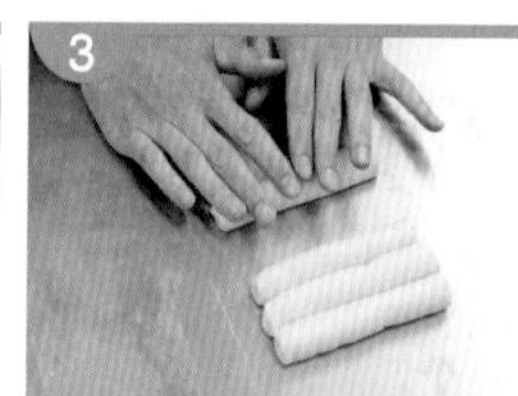
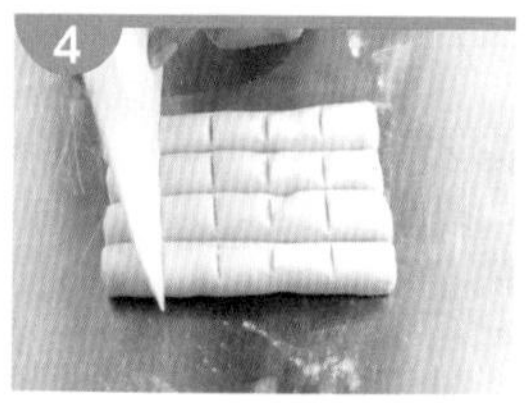

4. 油皮分割：1. 鬆弛後麵糰均分 4 等份，2. 整型成圓柱狀，3. 待全部整型完成，4. 依題意均分所需數量，5. 排列整齊，覆蓋備用。

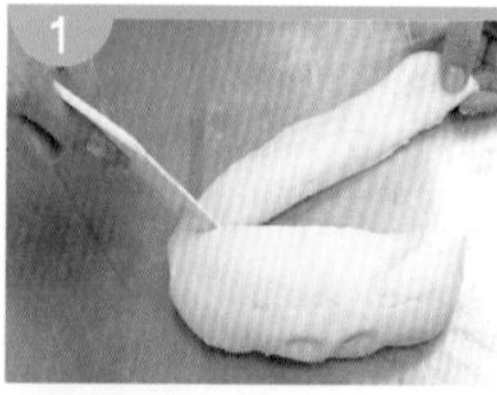
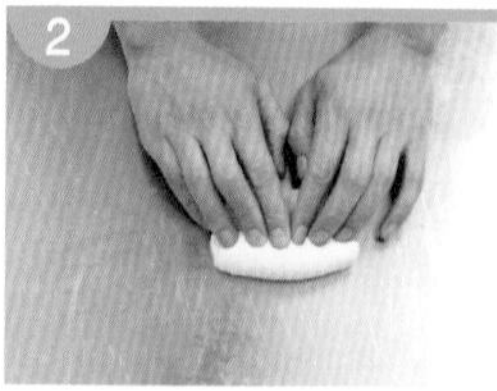
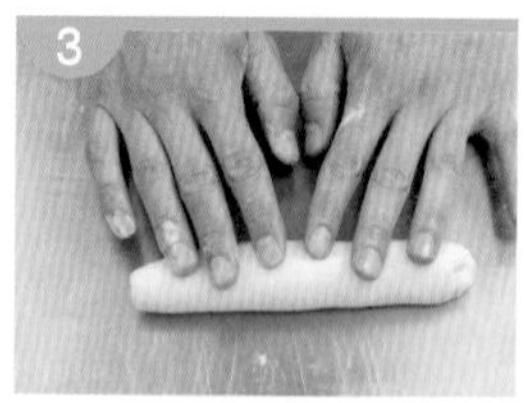
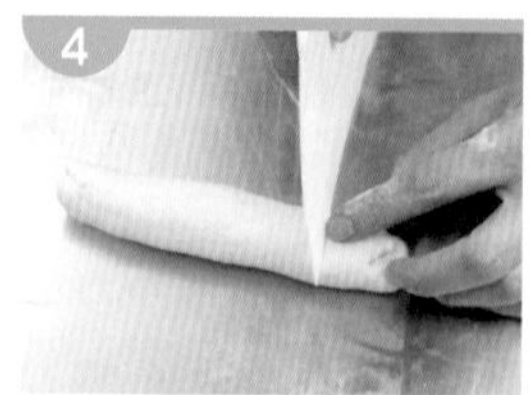
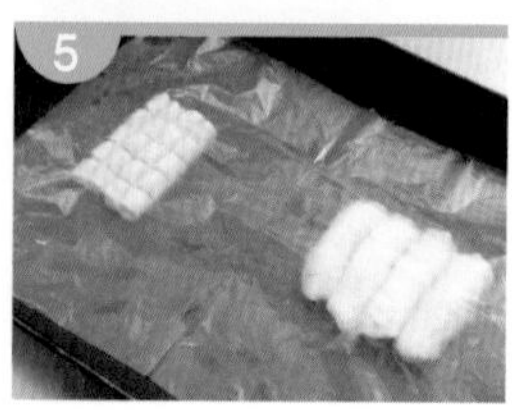

5. 油皮包油酥、覆蓋鬆弛：1. 取一油皮放上油酥，2. 收口，避免油酥外漏，3. 排列整齊 4. 覆蓋鬆弛。

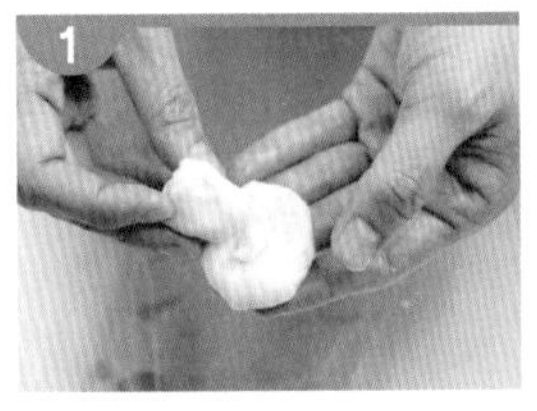
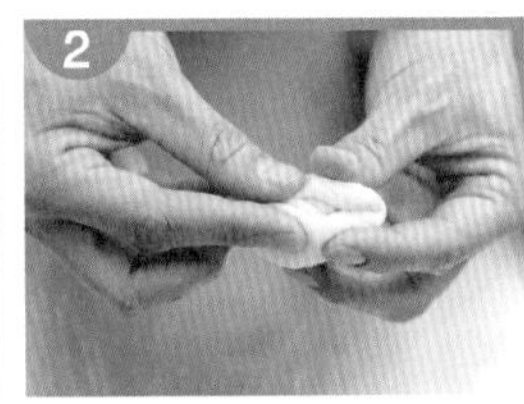
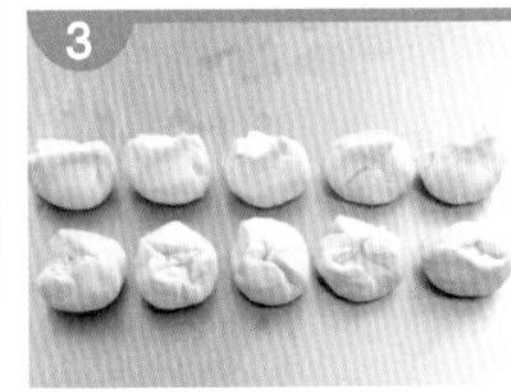
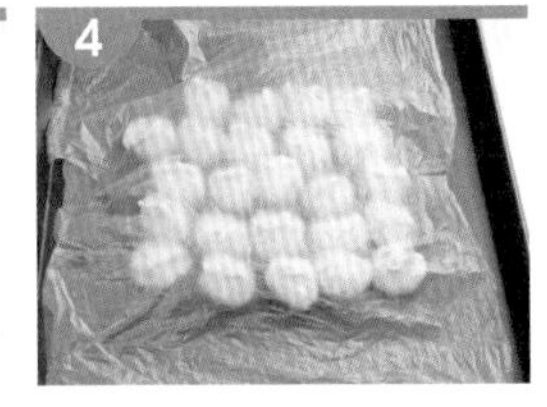

6. 第一次擀捲：1. 收口朝上，2. 壓扁，3. 擀麵棍由中往上擀平，4. 再由中間往下擀平，重覆 1~2 次，5. 切忌用力過當，使油酥外漏。6. 利用指端，由上往下滾捲，7. 操作過程必須全程覆蓋避免水份流失而破皮。

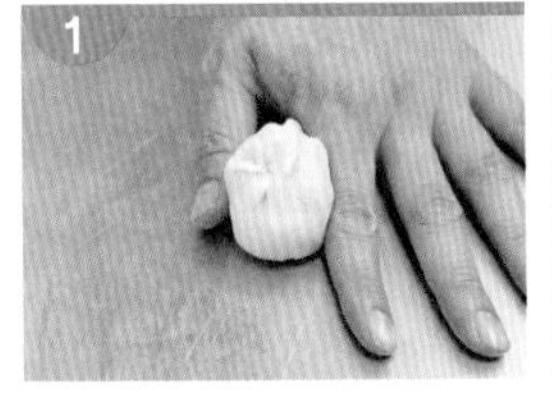
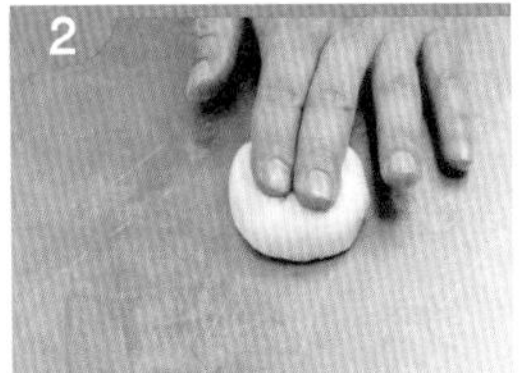
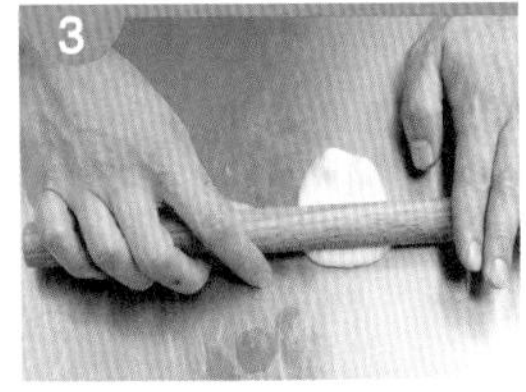
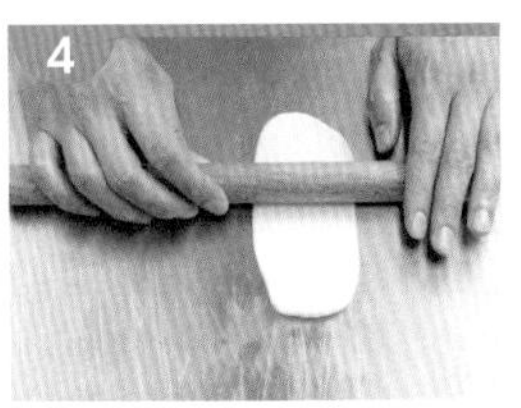
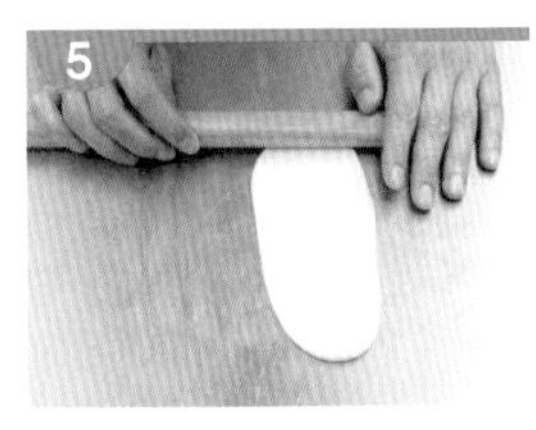
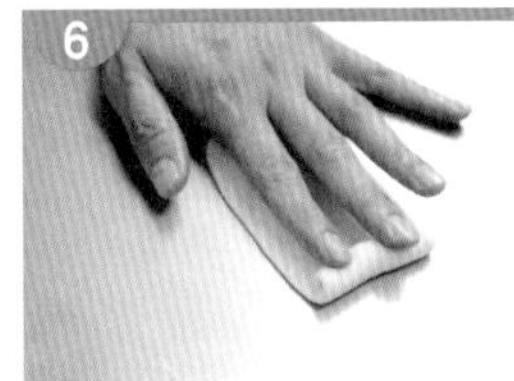
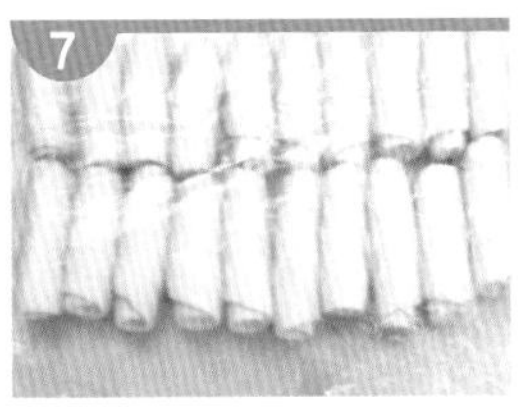

7. 第二次擀捲：1. 第一次擀捲鬆弛後進行第二次擀捲，2. 收口朝上，3. 壓扁，4. 擀麵棍由中往上、5. 再由中往下擀平，重覆 1~2 次，切忌用力過當，導致油酥外漏。6.7. 利用指端，由上往下滾捲，8. 收口朝下整齊排列，9. 覆蓋鬆弛。

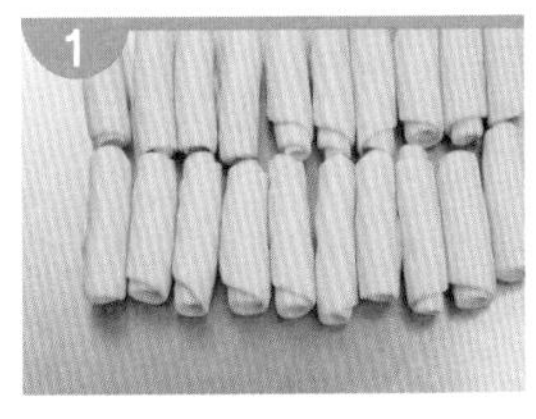
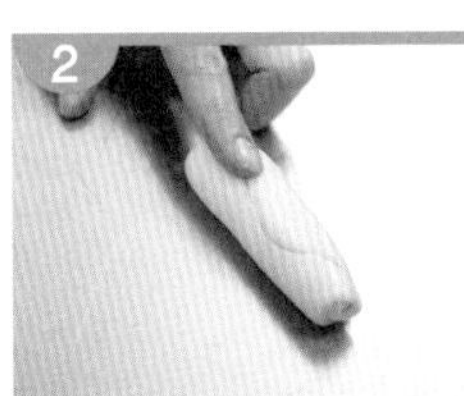
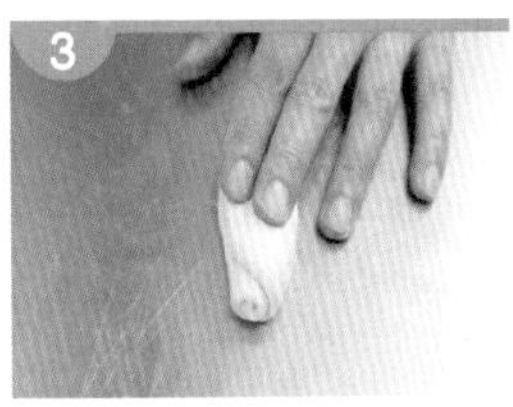
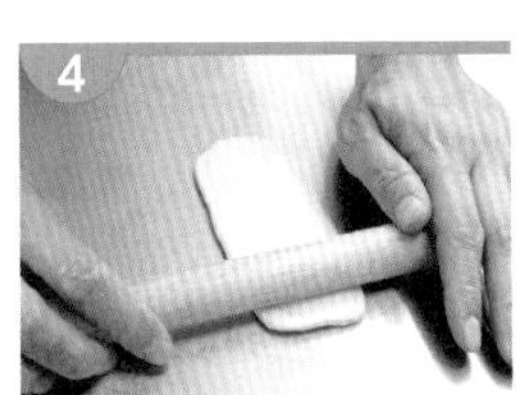
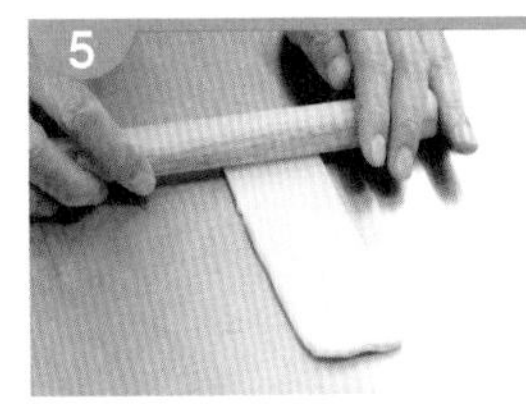
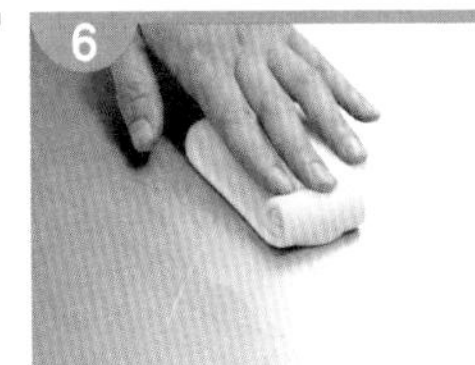
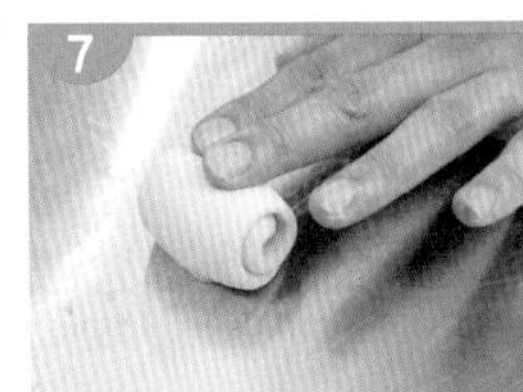
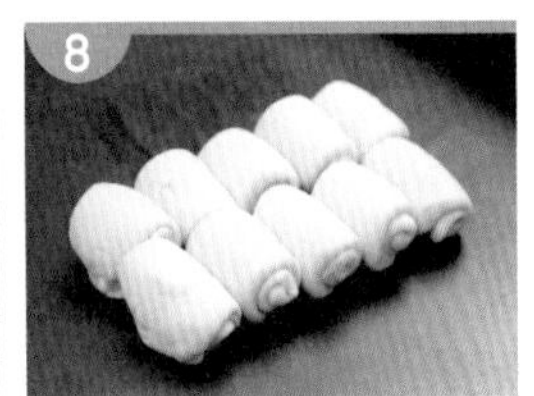

8. 整型、覆蓋鬆弛：1.2.收口處朝上，食指朝中心線下壓，3.4.兩邊螺旋面，向中心捏合，5.操作過程，隨時覆蓋鬆弛，6.壓成扁圓狀，7.8.再以擀麵棍擀薄成圓片，9.隨時覆蓋，避免因風乾，不利於操作與包餡。

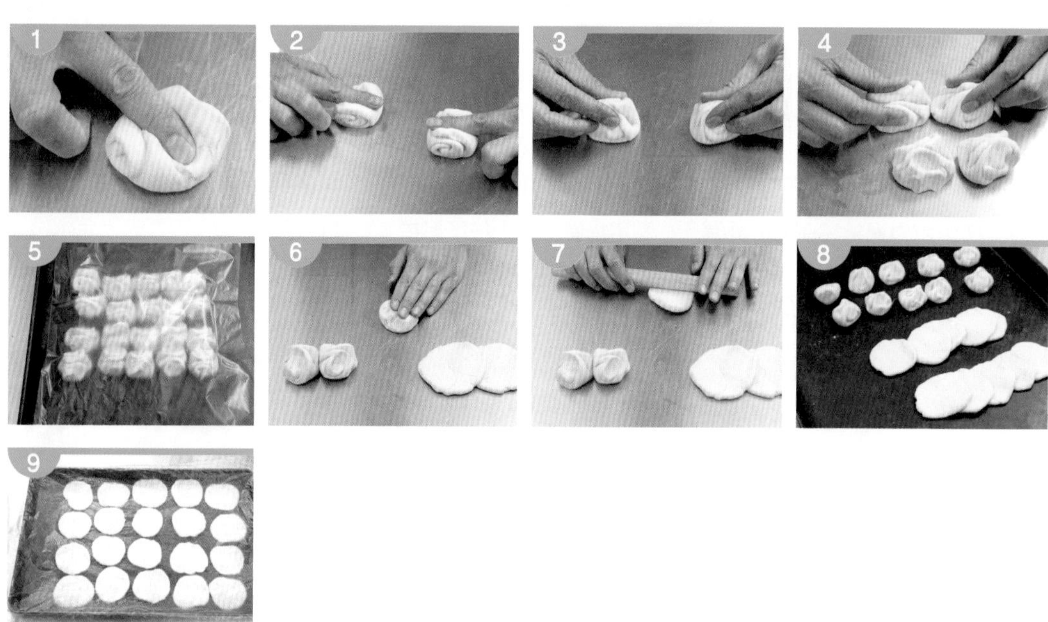

1. 擀捲兩次的動作，若已熟練可一次擀捲兩個，加快速度，縮短製程（如下圖）。

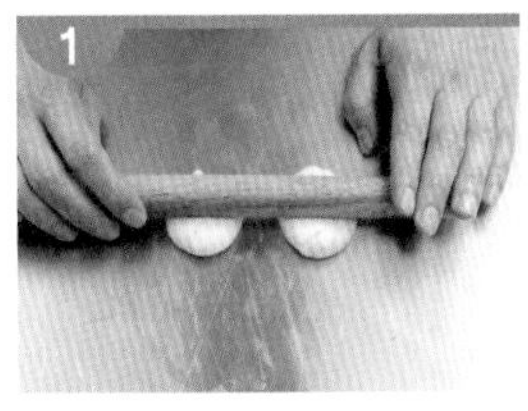
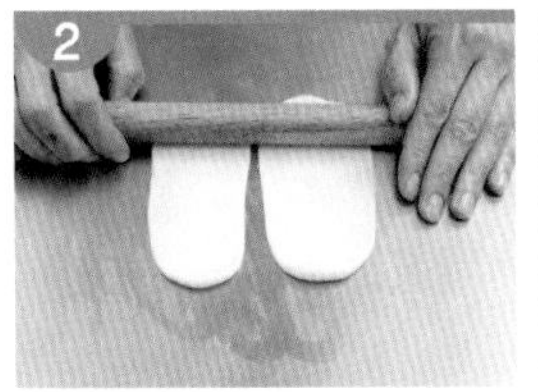
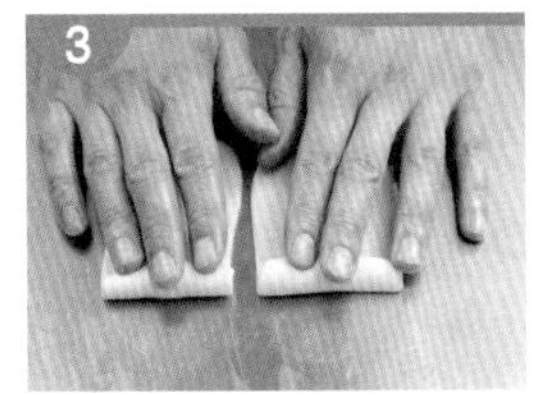

2. 第二次擀捲收口之方法，亦可如圖進行整型。

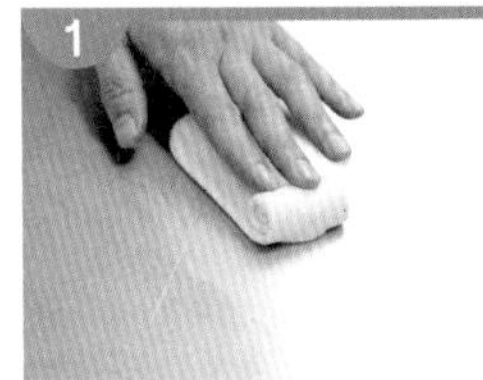
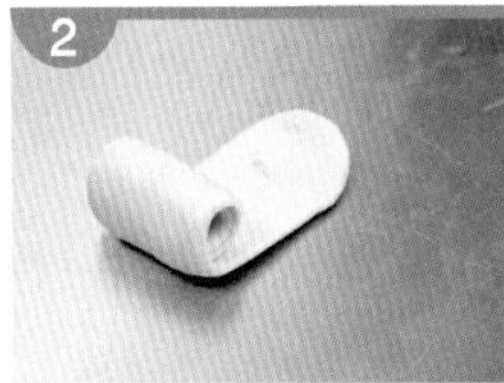
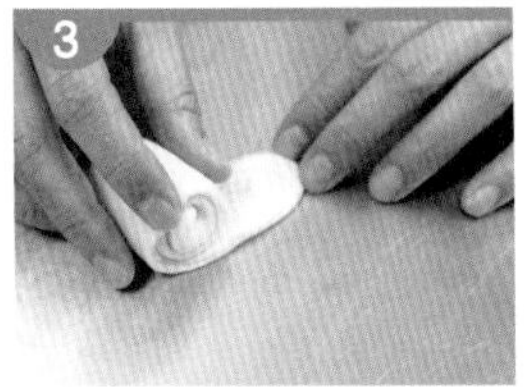
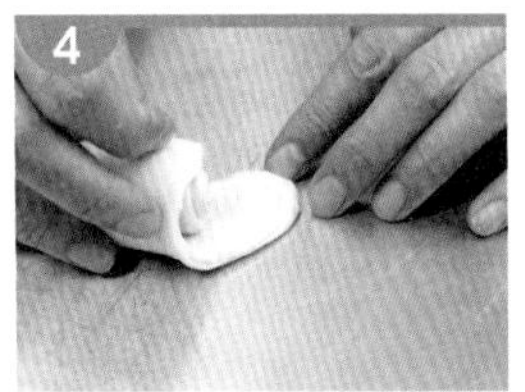
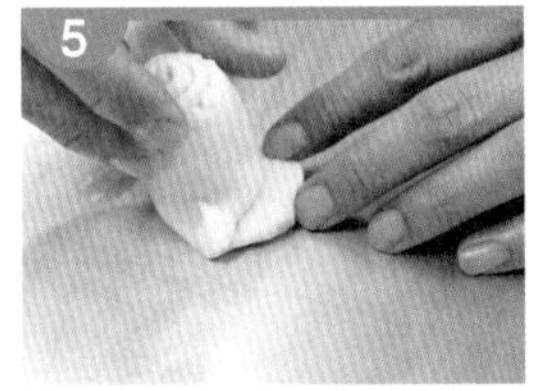
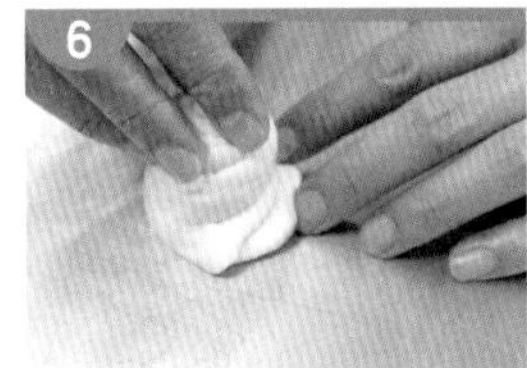
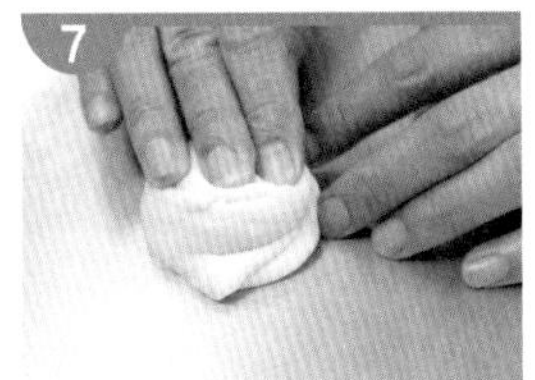

蛋黃酥

★★ 096-970301G ★★

酥油皮
麵食
01G

試題說明

1. 用油皮、油酥製作酥油皮。平均分割成所需數量，以小包酥方式，油皮包油酥，以手工擀捲成多層次之酥油皮，包入含油豆沙餡與半個烤熟的鹹蛋黃，整成圓球型，表面刷蛋黃液後以黑芝麻點綴，用烤箱單面烤熟之產品。
2. 產品表面需具均勻的金黃色澤、大小一致、外型完整不可露餡或爆餡或底部未包緊、底部不可焦黑；切開後酥油皮需有明顯而均勻的層次、皮餡之間需完全熟透、皮鬆酥、餡不可有外皮混入、底部不可有硬厚麵糰、內外不可有異物、無異味、具有良好的口感。

材料

皮：1. 中筋麵粉、2. 糖粉、3. 水、4. 純豬油

酥：I. 低筋麵粉、II. 純豬油

餡：A. 鹹蛋黃、B. 含油豆沙餡

裝飾：a. 蛋黃液、b. 黑芝麻

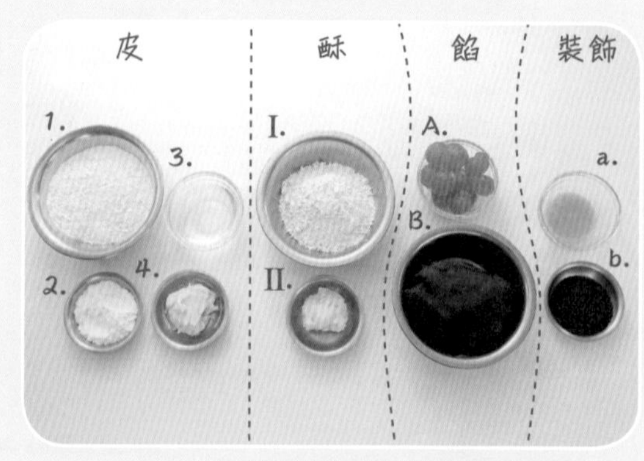

製作說明

1. 製作 24 個蛋黃酥，皮：酥：餡（不含 1/2 個鹹蛋黃）＝ 3：2：6（油皮、油酥、餡不可剩餘）。
2. 製作重量：
   (1) 油皮麵糰重量 360 公克。
   (2) 油皮麵糰重量 380 公克。
   (3) 油皮麵糰重量 400 公克。

專用材料（每人份）

編號	名稱	材料規格	單位	數量	備註
1	蛋	生鮮雞蛋	公克	150	
2	黑芝麻	市售品	公克	50	
3	含油豆沙餡	市售含油烏豆沙	公克	1000	
4	鹹蛋黃	生鹹鴨蛋黃	個	12	

備註：考生制定配方，需依本專用材料與本類麵食之共用材料表內所列之材料自由選用，所選用之材料重量不可超出所定之重量範圍。

配方計算

1. 油皮部份：蛋黃酥

(1) 已知蛋黃酥麵糰重量為 360、380、400 公克。
(2) 計算公式：油皮麵糰各項材料重量＝油皮麵糰重量／油皮麵糰百分比小計 × 油皮麵糰各單項材料百分比

2. 油酥部份

(1) 已知蛋黃酥，皮：酥：餡＝ 3：2：6。
(2) 油皮麵糰重量 360，油酥重＝ 360÷3×2 ＝ 240 油皮麵糰重量 380，油酥重＝ 380÷3×2 ＝ 253 油皮麵糰重量 400，油酥重＝ 400÷3×2 ＝ 266
(3) 計算公式：油酥各項材料重量＝酥總重／酥百分比小計 x 酥各單項材料百分比

3. 豆沙餡部分

(1) 己知蛋黃酥皮：酥：餡＝3：2：6。
(2) 麵糰重量 360，餡重＝360÷3×6＝720 麵糰重量 380，餡重＝380÷3×6＝760 麵糰重量 400，餡重＝400÷3×6＝800
(3) 計算公式：豆沙餡材料重量＝餡總重／餡百分比小計 × 餡各單項材料百分比

油皮麵糰配方計算總表

材料名稱	%	油皮麵糰 360 公克		油皮麵糰 380 公克		油皮麵糰 400 公克	
中筋麵粉	100	360/210×100	172	380/210×100	181	400/210×100	191
糖粉	20	360/210×20	34	380/210×20	36	400/210×20	38
純豬油	42	360/210×42	72	380/210×42	76	400/210×42	80
水	48	360/210×48	82	380/210×48	87	400/210×48	91
小計	210		360		380		400

油酥配方計算總表

材料名稱	%	油酥重 240 公克		油酥重 253 公克		油酥重 266 公克	
低筋麵粉	100	240/147×100	163	253/147×100	172	266/147×100	181
純豬油	47	240/147×47	77	253/147×47	81	266/147×47	85
小計	147		240		253		266

豆沙餡配方計算總表

材料名稱	%	餡重 720 公克		餡重 760 公克		餡重 800 公克	
含油豆沙餡	100	720/100×100	720	760/100×100	760	800/100×100	800
小計	100		720		760		800
鹹蛋黃	1/2	12 個		12 個		12 個	

蛋黃液		適量	適量	適量
生黑芝麻		適量	適量	適量

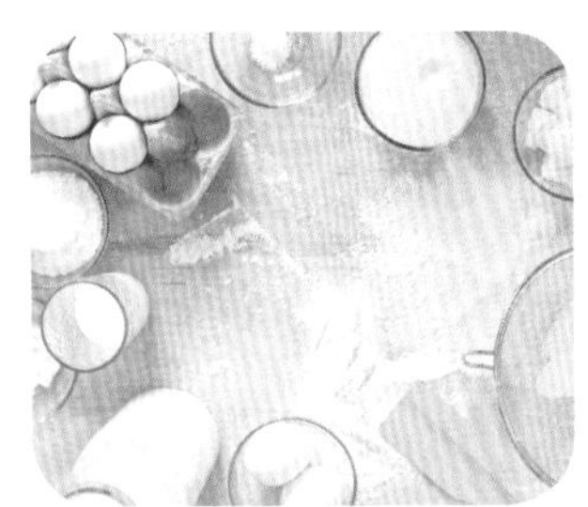

蛋黃酥流程圖

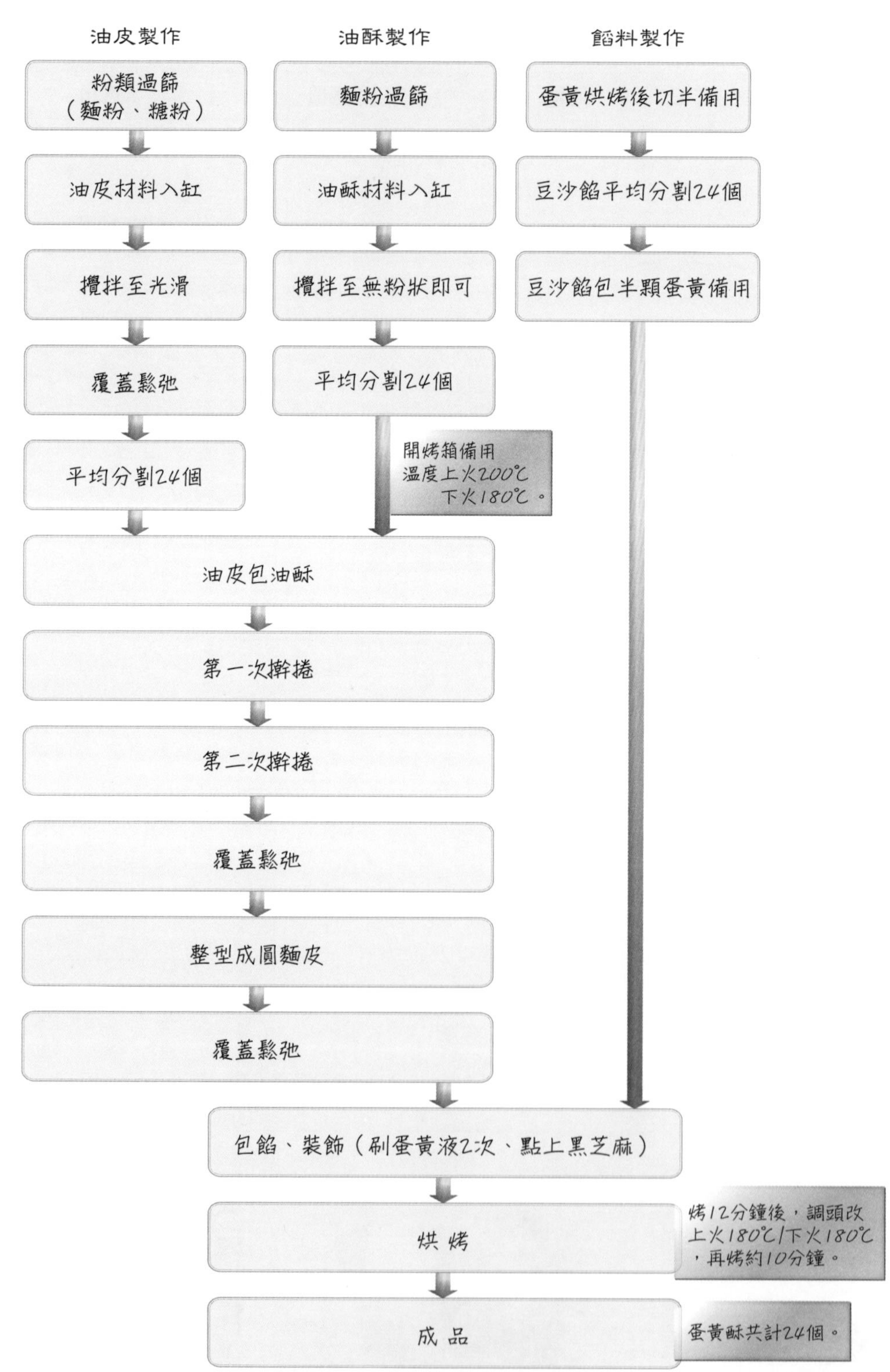

※ 1. 產品完成後才可填寫製作報告表。
2. 書寫內容可參閱本流程圖。

步驟圖說

1. 粉類過篩：參閱 p.220「酥油皮製作流程說明 1.」。

2. 油皮製作、覆蓋鬆弛：參閱 p.220「酥油皮製作流程說明 2.」。

3. 油酥製作、分割：參閱 p.220「酥油皮製作流程說明 3.」。

4. 蛋黃烘烤、分割：1. 鹹蛋黃（上火 200℃／下火 200℃）烘烤，約 10 分鐘，2. 出爐待涼，3. 分割對半。

5. 豆沙餡分割：1. 豆沙餡整型成正長方體，2. 平均分割 24 個，3. 搓圓。

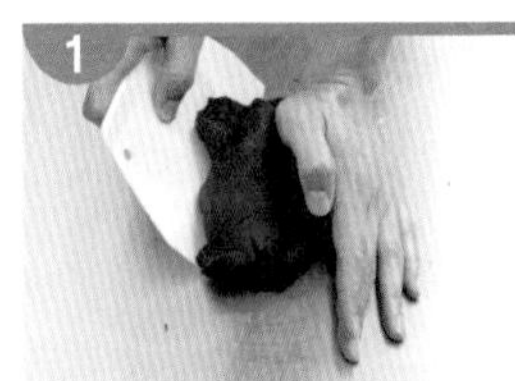

6. 餡料組合：1. 豆沙餡整型成碗狀，放入鹹蛋黃，2. 收口整型成圓球形備用。

7. 油皮分割：參閱 p.220「酥油皮製作流程說明 4.」。

8. 油皮包油酥、覆蓋鬆弛：參閱 p.221「酥油皮製作流程說明 5.」。

9. 第一次擀捲：參閱 p.221「酥油皮製作流程說明 6.」。

10. 第二次擀捲、覆蓋鬆弛：參閱 p.221「酥油皮製作流程說明 7.」。

11. 整型、覆蓋鬆弛：參閱 p.222「酥油皮製作流程說明 8.」。

12. 包餡：1. 手握酥油皮，2. 放上豆沙餡微微下壓，3.4. 邊旋轉邊收口 5. 成尖嘴型，6. 尖嘴小麵糰向下壓平 7. 反轉收口朝下，利用雙手整型成立體圓球狀，8. 放入烤盤並排列整齊（注意隨時覆蓋，避免風乾結皮）。

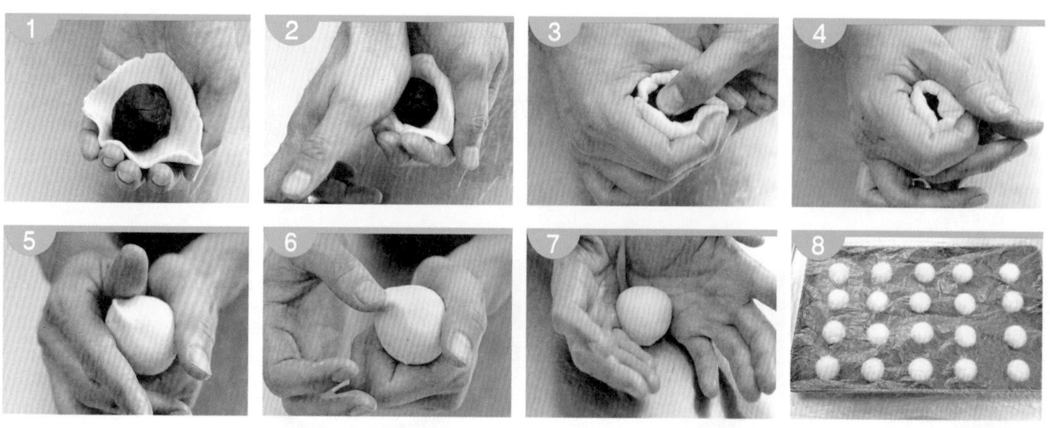

13. 裝飾：1. 毛刷沾蛋黃液，2. 利用碗邊刮除多餘蛋汁，輕刷表面，3. 待全部刷完，再重頭刷第二次，4. 利用擀麵棍一端先沾水，5.6. 再沾黑芝麻，7. 點在刷有蛋黃液的表層上。

14. 烤焙：1. 上火 200℃、下火 180℃，入爐烤焙 12 分鐘，2. 調頭，改上下火均 180℃烤焙 10 分鐘後，3. 檢查低部已上色酥體底層微硬，表面呈金黃色澤，即可，4. 出爐。

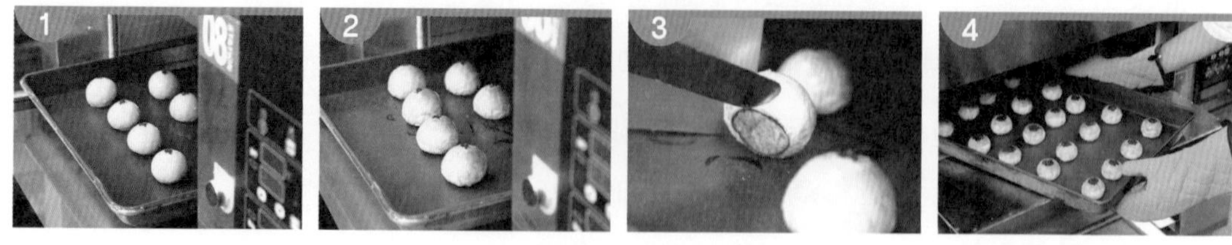

15. 成品：蛋黃酥共計 24 個。

TIPS

1. 油皮是由水、油、麵粉等材料混合揉成的麵糰，用來包裹油酥，攪拌時，搓揉至光滑而具韌性（酥油皮的製作過程必須隨時覆蓋塑膠袋，避免麵糰接觸空氣，散失水分，產生結皮現象）。
2. 油酥麵糰不含水，故不會形成麵筋，也不具延展性與彈韌性；攪拌成糰即可，過度攪拌將使油脂因熱溶化，不利於操作。
3. 油酥產品製作注意事項，包酥均勻，收口不可太厚，擀捲力道適中，厚薄均勻，防止乾皮，少用手粉，擀摺與包餡前充分鬆弛。
4. 包餡方法二：（如圖）

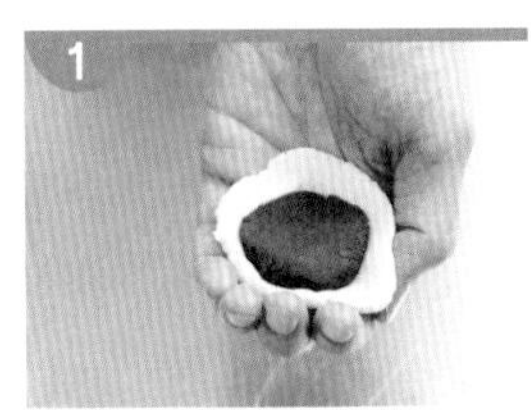

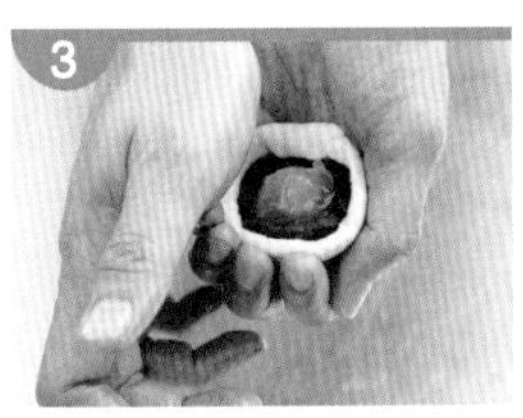
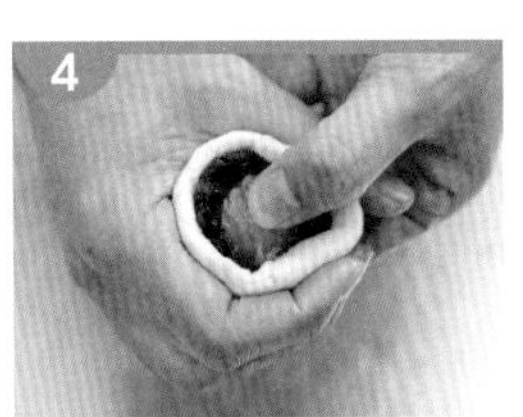
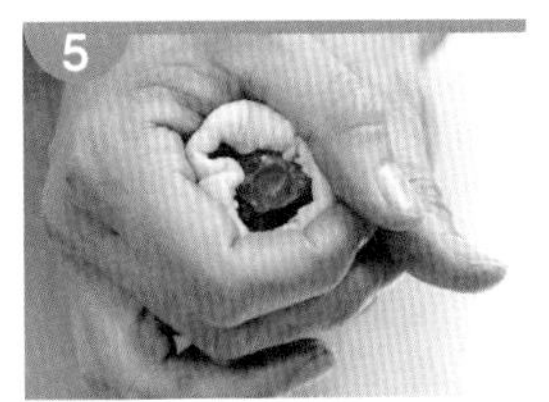
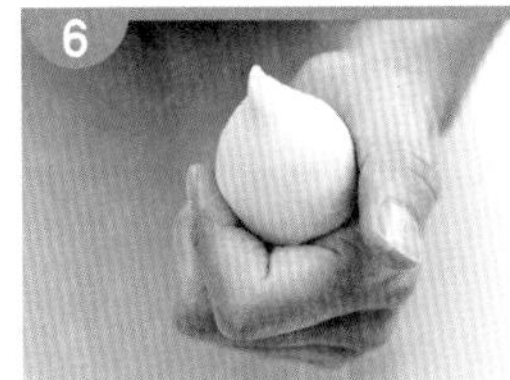

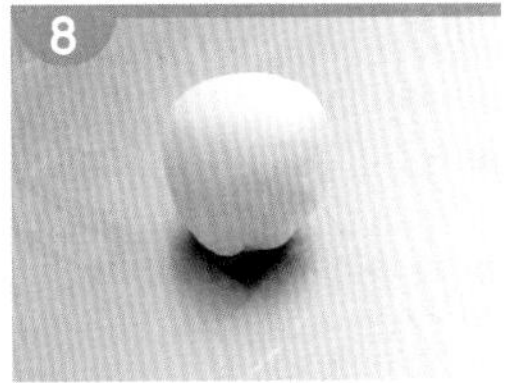

NG 圖說

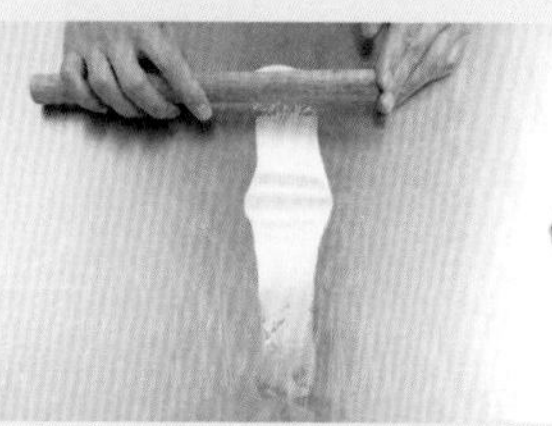
用力過當而爆酥

蛋黃液過多

不具賣相

菊花酥

★★ 096-970302G ★★

酥油皮
麵食
02G

試題說明

1. 用油皮、油酥製作酥油皮。平均分割成所需數量，以小包酥方式，油皮包油酥，以手工擀捲成多層次之酥油皮，包入含油豆沙餡，整成直徑 7±1 公分之扁圓型，用剪刀或刀在圓周邊切 12 刀，用手整型成反轉露餡之薄餅，中心刷蛋黃液後以白芝麻點綴，用烤箱單面烤熟之產品。
2. 產品表面需具均勻的金黃色澤、大小一致、外型完整不可破損，需有花紋 12 瓣、底部不可焦黑；切開後酥油皮需有明顯而均勻的層次、皮餡之間需完全熟透、皮鬆酥、底部不可有硬厚麵糰、內外不可有異物、無異味、具有良好的口感。

材料

皮：1. 中筋麵粉、2. 水、3. 糖、4. 純豬油

酥：I. 低筋麵粉、II. 純豬油

餡：A. 含油豆沙餡

裝飾：a. 蛋黃液、b. 生白芝麻

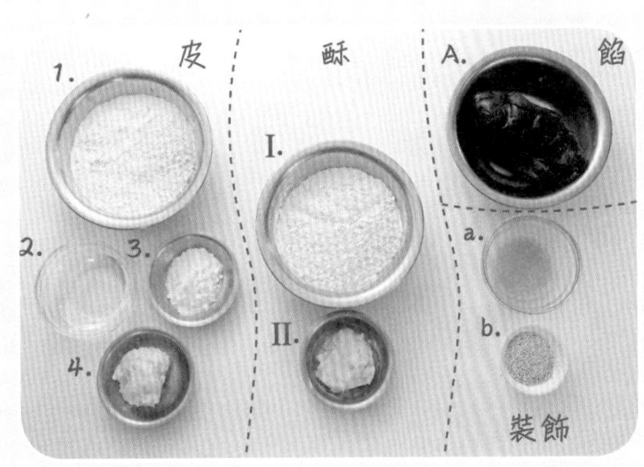

製作說明

1. 製作 20 個菊花酥，皮：酥：餡＝2：1：2。（油皮、油酥、餡不可剩餘）。
2. 製作重量：
   (1) 油皮麵糰重量 480 公克。
   (2) 油皮麵糰重量 500 公克。
   (3) 油皮麵糰重量 520 公克。

專用材料（每人份）

編號	名稱	材料規格	單位	數量	備註
1	蛋	生鮮雞蛋	公克	100	
2	生白芝麻	乾淨市售品	公克	40	
3	含油豆沙餡	市售含油烏豆沙	公克	600	

備註：考生制定配方，需依本專用材料與本類麵食之共用材料表內所列之材料自由選用，所選用之材料重量不可超出所定之重量範圍。

配方計算

1. 油皮部份

(1) 已知油皮麵糰重量為 480、500、520 公克。
(2) 計算公式：油皮麵糰各項材料重量＝油皮麵糰重量／油皮麵糰百分比小計 × 油皮麵糰各單項材料百分比

2. 油酥部份

(1) 已知菊花酥，皮：酥：餡＝2：1：2。
(2) 油皮麵糰重量 480，油酥重＝ 480÷2×1 ＝ 240 油皮麵糰重量 500，油酥重＝ 500÷2×1 ＝ 250 油皮麵糰重量 520，油酥重＝ 520÷2×1 ＝ 260
(3) 計算公式：油酥各項材料重量＝酥總重／酥百分比小計 x 酥各單項材料百分比

3. 豆沙餡部分

(1)	已知菊花酥皮：酥：餡＝2：1：2。
(2)	油皮麵糰重量 480，豆沙餡重＝480÷2×2＝480 油皮麵糰重量 500，豆沙餡重＝500÷2×2＝500 油皮麵糰重量 520，豆沙餡重＝520÷2×2＝520
(3)	計算公式：豆沙餡材料重量＝餡總重／餡百分比小計 x 餡各單項材料百分比

油皮麵糰配方計算總表

材料名稱	%	油皮麵糰 480 公克		油皮麵糰 500 公克		油皮麵糰 520 公克	
中筋麵粉	100	480/210×100	228	500/210×100	238	520/210×100	248
糖粉	20	480/210×20	46	500/210×20	48	520/210×20	50
純豬油	42	480/210×42	96	500/210×42	100	520/210×42	104
水	48	480/210×48	110	500/210×48	114	520/210×48	118
小計	210		480		500		520

油酥配方計算總表

材料名稱	%	油酥重 240 公克		油酥重 250 公克		油酥重 260 公克	
低筋麵粉	100	240/147×100	163	250/147×100	170	260/147×100	177
純豬油	47	240/147×47	77	250/147×47	80	260/147×47	83
小計	147		240		250		260

豆沙餡配方計算總表

材料名稱	%	豆沙餡重 480 公克		餡重 500 公克		餡重 520 公克	
含油豆沙餡	100	48/100×100	480	500/100×100	500	580/100×100	520
小計	100		480		500		520

裝　飾

蛋黃液		適量	適量	適量
生白芝麻		適量	適量	適量

菊花酥流程圖

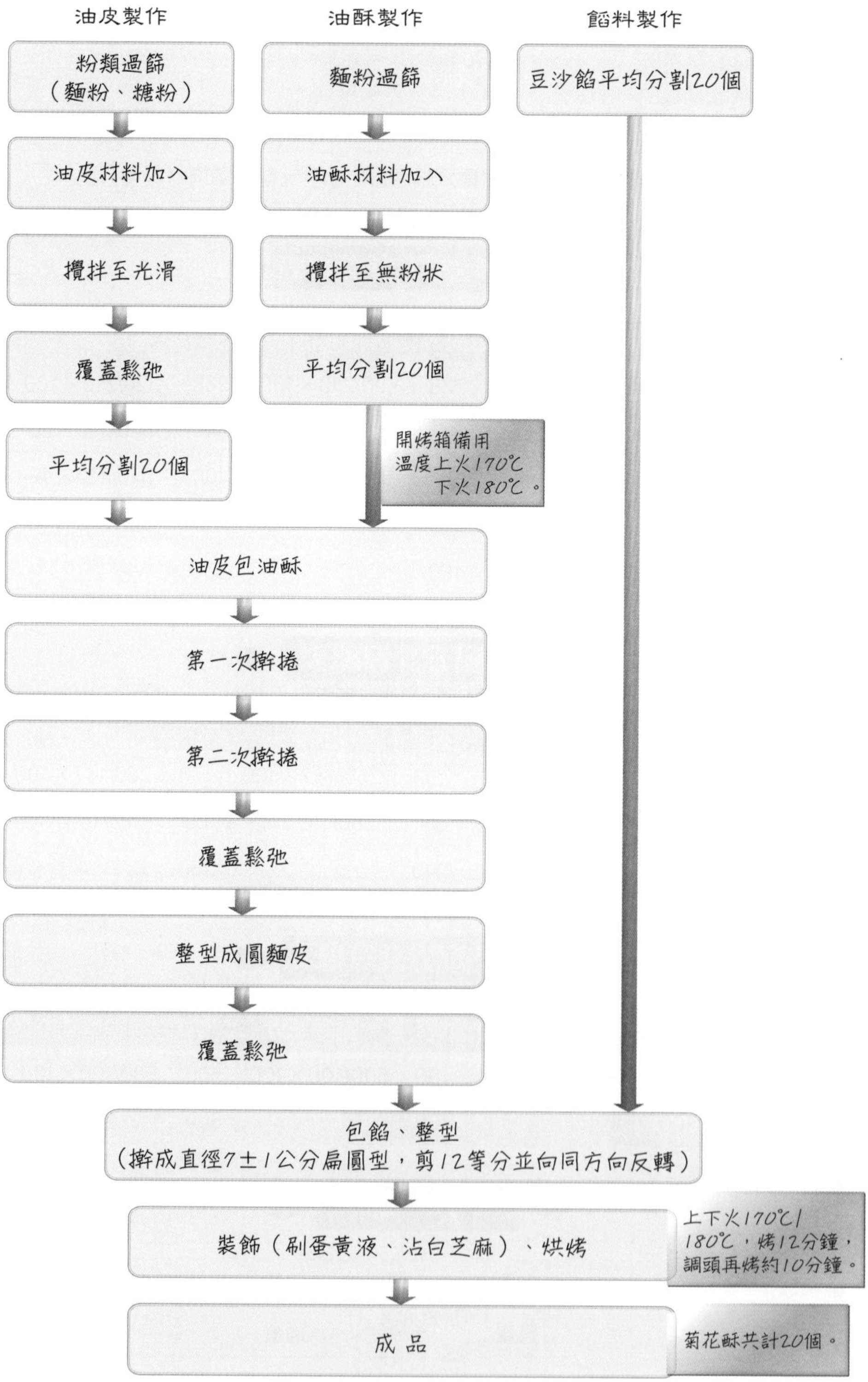

油皮製作
- 粉類過篩（麵粉、糖粉）
- 油皮材料加入
- 攪拌至光滑
- 覆蓋鬆弛
- 平均分割20個

油酥製作
- 麵粉過篩
- 油酥材料加入
- 攪拌至無粉狀
- 平均分割20個

開烤箱備用溫度上火170℃ 下火180℃。

餡料製作
- 豆沙餡平均分割20個

合併流程
- 油皮包油酥
- 第一次擀捲
- 第二次擀捲
- 覆蓋鬆弛
- 整型成圓麵皮
- 覆蓋鬆弛
- 包餡、整型（擀成直徑7±1公分扁圓型，剪12等分並向同方向反轉）
- 裝飾（刷蛋黃液、沾白芝麻）、烘烤 — 上下火170℃/180℃，烤12分鐘，調頭再烤約10分鐘。
- 成品 — 菊花酥共計20個。

※ 1. 產品完成後才可填寫製作報告表。
2. 書寫內容可參閱本流程圖。

步驟圖說

1. 粉類過篩：參閱 p.220「酥油皮製作流程說明 1.」。

2. 油皮製作、覆蓋鬆弛：參閱 p.220「酥油皮製作流程說明 2.」。

3. 油酥製作、分割：參閱 p.220「酥油皮製作流程說明 3.」。

4. 豆沙餡分割、滾圓：1. 整型正長方體，2. 平均分割 20 個，3. 搓圓。

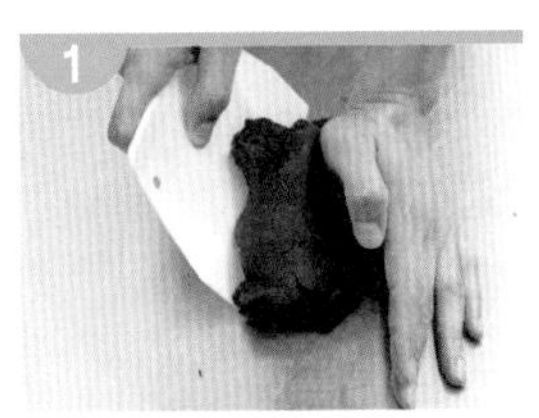

5. 油皮分割：參閱 p.220「酥油皮製作流程說明 4.」。

6. 油皮包油酥、覆蓋鬆弛：參閱 p.221「酥油皮製作流程說明 5.」。

7. 第一次擀捲：參閱 p.221「酥油皮製作流程說明 6.」。

8. 第二次擀捲覆蓋麵糰：參閱 p.221「酥油皮製作流程說明 7.」。

9. 整型、覆蓋鬆弛：參閱 p.222「酥油皮製作流程說明 8.」。

10. 包餡：1. 手握酥油皮，放上豆沙餡 2. 輕壓 3. 邊收口邊旋轉，4. 收口處成尖嘴型，5. 尖嘴小麵糰向下壓平，6. 整型成圓球狀，7. 整齊排列，8. 覆蓋鬆弛。

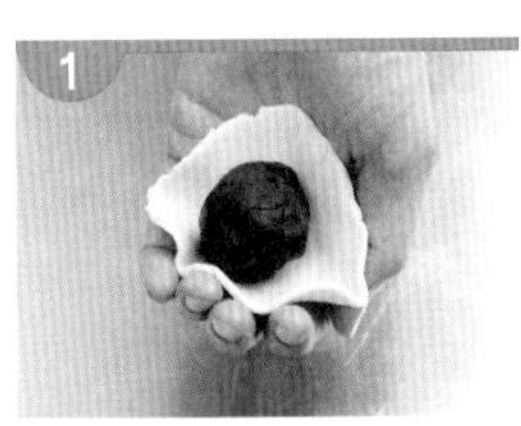

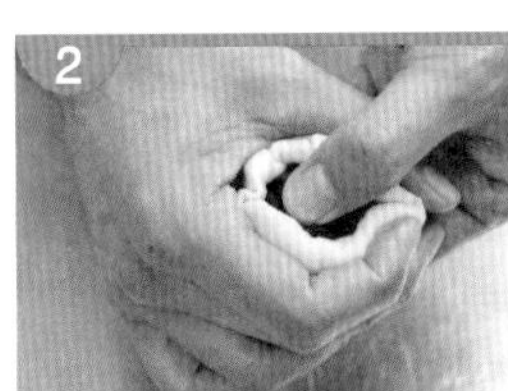

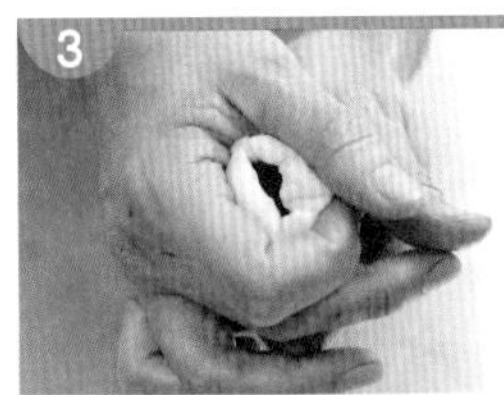

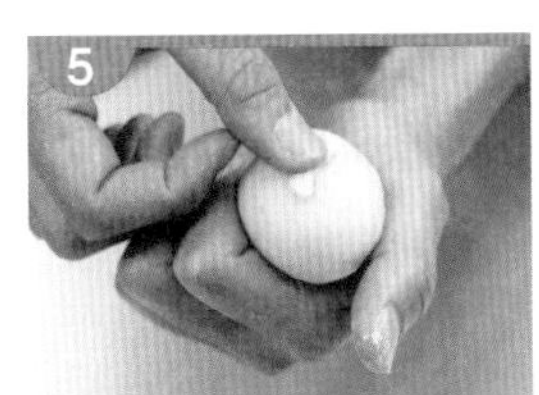

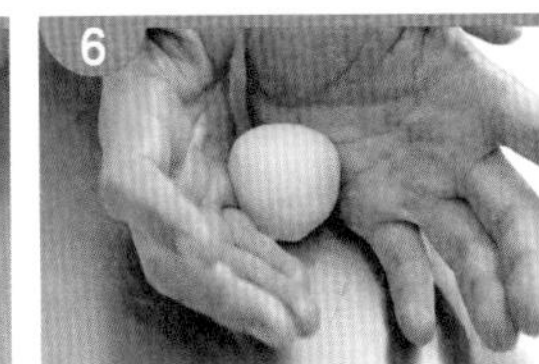

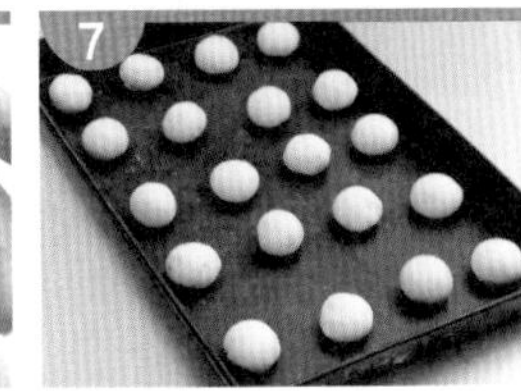

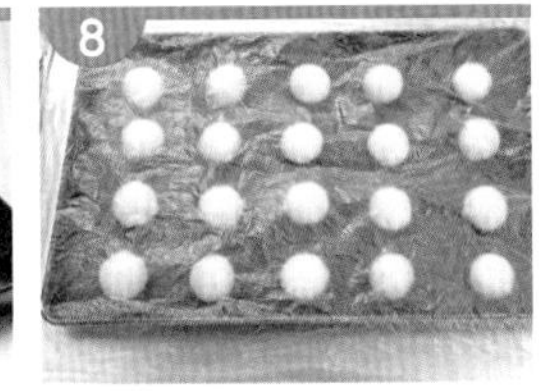

11. 整型、覆蓋鬆弛：1. 包餡後，放入 7 公分模型內，2.3. 利用手腹壓扁至 4. 與模同高，可鋪塑膠袋或墊紙操作，5.6. 排盤覆蓋鬆弛，7. 利用擀麵棍一端，輕壓中心點作為留白處，8. 也是裁剪的中止線，先剪對角線成 2 等份，9. 再剪成 4 等份，10. 每等份再剪刀成 3 小瓣，11. 共 12 小瓣，12.13. 切面翻轉使豆沙餡朝上，翻轉方向務求一致。

12. 裝飾：1. 毛刷沾蛋黃液 2. 刷在中心留白處，3. 灑上白芝麻。

13. 烤焙：1. 上火 170℃，下火 180℃，烤 12 分鐘，調頭再烤約 10 分鐘，2. 底部與花瓣外圈均勻上色，即可 3. 出爐。

14. 成品：菊花酥共計 20 個。

TIPS

1. 包餡後的整型，亦可直接以手腹按壓後擀麵棍輕推至直徑 7±1 公分。

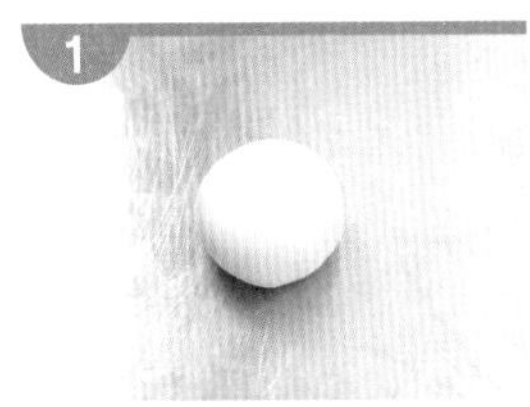
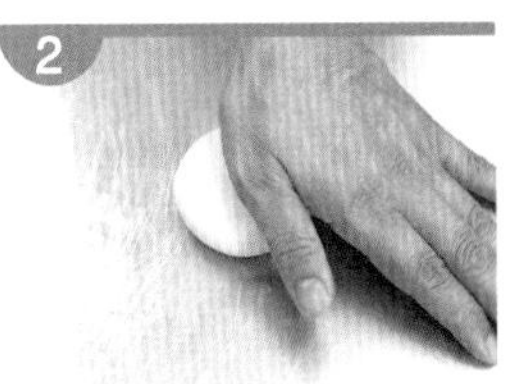
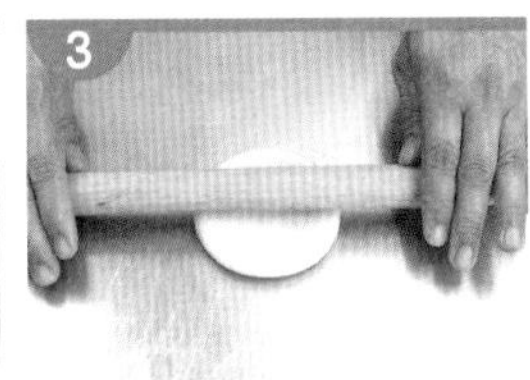
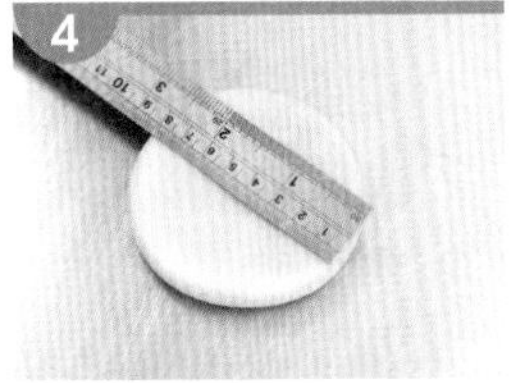

2. 花瓣裁剪，亦可使用刀具操作。

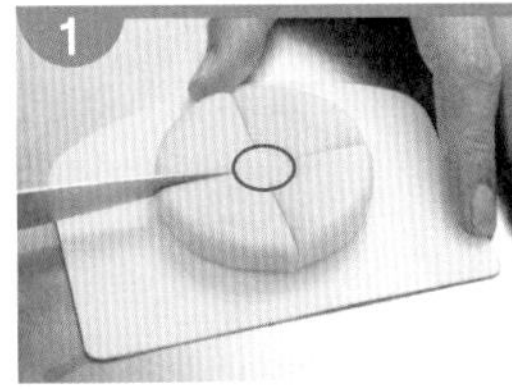
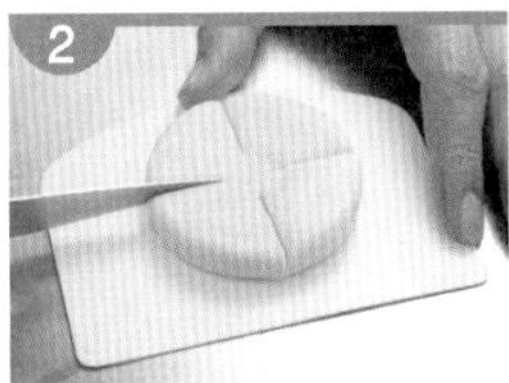
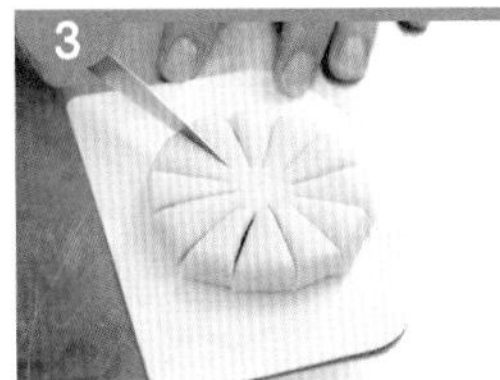
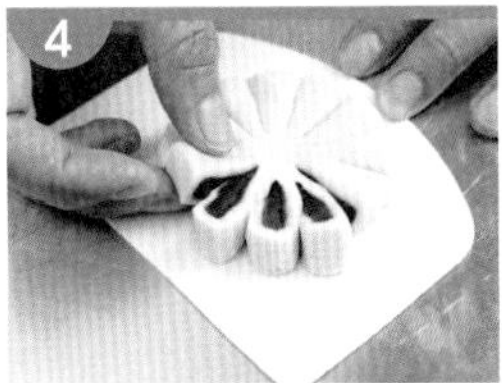

3. 裁剪餅皮步驟圖。

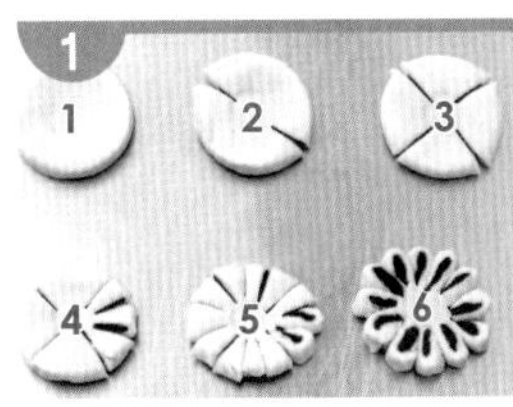

4. 菊花酥裝飾也可利用擀麵棍一端沾蛋黃液，再沾白芝麻鋪上。

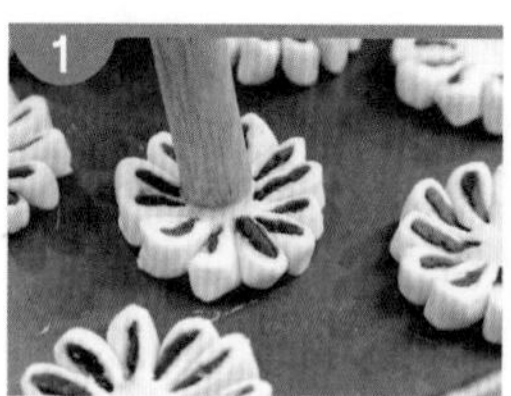

NG 圖說

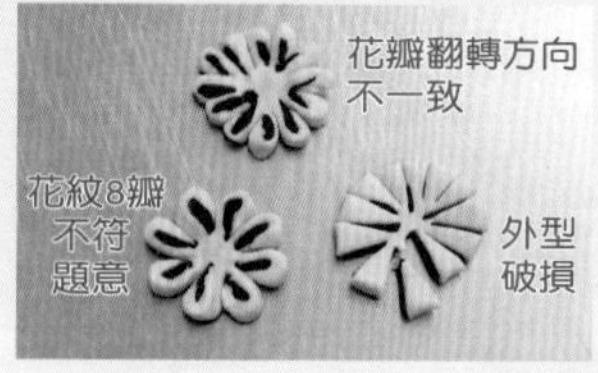

綠豆椪

★★ 096-970303G ★★

酥油皮
麵食
03G

試題說明

1. 用油皮、油酥製作酥油皮。平均分割成所需數量，以小包酥方式，油皮包油酥，以手工擀捲成多層次之酥油皮，包入綠豆沙與肉鬆（肉鬆需包在綠豆沙內，不可與綠豆沙混合），整成直徑 8±1 公分之扁圓型，表面不必裝飾，用烤箱單面烤熟之產品。
2. 產品表面需具均勻的色澤、外表膨鬆、大小一致、外型完整不可露餡或爆餡、底部餡可微露但不可焦黑、外皮不可嚴重脫皮；切開後酥油皮需有明顯而均勻的層次、皮餡之間需完全熟透、皮鬆酥、餡不可有麵皮混入、底部不可有硬厚麵糰、內外不可有異物、無異味、具有良好的口感。

材料

油皮：1. 中筋麵粉、2. 純豬油、3. 糖粉、4. 水

油酥：I. 低筋麵粉、II. 純豬油

內餡：肉絨、豆沙餡

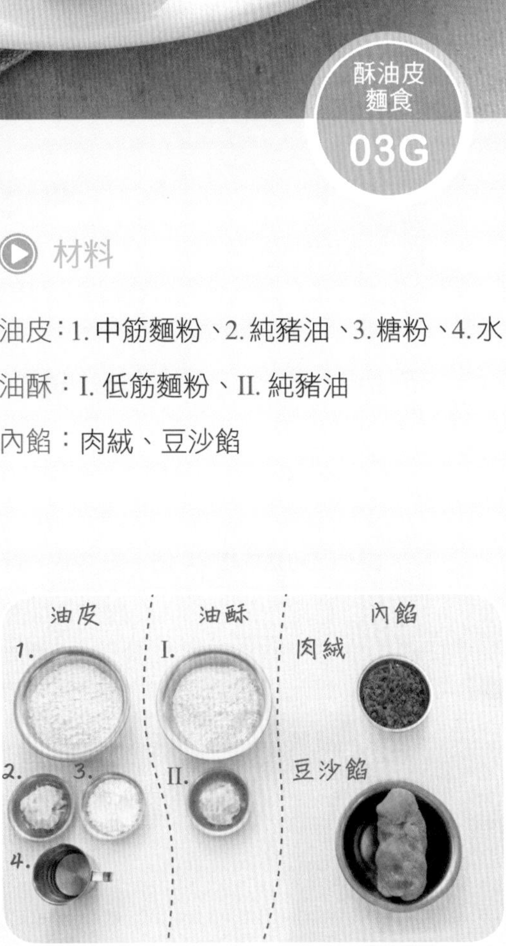

製作說明

1. 製作 20 個綠豆椪，皮：酥：餡：肉絨＝5：3：13：1。（油皮、油酥、餡、肉絨不可剩餘）
2. 製作重量：
   (1) 油皮麵糰重量 500 公克。
   (2) 油皮麵糰重量 540 公克。
   (3) 油皮麵糰重量 580 公克。

專用材料（每人份）

編號	名稱	材料規格	單位	數量	備註
1	綠豆沙餡	市售綠豆沙	公克	1600	
2	肉絨（酥）	市售品（符合 CAS 標準）	公克	200	

備註：考生制定配方，需依本專用材料與本類麵食之共用材料表內所列之材料自由選用，所選用之材料重量不可超出所定之重量範圍。

配方計算

1. 油皮部分

(1)	已知麵糰重量為 500、540、580 公克
(2)	計算公式：油皮各項材料重量＝油皮重量／油皮百分比小計 × 油皮各單項材料百分比

2. 油酥部分

(1)	已知綠豆椪 20 個，皮：酥：餡：肉絨＝5：3：13：1。
(2)	麵糰重量 500，油酥重＝500÷5×3＝300 麵糰重量 540，油酥重＝540÷5×3＝324 麵糰重量 580，油酥重＝580÷5×3＝348
(3)	計算公式：油酥各項材料重量＝酥總重／酥百分比小計 × 酥各單項材料百分比

3. 綠豆沙餡部分

(1) 已知製作綠豆椪 20 個，皮：酥：餡：肉絨＝ 5：3：13：1。
(2) 麵糰重量 500，綠豆沙餡重＝ 500÷5×13 ＝ 1300 麵糰重量 540，綠豆沙餡重＝ 540÷5×13 ＝ 1404 麵糰重量 580，綠豆沙餡重＝ 580÷5×13 ＝ 1508
(3) 計算公式：綠豆沙餡重＝綠豆沙餡重／綠豆沙餡百分比小計 × 綠豆沙餡百分比

4. 肉絨餡部分

(1) 已知製作綠豆椪 20 個，皮：酥：餡：肉絨＝ 5：3：13：1。
(2) 麵糰重量 500，肉絨餡重＝ 500÷5×1 ＝ 100 麵糰重量 540，肉絨餡重＝ 540÷5×1 ＝ 108 麵糰重量 580，肉絨餡重＝ 580÷5×1 ＝ 116
(3) 計算公式：肉絨餡重＝肉絨餡重／肉絨餡百分比小計 × 肉絨餡百分比

油皮麵糰配方計算總表

材料名稱	%	油皮麵糰 500 公克		油皮麵糰 540 公克		油皮麵糰 580 公克	
中筋麵粉	100	500/210×100	238	540/210×100	257	580/210×100	276
糖粉	20	500/210×20	48	540/210×20	51	580/210×20	55
純豬油	42	500/210×42	100	540/210×42	108	580/210×42	116
水	48	500/210×48	114	540/210×48	123	580/210×48	133
小計	210		500		540		580

油酥配方計算總表總表

材料名稱		%	油酥重 300 公克		油酥重 324 公克		油酥重 348 公克	
油酥	低筋麵粉	100	300/147x100	204	324/147x100	220	348/147x100	237
	純豬油	47	300/147x47	96	324/147x47	104	348/147x47	111
	小計	147		300		324		348

豆沙餡配方計算總表

材料名稱	%	豆沙餡重 1300 公克		豆沙餡重 1404 公克		豆沙餡重 1508 公克	
綠豆沙餡	100	1300/100×100	1300	1404/100×100	1404	1508/100×100	1508
小計	100		1300		1404		1508

肉絨配方計算總表

材料名稱	%	肉絨重 100 公克		肉絨重 108 公克		肉絨重 116 公克	
肉絨	100	100/100×100	100	108/100×100	108	116/100×100	116
小計	100		100		108		116

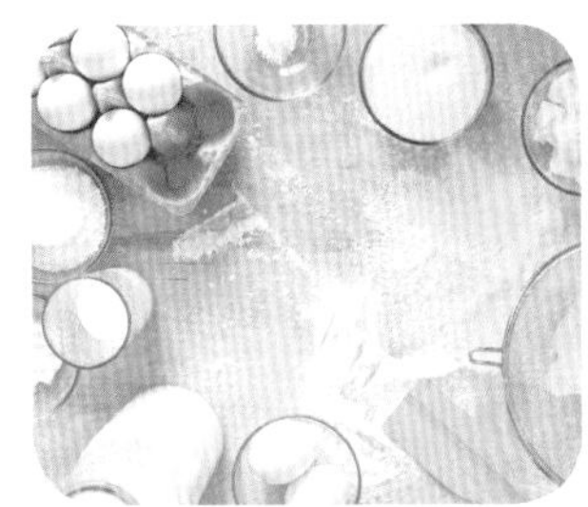

綠豆椪流程圖

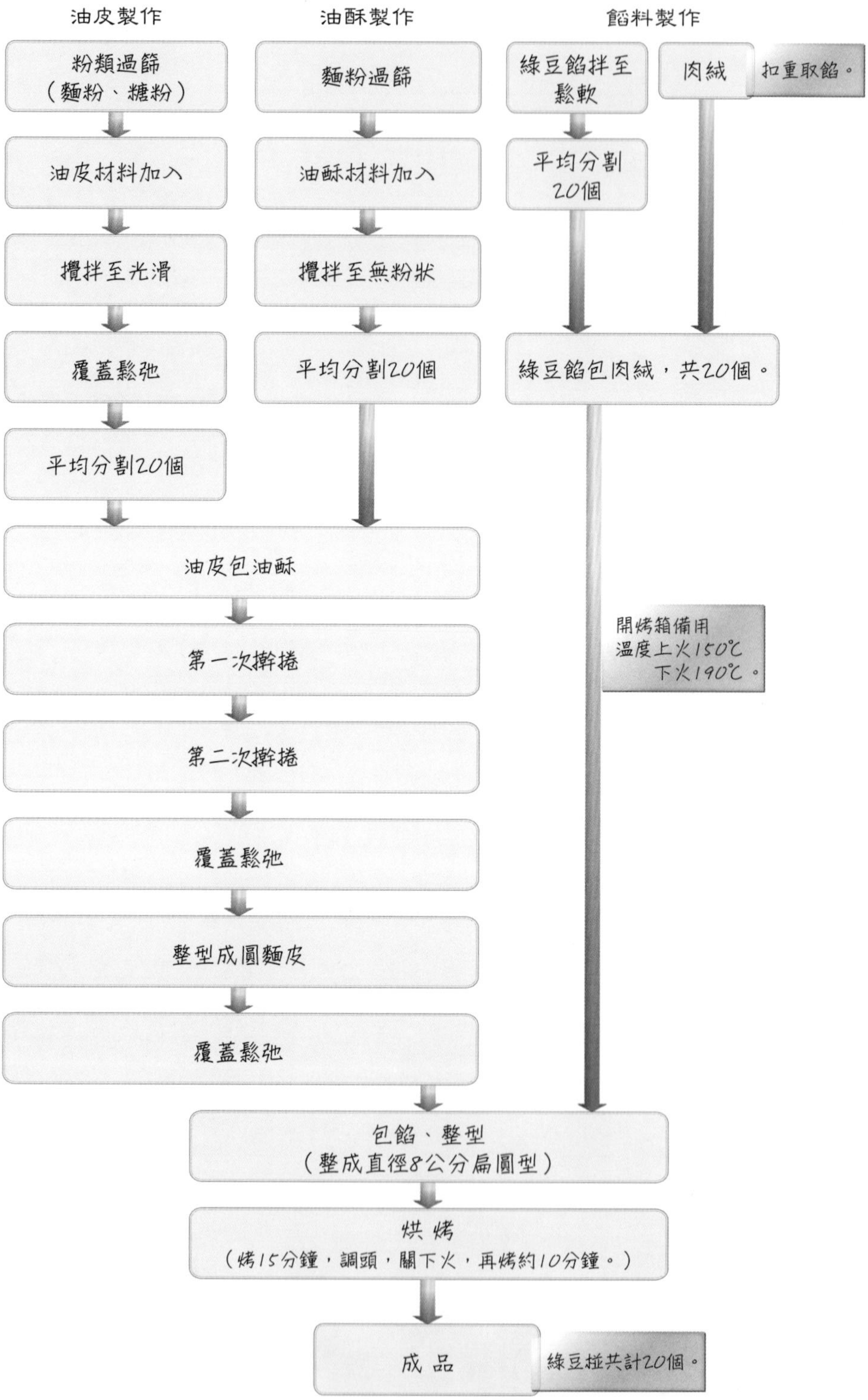

油皮製作

粉類過篩（麵粉、糖粉）
↓
油皮材料加入
↓
攪拌至光滑
↓
覆蓋鬆弛
↓
平均分割20個

油酥製作

麵粉過篩
↓
油酥材料加入
↓
攪拌至無粉狀
↓
平均分割20個

餡料製作

綠豆餡拌至鬆軟
↓
平均分割20個

肉絨（扣重取餡。）

↓
綠豆餡包肉絨，共20個。

油皮＋油酥：

油皮包油酥
↓
第一次擀捲
↓
第二次擀捲
↓
覆蓋鬆弛
↓
整型成圓麵皮
↓
覆蓋鬆弛

開烤箱備用
溫度上火150℃
下火190℃。

↓
包餡、整型（整成直徑8公分扁圓型）
↓
烘烤（烤15分鐘，調頭，關下火，再烤約10分鐘。）
↓
成品（綠豆椪共計20個。）

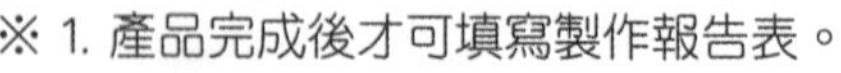

※ 1. 產品完成後才可填寫製作報告表。
2. 書寫內容可參閱本流程圖。

步驟圖說

1. 粉類過篩：參閱 p.220「酥油皮製作流程說明 1.」。

2. 油皮製作、覆蓋鬆弛：參閱 p.220「酥油皮製作流程說明 2.」。

3. 油酥製作、分割：參閱 p.220「酥油皮製作流程說明 3.」。

4. 綠豆餡分割、整型、包肉絨：1. 綠豆沙拌至鬆軟（亦可使用機器操作，可酌量用豬油調整軟硬度），整型成條狀並分割，2. 再整型成碗狀，3. 以扣重方式取肉絨（參閱 TIPS 2.），4. 收口搓圓備用。

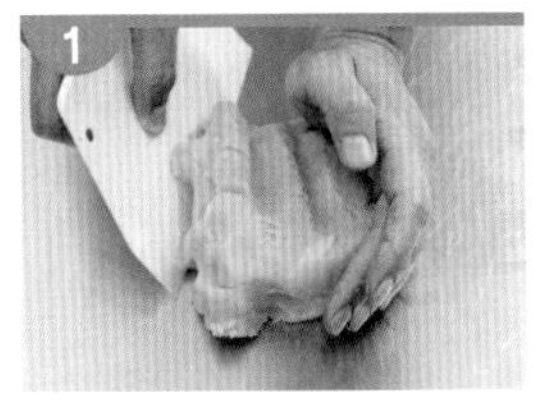

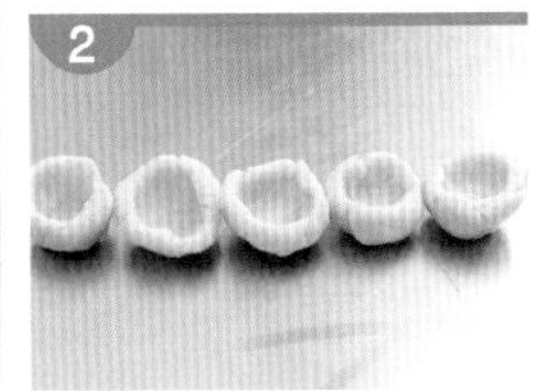

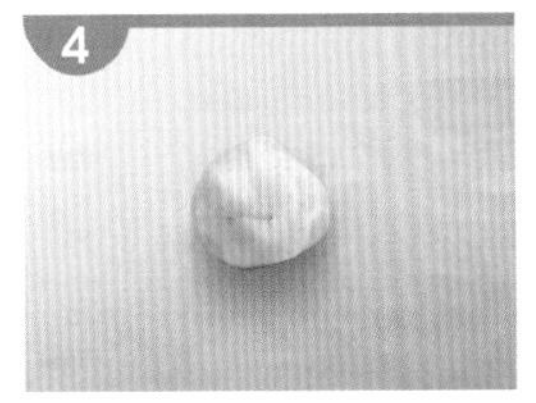

5. 油皮分割：參閱 p.220「酥油皮製作流程說明 4.」。

6. 油皮包油酥、覆蓋鬆弛：參閱 p.221「酥油皮製作流程說明 5.」。

7. 第一次擀捲：參閱 p.221「酥油皮製作流程說明 6.」。

8. 第二次擀捲、覆蓋鬆弛：參閱 p.221「酥油皮製作流程說明 7.」。

9. 整型、覆蓋鬆弛：參閱 p.222「酥油皮製作流程說明 8.」。

10. 包餡：1. 手握酥油皮，放入綠豆餡，2. 手腹輕輕下壓 3.4.5. 收口，6.7. 邊旋轉邊收口，產生尖嘴形，8. 將尖嘴麵糰下折貼附餅體。

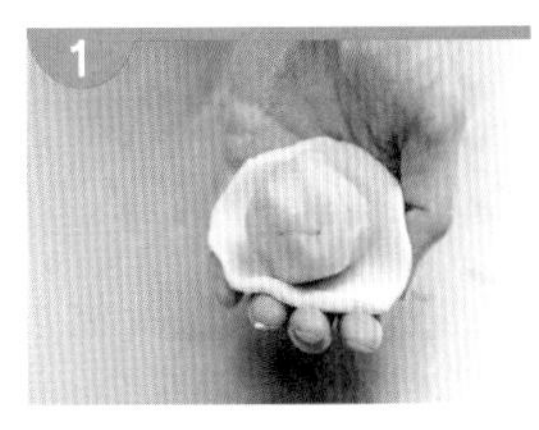

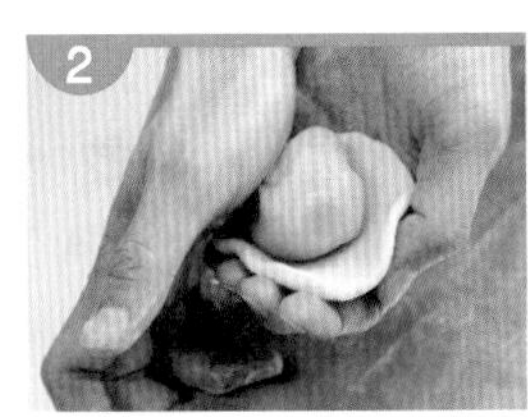

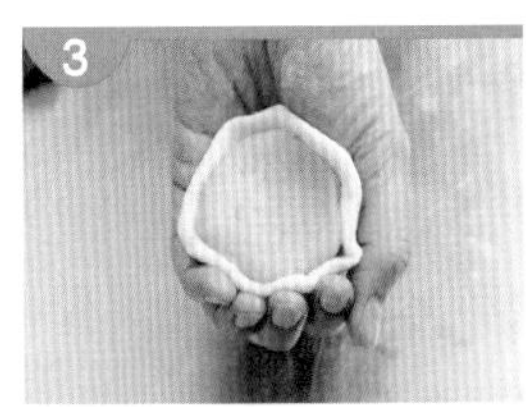

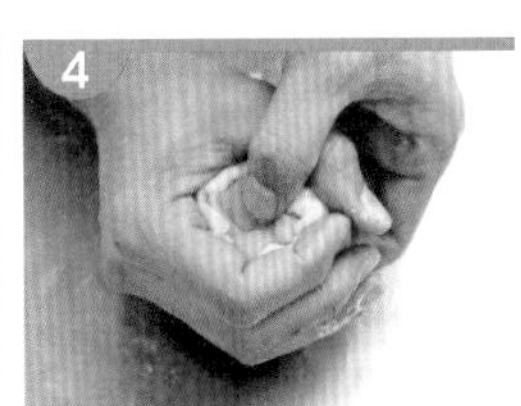

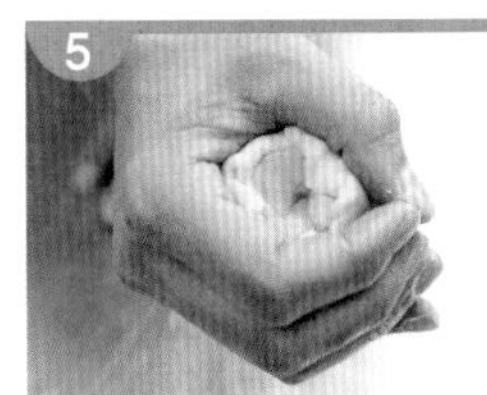

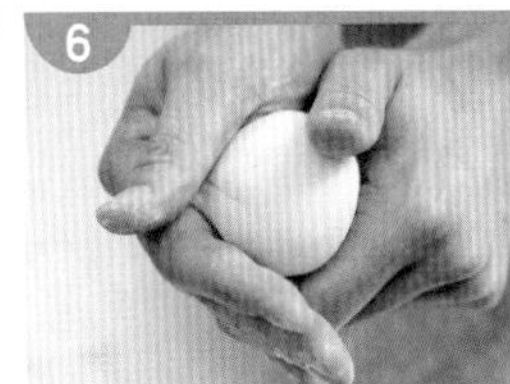

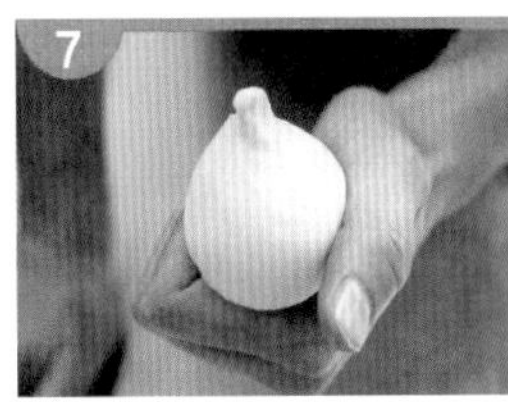

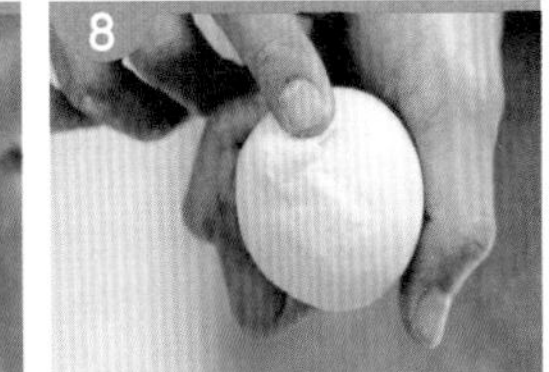

11. 整型：1. 取 8 公分空心模 2. 餅體收口朝下 3. 入模型，在塑膠袋或墊紙操作方便移動，4.5. 以手腹下壓至與模型同大小，6. 模型取出，7.8. 餅體移至烤盤排列整齊。

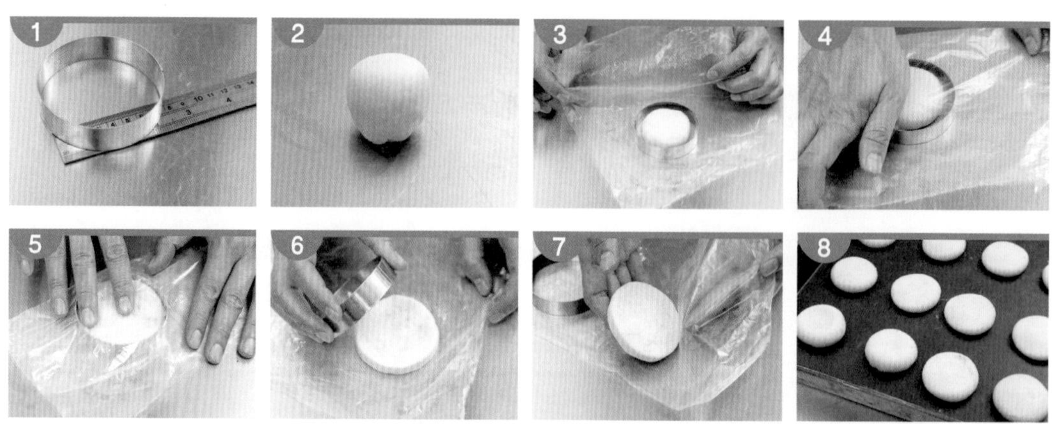

12. 烤焙：1. 入爐上／下火 150℃/190℃烤 15 分鐘後溫度歸零，2. 調頭，再燜烤 10 分鐘，3. 至底部上色、頂部膨脹、觸感粗糙，4. 確認熟成，出爐。

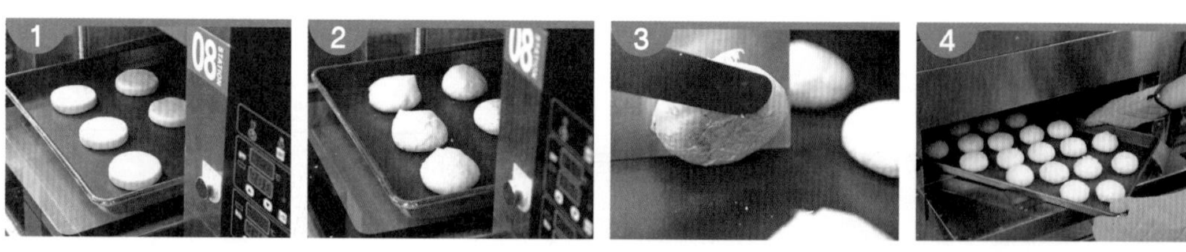

13. 成品：綠豆椪共計 20 個。

TIPS

1. 考場提供不含油綠豆沙餡，壓碎易鬆散，加固體油有助重組整型，缺點是高溫烘烤較易產生爆裂現象。
2. 依題意，油酥與肉絨不可剩餘，先秤肉絨總重再除以製作數量，得出扣重的正確數字。

4. 考場備有 7、8、9 公分三種圓型空心壓模，使用前，確定尺寸，或以手腹直接按壓成直徑 8 公分，如圖：

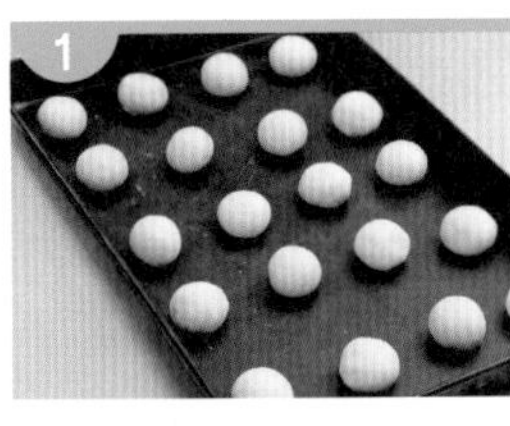

5. 熟製前段為綠豆椪膨脹階段，避免開烤箱影響其膨脹效果。
6. 熟成判斷：餅體表面凸起、底部上色、邊緣硬酥、表層有雪花片狀。
7. 

NG 圖說

綠豆餡、肉絨混合，不符題意

蘇式豆沙月餅

★★096-970304G★★

酥油皮
麵食
04G

試題說明

1. 用油皮、油酥製作酥油皮。平均分割成所需數量，以小包酥方式，油皮包油酥，以手工擀捲成多層次之酥油皮，包入含油豆沙餡，整成直徑 8±1 公分之扁圓型，表面不必裝飾，用烤箱兩面（需翻面）烤熟之產品。
2. 產品表面需具均勻的金黃色澤、大小一致、外型完整不可爆餡或未包緊、底部不可焦黑；切開後酥油皮需有明顯而均勻的層次、皮餡之間需完全熟透、皮鬆酥、底部不可有硬厚麵糰、內外不可有異物、無異味、具有良好的口感。

材料

皮：1. 水、2. 純豬油、3. 中筋麵粉、4. 糖粉

酥：I. 低筋麵粉、II. 純豬油

餡：A. 含油豆沙餡

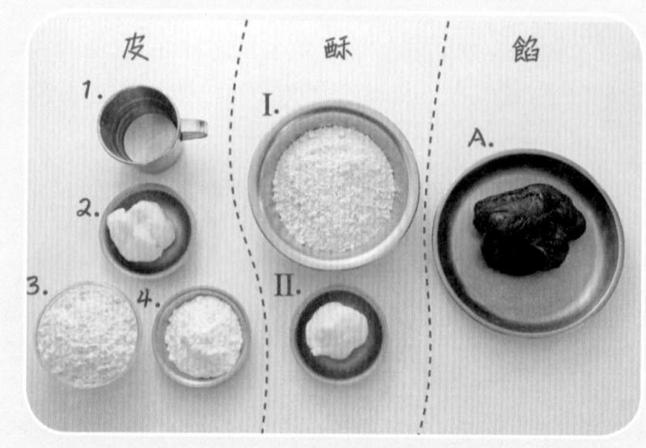

製作說明

1. 製作 20 個蘇式豆沙月餅，皮：酥：餡＝1：1：3。（油皮、油酥、餡不可剩餘）。
2. 製作重量：
   (1) 油皮麵糰重量 300 公克。
   (2) 油皮麵糰重量 320 公克。
   (3) 油皮麵糰重量 340 公克。

專用材料（每人份）

編號	名稱	材料規格	單位	數量	備註
1	含油豆沙餡	市售含油烏豆沙	公克	1200	

備註：考生制定配方，需依本專用材料與本類麵食之共用材料表內所列之材料自由選用，所選用之材料重量不可超出所定之重量範圍。

配方計算

1. 油皮部份

(1) 已知油皮麵糰重量為 300、320、340 公克。
(2) 計算公式：油皮麵糰各項材料重量＝油皮麵糰重量／油皮百分比小計 × 油皮各單項材料百分比

2. 油酥部份

(1) 已知製作蘇式豆沙月餅 20 個，皮：酥：餡＝ 1：1：3。
(2) 麵糰重量 300，油酥重＝ 300÷1×1 ＝ 300 麵糰重量 320，油酥重＝ 320÷1×1 ＝ 320 麵糰重量 340，油酥重＝ 340÷1×1 ＝ 340
(3) 計算公式：油酥各項材料重量＝油酥總重／油酥百分比小計 × 油酥各單項材料百分比

3. 豆沙餡部份

(1) 已知製作蘇式豆沙月餅 20 個，皮：酥：餡＝ 1：1：3。
(2) 麵糰重量 300，豆沙餡重＝ 300÷1×3 ＝ 900 麵糰重量 320，豆沙餡重＝ 320÷1×3 ＝ 960 麵糰重量 340，豆沙餡重＝ 340÷1×3 ＝ 1020
(2) 計算公式：豆沙餡材料重量＝豆沙餡重／豆沙餡百分比小計 × 豆沙餡百分比

油皮配方計算總表

材料名稱	%	油皮麵糰 300 公克		油皮麵糰 320 公克		油皮麵糰 340 公克	
中筋麵粉	100	300/212×100	142	320/212×100	151	340/212×100	160
糖粉	20	300/212×20	28	320/212×20	30	340/212×20	32
純豬油	42	300/212×42	59	320/212×42	64	340/212×42	68
水	50	300/212×50	71	320/212×50	75	340/212×50	80
小計	212		300		320		340

油酥配方計算總表

材料名稱	%	油酥重 300 公克		油酥重 320 公克		油酥重 340 公克	
低筋麵粉	100	300/147×100	204	320/147×100	218	340/147×100	231
純豬油	47	300/147×47	96	320/147×47	102	340/147×47	109
小計	147		300		320		340

豆沙餡配方計算總表

材料名稱	%	豆沙餡重 900 公克		豆沙餡重 960 公克		豆沙餡重 1020 公克	
含油豆沙餡	100	900/100×100	900	900/100×100	960	900/100×100	1020
小計	100		900		960		1020

蘇式豆沙月餅流程圖

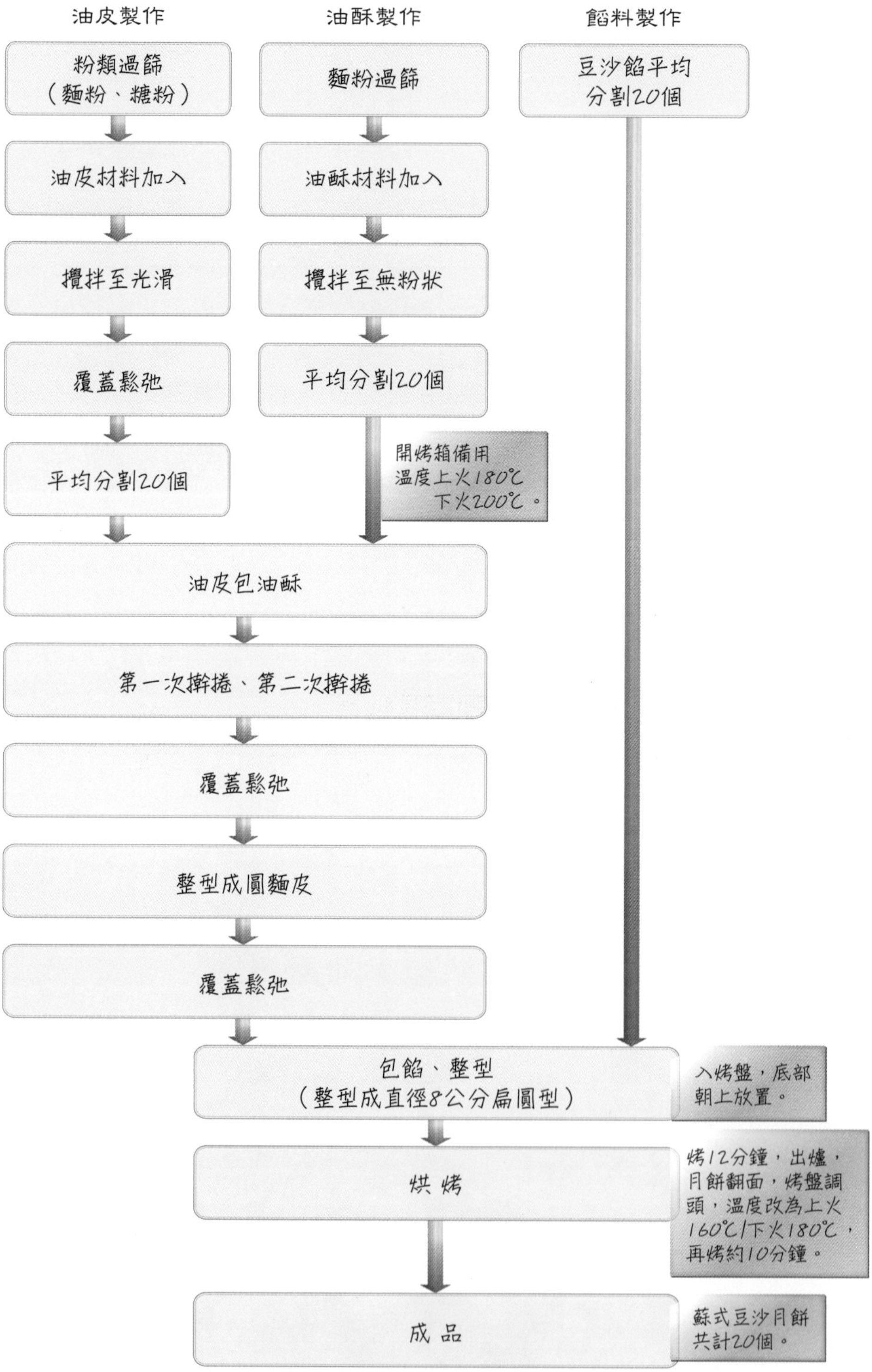

油皮製作

粉類過篩（麵粉、糖粉）→ 油皮材料加入 → 攪拌至光滑 → 覆蓋鬆弛 → 平均分割20個

油酥製作

麵粉過篩 → 油酥材料加入 → 攪拌至無粉狀 → 平均分割20個

開烤箱備用溫度上火180℃下火200℃。

餡料製作

豆沙餡平均分割20個

合併流程

油皮包油酥 → 第一次擀捲、第二次擀捲 → 覆蓋鬆弛 → 整型成圓麵皮 → 覆蓋鬆弛 → 包餡、整型（整型成直徑8公分扁圓型）（入烤盤，底部朝上放置。） → 烘烤（烤12分鐘，出爐，月餅翻面，烤盤調頭，溫度改為上火160℃/下火180℃，再烤約10分鐘。） → 成品（蘇式豆沙月餅共計20個。）

※ 1. 產品完成後才可填寫製作報告表。

2. 書寫內容可參閱本流程圖。

步驟圖說

1. 粉類過篩：參閱 p.220「酥油皮製作流程 1.」。

2. 油皮製作、覆蓋鬆弛：參閱 p.220「酥油皮製作流程 2.」。

3. 油酥製作、分割：參閱 p.220「酥油皮製作流程 3.」。

4. 豆沙餡分割、滾圓：1. 整型，2. 分割成長條狀再平均分割 20 等份，3. 滾圓。

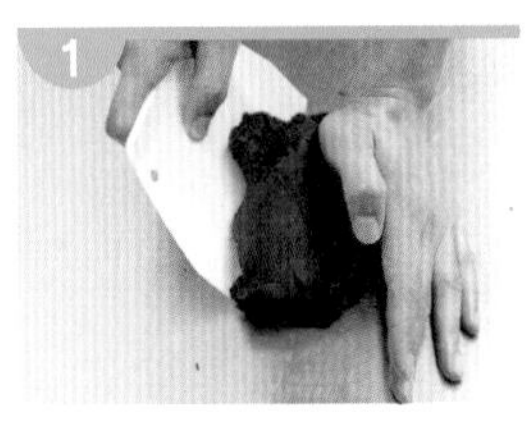

5. 油皮分割：參閱 p.220「酥油皮製作流程 4.」。

6. 油皮包油酥、覆蓋鬆弛：參閱 p.221「酥油皮製作流程 5.」。

7. 第一次擀捲：參閱 p.221「酥油皮製作流程 6.」。

8. 第二次擀捲覆蓋鬆弛：參閱 p.221「酥油皮製作流程 7.」。

9. 整型、覆蓋鬆弛：參閱 p.222「酥油皮製作流程 8.」。

10. 包餡：1. 手握酥油皮，放上豆沙餡 2. 輕壓並同時，3. 收口，旋轉底部 4. 使收口處成尖嘴型，5. 將突出小麵糰下壓整成圓球狀。

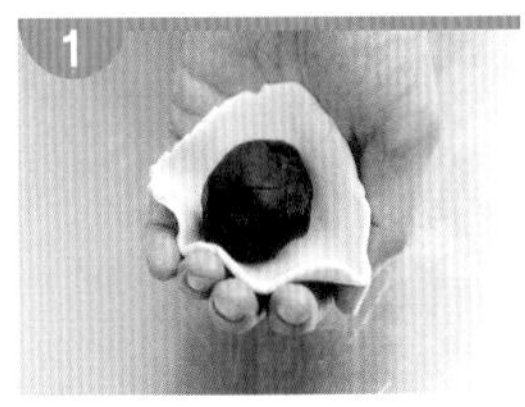
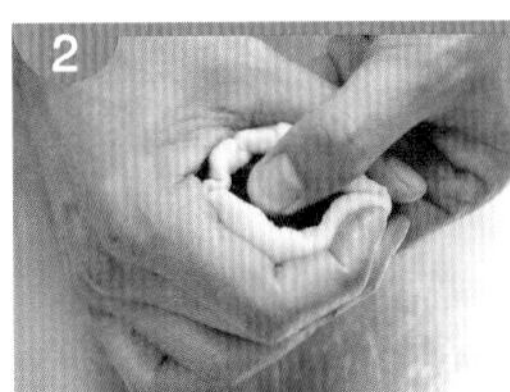
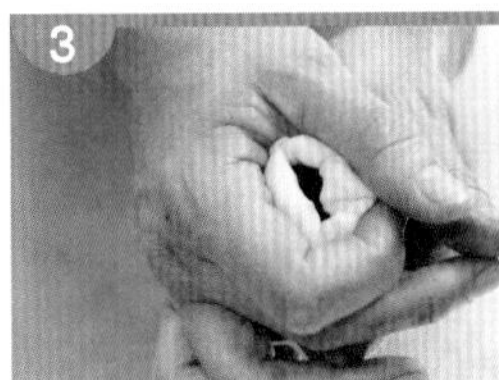

11. 整型、覆蓋鬆弛：1. 取 8 公分模型放入球狀麵糰，2.3. 利用手腹壓扁至 4. 與模平高，可在塑膠袋或墊紙操作 ，5. 收口朝上排列整齊入烤盤。

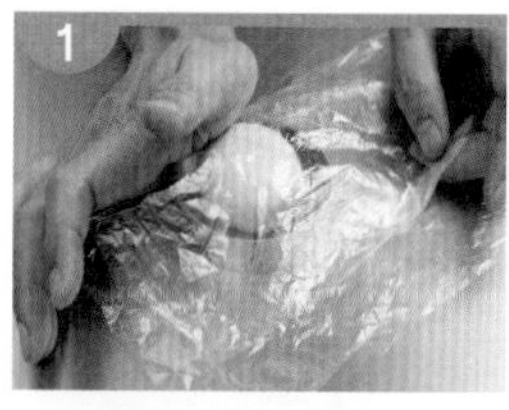
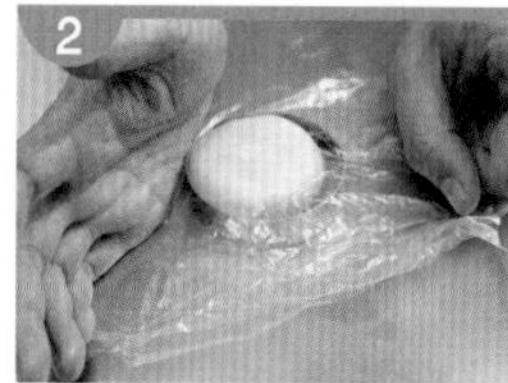
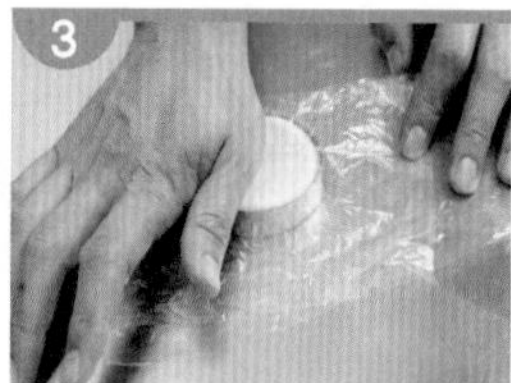

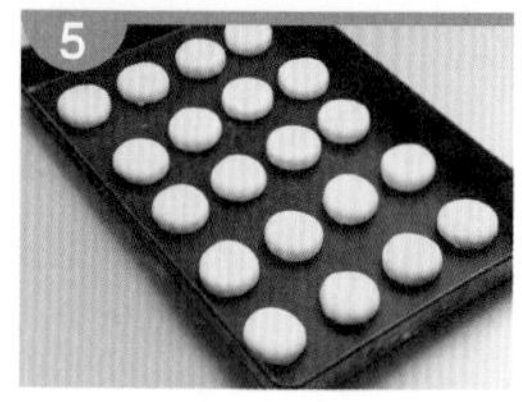

12. 烤焙：進爐，上火 180℃／下火 200℃烤 12 分鐘。

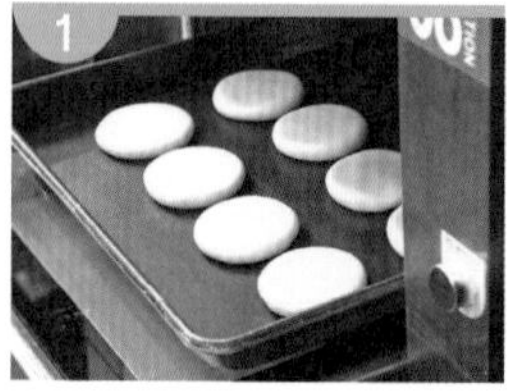

13. 翻面再烤：1. 利用切麵刀小心翻面，調頭再烤，改上火 100℃／下火 180℃，續烤 15 分鐘至，2. 上下兩面都呈金黃色澤，即可 3. 出爐。

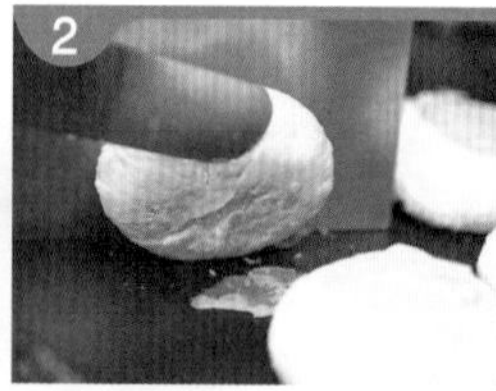

14. 成品：蘇式豆沙月餅共計 20 個。

TIPS

1. 油皮攪拌越光滑，產品越細緻，相對鬆弛時間也要延長。
2. 油酥攪拌均勻成糰即可，若過度攪拌使得油因熱溶化，不利操作。
3. 油皮、油酥的軟硬要相當，並且配合室溫與產品特性而調節軟硬度。
4. 酥油皮擀開包餡前要充份鬆弛，才有足夠彈性利於操作，不易漏餡。
5. 油皮操作過程中，隨時舖蓋塑膠袋，避免因接觸空氣而散失水份，產生結皮現象。
6. 依題意【用烤箱兩面（需翻面）烤熟之產品】，因此烤焙時收口朝上先烤，中間必須翻面再續烤至兩面均勻上色。

MEMO

G

糕漿皮類－糕漿皮麵食

（壹）試題說明

一、本類麵食共四小項（編號 096-970301H~970304H）。

二、完成時限為四小時，包含酥油皮類麵食、糕漿皮類麵食，依勾選之分項各抽考一種產品，共二種產品。

三、糕漿皮麵糰可使用攪拌機製作。

四、產品製作之試題說明及要求之品質標準，係依產品而定，請參考每小項之「試題說明」。

五、產品製作重量與數量，係依產品而定，請參考每小項之「製作說明」。

六、制定麵糰配方時，不可加計任何損耗。麵糰重量需符合試題說明與製作說明，製作配方於製作後不可再修改，監評會核對配方表與實作重量。

七、麵糰與餡料製備之所有操作程序需完全符合衛生標準規範；所需重量應確實計算，不可剩餘，也不得分多次製作。

八、本類麵食共用材料（每項產品）

編號	名稱	材料規格	單位	重量	備註
1	麵粉	高筋、中筋、低筋 符合國家標準 (CNS) 規格	公克	各 1000	
2	砂糖	細砂糖	公克	1000	
3	糖粉	市售品	公克	500	
4	麥芽糖	84° Brix, 白黃色均可	公克	300	
5	鹽	精製	公克	20	
6	泡打粉	雙重反應式 BP	公克	100	建議無鋁
7	固體油	奶油、純豬油、烤酥油	公克	600	
8	液體油	沙拉油、花生油	公克	300	
9	碳酸氫鈉	食品級	公克	20	小蘇打
10	蛋	生鮮雞蛋	公克	300	
11	奶粉	全脂或低脂	公克	100	

備註：

1. 考生制定配方，需依本類麵食共用材料與各小項產品之專用材料表內所列之材料自由選用。
2. 所選用之材料重量不可超出所定之數量範圍。各類食品添加物之使用範圍及限量應符合食品安全衛生管理法第 18 條訂定「食品添加物使用範圍及限量暨規格標準」。
3. 『水』任意使用，不限重量。

八、本類麵食專業設備（每人份）

編號	名稱	材料規格	單位	數量	備註
1	月餅模	木或鋁製，表面可用塗覆處理，內徑約 6 公分 × 高 2.5 公分，容積 93±5 公克（約 2.5 兩）	支	1	
2	鳳梨酥模	鋁或不鏽鋼，長 5 公分 × 寬 3.5 公分 × 高 1.5 公分	個	30	
3	噴水器	塑膠或不鏽鋼製，容量 1000ML 以下	支	1	

糕、漿糰分割、包餡、熟製流程

1. 糕、漿糰分割：1. 秤出糕糰總重，2. 搓成條狀，依題意平均分割。

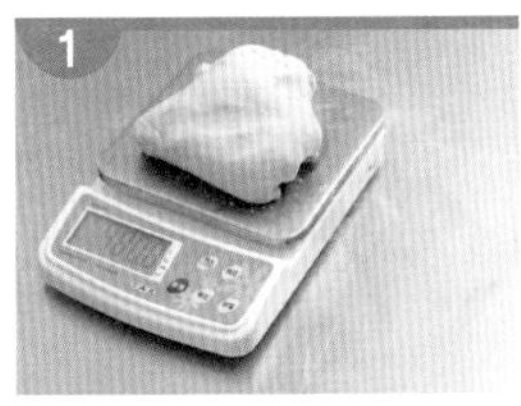
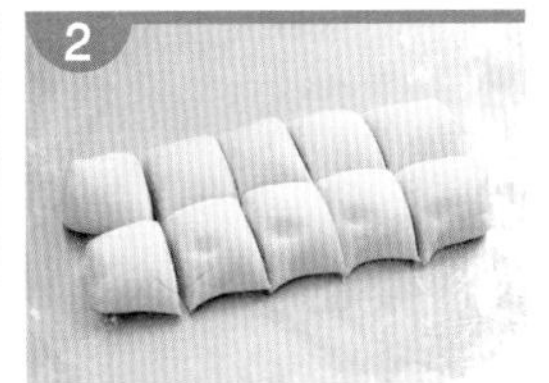

2. 豆沙餡分割：1.2. 豆沙餡整型成長柱型，3. 依題意平均分割，4. 搓圓備用。

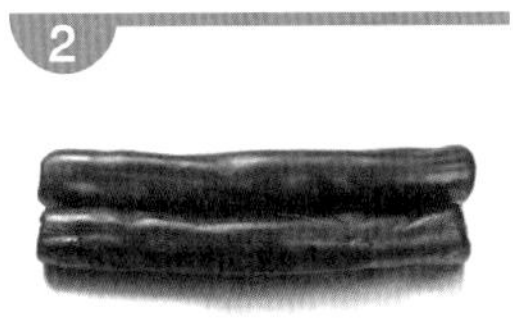

3. 包餡：1. 桌上灑粉，糕皮沾粉，豆沙餡再放皮上，2. 沾粉面朝下放手心，3.4. 一手擠餡，使糕皮完整包覆豆沙餡後，5.6. 收口 7. 包餡完成，底部沾粉待整型。

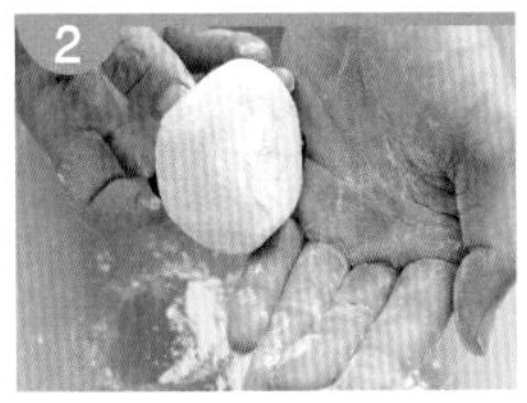
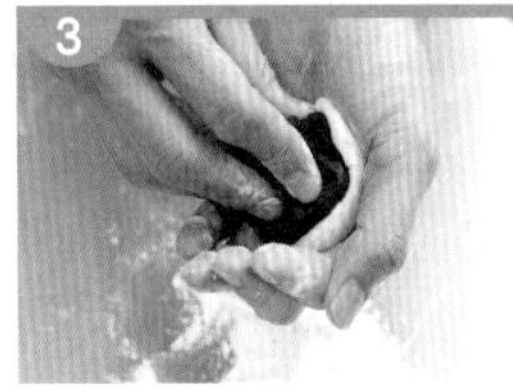
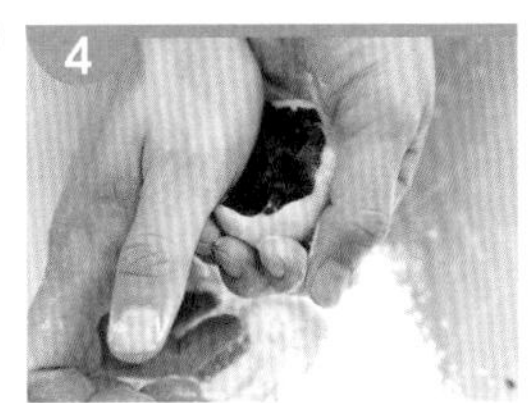
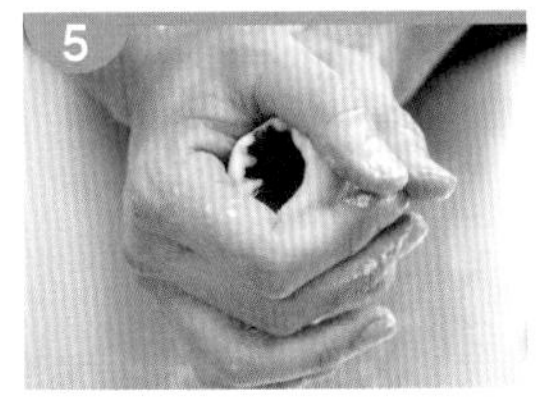
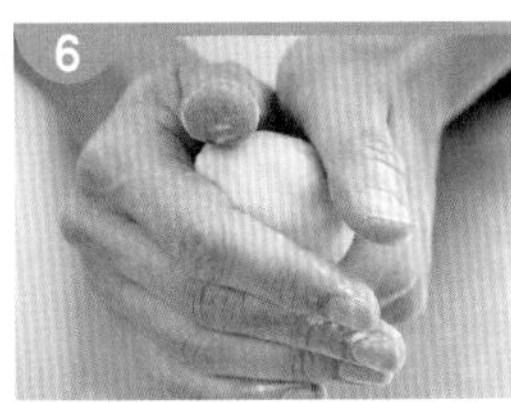
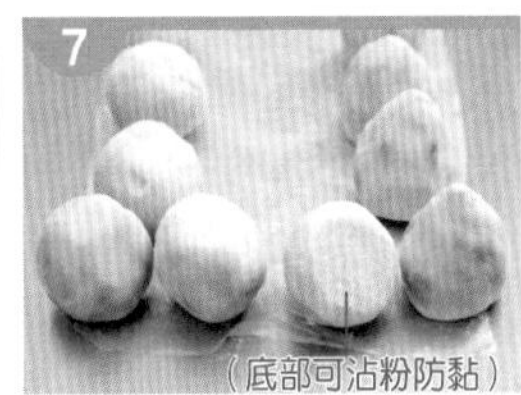
（底部可沾粉防黏）

4. 整型：1. 白毛巾摺疊整齊放桌邊備用，2. 木模鋪粉，將 3.4. 多餘粉扣出，糕皮表面沾粉，5. 收口朝上入模，6. 手腹輕壓至與木模平高，若有超出麵糰將會產生裙邊（參閱 p.276 TIPS 5.），7. 木模傾斜 45° 角向左輕敲 8. 再向右輕敲，使餅體微微脫離，9. 手托住餅體，翻轉，向下輕敲至餅體脫離木模。10. 利用乾毛刷前端，輕刷餅體表層附著之麵粉。

5. 第一次烤焙、裝飾：上火 230℃／下火 180℃，使用雙層烤盤，烤焙 10 分鐘定型，出爐待涼，利用毛刷前端，沾少許蛋黃液，輕刷餅體表層紋路凸出處，待蛋黃液微乾後，再輕刷第二次，調頭入爐。

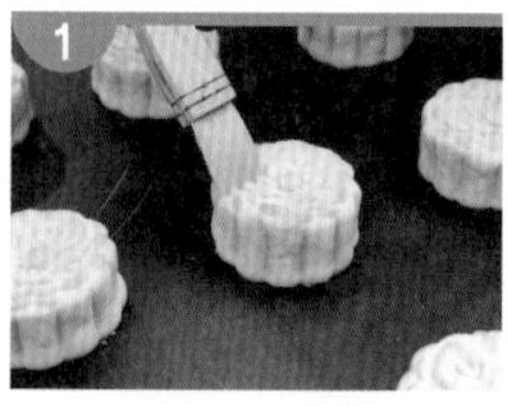

6. 第二次烤焙：上火 200℃／下火 180℃，續烤 12 分鐘，烤至餅體 1. 底部上色、表層呈金黃色澤，2. 餅體下緣上色即可。

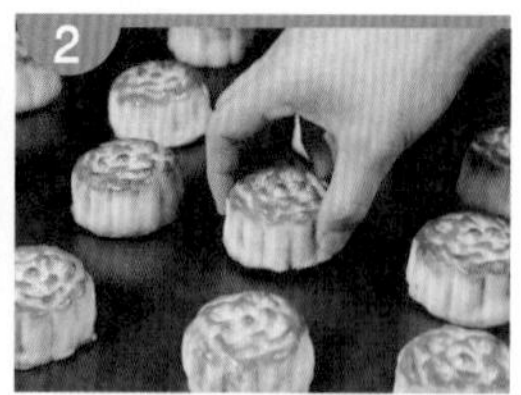

桃酥

★★ 096-970301H ★★

糕漿皮麵食

01H

試題說明

1. 用糕皮方式製作。可用攪拌機製作麵糰，平均分割所需數量，用手工整成圓球型，表面可壓洞或刷蛋水，用烤箱烤熟之產品。
2. 產品表面需具均勻的金黃色澤、大小一致、外型完整不可破損、表面有不規則的雞爪紋、底部不可焦黑或嚴重沾粉、底部擴散最少需為麵糰的二倍、不可流散成扁薄狀；切開後中間需完全熟透、鬆酥、內外不可有異物、無異味、具有良好的口感。

材料

1. 中筋麵粉、2. 細砂糖、3. 純豬油、4. 蛋、5. 碳酸氫銨、6. 綿白糖、7. 小蘇打粉、8. 核桃、9. 鹽、10. 泡打粉

製作說明

1. 製作 20 個桃酥。（麵糰不可剩餘）
2. 製作重量：
   (1) 麵糰重量 900 公克。
   (2) 麵糰重量 1000 公克。
   (3) 麵糰重量 1100 公克。

專用材料（每人份）

編號	名稱	材料規格	單位	數量	備註
1	綿白糖	市售品，可用糖粉替代	公克	200	
2	碳酸氫銨	食品級	公克	20	
3	核桃	市售品	公克	200	

備註：考生制定配方，需依本專用材料與本類麵食之共用材料表內所列之材料自由選用，所選用之材料重量不可超出所定之重量範圍。

配方計算

(1) 已知麵糰重量 900、1000、1100 公克
(2) 計算公式：麵糰各項材料重量＝麵糰重量／百分比小計 × 各單項材料百分比

配方計算總表

材料名稱	%	麵糰 900 公克		麵糰 1000 公克		麵糰 1100 公克	
低筋麵粉	100	900/228×100	395	1000/228×100	438	1100/228×100	483
泡打粉	0.6	900/228×0.6	2	1000/228×0.6	2	1100/228×0.6	3
純豬油	50	900/228×50	198	1000/228×50	219	1100/228×50	241
綿白糖	15	900/228×15	60	1000/228×15	66	1100/228×15	72
細砂糖	35	900/228×35	138	1000/228×35	154	1100/228×35	169
鹽	0.6	900/228×0.6	2	1000/228×0.6	3	1100/228×0.6	3
蛋	10	900/228×10	39	1000/228×10	44	1100/228×10	48
碳酸氫銨	0.6	900/228×0.6	2	1000/228×0.6	3	1100/228×0.6	3
小蘇打	1.2	900/228×1.2	5	1000/228×1.2	5	1100/228×1.2	6
核桃	15	900/228×15	59	1000/228×15	66	1100/228×15	72
小計	228		900		1000		1100

蛋黃液		適量	適量	適量

桃酥流程圖

核挑烤焙、切碎備用	爐溫： 上火150℃/下火150℃ 烤焙20分鐘。
材料以糖油拌合法打發	純豬油、過篩糖粉、細砂糖、鹽。
碳酸氫銨、小蘇打分別溶水後加入	此二者先溶於水再加入。
蛋分次加入	攪拌至無液體狀。
低粉、泡打粉過篩後加入	攪拌至無粉狀即可，切不可過度攪拌。
核桃加入	拌勻即可。
整型、排盤	平均分割20個，並搓圓。利用姆指在中心壓凹洞。
裝飾	表面刷蛋黃液。（可刷可不刷）
熟製	爐溫： 上下火150℃/160℃烤20分鐘調頭，改上火180℃烤18分鐘。冷卻後再行移至成品架，避免破碎。
成品	桃酥共計20個。

※ 1. 產品完成後才可填寫製作報告表。
2. 書寫內容可參閱本流程圖。

步驟圖說

1. 前置：1. 核桃烤焙後稍壓碎、2. 小蘇打加少許水拌溶、3. 碳酸氫銨加少許水拌溶、4. 粉類過篩、5. 蛋打散備用。

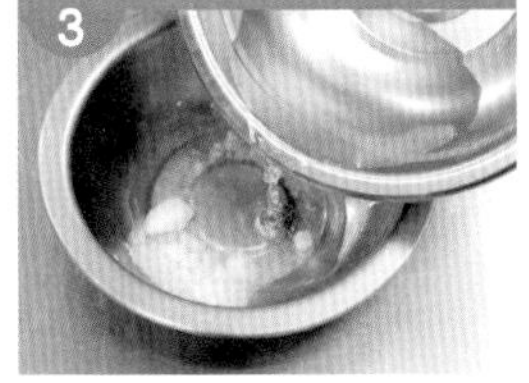
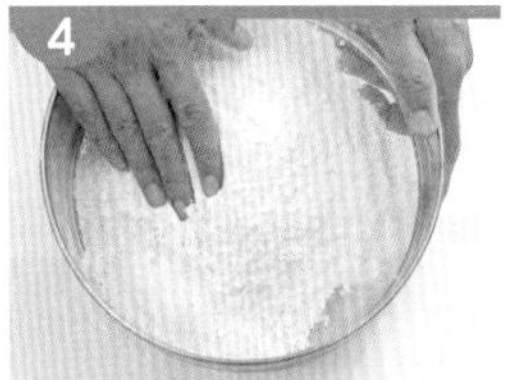
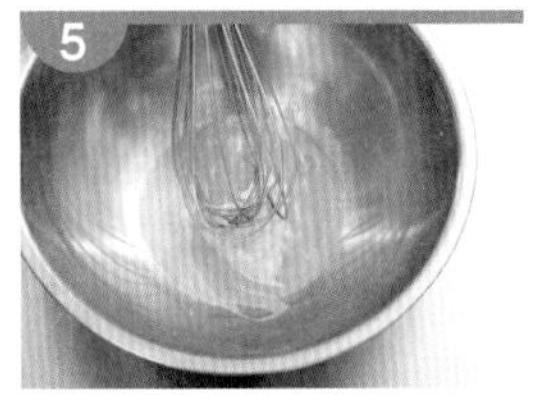

2. 糕皮製作：1. 細砂糖、純豬油、綿白糖、鹽放入小攪拌缸，以槳狀攪拌器拌至無粉狀，2. 蛋分次拌入，至完全吸收，3. 小蘇打水、碳酸氫銨水分別加入，4. 再加入過篩粉類，5. 攪拌至均勻且無粉狀，6. 加入核桃，以慢速拌勻即可 7. 取出。

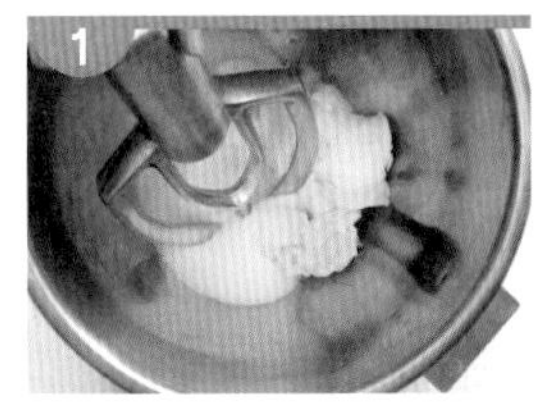
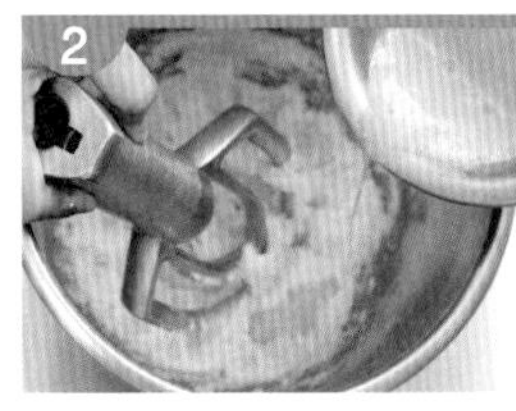
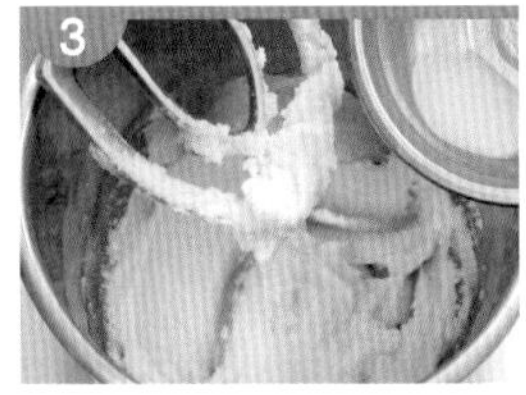
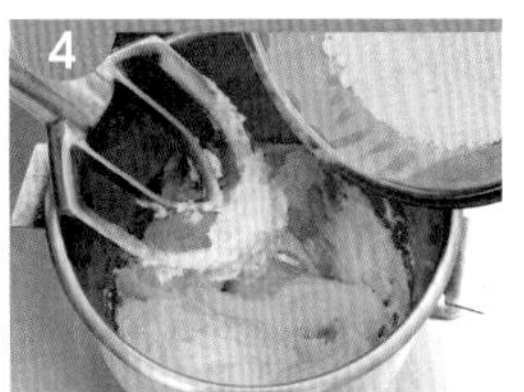

3. 分割、整型：1. 秤出麵糰總重 ÷20 ＝每個 2. 平均重量，以扣重方式取量，3. 搓圓排盤，並覆蓋鬆弛 4. 大拇指由中心點垂直下壓 1/2 處，勿須壓到底，5. 形成凹洞。

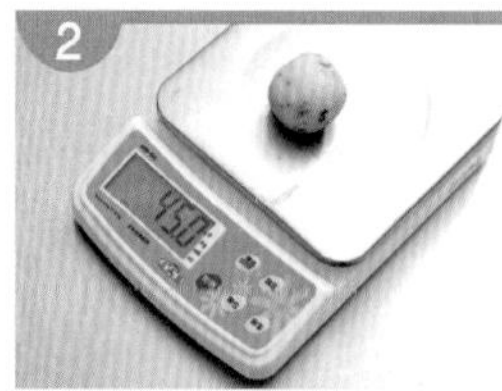

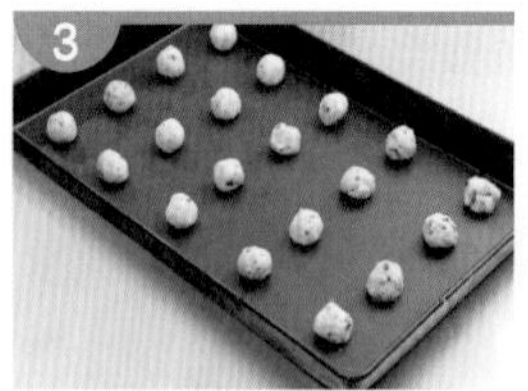

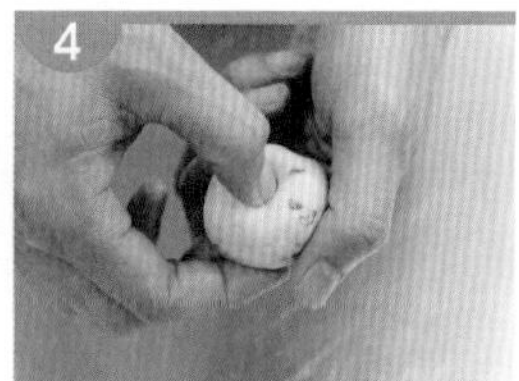

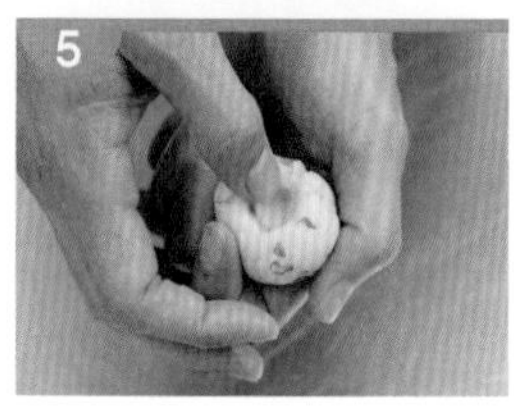

4. 裝飾、烤焙：1. 整型完成，2. 表層刷上蛋黃液（不刷亦可），直接入烤箱，上火 150℃／下火 160℃烤焙 20 分鐘，調頭改上火 170℃／下火 160℃再烤 20 分鐘，烤至金黃色澤即可出爐，但須等待冷卻後，方可移出烤盤，否則會碎裂。

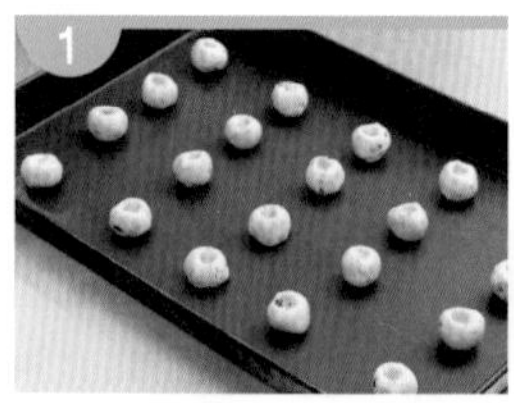

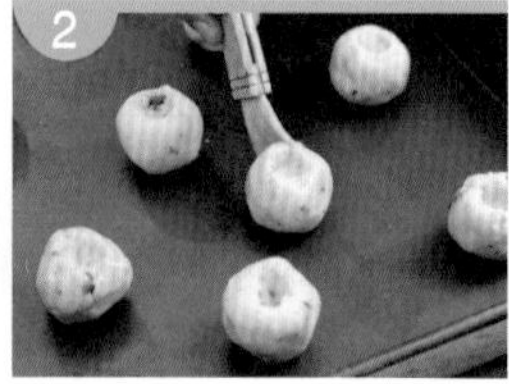

5. 成品：桃酥共計 20 個。

TIPS

1. 小蘇打、碳酸氫銨經水溶解，才容易被麵糰完全且均勻的吸收。
2. 依題意「表面有不規則的雞爪紋」，麵糰攪拌至無粉狀即可，過度攪拌，會影響雞爪紋的呈現。
3. 依題意「底部擴散最少需為麵糰的二倍、不可流散成扁薄狀」，麵糰過硬無法成型；過軟，流散成扁薄狀，因此須掌握麵糰的軟硬度。
4. 整型過程，隨時覆蓋，保持濕度，預防結皮。
5. 裝飾與否隨個人喜好，未刷蛋黃液成品，如下圖。

6. 排盤，注意麵糰間距，目的預留擴散空間，避免產品相連。

7. 因烤箱各異，熟製時，注意產品上色情況，調控溫度。

NG 圖說

出爐後未待冷卻移動，造成碎裂

焦黑

台式豆沙月餅

★★ 096-970302H ★★

糕漿皮
麵食
02H

試題說明

1. 用糕皮方式製作餅皮。可用攪拌機製作糕皮麵糰，平均分割所需數量，包入含油豆沙餡，放入月餅模內壓製成型，敲出後、表面刷蛋水（可先烤再刷），用烤箱烤熟之產品。
2. 產品表面需具均勻的金黃色澤、大小一致、外型完整不可破損、不可有嚴重裂紋（可見到內餡）或爆餡或表面嚴重沾粉、表面紋路清晰、挺立、上下左右一致不可有明顯的大裙邊、底部不可焦黑或嚴重沾粉；切開後皮餡之間需完全熟透、餅皮厚薄一致、不可有皮餡混合之現象、餅皮鬆酥、內外不可有異物、無異味、具有良好的口感。

材料

皮：1. 低筋麵粉、2. 泡打粉、3. 麥芽糖、4. 全蛋、5. 鹽、6. 奶油、7. 奶粉、8. 糖粉

餡：A. 含油豆沙餡

裝飾：a. 蛋黃液

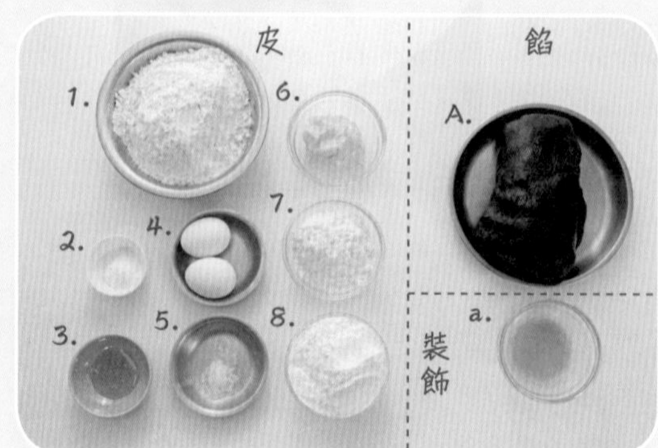

製作說明

1. 製作 20 個台式月餅，皮：餡＝ 1：3。（麵糰不可剩餘）。
2. 製作重量：
   (1) 麵糰重量 440 公克。
   (2) 麵糰重量 460 公克。
   (3) 麵糰重量 480 公克。

專用材料（每人份）

編號	名稱	材料規格	單位	數量	備註
1	含油豆沙餡	市售含油烏豆沙	公克	2000	

備註：考生制定配方，需依本專用材料與本類麵食之共用材料表內所列之材料自由選用，所選用之材料重量不可超出所定之重量範圍。

配方計算

1. 糕皮部份

(1) 已知麵糰重量為 440、460、480 公克。
(2) 計算公式：麵糰各項材料重量＝麵糰重量／麵糰百分比小計 × 麵糰各單項材料百分比

2. 豆沙餡部份

(1) 製作 20 個台式月餅，皮：餡＝ 1：3。
(2) 麵糰重量 440，豆沙餡重量＝ 400÷1×3 ＝ 1320 麵糰重量 460，豆沙餡重量＝ 460÷1×3 ＝ 1380 麵糰重量 480，豆沙餡重量＝ 480÷1×3 ＝ 1440
(3) 計算公式：豆沙餡各項材料重量＝餡總重／餡百分比小計 × 餡各單項材料百分比

麵糰配方計算總表

材料名稱	%	麵糰 440 公克		麵糰 460 公克		麵糰 480 公克	
低筋麵粉	100	440/223×100	197	460/223×100	206	480/223×100	216
糖粉	44	440/223×44	87	460/223×44	91	480/223×44	95
麥芽糖	8.5	440/223×8.5	17	460/223×8.5	18	480/223×8.5	18
奶油	20	440/223×20	39	460/223×20	41	480/223×20	43
奶粉	13	440/223×13	26	460/223×13	27	480/223×13	28
鹽	1	440/223×1	2	460/223×1	2	480/223×1	2
全蛋	36	440/223×36	71	460/223×36	74	480/223×36	77
泡打粉	0.5	440/223×0.5	1	460/223×0.5	1	480/223×0.5	1
小計	223		440		460		480

豆沙餡配方計算總表

材料名稱	%	豆沙餡重 1320 公克		豆沙餡重 1380 公克		豆沙餡重 1440 公克	
含油豆沙餡	100	1320/100×100	1320	1380/100×100	1380	1440/100×100	1440
小計	100		1320		1380		1440

裝　飾

蛋黃液		適量	適量	適量

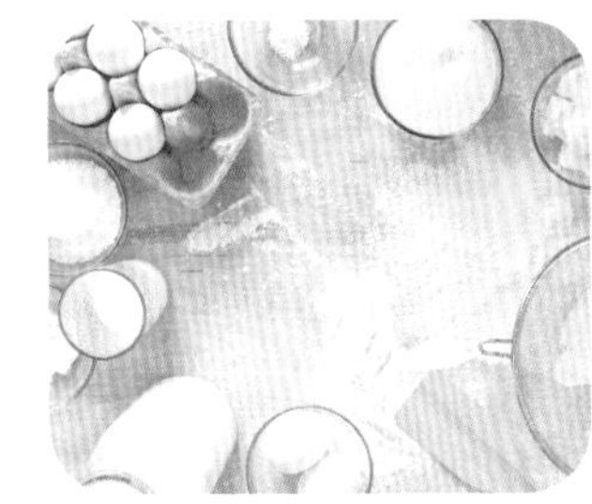

台式豆沙月餅流程圖

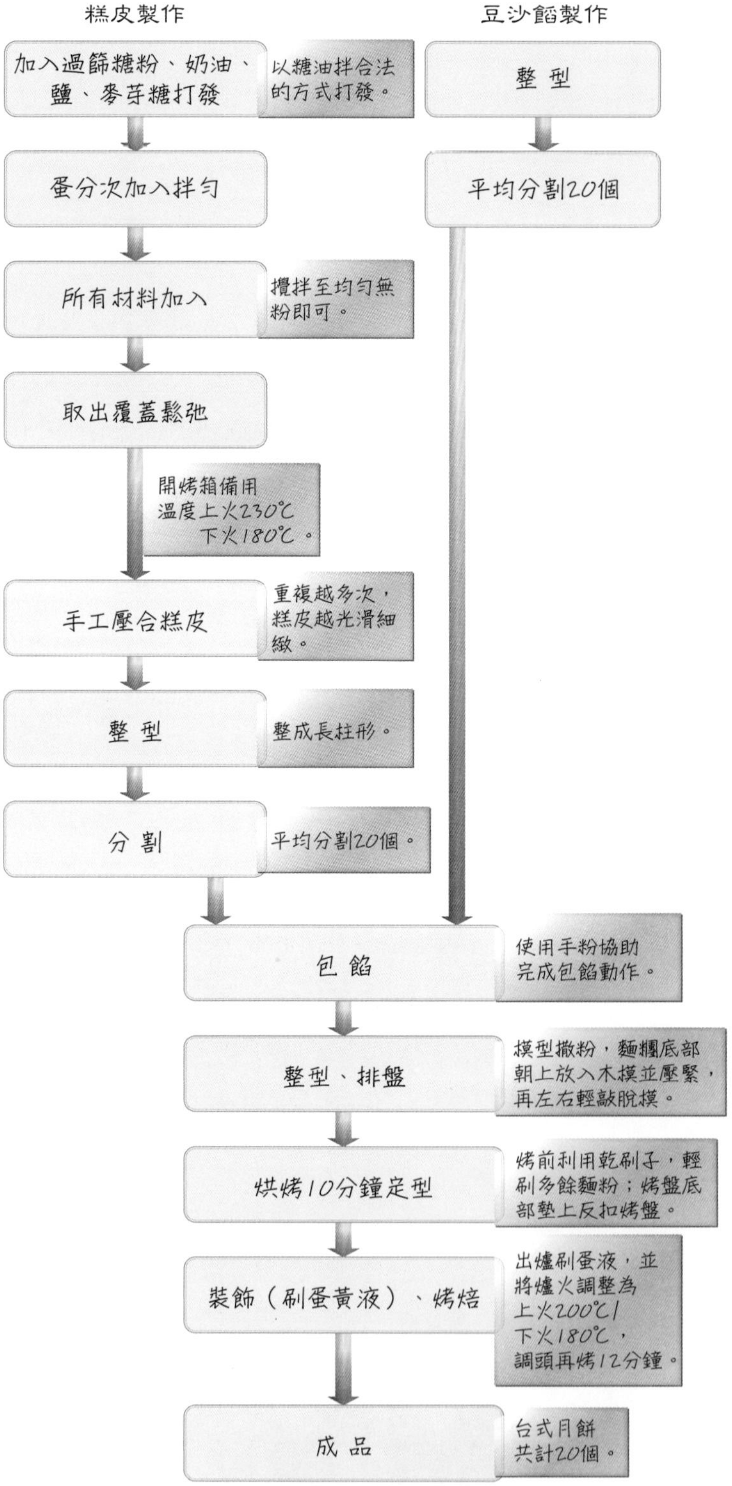

糕皮製作

加入過篩糖粉、奶油、鹽、麥芽糖打發 —— 以糖油拌合法的方式打發。
↓
蛋分次加入拌勻
↓
所有材料加入 —— 攪拌至均勻無粉即可。
↓
取出覆蓋鬆弛
↓ 開烤箱備用溫度上火230℃下火180℃。
手工壓合糕皮 —— 重複越多次，糕皮越光滑細緻。
↓
整型 —— 整成長柱形。
↓
分割 —— 平均分割20個。

豆沙餡製作

整型
↓
平均分割20個

（兩者匯合）
↓
包餡 —— 使用手粉協助完成包餡動作。
↓
整型、排盤 —— 模型撒粉，麵糰底部朝上放入木模並壓緊，再左右輕敲脫模。
↓
烘烤10分鐘定型 —— 烤前利用乾刷子，輕刷多餘麵粉；烤盤底部墊上反扣烤盤。
↓
裝飾（刷蛋黃液）、烤焙 —— 出爐刷蛋液，並將爐火調整為上火200℃/下火180℃，調頭再烤12分鐘。
↓
成品 —— 台式月餅共計20個。

※ 1. 產品完成後才可填寫製作報告表。
2. 書寫內容可參閱本流程圖。

步驟圖說

1. 前置：1. 低粉＋泡打粉、2. 糖粉分別過篩；3. 麥芽糖沾裹糖粉，重覆拉合，使其軟化。

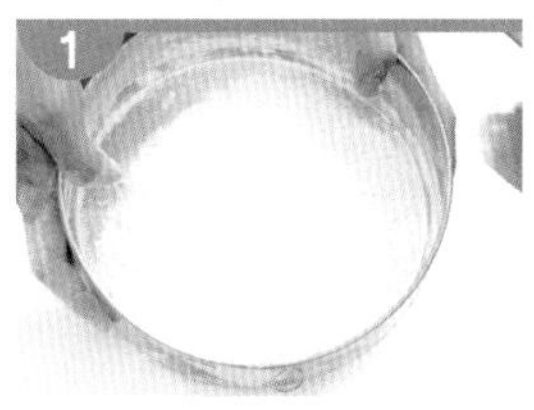
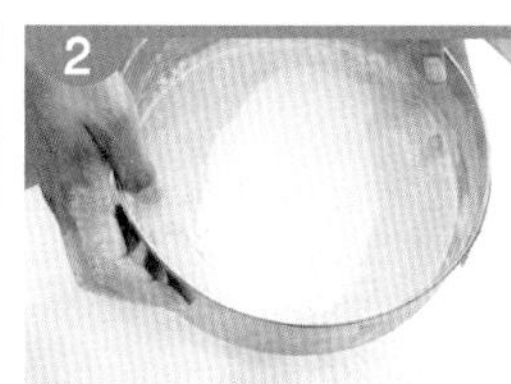

2. 糕皮製作（一）、鬆弛：1. 糖粉、奶粉、鹽、奶油、沾糖粉麥芽糖等材料入攪拌缸，2. 使用槳狀攪拌器慢速拌至無粉狀，加蛋拌勻，務必經常停機刮缸邊及缸底，最後 3. 加 1/2 低粉拌至無粉，停機轉中速再攪拌及刮缸，拌至均勻，取出，4. 覆蓋鬆弛 30 分鐘。

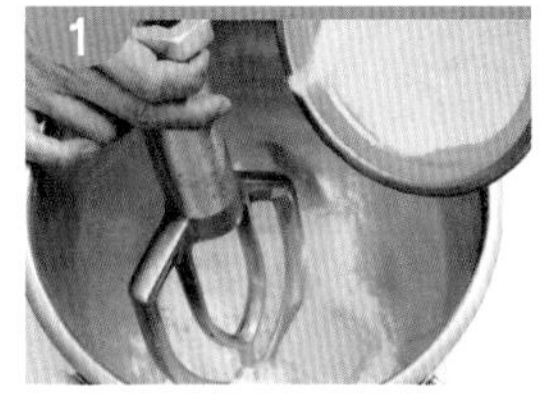
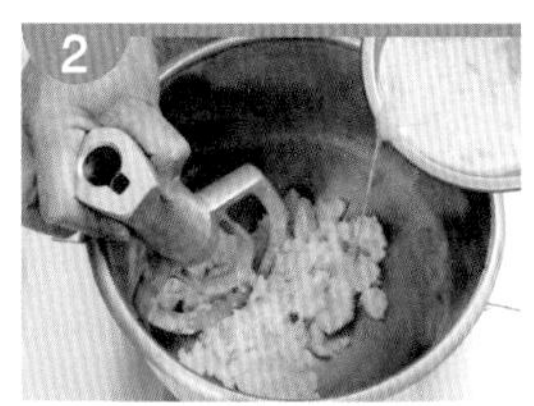
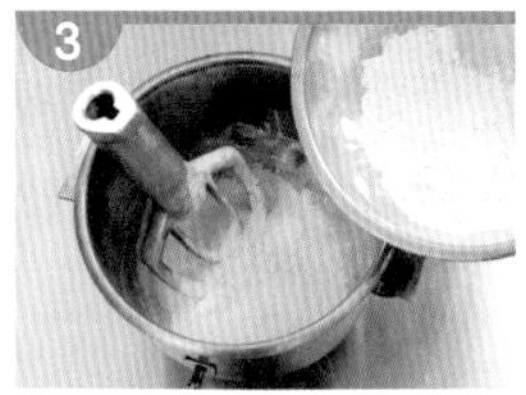

3. 糕皮製作（二）：鬆弛後，將 1. 剩餘 1/2 低粉、2. 糕糰，3. 在桌上進行壓、合、翻起等動作，4. 拌至無粉、軟硬適度、顏色變淡且光滑細緻的糕糰。

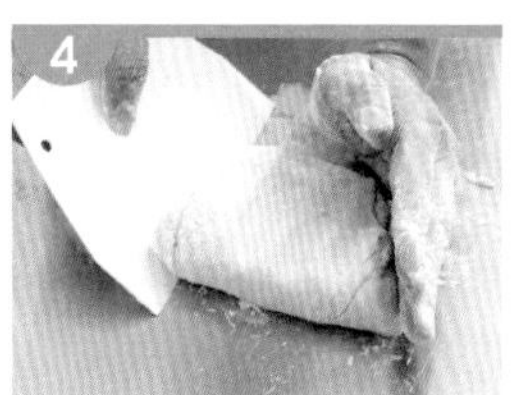

4. 糕糰分割：參閱 p.261「糕、漿糰分割、包餡、整型、熟製流程 1.」。
5. 紅豆餡分割：參閱 p.261「糕、漿糰分割、包餡、整型、熟製流程 2.」。
6. 包餡：參閱 p.261「糕、漿糰分割、包餡、整型、熟製流程 3.」。
7. 整型：參閱 p.262「糕、漿糰分割、包餡、整型、熟製流程 4.」。
8. 第一次烤焙、裝飾：參閱 p.262「糕、漿糰分割、包餡、整型、熟製流程 5.」。
9. 第二次烤焙：參閱 p.262「糕、漿糰分割、包餡、整型、熟製流程 6.」。

10. 成品：台式豆沙月餅共計 20 個。

TIPS

1. 糕皮鬆弛時間長，延展性佳，易於包餡。
2. 包餡時，厚薄度一致，尤其底部不可有厚麵糰。
3. 檢定使用木製或鋁製月餅模，依考場而定。
4. 木模使用重點：1.2. 使用乾毛刷清出多餘麵粉，3. 沾有附著麵糰，以牙籤等軟質尖物清理即可，使用利刃會傷及紋路。

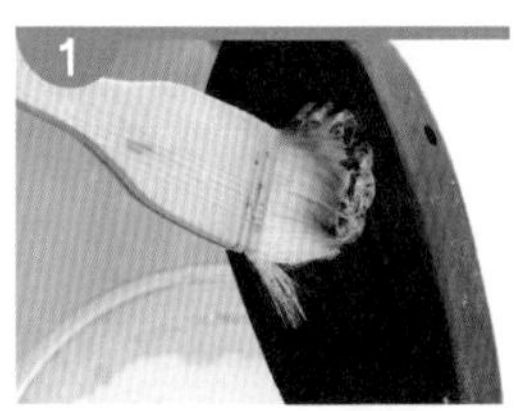

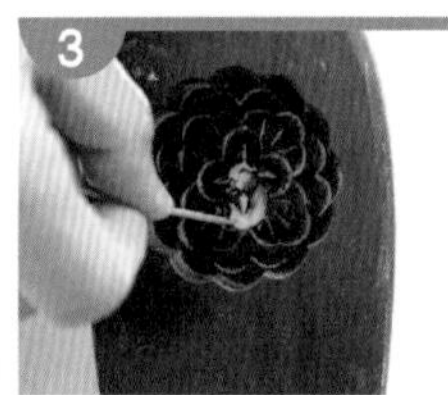

5. 依題意「上下左右一致不可有明顯裙邊」，入模按壓後，使餅體稜角明顯而立體平整，如不平整，有多餘麵糰，是造成裙邊的主因。（如 NG 圖說①）
6. 餅體扣出時，在毛巾上動作，可避免敲擊聲過大、保護桌面與模具。
7. 本產品烤焙重點高溫短時間，因此底部再添加一反扣烤盤，可延緩底部上色時間。

NG 圖說

① 

餅體底層多出裙邊

② 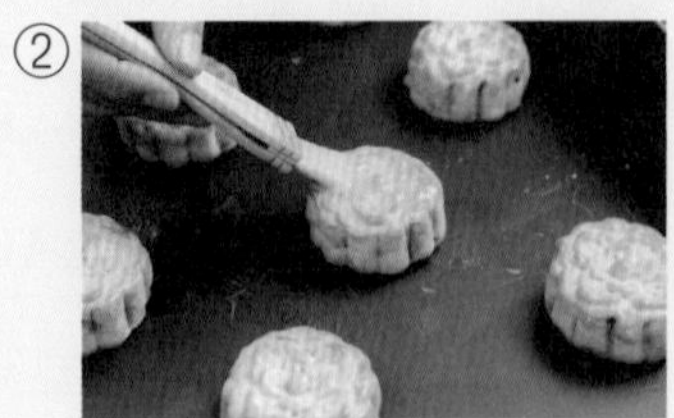

蛋液過多

廣式月餅

★★ 096-970303H ★★

糕漿皮
麵食
03H

試題說明

1. 用漿皮方式製作餅皮。可用攪拌機製作漿皮麵糰，平均分割所需數量，包入含油豆沙餡，放入月餅模內壓製成型，敲出後、表面刷蛋水（可先烤再刷），用烤箱烤熟之產品。
2. 產品表面需具均勻的金黃色澤、大小一致、外型完整不可破損、不可有嚴重裂紋（可見到內餡）或爆餡或表面嚴重沾粉、表面紋路清晰、挺立、上下左右一致不可有明顯的大裙邊、底部不可焦黑或嚴重沾粉；切開後皮餡之間需完全熟透、餅皮厚薄一致、不可有皮餡混合之現象、餅皮鬆酥、內外不可有異物、無異味、具有良好的口感。

材料

皮：1. 低筋麵粉、2. 鹼水、3. 花生油、4. 轉化糖漿

餡：A. 含油豆沙餡

裝飾：a. 蛋黃液

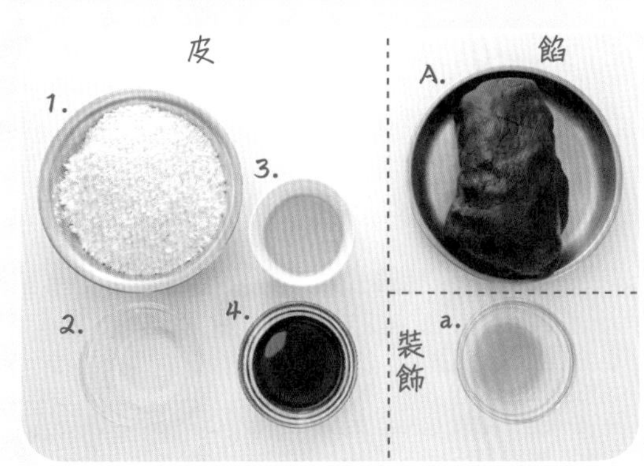

製作說明

1. 製作 20 個廣式月餅，皮：餡＝ 1：4。（麵糰不可剩餘）
2. 製作重量：
   (1) 麵糰重量 360 公克。
   (2) 麵糰重量 380 公克。
   (3) 麵糰重量 400 公克。

專用材料（每人份）

編號	名稱	材料規格	單位	數量	備註
1	液體油	花生油、大豆沙拉油等	公克	200	
2	轉化糖漿	78~82% 之月餅專用糖漿	公克	300	
3	食用鹼粉	碳酸鈉等	公克	20	考場調配鹼水
4	含油豆沙餡	市售含油烏豆沙	公克	2000	

備註：考生制定配方，需依本專用材料與本類麵食之共用材料表內所列之材料自由選用，所選用之材料重量不可超出所定之重量範圍。

配方計算

1. 漿皮部份

(1) 已知麵糰重量為 360、380、400 公克。
(2) 計算公式：麵糰各項材料重量＝麵糰重量／麵糰百分比小計 × 麵糰各單項材料百分比

2. 豆沙餡部份

(1) 製作 20 個廣式月餅，皮：餡＝ 1：4。
(2) 麵糰重量 360，豆沙餡重量＝ 360÷1×4 ＝ 1440 麵糰重量 380，豆沙餡重量＝ 380÷1×4 ＝ 1520 麵糰重量 400，豆沙餡重量＝ 400÷1×4 ＝ 1600
(3) 計算公式：豆沙餡材料重量＝餡總重／餡百分比小計 × 餡材料百分比

麵糰配方計算總表

材料名稱	%	麵糰 360 公克		麵糰 380 公克		麵糰 400 公克	
低筋麵粉	100	360/203×100	178	380/203×100	187	400/203×100	197
花生油	30	360/203×30	53	380/203×30	56	400/203×30	59
轉化糖漿	70	360/203×70	124	380/203×70	130	400/203×70	137
鹼水（參閱 TIPS）	3	360/203×3	5	380/203×4	7	400/203×4	7
小計	203		360		380		400

豆沙餡配方計算總表

材料名稱	%	豆沙餡重 1440 公克		豆沙餡重 1520 公克		豆沙餡重 1600 公克	
含油豆沙餡	100	1440/100×100	1440	1520/100×100	1520	1600/100×100	1600
小計	100		1440		1520		1600

裝　飾

蛋黃液		適量	適量	適量

廣式月餅流程圖

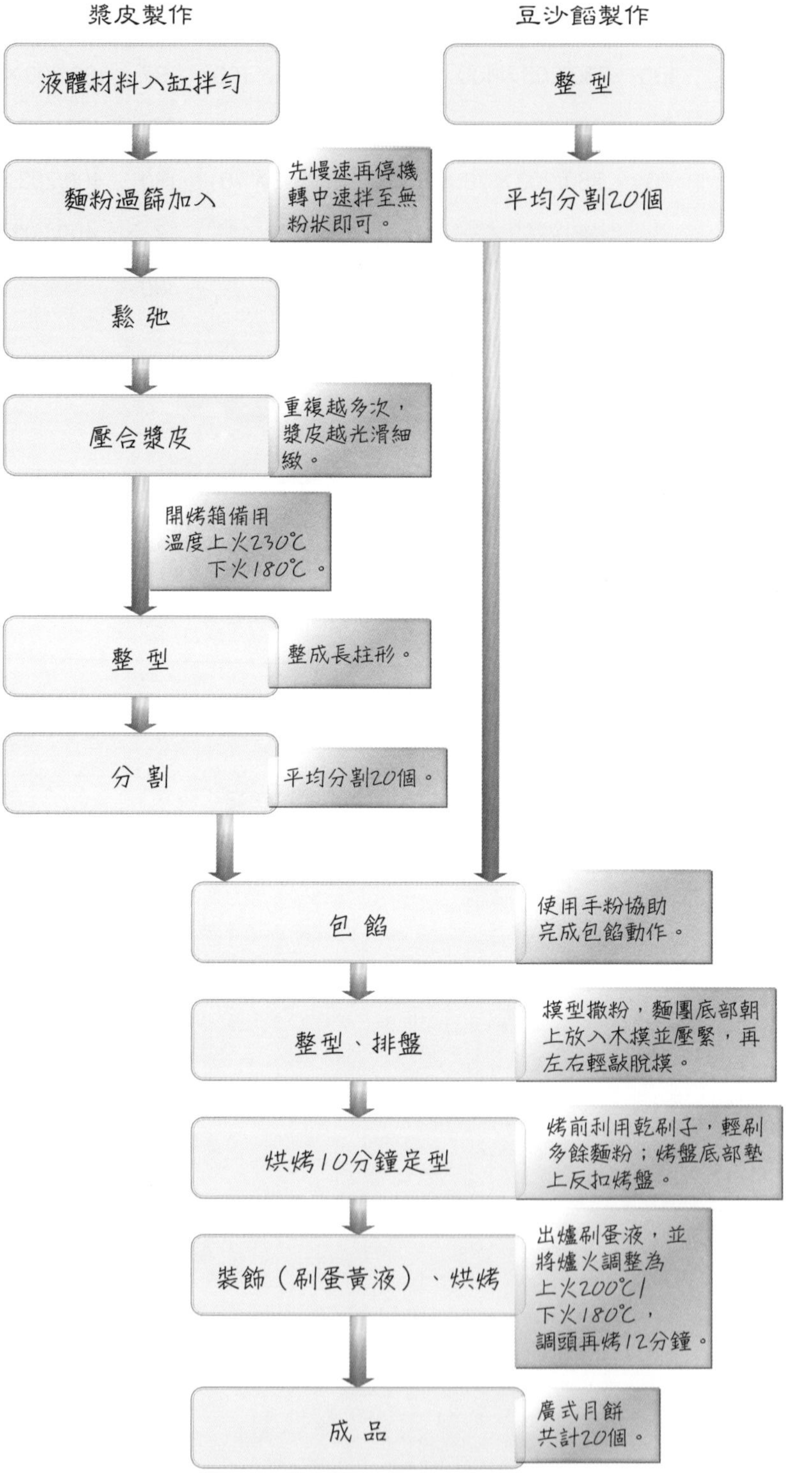

漿皮製作

液體材料入缸拌勻
↓
麵粉過篩加入（先慢速再停機轉中速拌至無粉狀即可。）
↓
鬆弛
↓
壓合漿皮（重複越多次，漿皮越光滑細緻。）
↓（開烤箱備用 溫度上火230℃ 下火180℃。）
整型（整成長柱形。）
↓
分割（平均分割20個。）
↓

豆沙餡製作

整型
↓
平均分割20個
↓

包餡（使用手粉協助完成包餡動作。）
↓
整型、排盤（摸型撒粉，麵團底部朝上放入木摸並壓緊，再左右輕敲脫摸。）
↓
烘烤10分鐘定型（烤前利用乾刷子，輕刷多餘麵粉；烤盤底部墊上反扣烤盤。）
↓
裝飾（刷蛋黃液）、烘烤（出爐刷蛋液，並將爐火調整為上火200℃/下火180℃，調頭再烤12分鐘。）
↓
成品（廣式月餅共計20個。）

※ 1. 產品完成後才可填寫製作報告表。
2. 書寫內容可參閱本流程圖。

步驟圖說

1. 前置：1. 低粉過篩、2. 鹼水＝鹼粉：水＝ 1：4（考場備有已調好的鹼水）。

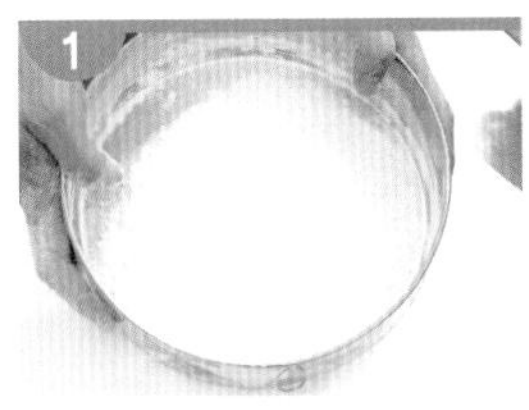
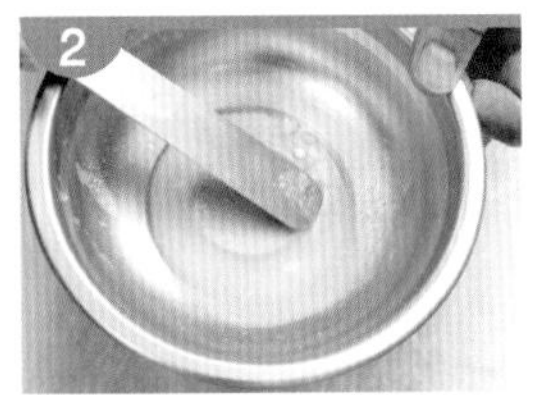

2. 漿皮製作（一）、鬆弛：1. 花生油、轉化糖漿、鹼水入攪拌缸，使用槳狀攪拌器中速拌勻，2. 加入 1/2 量的低粉，3. 先慢速拌至無粉狀，停機轉中速拌勻即可 4.5. 取出，覆蓋鬆弛。

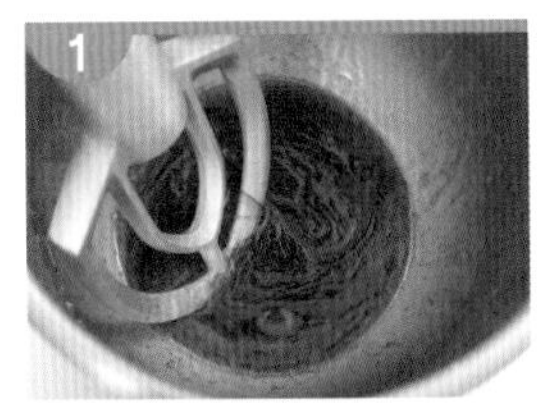

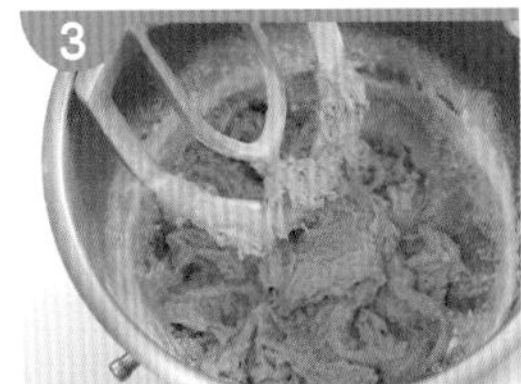
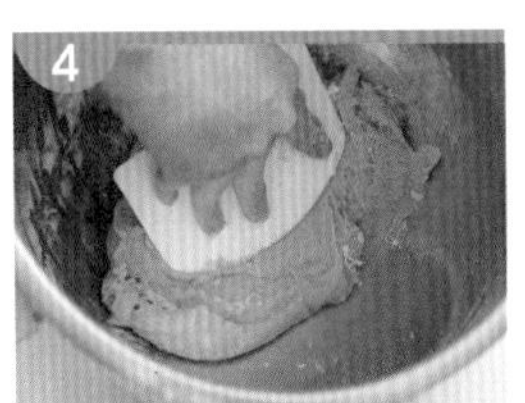

3. 漿皮製作（二）：鬆弛後，將 1. 剩餘的 1/2 量低粉、2. 漿糰，3. 在桌上進行壓、合、翻起動作，4. 拌至成無粉、軟硬適度、顏色變淡且光滑細緻的漿糰。

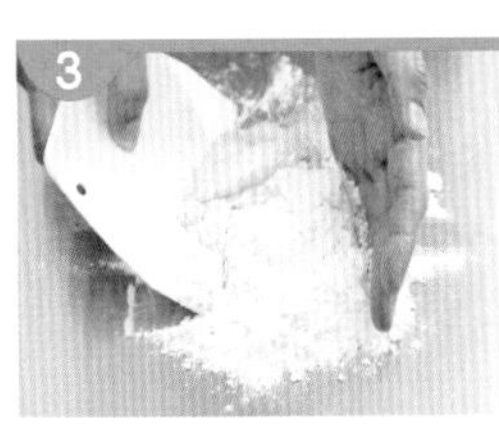
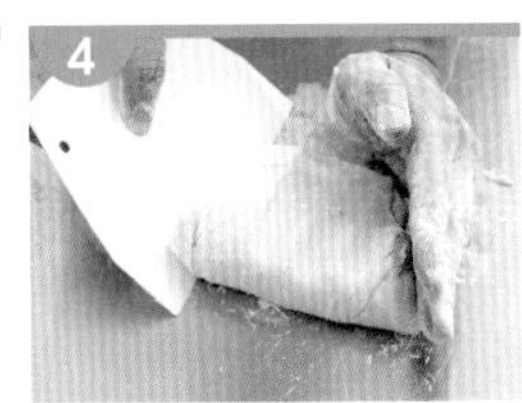

4. 漿糰分割：參閱 p.261「糕、漿糰分割、包餡、整型、熟製流程 1.」。

5. 紅豆餡分割：參閱 p.261「糕、漿糰分割、包餡、整型、熟製流程 2.」。

6. 包餡：參閱 p.261「糕、漿糰分割、包餡、整型、熟製流程 3.」。

7. 整型：參閱 p.262「糕、漿糰分割、包餡、整型、熟製流程 4.」。

8. 熟製：參閱 p.262「糕、漿糰分割、包餡、整型、熟製流程 5.6.」。

9. 成品：廣式月餅共計 20 個。

TIPS

1. 鹼水＝鹼粉：水＝ 1：4，考場提供已調好的鹼水，可自行取用。
2. 漿皮包餡前長時間鬆弛，具有較佳延展性。
3. 包餡時手粉為必要，但不可過度使用。
4. 脫模後，以乾毛刷毛尖處，輕刷表層多餘麵粉，切勿影響紋路。
5. 第一次烤焙定型，出爐刷蛋液，刷子必須在盆緣去除多餘蛋汁後，以毛尖輕刷紋路突出處即可。

鳳梨酥

★★ 096-970304H ★★

糕漿皮
麵食
04H

試題說明

1. 用糕皮方式製作酥皮。可用攪拌機製作酥皮麵糰，平均分割所需數量，包入鳳梨餡，放入烤模內壓製成型，帶模用烤箱兩面（需翻面）烤焙，熟後脫模之產品。
2. 產品表面需具均勻的金黃色澤、大小一致、外型完整不可破損、不可有嚴重裂紋（可見到內餡）或爆餡、中間嚴重凹陷或凸出、上下左右一致、底部不可焦黑；切開後皮餡之間需完全熟透、酥皮厚薄一致、不可有皮餡混合之現象、餅皮鬆酥、內外不可有異物、無異味、具有良好的口感。

材料

皮：1. 低筋麵粉、2. 糖粉、3. 奶粉、
4. 全蛋、5. 奶油、6. 鹽

餡：a. 鳳梨醬

製作說明

1. 製作 30 個鳳梨酥，皮：餡＝ 3：2。（麵糰不可剩餘）
2. 製作重量：
   (1) 麵糰重量 520 公克。
   (2) 麵糰重量 540 公克。
   (3) 麵糰重量 560 公克。

專用材料（每人份）

編號	名稱	材料規格	單位	數量	備註
1	鳳梨醬	糖度 77~83 Brix	公克	500	可含油

備註：考生制定配方，需依本專用材料與本類麵食之共用材料表內所列之材料自由選用，所選用之材料重量不可超出所定之重量範圍。

配方計算

1. 糕皮部分

(1)	已知糕皮麵糰重量為 520、540、560 公克。
(2)	計算公式：麵糰各項材料重量＝麵糰重量／麵糰百分比小計 × 麵糰各單項材料百分比

2. 鳳梨餡部分

(1)	製作 30 個鳳梨酥，皮：餡＝ 3：2。
(2)	麵糰重量 520，鳳梨醬重量＝ 520÷3×2 ＝ 347 麵糰重量 540，鳳梨醬重量＝ 540÷3×2 ＝ 360 麵糰重量 560，鳳梨醬重量＝ 560÷3×2 ＝ 373
(3)	計算公式：餡材料重量＝餡總重／餡百分比小計 × 餡材料百分比

麵糰配方計算總表

材料名稱	%	麵糰 520 公克		麵糰 540 公克		麵糰 560 公克	
低筋麵粉	100	520/238×100	219	540/238×100	227	560/238×100	235
奶油	65	520/238×65	142	540/238×65	147	560/238×65	153
糖粉	40	520/238×40	87	540/238×40	91	560/238×40	94
鹽	1	520/238×1	2	540/238×1	2	560/238×1	2
奶粉	10	520/238×10	22	540/238×10	23	560/238×10	24
全蛋	22	520/238×22	48	540/238×22	50	560/238×22	52
小計	238		520		540		560

鳳梨餡配方計算總表

材料名稱	%	鳳梨餡重 347 公克		鳳梨餡重 360 公克		鳳梨餡重 373 公克	
鳳梨醬	100	347/100×100	347	360/100×100	360	373/100×100	373
小計	100		347		360		373

鳳梨酥流程圖

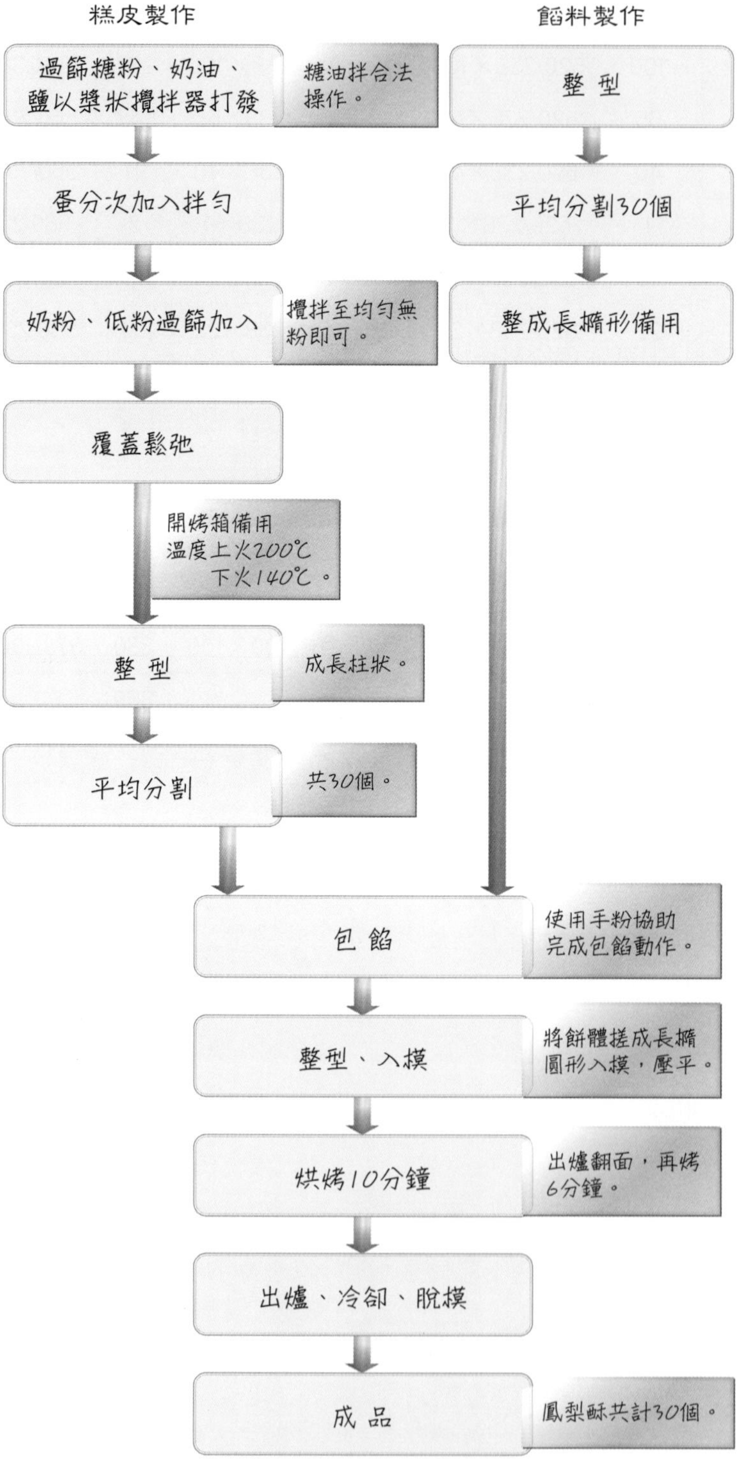

糕皮製作

過篩糖粉、奶油、鹽以槳狀攪拌器打發（糖油拌合法操作。）
↓
蛋分次加入拌勻
↓
奶粉、低粉過篩加入（攪拌至均勻無粉即可。）
↓
覆蓋鬆弛
↓（開烤箱備用 溫度上火200℃ 下火140℃。）
整型（成長柱狀。）
↓
平均分割（共30個。）
↓

餡料製作

整型
↓
平均分割30個
↓
整成長橢形備用
↓

包餡（使用手粉協助完成包餡動作。）
↓
整型、入模（將餅體搓成長橢圓形入模，壓平。）
↓
烘烤10分鐘（出爐翻面，再烤6分鐘。）
↓
出爐、冷卻、脫模
↓
成品（鳳梨酥共計30個。）

※ 1. 產品完成後才可填寫製作報告表。
2. 書寫內容可參閱本流程圖。

步驟圖說

1. 前置：1. 低粉、2. 糖粉過篩、3. 烤模排盤、4. 蛋打散備用。

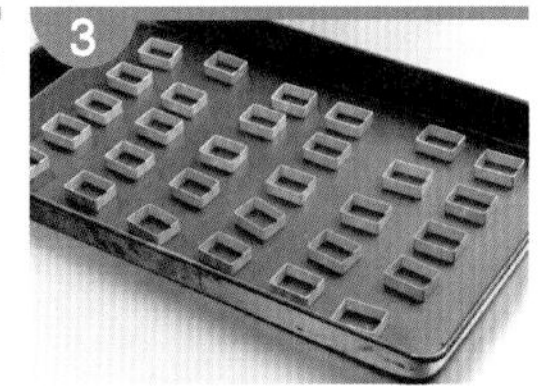
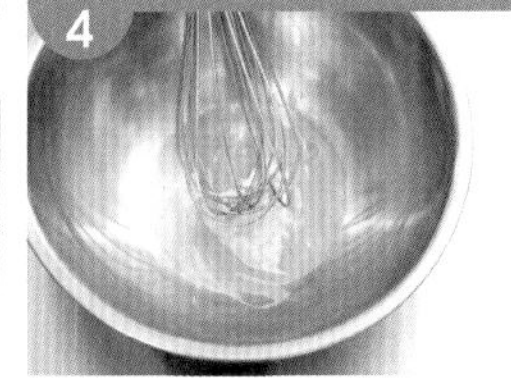

2. 糕皮製作、覆蓋鬆弛：1. 糖粉、奶油、奶粉、鹽入缸，使用槳狀攪拌器，先慢速再停機轉中速，拌勻後分次加蛋，2. 再加低粉入缸以低速攪拌，3. 中途須刮缸底，拌至均勻即可，4. 覆蓋鬆弛。

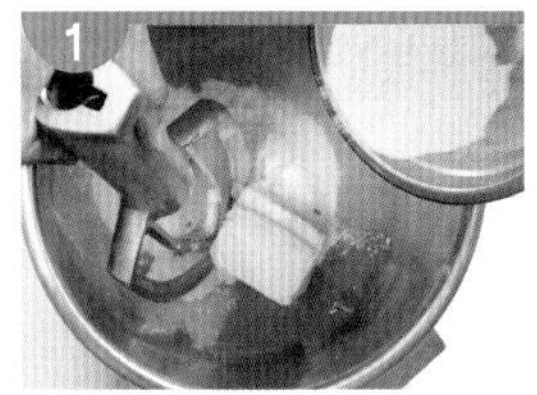
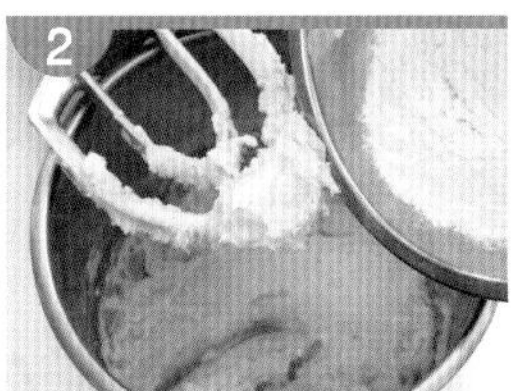
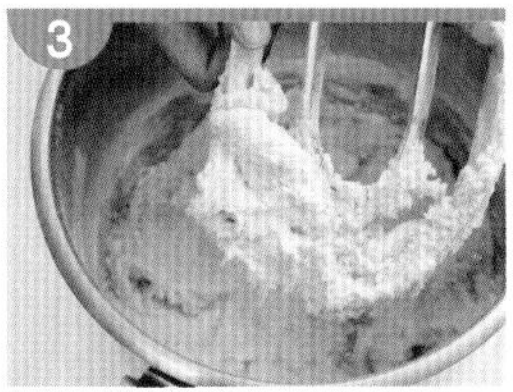
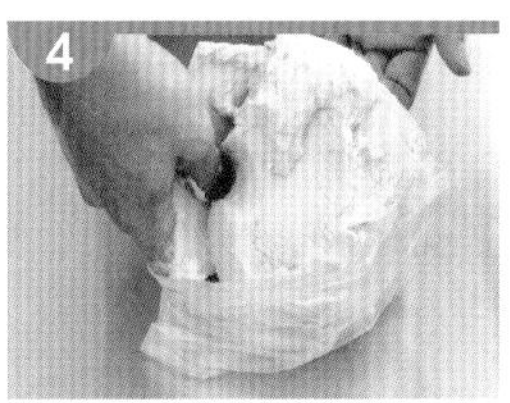

3. 糕皮分割：1. 桌上灑粉，進行壓合、翻起動作，重覆調節至 2. 適當軟硬度、顏色變淡且光滑細緻，3. 搓成條狀 4. 平均分割 30 個。

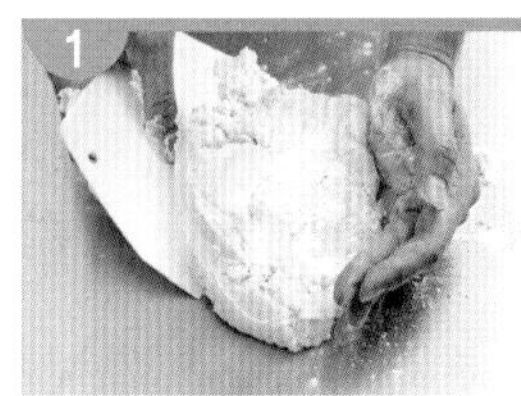
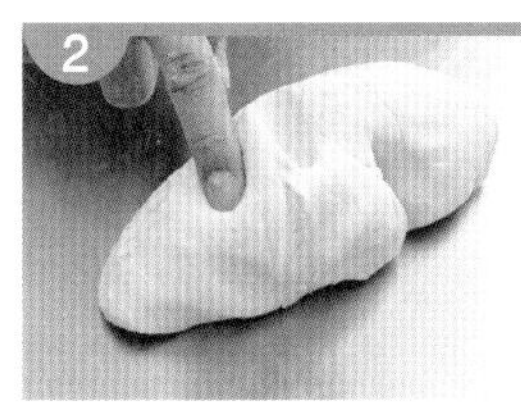
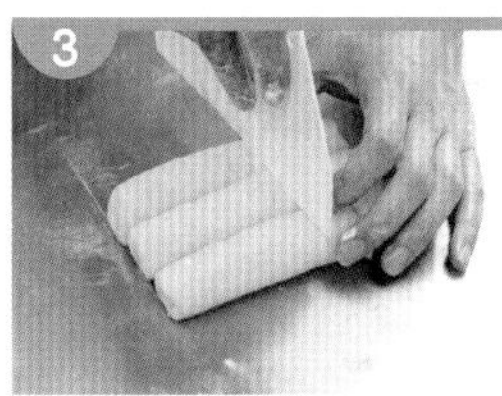

4. 鳳梨餡分割：1. 搓成條狀，平均分割 30 個。

5. 包餡、裝模、整型：糕皮搓圓輕壓，1. 鳳梨餡放中間，2. 姆指將鳳梨餡下壓，3.4. 利於糕皮，收口，5. 搓圓 6.（搓長）均可，30 顆整型完成再統一 7. 入模（麵糰整型成長條較易操作，整成圓形糕皮易滲出至模型外），利用 8. 手腹將麵糰壓至平模。

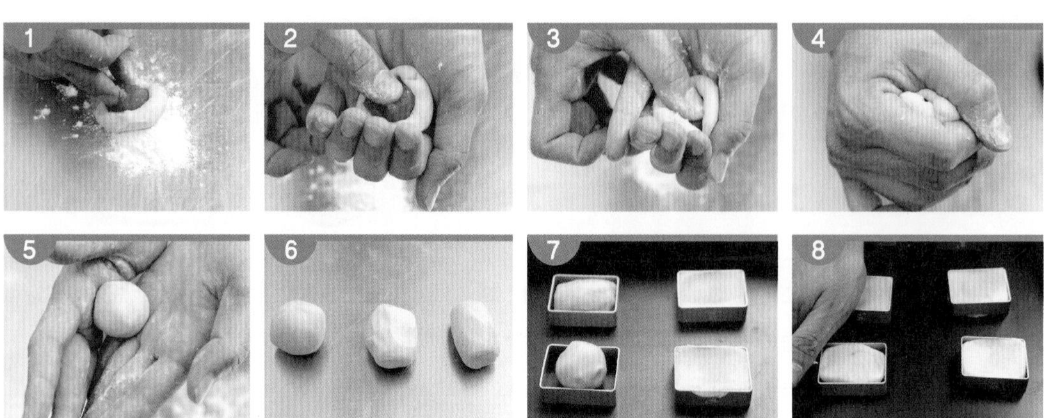

6. 第一次烤焙：進爐上火 200℃／下火 140℃，烤 10 分鐘至 1. 底部上色後，出爐翻面。

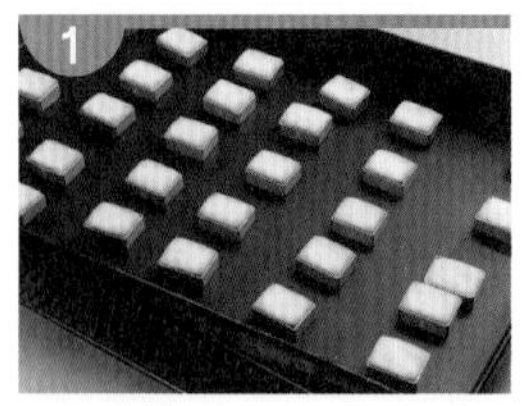

7. 翻面：1. 翻面，亦可 2. 利用剷子協助翻面。

8. 第二次烤焙：翻面後 1. 調頭進爐再烤 4~6 分鐘，上火 190℃／下火 210℃，烤至上下均呈金黃色澤，出爐。

9. 脫模：冷卻後脫模。

10. 成品：鳳梨酥共計 30 個。

TIPS

1. 第一次烤焙後「翻面」，方法有二：
   (1) 底部上色，表層蓋上防黏布（白報紙），再重疊放上另一烤盤，兩個烤盤同時翻面，取下熱烤盤（翻面後的上層烤盤），再進爐繼續烤至金黃色澤。
   (2) 利用夾子，一個一個翻面。
2. 因烤箱各異，熟製時必須注意產品的上色情況而調控溫度。

MEMO

Part 04

中式麵食加工丙級

技能檢定學科試題

工作項目 01：產品分類

( ) 1. 春捲皮屬於 (1) 冷水麵食 (2) 燙麵食 (3) 糕（漿）皮麵食 (4) 酥（油）皮麵食。 1

( ) 2. 銀絲捲屬於 (1) 冷水麵食 (2) 燙麵食 (3) 發粉麵食(蒸) (4) 發酵麵食。 4

( ) 3. 糕（漿）皮麵食一般是用下列何種方式製作？ (1) 煮 (2) 蒸 (3) 煎 (4) 烤。 4

( ) 4. 牛肉餡餅是屬於 (1) 糕（漿）皮麵食 (2) 溫水麵食 (3) 燙麵食 (4) 酥（油）皮麵食。 3

( ) 5. 下列產品中那一項不屬於中式麵食 (1) 咖哩餃 (2) 鳳梨酥 (3) 南瓜派 (4) 太陽餅。 3

( ) 6. 下列何者屬於冷水麵食？ (1) 生鮮麵條 (2) 千層酥 (3) 蒸餃 (4) 叉燒包。 1

( ) 7. 下列何者屬於發粉麵食？（油炸） (1) 烏龍麵 (2) 菜肉包 (3) 燒賣 (4) 開口笑。 4

( ) 8. 下列何者不屬於燙麵食？ (1) 餡餅 (2) 韭菜盒子 (3) 水餃 (4) 水晶餃。 3

( ) 9. 下列何者屬於糕（漿）皮類麵食？ (1) 開口笑 (2) 廣式月餅 (3) 咖哩餃 (4) 麻花。 2

( ) 10. 叉燒包的熟製方法是 (1) 烘烤 (2) 蒸 (3) 油炸 (4) 烙。 2

( ) 11. 饅頭屬於 (1) 發酵麵食 (2) 糕（漿）皮麵食 (3) 酥（油）皮麵食 (4) 發粉麵食（蒸）。 1

( ) 12. 沙琪瑪屬於 (1) 發酵麵食 (2) 糕（漿）皮麵食 (3) 發粉麵食（油炸） (4) 酥（油）皮麵食。 3

( ) 13. 銀絲捲屬於下列何種麵食？ (1) 冷水麵食 (2) 燙麵食 (3) 發酵麵食 (4) 發粉麵食（蒸）。 3

( ) 14. 兩相好屬於下列何種麵食 (1) 冷水麵食 (2) 燙麵食 (3) 發酵麵食 (4) 發粉麵食（油炸）。 4

( ) 15. 馬拉糕屬於下列何種麵食？ (1) 冷水麵食 (2) 燙麵食 (3) 發酵麵食 (4) 發粉麵食（蒸）。 4

( ) 16. 餛飩屬於 (1) 發酵麵食 (2) 酥 (油) 皮麵食 (3) 發粉麵食 (4) 水調（和）麵類麵食。 4

( ) 17. 下列何種產品不需使用鹼？ (1) 油麵 (2) 饅頭 (3) 手拉麵 (4) 蛋黃酥。 4

( ) 18. 下列何種產品屬於發粉麵食（蒸）？ (1) 貓耳朵 (2) 千層酥 (3) 燒餅 (4) 馬拉糕。 4

( ) 19. 下列何種產品不具有層次？ (1) 貓耳朵 (2) 咖哩餃 (3) 香妃酥 (4) 老婆餅。 1

( ) 20. 下列何種產品屬於冷水麵食？ (1) 油麵 (2) 饅頭 (3) 燒賣 (4) 蛋黃酥。 1

( ) 21. 巧果屬於下列何種麵食？ (1) 冷水麵食 (2) 燙麵食 (3) 發酵麵食 (4) 油炸麵食。 4

( ) 22. 鍋貼屬於煎製之下列何麵食？ (1) 冷水麵食 (2) 發粉麵食 (3) 燙麵食 (4) 酥 (油) 皮麵食。 1

( ) 23. 下列何者屬於酥（油）皮麵食？ (1) 蔥油餅 (2) 蘇式椒鹽月餅 (3) 千層糕 (4) 鳳梨酥。 2

( ) 24. 下列何者不屬於發粉麵食？ (1) 馬拉糕 (2) 發糕 (3) 叉燒包 (4) 蒸蛋糕。 3

( ) 25. 蔥油餅冷卻後仍保有柔軟的特性，應以何種麵糰來製作？ (1) 油炸麵食 (2) 燙麵食 (3) 冷水麵食 (4) 酥油皮麵食。 2

( ) 26. 下列何種產品不必使用酵母？ (1) 叉燒包 (2) 小籠包 (3) 芝麻醬燒餅 (4) 蟹殼黃。 3

( ) 27. 下列何種麵食不屬於水調類麵食？ (1) 淋餅 (2) 餡餅 (3) 芝麻醬燒餅 (4) 叉燒包。 4

( ) 28. 下列何種產品不屬於水調類麵食？ (1) 水煎包 (2) 餡餅 (3) 韭菜盒子 (4) 蔥油餅。 1

( ) 29. 下列何種產品含水量較高？ (1) 生鮮麵條 (2) 乾麵條 (3) 饅頭 (4) 馬拉糕。 4

( ) 30. 下列何種產品不屬於酥油皮類？ (1) 椰蓉（香妃）酥 (2) 芝麻喜餅 (3) 桃酥 (4) 老婆餅。 3

( ) 31. 下列何種產品不屬於糕漿皮類？ (1) 龍鳳喜餅（和生餅） (2) 芝麻喜餅 (3) 廣式月餅 (4) 雞仔餅。 2

( ) 32. 下列何種產品不屬於燒餅類？ (1) 蘿蔔絲酥餅 (2) 蟹殼黃 (3) 芝麻醬燒餅 (4) 淋餅。 4

( ) 33. 蒸蛋糕屬於 (1) 發酵麵食 (2) 糕漿皮麵食 (3) 發粉麵食 (4) 冷水麵食。 3

( ) 34. 下列何種產品最不適合油炸？ (1) 水餃 (2) 台式月餅 (3) 雙色饅頭 (4) 蔥油餅。 2

( ) 35. 下列何種麵糰的使用水量最大？ (1) 饅頭 (2) 蘿蔔絲餅 (3) 蔥油餅 (4) 淋餅。 4

( ) 36. 下列何種麵糰鬆弛後的酸鹼值（pH 值）會降低？ (1) 燙麵食 (2) 糕漿皮麵食 (3) 冷水麵食 (4) 發酵麵食。 4

( ) 37. 下列何種麵糰攪拌後的彈性最好？ (1) 發酵麵食 (2) 糕漿皮麵食 (3) 冷水麵食 (4) 燙麵食。 3

工作項目 02：原料之選用

( ) 1. 製作蛋塔時，以奶粉沖泡成奶水，奶粉與水之比例為 (1)1:3 (2)1:5 (3)1:7 (4)1:9。 4

( ) 2. 下列何種麵粉的灰分含量最高？ (1) 低筋麵粉 (2) 粉心麵粉 (3) 高筋麵粉 (4) 全麥麵粉。 4

( ) 3. 麵粉的吸水量與下列何種因子較無關？ (1) 麵粉的蛋白質含量 (2) 麵粉的顆粒大小 (3) 麵粉的破損澱粉量 (4) 麵粉的白度。 4

( ) 4. 下列有關中式麵食用酵母的描述何者是錯誤的？ (1) 是細菌的一種 (2) 具活性 (3) 能進行發酵 (4) 糖會影響發酵。 1

( ) 5. 發酵麵食使用相同酵母用量時，夏天的發酵時間比冬天為 (1) 長 (2) 短 (3) 相同 (4) 時間長短不影響。 2

( ) 6. 下列何種添加物可適量添加於中式麵食？ (1) 二氧化硫 (2) 硼砂 (3) 食品級色素 (4) 吊白塊。 3

( ) 7. 油脂的可塑性與下列何項有關？ (1) 油脂的融點 (2) 油脂的發煙點 (3) 油脂的脂肪酸含量 (4) 油脂純化處理是否良好。 1

( ) 8. 油脂經由氫化作用的目的不包括 (1) 提高油脂的融點 (2) 提高油脂的飽和鍵 (3) 提高油脂的安定性 (4) 降低發煙點。 4

( ) 9. 特砂與細粒砂糖甜度比較時 (1) 特砂高 (2) 特砂低 (3) 相同 (4) 細粒砂糖高。 3

( ) 10. 一般所稱之澱粉糖不包括？ (1) 麥芽糖 (2) 玉米糖漿 (3) 高果糖漿 (4) 糖蜜。 4

( ) 11. 下列何項不是酵母之特性？ (1) 單細胞 (2) 生長與溫度有關 (3) 是一種具有生命的細菌 (4) 發酵時會產生氣體與酒精。 3

( ) 12. 饅頭使用新鮮酵母時，其用量需比使用乾酵母時 (1) 增加一倍 (2) 減少一半 (3) 相同 (4) 不得使用新鮮酵母。 1

( ) 13. 刈包製作時，下列何種因素與酵母發酵時間無關 (1) 溫度 (2) 酸鹼度 (3) 添加乳糖 (4) 酵母用量。 3

( ) 14. 雞蛋貯放久後，將有下列何種現象發生 (1) 蛋殼變粗糙 (2) 蛋黃體積變小 (3) 蛋白變稀薄 (4)pH 降低。 3

( ) 15. 下列何項非蒸蛋糕添加蛋黃之特性？ (1) 乳化性 (2) 使產品變軟 (3) 使產品變硬 (4) 增加產品色澤。 3

( ) 16. 下列何種原料可增強麵糰之筋性？ (1) 鹽 (2) 胚芽 (3) 還原劑 (4) 酵母。 1

( ) 17. 小麥澱粉（澄粉）不適合製作？ (1) 廣式粉果 (2) 蝦餃 (3) 水餃 (4) 水晶餃。 3

( ) 18. 製作中式發酵麵食，下列何種麵粉較不適用？ (1) 高筋麵粉 (2) 中筋麵粉 (3) 低筋麵粉 (4) 小麥澱粉。 4

( ) 19. 酥（油）皮類產品的鬆酥與下列何項無關？ (1) 油脂的烤酥性 (2) 使用低筋麵粉 (3) 烤焙或油炸之作用 (4) 奶粉種類。 4

( ) 20. 水晶餃的製作宜選用 (1) 高筋麵粉 (2) 中筋麵粉 (3) 低筋麵粉 (4) 小麥澱粉（澄粉）。 4

( ) 21. 油麵製作宜選用 (1) 特高筋麵粉 (2) 中筋麵粉 (3) 低筋麵粉 (4) 小麥澱粉（澄粉）。 2

( ) 22. 叉燒包要產生裂紋，可於麵粉中添加 (1) 高筋麵粉 (2) 奶粉 (3) 鹽 (4) 小麥澱粉（澄粉）。 4

( ) 23. 叉燒包麵皮之甜度來源，以下列何種原料較適當？ (1) 砂糖 (2) 糖精 (3) 蜂蜜 (4) 轉化糖漿。 1

( ) 24. 下列那一種麵粉最不適製作水調（和）麵食？ (1) 高筋麵粉 (2) 中筋麵粉 (3) 低筋麵粉 (4) 全麥麵粉。 4

( ) 25. 碳酸氫銨做為膨脹劑時，適合使用下列何種產品？ (1) 饅頭 (2) 花捲 (3) 菜肉包 (4) 沙琪瑪。 4

( ) 26. 蒸煮用水，通常使用下列何者？ (1) 自來水 (2) 井水 (3) 礦泉水 (4) 蒸餾水。 1

( ) 27. 鹼水可改變麵粉中何種成份之性質？ (1) 水 (2) 蛋白質 (3) 灰分 (4) 纖維。 2

( ) 28. 製作油條不宜選用何種成份的麵粉 (1) 高蛋白質 (2) 高灰分 (3) 高水份 (4) 高纖維。 3

( ) 29. 下列何種麵粉的灰份最低 (1) 全麥麵粉 (2) 粉心麵粉 (3) 特高筋麵粉 (4) 洗筋麵粉。 2

( ) 30. 油脂不宜存放於 (1) 陰涼處 (2) 冷藏 (3) 密閉容器 (4) 高溫下。 4

( ) 31. 下列何種油脂之膽固醇含量最低？ (1) 豬油 (2) 魚油 (3) 牛油 (4) 黃豆油。 4

( ) 32. 真空包裝的乾酵母可冷藏存放 (1)1～2 年 (2)1～2 個月 (3)1～2 個星期 (4) 與新鮮酵母相同。 1

( ) 33. 新鮮酵母需貯存在 (1) 室溫 (2) 陰濕處 (3) 冷藏 (4) 密閉處。 3

( ) 34. 下列何項因子不會促進麵糰發酵作用？ (1) 提高溫度 (2) 增加酵母用量 (3) 增加糖量 (4) 增加鹽量。 4

( ) 35. 下列何項不是糖在中式麵食的功用？ (1) 增進甜味 (2) 改良顏色 (3) 促進發酵 (4) 增進產品韌性。 4

( ) 36. 下列何種甜味料之甜度最高？ (1) 葡萄糖 (2) 果糖 (3) 麥芽糖 (4) 特級砂糖。 2

( ) 37. 糖不具有 (1) 褐變反應 (2) 吸濕作用 (3) 柔軟作用 (4) 增強麵筋作用。 4

( ) 38. 下列何種敘述不適於乳糖？ (1) 乳糖之甜度最低 (2) 乳糖可使烤焙的中式麵食著色 (3) 酵母可利用乳糖 (4) 乳糖存在牛奶中。 3

( ) 39. 新鮮蛋黃於蛋塔餡的主要作用為 (1) 乳化作用 (2) 凝結作用 (3) 發泡作用 (4) 打發作用。 1

( ) 40. 下列何種現象表示蛋已經不新鮮？ (1) 蛋殼表面粗糙 (2) 蛋黃在蛋之中間部位 (3) 蛋白變稀薄 (4) 蛋沉於水底。 3

( ) 41. 最適於發酵麵食的水質為 (1) 地下水 (2) 超軟質水 (3) 逆滲透水 (4) 中硬度水。 4

( ) 42. 麵條麵粉品質要求為 (1) 礦物質高 (2) 維生素高 (3) 灰分低 (4) 脂肪低。 3

( ) 43. 製作油麵使用下列何種原料產生特殊風味與色澤？ (1) 乳化劑 (2) 食用黃色 4 號色素 (3) 鹼水 (4) 己六醇。 3

( ) 44. 油酥最宜使用之麵粉為 (1) 特高筋麵粉 (2) 高筋麵粉 (3) 中筋麵粉 (4) 低筋麵粉。 4

( ) 45. 廣式月餅皮最宜使用之麵粉，其蛋白質含量應在 (1)15% 以上 (2)13 ～ 15% (3)11 ～ 13% (4)7 ～ 11%。 4

( ) 46. 低筋麵粉最宜製作下列何種產品？ (1) 燒餅油皮、生鮮麵條 (2) 馬拉糕、鳳梨酥 (3) 水餃、鍋貼 (4) 春捲皮、油條。 2

( ) 47. 低筋麵粉表示 (1) 灰份含量低 (2) 蛋白質含量低 (3) 纖維含量低 (4) 澱粉含量低。 2

( ) 48. 油酥除了麵粉外，另一最主要原料為 (1) 水 (2) 鹽 (3) 油 (4) 糖。 3

( ) 49. 開口笑所使用之麵粉，最好選用 (1) 低筋麵粉 (2) 中筋麵粉 (3) 高筋麵粉 (4) 特高筋麵粉。 1

( ) 50. 糕（漿）皮產品烤焙呈色，最主要的影響因素是 (1) 溫度 (2) 濕度 (3) 水量 (4) 油量。 1

( ) 51. 水餃皮宜使用 (1) 高或中筋麵粉加沸水混合 (2) 中筋麵粉加冷水混合 (3) 低筋麵粉加沸水混合 (4) 小麥澱粉加冷水混合。 2

( ) 52. 機械製作生鮮麵條添加之水分宜在 (1)10 ～ 15% (2)15 ～ 20% (3)20 ～ 25% (4)25 ～ 35%。 4

( ) 53. 加入何種原料，可增強麵粉的筋性？ (1) 油脂 (2) 糖 (3) 鹽 (4) 發粉。 3

( ) 54. 在中式麵食製品中加入乳化劑，其功能為 (1) 增加色澤 (2) 增加風味 (3) 增加油脂 (4) 延緩老化。 4

( ) 55. 小麥澱粉（澄粉）是由小麥麵粉分離出來的 (1) 蛋白質 (2) 澱粉 (3) 灰分 (4) 纖維。 2

( ) 56. 下列那一種原料可以改良油麵的口感及韌性？ (1) 玉米澱粉 (2) 磷酸鹽 (3) 糖 (4) 油脂。 2

( ) 57. 製作糕（漿）皮類麵食用餡最宜選用 (1) 生餡 (2) 半生熟餡 (3) 熟餡 (4) 生或熟餡皆可。 3

( ) 58. 廣式月餅皮加入那一種原料，可使餅皮顏色加深？ (1) 鹼 (2) 酸 (3) 油脂 (4) 鹽。 1

( ) 59. 製作廣式月餅的糖漿，糖度最好為多少濃度？ (1)60～65% (2)65～70% (3)75～82% (4)85～95%。 3

( ) 60. 下列何種原料較不適合用於蘿蔔絲餅餡？ (1) 白蘿蔔絲乾 (2) 紅蘿蔔絲 (3) 白蘿蔔絲 (4) 黃蘿蔔絲。 4

( ) 61. 燒餅、蘇式月餅表面所用之芝麻最不宜使用 (1) 生芝麻 (2) 炒熟芝麻 (3) 烤熟芝麻 (4) 炸熟芝麻。 4

( ) 62. 下列那一種原料可以增加餛飩皮的韌性？ (1) 小麥澱粉（澄粉） (2) 糖 (3) 蛋 (4) 油脂。 3

( ) 63. 下列何種原料與沙琪瑪組織膨鬆無關？ (1) 蛋 (2) 碳酸氫銨 (3) 水 (4) 糖。 4

( ) 64. 下列那一種原料無法增加油條的膨脹度？ (1) 小蘇打 (2) 鹼水 (3) 明礬 (4) 發粉。 2

( ) 65. 製作中式麵食一般使用灰分較低 (0.4%) 的麵粉，其目的不包括 (1) 增加產品白度 (2) 酵素活性較低 (3) 增加麵粉吸水量 (4) 增加麵粉的貯存性。 3

( ) 66. 硬麥比軟麥的蛋白質 (1) 高 (2) 低 (3) 相同 (4) 視品種而異。 4

( ) 67. 下列何項麵粉之灰分最高？ (1) 低筋麵粉 (2) 高筋麵粉 (3) 中筋麵粉 (4) 洗筋（次級）麵粉。 4

( ) 68. 下列何種原料含油脂量最高？ (1) 粉心麵粉 (2) 高筋麵粉 (3) 小麥胚芽 (4) 全麥麵粉。 3

( ) 69. 以下最適合油炸用之油脂為 (1) 鮮奶油 (2) 酥油 (3) 精緻棕櫚油 (4) 無水奶油。 3

( ) 70. 使用下列何種油脂製作酥（油）皮麵食，會有較佳之鬆酥性？ (1) 鮮奶油 (2) 黃豆油 (3) 花生油 (4) 豬油。 4

( ) 71. 下列何項因子不會影響油脂之貯存性？ (1) 日晒 (2) 高溫貯放 (3) 潮濕 (4) 塑膠桶貯放。 4

( ) 72. 下列何者不是固體油脂之性質？ (1) 熔點高 (2) 比液體油安定 (3) 可塑性較佳 (4) 不飽和性油脂。 4

( ) 73. 下列何種性質與蛋的主要功能無關？ (1) 增進產品顏色 (2) 具有乳化性 (3) 增進營養 (4) 增進產品貯存性。 4

( ) 74. 中式麵食使用之甜味成份，何種不是由蔗糖製造？ (1) 特砂糖 (2) 糖蜜 (3) 高果糖漿 (4) 綿白糖。 3

( ) 75. 下列何者蛋白質含量符合 CNS 中筋麵粉標準？ (1)7 ～ 8% (2)11 ～ 13% (3)13 ～ 14% (4)14% 以上。 2

( ) 76. 中式麵食產品添加適量鹽，不包括下列何種目的？ (1) 調味 (2) 增進麵糰筋性 (3) 使麵筋變軟 (4) 抑制酵母生長。 3

( ) 77. 下列不影響發粉反應速度的因子為？ (1) 小蘇打的用量 (2) 酸性鹽的用量 (3) 酸性鹽的種類 (4) 糖的用量。 4

( ) 78. 下列何種原料可以增加水晶餃的韌性又不影響成品的透明度？ (1) 玉米澱粉 (2) 木（樹）薯澱粉 (3) 麵粉 (4) 馬鈴薯澱粉。 2

( ) 79. 油酥所使用的低筋麵粉，蛋白質含量為 (1)8 ～ 10% (2)11 ～ 12% (3)12 ～ 13% (4)13% 以上。 1

( ) 80. 製作油條最佳的膨脹劑為 (1) 泡打粉 (2) 小蘇打 (3) 碳酸氫銨 (4) 油脂。 3

( ) 81. 澄粉一般是指 (1) 小麥澱粉 (2) 玉米澱粉 (3) 精製米粉 (4) 精製樹薯粉。 1

( ) 82. 豬油適合製作 (1) 麵包 (2) 蛋糕 (3) 酥油皮產品 (4) 發粉麵食製品。 3

( ) 83. 不飽和油脂是指 (1) 沙拉油 (2) 牛油 (3) 豬油 (4) 棕櫚油。 1

( ) 84. 下面何種陳述不適合砂糖？ (1) 是一種甜味料 (2) 使麵筋變軟 (3) 添加量不影響酵母生長 (4) 添加量會影響酵母生長。 3

( ) 85. 下面何種原料可合法使用，使饅頭變白？ (1) 吊白塊 (2) 增白劑 (3) 黃豆粉 (4) 漂白粉。 3

( ) 86. 發酵麵食加鹽的目的是 (1) 控制麵糰之發酵 (2) 降低產品的貯存性 (3) 降低產品的澀味 (4) 使麵筋變軟。 1

( ) 87. 發粉麵食的膨脹是靠 (1) 酵母產生之二氧化碳 (2) 發粉產生的二氧化碳 (3) 酵母產生之氧與水蒸氣 (4) 發粉產生的氧與水蒸氣。 2

( ) 88. 鳳梨酥中的餡料完全用鳳梨作，纖維多口感粗糙，可由何種材料來代替？ (1) 冬瓜 (2) 絲瓜 (3) 西瓜 (4) 胡瓜。 1

( ) 89. 下列何種產品不適合加阿摩尼亞？ (1) 油條 (2) 沙其瑪 (3) 巧果 (4) 桃酥。 3

( ) 90. 油麵製作宜選用 (1) 低筋粉 (2) 粉心粉 (3) 特高筋粉 (4) 澄粉。 2

( ) 91. 麵粉的吸水量與下列何者無關？ (1) 麵粉蛋白質含量 (2) 麵粉破損澱粉含量 (3) 配方中添加發粉 (4) 配方中添加糖。 3

( ) 92. 下列何種材料會使麵糰變軟？ (1) 鹽 (2) 蛋黃 (3) 奶粉 (4) 蛋白。 2

( ) 93. 油條製作最適合麵粉為 (1) 低筋粉 (2) 粉心粉 (3) 特高筋粉 (4) 澄粉。 3

( ) 94. 水餃皮製作最適合麵粉為 (1) 低筋粉 (2) 粉心粉 (3) 特高筋粉 (4) 澄粉。 2

( ) 95. 油炸中式麵食最適合之油脂為 (1) 沙拉油 (2) 黃豆油 (3) 氫化油 (4) 菜籽油。 3

( ) 96. 製作中式麵食應選擇何種麵粉較佳？ (1) 高筋麵粉 (2) 中筋麵粉 (3) 低筋麵粉 (4) 依產品特性而選擇。 4

( ) 97. 水油皮操作時會黏手，則可用何種材料防黏？ (1) 奶油 (2) 水 (3) 高筋麵粉 (4) 地瓜粉。 3

( ) 98. 影響水油皮烤焙後色澤的主要材料為 (1) 中筋麵粉 (2) 水 (3) 油脂 (4) 細砂糖。 4

( ) 99. 水晶餃使用之澄粉即 (1) 稻米澱粉 (2) 小麥澱粉 (3) 芋頭澱粉 (4) 蕃薯澱粉。 2

( ) 100. 下列何者食品添加物不適合用於油麵 (1) 碳酸鈉 (2) 漂白劑 (3) 食用黃色 4 號色素 (4) 重合磷酸鹽。 2

( ) 101. 製作馬拉糕時為使產品具特殊風味與口感需放入 (1) 細砂糖 (2) 白醋 (3) 鹼水 (4) 牛奶。 3

( ) 102. 製作老麵饅頭鹼水之添加量與下列何者無關？ (1) 天氣 (2) 麵糰之酸度 (3) 甜度 (4) 色澤。 3

( ) 103. 製作馬拉糕時油太早放入易影響麵糊之 (1) 怕底部產生氣泡 (2) 使成品蒸熟產生沉澱物 (3) 會阻隔麵粉與鹼水、發粉等物之水合作用 (4) 不會影響。 3

( ) 104. 製作饅頭使用白砂糖原因下列何者不對？ (1) 容易溶解 (2) 雜質較少、甜度較高 (3) 不會有異味 (4) 會增加重量。 4

( ) 105. 廣式月餅所使用之油脂（沙拉油）應為 (1) 黃褐色透明狀 (2) 無色或黃色透明狀 (3) 綠色不透明狀 (4) 黃褐色半透明狀。 2

( ) 106. 水餃餡所使用之豬後腿肉不得為 (1) 肉質呈淡紅色、有光澤 (2) 油脂呈白色 (3) 肌肉纖維細而柔軟有彈性 (4) 肉質柔軟無彈性。 4

( ) 107. 蝦仁燒賣所使用之蝦仁品質首應 (1) 蝦越大越好 (2) 蝦肉呈白色 (3) 蝦肉明亮光澤富彈性 (4) 蝦肉呈紅色。 3

( ) 108. 以下何者是製作四喜燒賣內餡最不適合使用的油脂？ (1) 牛油 (2) 豬油 (3) 沙拉油 (4) 黑麻油。 1

( ) 109. 下列那一項原料可以增加燒賣餡的黏稠性？ (1) 發粉 (2) 太白粉 (3) 胡椒粉 (4) 五香粉。 2

( ) 110. 製作中式麵食產品選擇材料時較不需注意 (1) 品質新鮮 (2) 價錢合理 (3) 合法商店 (4) 送貨速度。 4

( ) 111. 下列何種材料為製作蛋塔液（餡）中非必要材料？ (1) 細砂糖 (2) 蛋 (3) 奶水 (4) 起士粉。 4

( ) 112. 製作蛋塔液（餡）所使用添加的香草精及奶水是為了 (1) 使蛋塔顏色好看 (2) 使蛋塔餡有甜味 (3) 使蛋塔餡吃起來更香更濃的口感 (4) 使蛋塔體積膨鬆。 3

( ) 113. 油炸麵食使用之油脂不適宜放在 (1) 陰涼處 (2) 冷藏 (3) 冷凍 (4) 高溫。 4

( ) 114. 下列何種油脂製作菊花酥會有較佳之酥性？ (1) 鮮奶油 (2) 黃豆油 (3) 花生油 (4) 豬油。 4

( ) 115. 菊花酥的酥度與下列何種原料無關？ (1) 油脂的烤酥性 (2) 使用低筋麵粉 (3) 油皮酥比例 (4) 奶粉種類。 4

( ) 116. 太陽餅中油酥用之豬油儲存時下列何種因素對品質的影響最小？ (1) 氧氣 (2) 日光 (3) 低溫 (4) 室溫。 3

( ) 117. 製作叉燒包之麵種必需加入 (1) 鹽 (2) 發粉 (3) 酵母 (4) 蘇打粉。 3

( ) 118. 發酵麵食使用相同酵母量時，於室溫發酵其發酵時間夏天應比冬天 (1) 長 (2) 短 (3) 相同 (4) 不影響。 2

( ) 119. 叉燒包內餡所使用之肉材為 (1) 豬肉 (2) 雞肉 (3) 牛肉 (4) 羊肉。 1

( ) 120. 叉燒包的裂紋與下列何種原料有關？ (1) 發粉 (2) 小蘇打 (3) 鹽 (4) 酵母。 1

( ) 121. 沙琪瑪糖漿製作時，最適合使用之糖類 (1) 高果糖糖漿 (2) 砂糖 (3) 糖粉 (4) 糖霜。 2

( ) 122. 麵條使用之食品添加物應優先考慮 (1) 安全性 (2) 有用性 (3) 經濟性 (4) 方便性。 1

( ) 123. 一般製作熟麵粉選擇何種麵粉為佳？ (1) 高筋麵粉 (2) 全麥麵粉 (3) 低筋麵粉 (4) 特高筋麵粉。 3

( ) 124. 請選出不適合製作太陽餅內餡的材料 (1) 發粉 (2) 糖粉 (3) 麥芽糖 (4) 奶油。 1

( ) 125. 綠豆凸內餡易酸敗不適合在何種情況儲存？ (1) 冷凍 (2) 冷藏 (3) 室溫 (4) 高溫。 4

( ) 126. 影響綠豆凸表面著色最主要的原料是 (1) 麵粉量 (2) 油脂量 (3) 糖量 (4) 水質軟硬度。 3

( ) 127. 水調麵食中何種原料添加越多麵糰越柔軟 (1) 鹽 (2) 水 (3) 奶粉 (4) 鹼粉。 2

( ) 128. 蛋在蒸蛋糕之特性，下列何者為非？ (1) 乳化性 (2) 使產品變柔軟 (3) 使產品變硬 (4) 增加產品色澤。 3

( ) 129. 製作鳳梨酥皮在材料中，何者可以代替發粉製出口感膨鬆的產品？ (1) 低筋麵粉 (2) 起士粉 (3) 奶粉 (4) 奶油。 4

( ) 130. 製作蒸蛋糕之雞蛋，儲放久後將會有下列何種現象發生 (1) 蛋殼變粗糙 (2) 蛋黃體積變小 (3) 蛋白變稀 (4)pH 值降低。 3

( ) 131. 製作蘿蔔絲餅之蘿蔔盛產期是 (1) 春 (2) 夏 (3) 秋 (4) 冬。 4

( ) 132. 芝麻喜餅不宜儲存放於何種環境中 (1) 弱光 (2) 低溫 (3) 常溫 (4) 高溫。 4

( ) 133. 下列何者不是製作鳳梨酥皮口感酥鬆的材料？ (1) 發粉 (2) 油脂 (3) 鹽 (4) 砂糖。 3

( ) 134. 鳳梨酥外皮酥鬆組織最主要是添加了何種原料？ (1) 奶粉 (2) 油脂 (3) 糖粉 (4) 蛋白。 2

( ) 135. 沙琪瑪麵糰加入碳酸氫銨的目的是 (1) 加速膨脹 (2) 防腐作用 (3) 增加美感 (4) 增加香氣。 1

( ) 136. 製作發糕的麵粉較千層糕的麵粉蛋白質含量要 (1) 高 (2) 低 (3) 相同 (4) 無法比較。 2

( ) 137. 最適合發酵麵食的水質為 (1) 逆滲透水 (2) 高硬度水 (3) 中硬度水 (4) 軟水。 3

( ) 138. 水餃餡添加味精所顯出的味道為 (1) 酸性 (2) 鮮味 (3) 鹹味 (4) 甜味。 2

( ) 139. 從植物組織中萃取的色素是屬於 (1) 化學合成色素 (2) 食用合成色素 (3) 食用天然色素 (4) 合成色素。 3

( ) 140. 以食品原料著色為目的的食品添加劑稱之為 (1) 食品香料 (2) 防腐劑 (3) 乳化劑 (4) 食用色素。 4

( ) 141. 沙琪瑪的膨脹主要來自於下列何種原料？ (1) 碳酸氫銨 (2) 蛋 (3) 小蘇打 (4) 酵母。 1

( ) 142. 最適合廣式月餅皮製作使用的麵粉 (1) 高筋麵粉 (2) 中筋麵粉 (3) 低筋麵粉 (4) 全麥麵粉。 3

( ) 143. 製作花捲及千層糕可使用下列何種原料形成層次？ (1) 油脂 (2) 鹽 (3) 蛋 (4) 麵粉。 1

( ) 144. 製作龍鳳喜餅使用之豆沙餡，應以下列何者為首要選購條件？ (1) 價格 (2) 品質 (3) 產地 (4) 品牌。 2

( ) 145. 生牛奶未經加熱處理，不適合應用在以下何種類型麵食？ (1) 水調麵食類 (2) 發麵類 (3) 酥油皮類 (4) 糕漿皮類。 2

( ) 146. 沙琪瑪的鬆酥主要來自於下列何種原料？ (1) 碳酸氫銨 (2) 蛋 (3) 小蘇打 (4) 酵母。 2

工作項目 03：中式麵食加工機具

( ) 1. 攪拌硬麵糰時，攪拌機之攪拌器宜選用 (1) 鉤狀 (2) 槳狀 (3) 鋼絲狀 (4) 任何攪拌器皆可使用。 1

( ) 2. 何者非攪拌機之功能 (1) 原料混合 (2) 擴展麵筋 (3) 使麵糊拌入更多的空氣 (4) 增加風味。 4

( ) 3. 油炸（機）鍋材質最宜選用 (1) 不鏽鋼 (2) 生鐵 (3) 銅 (4) 鋁。 1

( ) 4. 操作壓麵機放入麵糰時，下列何種動作最不易發生危險？ (1) 用手指壓入 (2) 用麵棍壓入 (3) 手掌壓入 (4) 停機重新調整麵糰。 4

( ) 5. 使用瓦斯蒸箱時，下列何者非正確操作？ (1) 點火前檢查瓦斯是否漏氣 (2) 蒸煮過程中不可隨意開啟 (3) 產品出爐時應增加火力 (4) 蒸煮過程中隨時注意水量。 3

( ) 6. 攪拌機或壓延機的滾筒，局部殘留麵糰時，應清理乾淨並噴灑 (1) 鹽水 (2) 丙二醇 (3)75% 酒精 (4) 鹼水。 3

( ) 7. 攪拌鮮肉包麵糰，應使用何種攪拌器？ (1) 鉤狀 (2) 槳狀 (3) 鋼絲狀 (4) 板狀。 1

( ) 8. 煮麵槽或鍋的材質宜選用 (1) 不鏽鋼 (2) 生鐵 (3) 銅 (4) 鋁。 1

( ) 9. 選購蒸箱，下列何者不重要？ (1) 火力大小 (2) 是否漏氣 (3) 是否會滴水 (4) 是否防水。 4

( ) 10. 操作烤爐下述何者不正確？ (1) 應戴隔熱手套 (2) 冷熱烤盤應分開放置 (3) 產品進爐後才開電源 (4) 使用完畢應關電源。 3

( ) 11. 油炸機操作下述何者不正確？ (1) 油面保持在熱電極之上 (2) 操作時不可離開 (3) 選擇適當之溫度 (4) 設定最高溫，需要時再降溫。 4

( ) 12. 製作饅頭、包子時最不需具備下列何種設備？ (1) 攪拌機 (2) 發酵箱 (3) 壓延機 (4) 烤箱。 4

( ) 13. 麵條製作過程中主要目的在促使麵筋形成、提高品質之機器為 (1) 乾燥機 (2) 壓延機 (3) 切麵機 (4) 煮麵槽。 2

( ) 14. 叉燒包使用包餡機分割整型完成後，機器內剩餘的麵糰及附於零件上的小麵屑用下列何種方式清除較不適合？ (1) 水洗 (2) 浸泡 (3) 濕布擦拭 (4) 鋼刷消除。 4

(　) 15. 水餃餡調製時，不適使用下列何種攪拌器？ (1) 鉤狀 (2) 槳狀 (3) 鋼絲 (4) 螺旋狀。 3

(　) 16. 壓麵機之滾輪材質應採用 (1) 不鏽鋼 (2) 鐵 (3) 銅 (4) 鋁。 1

(　) 17. 下列何種產品無法使用包餡機生產？ (1) 發糕 (2) 豆沙包 (3) 月餅 (4) 鳳梨酥。 1

(　) 18. 下列何種產品不必使用油炸（機）鍋？ (1) 沙琪瑪 (2) 兩相好 (3) 巧果 (4) 千層糕。 4

(　) 19. 蒸櫃（箱）用瓦斯加熱產生蒸汽蒸饅頭時，不宜選用何種火力？ (1) 大火 (2) 中火 (3) 中小火 (4) 微火。 4

(　) 20. 大型麵食工業所使用的理想蒸具是 (1) 竹蒸籠 (2) 鋁蒸籠 (3) 不鏽鋼蒸籠 (4) 蒸櫃（箱）。 4

(　) 21. 製作鳳梨酥時與下列何種設備無關？ (1) 攪拌機 (2) 發酵箱 (3) 烤箱 (4) 包餡機。 2

(　) 22. 整型機的滾輪材質，最理想的表面處理為 (1) 鍍鐵 (2) 鍍銅 (3) 鍍鋁 (4) 鍍鉻。 4

(　) 23. 攪拌機於使用中需變換速度時，應 (1) 快變慢不用停機 (2) 慢變快不用停機 (3) 不論什麼速度的轉換都應停機再變換 (4) 只要經驗夠，就可不用停機，隨時任意變換。 3

(　) 24. 發糕之容器會影響產品裂紋之因子為 (1) 直徑 (2) 材質厚度 (3) 深度 (4) 顏色。 3

(　) 25. 當攪拌較硬之麵糰時，為使攪拌機不受損傷應 (1) 調快轉速 (2) 調慢轉速 (3) 放低攪拌缸 (4) 以手提高攪拌。 2

(　) 26. 切麵條機之切刀若有麵屑附著，應以 (1) 鋼釘 (2) 螺絲起子 (3) 鋼刷 (4) 高壓氣槍 予以清除。 4

(　) 27. 蒸製發麵時，為防產品被滴水最好選用何種材質之蒸籠？ (1) 竹 (2) 鐵 (3) 鋁 (4) 不鏽鋼。 1

(　) 28. 壓力鍋使用時的注意事項，下列何者為非？ (1) 仔細檢查密封性 (2) 鍋內物料不能超過限量規定 (3) 有壓力情況下不得開鍋 (4) 鍋子可不限期使用。 4

(　) 29. 電熱烤箱設備的安全使用應注意事項，下列何者為非？ (1) 定期執行低電壓設備安檢 (2) 故障時要請專業維修人員維修 (3) 使用結束後要切斷總電源 (4) 使用人員不需接受操作訓練。 4

( ) 30. 燃氣設備的安全使用注意事項，下列何者為非？ (1) 使用前應檢視燃氣的壓力 (2) 要正確調節風板，使火焰成淡藍色 (3) 檢驗燃氣設備時可用明火實驗 (4) 經常清潔和維修點火裝置。 3

( ) 31. 冷藏冷凍設備的安全使用，下列敘述何者為非？ (1) 機架要放置在通風處 (2) 遠離熱源不受陽光直射的地方 (3) 儲藏的食品定時清理 (4) 不需設置檢測紀錄卡。 4

( ) 32. 製冰機設備的安全使用，下列敘述何者為非？ (1) 發現運轉不正常，應先斷電之後報請維修 (2) 定時更換濾水器 (3) 隨時保持內外部的清潔 (4) 擺設位置隨意處理。 4

( ) 33. 攪拌機的攪拌器應根據下列何者進行選擇？ (1) 麵粉的種類 (2) 產品外型的要求 (3) 麵糰的性質 (4) 製作的數量。 3

( ) 34. 麵條壓麵機的安全使用應注意事項，下列何者為非？ (1) 操作員需接受職前訓練 (2) 使用前應檢視投料槽之清潔 (3) 發現機器異常時，應加速處理製程 (4) 使用結束需切斷電源及清潔機具。 3

( ) 35. 鍋具的安全使用應注意事項，下列敘述何者為非？ (1) 根據加工特點選擇合適的鍋子 (2) 使用前要檢查鍋柄的牢固可靠 (3) 使用時避免冷熱劇烈變化 (4) 對於生鏽的鍋子可用強酸清洗。 4

( ) 36. 酥油皮整型機的操作注意事項，下列何者為非？ (1) 機器使用完畢必須切斷電源 (2) 在機器運轉中禁止將手伸入捲軸器 (3) 操作者必須瞭解操作基本知識 (4) 增加轉軸間距以提高產能。 4

工作項目 04：製作技術

( ) 1. 製作水餃皮時 1 公斤麵粉最不適宜的加水量為 (1)0.4 公斤 (2)0.45 公斤 (3)0.5 公斤 (4)0.7 公斤。 4

( ) 2. 製作生鮮麵條時，在配方中添加多少鹽量，對麵糰筋性及風味均有幫助 (1)0% (2)2% (3)4% (4)6%。 2

( ) 3. 製作中式麵食時，以下列何種原料為 100% 來計算？ (1) 麵粉 (2) 水 (3) 奶粉 (4) 蛋。 1

( ) 4. 製作發酵麵食，使用新鮮酵母較乾酵母的用量要 (1) 多 (2) 一樣 (3) 少 (4) 無法比較。 1

( ) 5. 室內溫度低時麵糰在攪拌時可以加入適量的 (1) 沸水 (2) 溫水 (3) 自來水 (4) 冰水。 2

( ) 6. 發酵麵食攪拌後直接成型，其攪拌應至 (1) 拾起 (2) 麵筋擴展 (3) 捲起 (4) 完成階段。 4

( ) 7. 冷水揉的麵糰，其麵粉蛋白質每增加 1% 可增加吸水量約 (1)1-2% (2)3-4% (3)4-5% (4)5-6%。 1

( ) 8. 何種麵粉最適合製作燙麵食？ (1) 低筋麵粉 (2) 中筋麵粉 (3) 高筋麵粉 (4) 特高麵粉。 2

( ) 9. 下述何者不是麵糰攪拌主要功能？ (1) 混合原料 (2) 加速麵粉吸水 (3) 改善風味 (4) 擴展麵筋。 3

( ) 10. 溶解乾酵母最適宜的水溫是 (1)0℃ (2)4℃ (3)35℃ (4)70℃。 3

( ) 11. 麵糰基本發酵最不適宜的溫度是 (1)15-20℃ (2)20-25℃ (3)26-30℃ (4)46-50℃。 4

( ) 12. 下列原料何者不可與酵母放在一起？ (1) 麵粉 (2) 水 (3) 發粉 (4) 鹽。 4

( ) 13. 下述何者不是麵糰壓延的功能？ (1) 使麵筋充分擴展 (2) 將麵糰內空氣擠出 (3) 使表皮細緻有光澤 (4) 加速麵粉吸水。 4

( ) 14. 用鐵鍋煮麵條顏色會較黑，水中可加入何種原料加以改善？ (1) 硼砂 (2) 磷酸鹽 (3) 牛奶 (4) 動物膠。 2

( ) 15. 蒸發糕使用何種火力？ (1) 大火 (2) 中火 (3) 小火 (4) 微火。 1

( ) 16. 燙麵時使用的熱水溫度最好接近下列那一種溫度？ (1) 人體的溫度 (2)60℃ (3)70℃ (4) 沸水。 4

( ) 17. 下列那一種麵食應使用燙麵製作？ (1) 麵條 (2) 春捲皮 (3) 水晶餃皮 (4) 餛飩皮。 3

( ) 18. 下列何項不是饅頭皺縮的原因？ (1) 發酵溫度 (2) 麵粉筋性太強 (3) 火力過強 (4) 酵母種類。 4

( ) 19. 製作發酵麵食不可使用的酵母是 (1) 新鮮酵母 (2) 活性乾酵母 (3) 速溶酵母粉 (4) 產膜酵母。 4

( ) 20. 油炸麵食油炸條件應使用 (1) 高溫短時間 (2) 低溫長時間 (3) 配合產品需求選擇溫度與時間 (4) 低溫短時間。 3

(　)	21. 製作冷水麵食的麵糰經壓延可增加 (1) 韌性 (2) 硬度 (3) 柔軟度 (4) 脆度。	1
(　)	22. 發酵麵食使用傳統方法蒸煮時應在 (1) 冷水時即放上產品蒸煮 (2) 溫水後再放上產品蒸煮 (3) 水沸騰放出蒸氣後才放入蒸熟 (4) 不必考慮蒸鍋的水溫。	3
(　)	23. 製作饅頭使用中筋麵粉 10 公斤，水 50%，則水的重量為 (1)10 公斤 (2)6 公斤 (3)5 公斤 (4)1 公斤。	3
(　)	24. 直接法製作發酵麵食，發酵溫度最好在下列那個溫度範圍較適當？(1)10℃以下 (2)10～15℃ (3)25～28℃ (4)40～55℃。	3
(　)	25. 1 台斤相當於 (1)425 公克 (2)500 公克 (3)600 公克 (4)700 公克。	3
(　)	26. 室內溫度高時，麵糰攪拌時應加入適量的 (1) 沸水 (2) 溫水 (3) 自來水 (4) 冰水。	4
(　)	27. 酵母使用時，適合何種水溫？ (1) 冰水 (2) 室溫 (3)70℃熱水 (4) 沸水。	2
(　)	28. 要製作發酵類的產品，不需要控制 (1) 溫度 (2) 濕度 (3) 時間 (4) 光線。	4
(　)	29. 發酵時間太久，麵糰產生太多酸味，必須加入適量的何種原料來中和？(1) 白糖 (2) 白醋 (3) 鹼水 (4) 白油。	3
(　)	30. 發酵麵食為了抑制麵糰發酵太快速，可加入少許的 (1) 鹽 (2) 糖 (3) 醋 (4) 小蘇打。	1
(　)	31. 發酵麵食發酵室的濕度 (1) 愈高愈好 (2) 愈低愈好 (3) 完全不要 (4) 依產品性質而定。	4
(　)	32. 菜肉包餡內有蔬菜時，可加入適量何種原料，以加快其水分排出，以方便操作？ (1) 鹽 (2) 糖 (3) 醋 (4) 油。	1
(　)	33. 麵食加工整型時 (1) 愈快愈好 (2) 愈慢愈好 (3) 時作時停 (4) 隨便都可以。	1
(　)	34. 原料稱量最普遍用的度量衡是 (1) 公制 (2) 台制 (3) 英制 (4) 日制。	1
(　)	35. 製作饅頭不宜使用 (1) 中筋麵粉 (2) 低筋麵粉 (3) 粉心麵粉 (4) 小麥澱粉（澄粉）。	4
(　)	36. 麵糰於發酵作用時產生 (1) 二氧化碳 (2) 一氧化碳 (3) 氧氣 (4) 氮氣。	1

( ) 37. 下列何種因素不會影響發糕蒸後產生裂紋 (1) 攪拌程度 (2) 蒸汽大小 (3) 攪拌器 (4) 膨脹劑。 3

( ) 38. 製作發酵麵食下列因子何者最不重要？ (1) 材料 (2) 溫度 (3) 時間 (4) 攪拌缸。 4

( ) 39. 冬天與夏天製作發酵麵食，下列何種材料應作調整？ (1) 酵母 (2) 鹽 (3) 麵粉 (4) 油脂。 1

( ) 40. 油炸千層酥，油溫如何控制較佳？ (1) 低溫 (2) 高溫 (3) 前段低溫後段高溫 (4) 前段高溫後段低溫。 3

( ) 41. 麵糰攪拌以前，下列何種條件較不重要？ (1) 麵粉溫度 (2) 發酵溫度 (3) 水溫 (4) 室溫。 2

( ) 42. 千層酥一般是以下列何種方式加熱？ (1) 蒸 (2) 烤或炸 (3) 煎 (4) 煮。 2

( ) 43. 沙琪瑪粘著用糖漿的調製，著重在溫度的精確控制，而溫度應控制在 (1)95℃ ±2℃ (2)100℃ ±2℃ (3)115℃ ±2℃ (4)135℃ ±2℃。 3

( ) 44. 燒賣蒸熱後，放置一段時間，外皮變硬，可能的原因是 (1) 蛋白質變性 (2) 內餡吸水 (3) 澱粉老化 (4) 油脂酸敗。 3

( ) 45. 豆沙餡的煉製終點，以下列何種方式來判定最準確？ (1) 溫度 (2) 顏色 (3) 品評 (4) 糖度。 4

( ) 46. 製作巧果時，下列何項攪拌程度最不適宜？ (1) 擴展階段 (2) 拾起階段 (3) 拌合均勻 (4) 捲起階段。 2

( ) 47. 攪拌階段中，由於化學效應與物理效應配合進行，而使硫氫鍵轉換為雙硫鍵之作用稱為 (1) 還原作用 (2) 呼吸作用 (3) 發酵作用 (4) 氧化作用。 4

( ) 48. 微生物對氧或空氣都有不同的需求特性，而酵母菌是屬於 (1) 好氣性菌 (2) 半嫌氣性菌 (3) 嫌氣性菌 (4) 對氧不敏感。 2

( ) 49. 欲使發酵麵食產品更潔白可在配方中添加 (1) 吊白塊 (2) 漂白劑 (3) 明礬 (4) 活性黃豆粉。 4

( ) 50. 下列何者不是油麵中添加鹼的目的？ (1) 增加風味 (2) 增加顏色 (3) 增加彈性 (4) 增加體積。 4

( ) 51. 製作中式發酵麵食所使用的最後發酵箱最適之溫度與相對濕度為 (1)35～38℃、50～80% (2)40～45℃、85～90% (3)45～50℃、90～95% (4)50～55℃、95～100%。 1

		答
( ) 52.	傳統發酵麵食是用何種膨大劑？ (1) 發粉（泡打粉） (2) 新鮮酵母 (3) 老麵種 (4) 小蘇打粉。	3
( ) 53.	發酵麵食膨大是靠發酵時所產生之 (1) 酒精 (2) 水蒸氣 (3) 酵母 (4) 二氧化碳。	4
( ) 54.	下列何種麵食要經壓麵處理，品質會更好？ (1) 燒賣 (2) 饅頭 (3) 貓耳朵 (4) 蘿蔔絲餅。	2
( ) 55.	下列何種麵食要用烙或煎的方式製成？ (1) 花捲 (2) 燒賣 (3) 鍋貼 (4) 貓耳朵。	3
( ) 56.	下列何種原料可增進發酵麵食的白度？ (1) 鹼水 (2) 活性黃豆粉 (3) 奶粉 (4) 鹽。	2
( ) 57.	欲加快發酵麵食發酵速度，可增加何種原料？ (1) 鹽量 (2) 油量 (3) 酵母量 (4) 麵粉量。	3
( ) 58.	下列何種麵食要用蒸的方式製成？ (1) 抓餅 (2) 淋餅 (3) 銀絲捲 (4) 兩相好。	3
( ) 59.	下列何種麵食不使用烤的方式製成？ (1) 蛋塔 (2) 燒餅 (3) 老婆餅 (4) 壽桃。	4
( ) 60.	下列何種麵食使用煮的方式熟製？ (1) 餛飩 (2) 燒賣 (3) 雞仔餅 (4) 韭菜盒子。	1
( ) 61.	下列何種麵食使用炸的方式熟製？ (1) 貓耳朵 (2) 春捲皮 (3) 杏仁酥 (4) 麻花。	4
( ) 62.	製作廣式月餅皮宜採用何種甜味料？ (1) 糖粉 (2) 砂糖 (3) 轉化糖漿 (4) 綿白糖。	3
( ) 63.	製作太陽餅餡，最宜採用何種甜味料？ (1) 麥芽糖 (2) 細砂糖 (3) 二砂糖 (4) 粗砂糖。	1
( ) 64.	沙琪瑪的糖漿內可加入何種原料？ (1) 糕仔粉 (2) 油脂 (3) 玉米粉 (4) 太白粉。	2
( ) 65.	下列何種麵食不經壓麵處理？ (1) 油麵 (2) 淋餅 (3) 饅頭 (4) 水餃皮。	2
( ) 66.	下列何種麵食之麵糰必需攪拌出麵筋？ (1) 水晶餃 (2) 桃酥 (3) 刀削麵 (4) 開口笑。	3
( ) 67.	下列何種麵食之麵糰不需攪拌出麵筋？ (1) 蒸蛋糕 (2) 兩相好 (3) 麵龜 (4) 發麵燒餅。	1

( ) 68. 鳳梨酥餡分割時防止黏手，不宜加入 (1) 奶油 (2) 熟麵粉 (3) 糕仔粉 (4) 糖粉。 4

( ) 69. 雞仔餅是用何種餅皮製作的 (1) 糕（漿）皮 (2) 酥（油）皮 (3) 發酵麵皮 (4) 燙麵麵皮。 1

( ) 70. 麵糰中添加 4% 糖比添加 20% 糖之發酵作用 (1) 快 (2) 慢 (3) 相同 (4) 不影響。 1

( ) 71. 麵糰中添加 3% 鹽比添加 2% 鹽之發酵作用 (1) 快 (2) 慢 (3) 相同 (4) 不影響。 2

( ) 72. 燙麵食的麵糰吸水量比冷水麵食的麵糰吸水量為 (1) 高 (2) 低 (3) 相差無幾 (4) 相同。 1

( ) 73. 以下何種麵食不是用油皮、酥皮製作？ (1) 韭菜盒子 (2) 咖哩餃 (3) 蛋黃酥 (4) 太陽餅。 1

( ) 74. 油麵製作過程中，拌油主要目的是 (1) 具有光澤 (2) 增加重量 (3) 防止黏結 (4) 防止水分蒸發。 3

( ) 75. 燙麵食的麵皮水分比冷水麵食高，用何種方式調理較不適宜？ (1) 蒸 (2) 煎 (3) 炸 (4) 煮。 4

( ) 76. 千層糕之所以形成層次，主要是因製作時每層麵皮間抹上 (1) 油脂 (2) 細砂糖 (3) 椰子粉 (4) 紅、綠木瓜絲。 1

( ) 77. 沙琪瑪製作過程中，炸過之麵條結著一起，整型切塊不致鬆散，主要是靠下列何種原料之作用？ (1) 葡萄乾 (2) 白芝麻 (3) 麥芽糖漿 (4) 檸檬汁。 3

( ) 78. 製作蛋黃酥時鹹蛋黃一般經何種處理？ (1) 蒸 (2) 煎 (3) 炸 (4) 烤。 4

( ) 79. 蓮花酥製作時為使花瓣展開層次分明，以下何種處理方式最適當？ (1) 蒸 (2) 煎 (3) 炒 (4) 炸。 4

( ) 80. 蒸蛋糕組織鬆軟之原因除了靠蛋白打發外，主要是因添加下列何種原料？ (1) 細糖 (2) 發粉 (3) 蛋黃粉 (4) 奶水。 2

( ) 81. 鳳梨酥麵皮組織酥鬆，主要是因添加何種原料？ (1) 奶粉 (2) 油脂 (3) 糖粉 (4) 蛋白。 2

( ) 82. 饅頭製作時加入少量何種原料，可使麵糰更柔軟？ (1) 油脂 (2) 熟黃豆粉 (3) 奶粉 (4) 鹽。 1

( )	83. 生鮮麵條之製造，大腸桿菌污染源最容易發生於 (1) 作業員手部 (2) 作業員頭部 (3) 作業員帽子 (4) 作業員褲子。	1
( )	84. 麵糰攪拌時下列何種方式可增加水份滲透性？ (1) 真空攪拌 (2) 包裝 (3) 加水 (4) 加鹽。	1
( )	85. 滾輪間隙小，壓延比大，會造成 (1) 麵粉損傷 (2) 熟成不足 (3) 麵筋損傷 (4) 複合容易。	3
( )	86. 冷卻水煮油麵時，用何種水較不理想 (1) 蒸餾水 (2) 軟水 (3) 逆滲透水 (4) 山泉水。	4
( )	87. 麵條延展性不好，為了提高品質，則壓延時需用 (1)超高速 (2)快速 (3)中速 (4) 慢速。	4
( )	88. 油麵製作需加何種添加物以產生獨特味道？ (1) 黏稠劑 (2) 乳化劑 (3)丙二醇 (4) 鹼水。	4
( )	89. 水煮麵條用水，以有機酸調整 pH 至多少，可使麵條製成率較高？ (1) pH3 (2)pH2 (3)pH5 (4)pH7。	3
( )	90. 麵糰壓延主要功能為 (1) 麵帶鬆弛 (2) 麵帶切條 (3) 促進麵筋形成 (4) 改進麵帶色素。	3
( )	91. 壓延操作，滾輪轉速過快會造成 (1) 麵筋破壞 (2) 熟成太快 (3) 麵帶光滑 (4) 複合太快。	1
( )	92. 麵帶經滾輪壓延時，其麵帶一邊厚一邊薄時，應如何調整？ (1) 厚的一邊減壓力 (2) 厚的一邊加壓力 (3) 薄的一邊加壓力 (4) 減壓力不必調整。	2
( )	93. 蒸叉燒包使用的火力應 (1) 大火 (2) 中火 (3) 小火 (4) 微火。	1
( )	94. 下列那一種麵食不可以使用老麵製作？ (1) 叉燒包 (2) 饅頭 (3) 水晶餃 (4) 鮮肉包。	3
( )	95. 1 公斤相當於 (1)500 公克 (2)600 公克 (3)1000 公克 (4)1200 公克。	3
( )	96. 巧果最佳的油炸溫度為 (1)100-120℃ (2)150-170℃ (3)220-240℃ (4)250-270℃。	2
( )	97. 用老麵製作饅頭時，須使用何種原料來調節酸鹼度？ (1) 鹼水 (2) 白醋 (3) 檸檬汁 (4) 鹽水。	1
( )	98. 燙麵之比例高，產品的質地越 (1) 柔軟 (2) 韌 (3) 硬 (4) 沒差異。	1

( ) 99. 包子蒸前的發酵溫度，以下何者為佳？ (1)15℃ (2)35℃ (3)45℃ (4)55℃。 2

( ) 100. 麵糰攪拌不可攪拌出麵筋的產品是 (1) 鳳梨酥 (2) 饅頭 (3) 巧果 (4) 蔥油餅。 1

( ) 101. 滾輪間隙對麵帶筋性影響很大，一般調整間隙 (1) 只能加大 (2) 只能減小 (3) 隨意 (4) 看壓延比。 4

( ) 102. 麵糰攪拌時，較不重要的影響因子為 (1) 溫度 (2) 時間 (3) 稱料容器 (4) 配方含水量。 3

( ) 103. 冬天壓延麵帶時，水分滲透性 (1) 高 (2) 低 (3) 不影響 (4) 相同。 2

( ) 104. 冷水麵需要 30% ～ 50% 的水分，燙麵則需水 (1)20 ～ 30% (2)30 ～ 40% (3)40 ～ 50% (4)70 ～ 90%。 4

( ) 105. 製作油麵時，以麵粉 100% 計算較適宜的加水量為 (1)10% (2)30% (3)50% (4)70%。 2

( ) 106. 製作酥（油）皮類產品，其油酥部分麵粉與油脂比例一般為 (1)2:1 (2)2:2 (3)2:3 (4)1:2。 1

( ) 107. 叉燒包之龜裂程度與下列何者無關？ (1) 麵粉之蛋白質含量 (2) 膨脹劑之添加 (3) 麵糰加水量 (4) 食鹽添加量。 4

( ) 108. 酥油皮類麵食製作時，控制產品酥度的材料是 (1) 細砂糖 (2) 糖粉 (3) 油 (4) 水。 3

( ) 109. 酥油皮類麵食製作時，會使油皮增加韌性的材料是 (1) 細砂糖 (2) 鹽 (3) 油 (4) 水。 2

( ) 110. 使用老麵製作饅頭，需使用何種材料來中和酸味？ (1) 糖 (2) 鹽 (3) 明礬 (4) 鹼水。 4

( ) 111. 製作發酵麵食時，何種材料可使產品組織細緻及增加體積？ (1) 糖 (2) 液體油 (3) 鹽 (4) 固體油。 4

( ) 112. 成型後的饅頭，最理想的發酵溫度為 (1) 冷藏庫 (2)25℃以下 (3)35℃左右 (4)45℃以上。 3

( ) 113. 要使饅頭的麵皮潔白，較安全的作法是 (1) 於蒸籠上放點硫磺燻白 (2) 配方中添加漂白劑 (3) 配方中添加小蘇打 (4) 配方中添加黃豆粉。 4

( ) 114. 製作燙麵麵食時，可使用何種材料調節麵糰的軟硬度 (1) 中筋麵粉 (2) 鹼水 (3) 沸水 (4) 冷水。 4

( ) 115. 水餃餡調製時，何種材料不會增加餡之結著性？ (1) 蛋白 (2) 全蛋 (3) 樹薯澱粉 (4) 水。 4

( ) 116. 廣式月餅皮製作時，何種材料最會影響皮的色澤？ (1) 中筋麵粉 (2) 液體油 (3) 轉化糖漿 (4) 鹼水。 4

( ) 117. 製作鳳梨酥時，何種材料可使產品組織鬆酥及增加體積？ (1) 糖粉 (2) 鹽 (3) 化學膨大劑 (4) 低筋麵粉。 3

( ) 118. 油炸開口笑時，最理想的油溫是 (1)100-120℃ (2)150-170℃ (3)220-240℃ (4)250-270℃。 2

( ) 119. 煮麵條、水餃時何種方式最理想？ (1) 水不可沸騰 (2) 水沸騰 (3) 沸騰後關火 (4) 沸騰後加點冷水。 4

( ) 120. 製作饅頭的發酵時間與下列何者無關？ (1) 麵糰溫度 (2) 發酵溫度 (3) 乳化劑添加量 (4) 酵母添加量。 3

( ) 121. 燒賣於製作時以何者為佳？ (1) 只能用沸水調麵不可加冷水 (2) 可加沸水可加冷水 (3) 加水攪拌後入水煮 (4) 以溫水攪拌。 2

( ) 122. 製作鳳梨酥時為使質地酥鬆可添加 (1) 化學膨大劑 (2) 水 (3) 奶粉 (4) 酵母。 1

( ) 123. 關於醒麵的敘述下列何者為非？ (1) 使麵糰中粉料充分吸水 (2) 使麵糰更光滑 (3) 提高麵糰的彈性 (4) 醒麵時間至少 30 分鐘。 4

( ) 124. 通常製作叉燒包所用的麵粉為 (1) 特高筋粉 (2) 高筋粉 (3) 中筋粉 (4) 低筋粉。 4

( ) 125. 油麵製作過程，當煮麵時應以什麼溫度為佳？ (1)66-70℃ (2)70-80℃ (3)95-98℃ (4) 先 90℃後 70℃。 3

( ) 126. 製作菜肉包時，為確保壓麵品質，應 (1) 讓麵糰溫度高於 30℃ (2) 讓麵糰極度發酵 (3) 在麵糰表面抹油 (4) 讓麵糰維持在適度低溫且無發酵傾向。 4

( ) 127. 麵條製作過程，當麵帶切條前之壓延時，應 (1) 持續多層摺疊壓實 (2) 反覆對摺壓實 (3) 麵帶不摺疊，且循序遞減輾輪間隙 (4) 所要麵條厚度，一次壓到底。 3

( ) 128. 油條製作時已切條之麵片應 (1) 儘早二條互疊再行鬆弛其油性 (2) 抹上充足水分再互疊壓緊密合 (3) 灑上充足麵粉再互疊 (4) 刷掉多餘灑粉再互疊，隨即於中線壓緊立即進行油炸。 1

( ) 129. 叉燒包蒸後，表面出現玫玉點，通常來自 (1) 鹽 (2) 酵母 (3) 未攪勻的發粉 (4) 糖。 3

( ) 130. 春捲皮製作時，搓壓加熱鐵板的麵皮無法黏住鐵板的原因為 (1) 鐵板太冷 (2) 鐵板過熱 (3) 鐵板太厚 (4) 麵糰太軟。 2

( ) 131. 下列何種麵粉的麵糰攪拌耐性最佳？ (1) 粉心粉 (2) 一級次級粉 (3) 二級次級粉 (4) 統粉。 1

( ) 132. 將胚乳部份全部彙集包裝之麵粉稱為 (1) 粉心粉 (2) 精製粉 (3) 次級粉 (4) 統粉。 4

( ) 133. 以硬紅麥製粉時，下列何種麵粉的色澤最深？ (1) 二級次級粉 (2) 一級次級粉 (3) 統粉 (4) 精製粉。 1

( ) 134. 下列何種麵粉的吸水量最多？ (1) 麵條專用粉 (2) 蛋糕專用粉 (3) 油條專用粉 (4) 饅頭專用粉。 3

( ) 135. 下列何種麵粉是提供商業用的洗筋麵粉？ (1) 精製粉 (2) 粉心粉 (3) 統粉 (4) 次級粉。 4

( ) 136. 下列何種麵粉製作饅頭時，所蒸出的顏色最白？ (1) 精製粉 (2) 次級粉 (3) 統粉 (4) 全麥粉。 1

( ) 137. 炸油條的麵粉性質應選擇下列何種粉較適宜？ (1) 延展性大於彈性 (2) 延展性等於彈性 (3) 彈性大於延展性 (4) 延展性與油條製作不相關。 1

( ) 138. 選用下列何種麵粉製作饅頭時應該用較慢速度攪拌？ (1) 精製麵粉 (2) 統粉 (3) 全麥粉 (4) 粉心粉。 3

( ) 139. 關於冷凍包子麵糰的敘述何者為非？ (1) 冷凍麵糰所用之麵粉需較高的彈性與攪拌性 (2) 麵糰經冷凍貯存易增加其延展性且降低彈性 (3) 冷凍麵糰的麵筋蛋白質網狀結構中水分疏水性鍵結重新分配 (4) 反覆冷凍與解凍對麵筋蛋白結構沒有損害。 4

( ) 140. 製作饅頭使用之即（速）溶酵母 (instant yeast) 的使用量是壓縮（新鮮）酵母 (compressed yeast) 的幾倍？ (1)0.3~0.5 (2)1.0~1.4 (3)1.5~1.9 (4)2.0~3.0。 1

( ) 141. 生煎包使用之壓縮（新鮮）酵母的敘述下列何者為非？ (1) 容易以管路輸送 (2) 較易與麵粉混合均勻 (3) 稱量與用量較精準 (4) 保存期限較乾燥酵母短。 1

( ) 142. 關於燙麵麵糰應用於中式麵食的敘述，何者為非？ (1) 燙麵麵糰的比例會改變麵皮的延展性 (2) 燙麵麵糰比冷水麵糰可吸收更多水分 (3) 可以改善麵皮在煎煮過程中破皮現象 (4) 燙麵麵糰的比例不會影響麵皮的彈性。 4

( ) 143. 關於老麵應用於中式麵食之優點，下列之敘述何者為非？ (1) 可減少配方中酵母添加量 (2) 可得較佳的產品風味 (3) 讓產品之質地柔軟 (4) 老麵不需再培養。 4

( ) 144. 如欲得到軟 Q 的煎餃應採用何種方法來製作麵皮？ (1) 全燙麵法 (2) 半燙麵法 (3) 冷水麵法 (4) 酥油皮之製作方法。 1

( ) 145. 下列何種產品不適宜用烤箱熟製？ (1) 菊花酥 (2) 鳳梨酥 (3) 桃酥 (4) 沙琪瑪。 4

( ) 146. 下列何種產品不適宜用蒸箱熟製？ (1) 開口笑 (2) 饅頭 (3) 馬拉糕 (4) 叉燒包。 1

( ) 147. 下列何種麵皮的吸水量最高？ (1) 全燙麵皮 (2) 半燙麵皮 (3) 冷水麵皮 (4) 發酵麵皮。 1

( ) 148. 麵粉貯藏時的室內溫度變化之敘述，下列何者為非？ (1) 室內溫度高則成品較不容易貯藏 (2) 室內溫度高時則麵糰攪拌較不易成糰 (3) 室內溫度高時則麵糰的總水量會變少 (4) 室內溫度高時則麵粉容易變質。 2

( ) 149. 麵粉貯藏時的含水量增加，下列敘述何者為是？ (1) 總灰分量改變 (2) 總固形物不變 (3) 麵糰耐攪拌度不變 (4) 熟製時間不變。 4

( ) 150. 關於饅頭老化之敘述下列何者為非？ (1) 硬度及香氣改變 (2) 水分散失 (3) 消費者對其接受度下降 (4) 冷藏可減緩老化。 4

( ) 151. 關於麵糰攪拌速度之敘述下列何者為非？ (1) 配方水量少宜用快速 (2) 麵粉筋性弱宜用慢速 (3) 配方糖量多宜用快速 (4) 須經壓延之麵糰應用慢速。 1

( ) 152. 下列何者是化學膨大劑慢速反應的酸性劑？ (1) 酸性酒石酸鉀 (2) 酒石酸 (3) 磷酸 (4) 酸性焦磷酸鈉。 4

( ) 153. 巧克力蒸蛋糕應用下列何種膨鬆劑？ (1) 碳酸氫銨 (2) 小蘇打 (3) 泡打粉 (4) 塔塔粉。 2

( ) 154. 以中種麵糰發酵法製作饅頭時，下列敘述何者為非？ (1) 中種麵糰比例多，則主麵糰攪拌時間應相對縮短 (2) 中種麵糰比例多，則主麵糰攪拌時的理想溫度較難控制 (3) 中種麵糰比例多，則主麵糰攪拌時的摩擦熱較難降低 (4) 中種麵糰比例多，則主麵糰攪拌後的壓延次數增加。 4

( ) 155. 中種麵糰發酵法之發酵敘述下列何者為是？ (1) 中種麵糰比例增高其發酵時間可縮短 (2) 中種麵糰比例增加，則主麵糰發酵時間需延長 (3) 中種麵糰發酵過久，則主麵糰發酵需延長 (4) 中種麵糰發酵不足，則主麵糰發酵可縮短。 1

( ) 156. 下列何種麵糰需使用兩塊不同性質的麵糰組合？ (1) 物理膨脹麵糰 (2) 化學膨發麵糰 (3) 發酵麵糰 (4) 酥油皮麵糰。 4

( ) 157. 大甲芋頭酥是屬下列酥油皮的？ (1) 直明酥 (2) 圓明酥 (3) 暗酥 (4) 半暗酥。 2

( ) 158. 下列何者是由發酵麵糰所製作？ (1) 饅頭 (2) 蛋黃酥 (3) 鳳梨酥 (4) 巧果。 1

( ) 159. 發酵不足對於發酵麵食有何影響？ (1) 麵糰體積較大 (2) 麵糰的顏色較白 (3) 熟製後成品口感較具彈韌性 (4) 麵糰色澤較暗品質較差。 4

( ) 160. 酥皮蛋塔的內餡調製順序為？ (1) 過濾、靜置、去泡、熟製 (2) 靜置、去泡、過濾、熟製 (3) 熟製、過濾、去泡、靜置 (4) 去泡、過濾、靜置、熟製。 1

( ) 161. 下列何者較適宜採用烘烤熟製法？ (1) 酥油皮麵糰 (2) 冷水麵糰 (3) 發粉麵糰 (4) 燙麵麵糰。 1

( ) 162. 油炸技術中下列何項是必須注意的衛生安全問題？ (1) 控制油炸時間 (2) 根據品項選擇適當油溫 (3) 油量要充分 (4) 保持油質的清潔。 4

( ) 163. 油條的油炸溫度下列何項較合適？ (1)240℃ (2)180℃ (3)140℃ (4)100℃。 2

( ) 164. 平底鍋內加少許油熟製麵食，是依據下列何種原理而成？ (1) 熱對流 (2) 熱傳導 (3) 熱輻射 (4) 摩擦力。 2

( ) 165. 水煎包油煎法成品既受鍋底傳熱也受下列何者方式傳熱？ (1) 油溫 (2) 水 (3) 氣體 (4) 粉漿。 1

( ) 166. 水煎包在煎的過程中，麵糰胚的擺放應是下列何項最適合？ (1) 先四周後中間 (2) 隨機擺放 (3) 先中間後四周 (4) 從一側順序到另一側。 1

( ) 167. 麵粉中何種成分，經烘烤後於成品表面形成金黃色或棕紅色？ (1) 醣類 (2) 灰份 (3) 脂肪 (4) 礦物質。 1

( ) 168. 下列何項不屬於麵粉品質之評定項目？ (1) 麵粉含水量 (2) 小麥品種 (3) 麵筋品質 (4) 麵筋含量。 2

( ) 169. 下列何項是結合兩種不同方式熟製而成的產品？ (1) 鳳梨酥 (2) 巧果 (3) 水餃 (4) 水煎包。 4

( ) 170. 下列何種產品是將麵糰胚擺置於平底鍋中熟製而成？ (1) 水煎包 (2) 油條 (3) 綠豆椪 (4) 芝麻喜餅。 1

( ) 171. 較適合刀削麵的麵糰質地應為 (1) 軟麵糰 (2) 表面結皮麵糰 (3) 硬麵糰 (4) 具層次麵糰。 3

( ) 172. 刀削麵製作時，麵片應削入 (1) 不銹鋼盤 (2) 冷水鍋 (3) 熱水鍋 (4) 工作桌上。 3

( ) 173. 從動植物組織中萃取的色素是屬於 (1) 化學合成色素 (2) 食用合成色素 (3) 食用天然色素 (4) 合成色素。 3

( ) 174. 以傳統老麵製作發酵麵食，會形成具有酸味的發酵麵糰，故需調整麵糰 pH 值（酸味），可添加適量的 (1) 碳酸鈉 (2) 碳酸氫銨 (3) 碳酸鈣 (4) 溴酸鉀。 1

( ) 175. 一般純手工製作饅頭，其產品外觀較機製饅頭 (1) 粗糙、顏色白 (2) 粗糙、顏色黃 (3) 細緻、顏色黃 (4) 細緻、顏色白。 2

( ) 176. 製作黑糖饅頭時，以等量黑糖取代焦糖色素，其對產品可能影響是 (1) 顏色較深 (2) 重量增加 (3) 顏色相同 (4) 顏色較淺。 4

( ) 177. 欲使麵粉加水後，在冷水麵製作時能形成糊狀物，而在燙麵食製作時能形成糰狀物【冷糊熱糰】。其麵粉：水的適當比率為 (1)3:1 (2)2:1 (3)1:1 (4)1:3。 3

( ) 178. 製作多蔬菜或多穀物饅頭時，下列何者未經加熱添加於麵糰中，對產品影響較小 (1) 甘薯磨漿 (2) 蒜頭磨漿 (3) 紅蘿蔔磨漿 (4) 小麥草磨漿。 3

( ) 179. 製作刈包或荷葉包時，選用下列何種原料組合對產品外觀潔白最有幫助 (1) 中筋麵粉、生黃豆粉 (2) 中筋麵粉、熟黃豆粉 (3) 粉心麵粉、熟黃豆粉 (4) 粉心麵粉、生黃豆粉。 4

( ) 180. 叉燒包產品外觀需裂口透餡，下列何種組合對產品外觀裂口有幫助？ (1) 低筋麵粉、收口麵皮厚、大火蒸 (2) 低筋麵粉、收口麵皮薄、小火蒸 (3) 高筋麵粉、收口麵皮薄、大火蒸 (4) 高筋麵粉、收口麵皮厚、小火蒸。 1

( ) 181. 傳統麵食荷葉包及荷葉餅製作時，為使產品夾層熟製後易分離，於麵糰製作時常使用何種原料塗抹夾層？ (1) 水 (2) 油 (3) 食鹽 (4) 糖。 2

( ) 182. 配方含水量會影響到麵糰的軟硬度，下列產品何者配方含水量最少？ (1) 潤餅皮 (2) 花捲 (3) 饅頭 (4) 火燒。 4

( ) 183. 使用麵粉製作發糕時，產品外觀需有規則大裂口，下列何種組合對產品裂口有幫助？ (1) 低筋麵粉、發粉量少、小火蒸 (2) 低筋麵粉、發粉量多、大火蒸 (3) 高筋麵粉、發粉量少、小火蒸 (4) 高筋麵粉、發粉量多、小火蒸。 2

( ) 184. 下列產品製作時，何者使用蛋量最多？ (1) 黑糖糕 (2) 倫教糕 (白糖糕) (3) 馬拉糕 (4) 發糕。 3

( ) 185. 下列何者不是油炸麵食？ (1) 兩相好（雙胞胎） (2) 沙琪瑪 (3) 開口笑 (4) 燒餅。 4

( ) 186. 下列麵食製品何者其製作過程中，可不必利用酵母菌發酵？ (1) 饅頭 (2) 水煎包 (3) 沙琪瑪 (4) 刈包／荷葉包。 3

( ) 187. 冷水麵類產品之熟製方法，下列何者熟製方式最多？ (1) 蒸 (2) 煮 (3) 烤 (4) 炸。 2

( ) 188. 下列產品的製作方法，何者較適合用冷水麵製作？ (1) 蒸餃 (2) 手抓餅 (3) 燒賣 (4) 水晶餃。 2

( ) 189. 蔥油餅可使用燙麵或冷水麵方式製作，下列描述何者正確？ (1) 配方加水量，燙麵＞冷水麵 (2) 熟製後產品韌性，燙麵＞冷水麵 (3) 產品易老化程度，燙麵＞冷水麵 (4) 熟製後產品含水量，燙麵＜冷水麵。 1

( ) 190. 饅頭製作使用之酵母有新鮮酵母、乾酵母及速溶酵母等三種，其配方使用量何者正確？ (1) 速溶酵母＞乾酵母 (2) 速溶酵母＞新鮮酵母 (3) 新鮮酵母＞速溶酵母 (4) 乾酵母＞新鮮酵母。 3

( ) 191. 製作油條時，為使產品體積大及酥脆，下列麵粉何者較好 (1) 低筋麵粉 (2) 中筋麵粉 (3) 高筋麵粉 (4) 特高筋麵粉。 4

( ) 192. 水的酸鹼度與礦物質含量高低，會影響發酵麵食的品質，對下列何者影響最大？ (1) 巧果 (2) 沙琪瑪 (3) 饅頭 (4) 黑糖糕。 3

( ) 193. 發酵麵食製作時需經酵母發酵，下列何種組合可提高發酵速率？ (1) 溫度高、配方水量多、酵母量多 (2) 溫度低、配方水量少、酵母量少 (3) 溫度高、配方水量少、酵母量少 (4) 溫度低、配方水量多、酵母量少。 1

( ) 194. 水晶餃、蝦餃需要餃皮透明，使用下列何種原料熟製後較透明？ (1) 高筋麵粉 (2) 中筋麵粉 (3) 低筋麵粉 (4) 小麥澱粉。 4

( ) 195. 製作傳統油麵時，為調整酸鹼度，使用的鹼粉或鹼水其化學名稱為 (1) 碳酸鈉 (2) 碳酸氫銨 (3) 碳酸氫鈉 (4) 溴酸鉀。 1

( ) 196. 蟹殼黃是以油皮包油酥之方式製作，內餡以蔥花調餡為主，其麵糰包油酥經適當捲摺包餡後，表面沾白芝麻，烤焙後產生層次之產品。其分類屬於 (1) 冷水麵食 (2) 燙麵食 (3) 燒餅類麵食 (4) 酥油皮類麵食。 3

( ) 197. 下列產品於製作時，配方中原料一般會使用酵母？ (1) 沙琪瑪 (2) 巧果 (3) 開口笑 (4) 兩相好（雙胞胎）。 4

( ) 198. 下列燒餅類麵食製作時，何者製作方法不是油皮包油酥？ (1) 芝麻燒餅 (2) 香酥燒餅 (3) 發麵燒餅 (4) 糖鼓燒餅。 3

( ) 199. 下列何種麵條製作時，不會使用鹼水？ (1) 油麵條 (2) 涼麵條 (3) 生鮮麵條 (4) 雞蛋麵條。 4

( ) 200. 牛肉餡餅的熟製方法與下列何者相似？ (1) 餛飩 (2) 水煎包 (3) 燒賣 (4) 蒸餃。 2

( ) 201. 下列何種配方組合，可使鳳梨酥外皮較酥鬆？ (1) 油量＞糖量＞蛋量 (2) 油量 = 糖量＞蛋量 (3) 油量＜糖量＜蛋量 (4) 油量 = 糖量＜蛋量。 1

( ) 202. 下列何種產品，最好使用固態油脂？ (1) 雞仔餅 (2) 龍鳳喜餅 (3) 廣式月餅 (4) 方塊酥。 4

( ) 203. 綠豆椪月餅、翻毛月餅、豐原月餅等產品熟製時，其烤焙溫度何者較適宜？ (1) 上火小／下火小 (2) 上火大／下火大 (3) 上火大／下火小 (4) 上火小／下火大。 4

工作項目 05：中式麵食包裝與標示

( ) 1. 蘿蔔絲酥餅應 (1) 趁熱包裝 (2) 放冷後包裝 (3) 報紙包裝 (4) 不需包裝。 2

( ) 2. 下列何者不是食品包裝之目的？ (1) 增加附加價值 (2) 增進產品外觀 (3) 增進保存期限 (4) 增進產品風味。 4

( ) 3. 冷凍水餃應使用耐多少溫度的容器 (1)-20℃ (2)-10℃ (3)-5℃ (4)0℃。 1

( ) 4. 下列那一種容器最不適宜包裝台式月餅？ (1) 玻璃容器 (2) 金屬容器 (3) 紙容器 (4) 木質容器。 1

( ) 5. 中式麵食包裝標示不需有 (1) 製造廠商 (2) 成分 (3) 廠商住址 (4) 食用量。 4

( ) 6. 外包裝材料較不需何種機能？ (1) 衛生性 (2) 保護性 (3) 作業性 (4) 透光性。 4

( ) 7. 包裝食品超過保存期限，該產品應 (1) 回收銷毀 (2) 重新包裝 (3) 繼續使用 (4) 不予理會。 1

( ) 8. 菜肉包以微波爐加熱，下列何種容器不可使用？ (1) 鋁箔 (2) 瓷器 (3) 玻璃 (4) 紙盒。 1

( ) 9. 中式麵食包裝不良，較不會影響產品之 (1) 風味 (2) 色澤 (3) 質地 (4) 體積。 4

( ) 10. 下列何種包裝材料較不具熱收縮性？ (1) 聚乙烯 (PE) (2) 玻璃紙 (3) 聚偏二氯乙烯 (PVDC) (4) 聚氯乙烯 (PVC)。 2

( ) 11. 為配合環保，低水分不滲油的粉狀麵食原料，包裝材料最好使用？ (1) 牛皮紙袋 (2) 聚乙烯 (PE) 袋 (3) 尼龍 (NY) 袋 (4) 聚酯 (PET) 容器。 1

( ) 12. 中式麵食包裝不可標示 (1) 成分 (2) 重量 (3) 療效 (4) 品名。 3

( ) 13. 麵食使用塑膠包材其甲醛限量為 (1)30PPM (2)10PPM (3)4PPM (4) 不得檢出（陰性）。 4

( ) 14. 下列何者不是中式麵食包裝的功能？ (1) 防止受污染 (2) 延長貯存期間 (3) 使麵食更可口 (4) 避免昆蟲侵蝕。 3

( ) 15. 下列何種中式麵食的包裝材料，較不易滲油？ (1) 玻璃紙 (2) 牛皮紙 (3) 瓦楞紙 (4) 白紙。 1

( ) 16. 下列何種中式麵食的包裝材料成本最高？ (1) 紙 (2) 金屬 (3) 塑膠 (4) 玻璃。 2

( ) 17. 遮光性良好的包裝材料是 (1) 玻璃紙 (2) 鋁箔 (3) 聚乙烯 (PE) (4) 聚酯 (PET)。 2

( ) 18. 下列何種包裝材料熱封性最好？ (1) 玻璃紙 (2) 鋁箔 (3) 聚乙烯 (PE) (4) 聚酯 (PET)。 3

( ) 19. 水分高的中式麵食，一般以冷藏或冷凍方式貯存，較適用之包裝 (1) 玻璃紙 (2) 鋁箔 (3) 聚丙烯／聚乙烯 OPP ／ CCDPE (4) 紙。 3

( ) 20. 容易熱封，但難直接印刷的材質是 (1) 聚乙烯 (PE) (2) 聚丙烯 (PP) (3) 鋁箔 (4) 紙。 1

( ) 21. 包裝食品不需標示 (1) 飽和脂肪酸 (2) 反式脂肪酸 (3) 維生素 E (4) 順式脂肪酸。 4

( ) 22. 與食品接觸包裝之容器不得 (1) 進行防油處理 (2) 進行防濕處理 (3) 檢出螢光增白劑 (4) 進行遮光處理。 3

( ) 23. 下列何者與麵食的外包裝無關 (1) 便利性 (2) 商品性 (3) 透光性 (4) 經濟性。 3

( ) 24. 麵食的包裝容器，最不需要考慮 (1) 強韌度 (2) 透光度 (3) 耐熱性 (4) 熱封性。 2

( ) 25. 怕光線照射的麵食產品可採用何種包裝？ (1) 厚 PVC (2) 聚丙烯 (PP) (3) 聚乙烯 (PE) (4) 鍍鋁聚酯膜 (VMPET)。 4

( ) 26. 月餅的外包裝材料最好選用 (1) 紙盒 (2) 鐵盒 (3) 塑膠盒 (4) 保力龍。 1

( ) 27. 市售冷凍水餃的包裝袋大多採用 (1) 複合聚酯 (PET/PE/LLDPE) (2) 聚乙烯 (PE) (3) 聚丙烯 (PP) (4) 聚苯乙烯 (PS)。 1

( ) 28. 下列何者最適合作為冷凍水餃的包裝材質？ (1) 塑膠製品 (2) 鋁箔製品 (3) 保力龍製品 (4) 紙製品。 1

( ) 29. 為能防潮、隔絕氧氣及耐油性，蛋黃酥的包裝材料最好採用 (1)KOP/CPP (2) 紙 / 聚乙烯 PE (3) 油紙袋 (4) 玻璃紙。 1

( ) 30. 下列何者與麵食的包裝標示有關？ (1) 食用量 (2) 售價 (3) 廠商 (4) 配方。 3

( ) 31. 蛋黃酥外盒內襯的材質為 (1) 聚乙烯 (PE) (2) 聚酯 (PET) (3) 聚苯乙烯 (PS) (4) 聚丙烯 (PP)。 3

( ) 32. 下列何者與麵食包裝的安全無關？ (1) 包裝人員 (2) 食品營養 (3) 食品衛生 (4) 包裝技術。 2

( ) 33. 配合環保，麵食的包裝最好不用 (1) 生物可分解性材料 (2) 光分解性材料 (3) 紙製品 (4) 塑膠製品。 4

( ) 34. 冷凍麵食的包裝材料最不需考慮 (1) 包裝材質 (2) 作業的方便性 (3) 環保 (4) 透氣性。 4

( ) 35. 為保持廣式月餅良好品質，除選用適當包材亦須配合採用 (1) 乾燥劑 (2) 脫氧劑 (3) 防腐劑 (4) 膨大劑。 2

( ) 36. 黑糖糕的包裝不必標示 (1) 黑糖的來源 (2) 製造或保存期限 (3) 製造廠商 (4) 材料。 1

工作項目 06：成品品質鑑定

( ) 1. 水調（和）麵食中，何種原料添加愈多組織愈柔軟？ (1) 鹽 (2) 水 (3) 奶粉 (4) 麵粉。 2

( ) 2. 發酵麵食如發酵過度，不會有何種現象發生？ (1) 二氧化碳產生較多 (2) 體積膨大 (3) 組織柔軟 (4) 顏色變白。 4

( ) 3. 酥（油）皮麵食因需要酥，且有層次，因此以下何種熟製方式不合適？ (1) 烤 (2) 炸 (3) 蒸 (4) 煎。 3

( ) 4. 蔥油餅成品應具備何種品質？ (1) 外脆內軟 (2) 外脆內硬 (3) 內外皆軟 (4) 內外皆硬。 1

( ) 5. 銀絲捲食用時，以何種調理方式最理想？ (1) 煎 (2) 煮 (3) 炸 (4) 烤。 3

( ) 6. 較不受歡迎的水餃品質是 (1) 皮薄 (2) 有湯汁 (3) 有油耗味 (4) 肉多。 3

( ) 7. 沙琪瑪之酥脆是由於 (1) 高溫油炸 (2) 低溫長時間油炸 (3) 適當的油炸溫度與時間 (4) 糖漿量較多。 3

( ) 8. 冷水麵食口感比燙麵麵食 (1) 柔軟 (2) 強韌 (3) 酥鬆 (4) 一樣。 2

( ) 9. 良好的饅頭不宜具有下列何種品質？ (1) 內部細緻 (2) 外表光滑 (3) 氣孔粗大 (4) 發酵香味。 3

( ) 10. 良好的乾麵條不宜具有下列何種品質？ (1) 水份 15% 以下 (2) 水煮時湯汁混濁 (3) 表面平滑 (4) 不易斷裂。 2

( ) 11. 發糕龜裂的原因是 (1) 膨大劑用量不足 (2) 麵糊量不足 (3) 配方水分太多 (4) 足夠的火力。 4

( ) 12. 叉燒包成品會黏牙是何種原料使用偏高？ (1) 高筋麵粉 (2) 低筋麵粉 (3) 小麥澱粉（澄粉） (4) 地瓜粉。 3

( ) 13. 酥（油）皮類產品層次分明的原因為 (1) 油酥比例太高 (2) 烤焙溫度太低 (3) 烤焙時間不足 (4) 油皮與油酥比例適當。 4

( ) 14. 造成油炸巧果酥脆的原因是 (1) 油炸時間不足 (2) 低溫長時間油炸 (3) 適當的油炸溫度與時間 (4) 延壓厚度太厚。 3

( ) 15. 月餅餡內包入之鹹蛋黃應如何處理？ (1) 烤至出油 (2) 不處理直接用 (3) 烤至破碎 (4) 烤至表面凝結。 4

( ) 16. 使用小包酥製作的產品，會具有下列何種特色？ (1) 層次多 (2) 層次少 (3) 品質鬆酥性較差 (4) 層次較大而不清晰。 1

( ) 17. 用燙麵製作的麵食成品冷卻後組織較冷水麵食 (1) 柔軟 (2) 硬挺 (3) 酥脆 (4) 堅韌。 1

( ) 18. 菊花酥、蓮花酥、千層酥的層次應 (1) 暗藏於內 (2) 可由外觀看出 (3) 若隱若現 (4) 可有可無。 2

( ) 19. 冷凍菜肉包復熱時，以下列何種方式較不適合？ (1) 蒸 (2) 炸 (3) 煮 (4) 微波加熱。 3

( ) 20. 水煎包底部應 (1) 硬 (2) 脆 (3) 柔軟 (4) 不可著色。 2

( ) 21. 菊花酥成品品質以下何者較不受歡迎？ (1) 焦黑 (2) 酥脆 (3) 層次分明 (4) 皮餡分明。 1

( ) 22. 冷水麵食，若以煎、烙方式熟製，則成品會較 (1) 柔軟 (2) 酥鬆 (3) 乾硬 (4) 酥脆。 3

( ) 23. 鳳梨酥外皮特性宜 (1) 堅硬 (2) 酥鬆 (3) 脆 (4) 韌。 2

( ) 24. 良好的芝麻燒餅，不宜具有下列何種品質？ (1) 外酥內軟 (2) 內層膨脹 (3) 外軟內酥 (4) 芝麻著色。 3

( ) 25. 蘿蔔絲酥餅，因需要酥鬆感且有層次，以下列何種方式熟製較合適？ (1) 煮 (2) 蒸 (3) 炒 (4) 炸或烤。 4

( ) 26. 發酵麵食組織柔軟，與添加下列何種原料無關 (1) 酵母 (2) 油脂 (3) 水 (4) 奶粉。 4

( ) 27. 為使餡餅麵皮柔軟，其熱水水溫以下列何種溫度較適當？ (1)30℃左右 (2)50℃左右 (3)70℃左右 (4)90℃以上。 4

( ) 28. 良好的叉燒包麵皮，不宜具有下列何種性質？ (1) 潔白 (2) 鬆軟 (3) 硬實 (4) 龜裂。 3

( ) 29. 麵條加工用水，水中礦物質含量高時，麵條口感較 (1) 好 (2) 差 (3) 適中 (4) 韌。 2

( ) 30. 如何判斷麵條的生菌數 (1) 微生物檢驗 (2) 肉眼判斷 (3) 試吃試驗 (4) 嗅覺判斷。 1

( ) 31. 夏天製麵條最理想用水為 (1) 冰水 (2) 溫水 (3) 地下水 (4) 井水。 1

( ) 32. 下列何種麵食製品具有較強的韌性？ (1) 叉燒包 (2) 咖哩餃 (3) 刀削麵 (4) 餡餅。 3

( ) 33. 下列何種麵食製品食用時較適合油炸之特性？ (1) 水餃 (2) 豆沙包 (3) 春捲 (4) 荷葉餅。 3

( ) 34. 饅頭組織要細，製作時不必注意的是 (1) 發酵程度 (2) 壓麵技巧 (3) 水份 (4) 蒸爐（箱）大小。 4

( ) 35. 沙琪瑪成品鬆散是受何種因素的影響最大？ (1) 糖漿 (2) 麵粉品質 (3) 麵糰製作技術 (4) 麵糰軟硬度。 1

( ) 36. 調製老婆餅餡的軟硬度，下列何種原料的影響最小？ (1) 麵粉 (2) 糕仔粉 (3) 生糯米粉 (4) 鹽。 4

( ) 37. 桃酥的鬆酥，受何種原料的影響最大？ (1) 豬油 (2) 麵粉 (3) 奶粉 (4) 糖。 1

( ) 38. 叉燒包的膨脹與裂紋與下列何種原料無關？ (1) 泡打粉 (2) 碳酸氫銨 (3) 鹽 (4) 酵母。 3

( ) 39. 龍鳳喜餅（和生餅）屬於糕（漿）皮類產品，故其外皮應具有何種特性？ (1) 脆硬 (2) 柔軟 (3) 脆酥 (4) 鬆酥。 2

( ) 40. 依油條品質的敘述，下列何者不正確？ (1) 不易回軟 (2) 兩條勻稱重疊 (3) 不滲油 (4) 組織緊實。 4

( ) 41. 下列何者非燙麵產品之特性？ (1) 柔軟 (2) 較濕潤 (3) 韌性強 (4) 可塑性好。 3

( ) 42. 糕漿皮類產品之外皮會有酥鬆感的主要原因為 (1) 油皮油酥的包捲層次 (2) 含化學膨大劑 (3) 水分含量高 (4) 高糖高油脂的配方。 4

( ) 43. 發糕成品外觀需有幾瓣以上的裂口？ (1)2 瓣 (2)3 瓣 (3)4 瓣 (4)5 瓣。 2

( ) 44. 下列何因素與酥油皮、糕漿皮類產品之烤焙顏色無關？ (1) 烤箱電壓 (2) 含糖量 (3) 烤焙溫度 (4) 烤焙時間。 1

( ) 45. 使蔥油餅層次分明之要素，乃麵皮摺疊時，麵皮間應 (1) 撒粉 (2) 抹油 (3) 抹水 (4) 抹鹽。 2

( ) 46. 巧果品質應具有何特性？ (1) 柔軟 (2) 層次 (3) 鬆酥 (4) 酥脆。 4

( ) 47. 馬拉糕表面產生褐色斑點的原因是 (1) 蒸的時間不足 (2) 火力太強 (3) 糖量過多 (4) 小蘇打未充分拌勻。 4

( ) 48. 饅頭放置一段時間後會變硬是因為 (1) 蛋白質老化 (2) 澱粉老化 (3) 油脂老化 (4) 酵母老化 之因素。 2

( ) 49. 傳統廣式月餅所使用豆沙餡具有的特性為 (1) 高糖少油 (2) 高糖高油 (3) 低糖低油 (4) 低糖高油。 2

( ) 50. 下列何種原料不適合調節老麵的酸鹼度？ (1) 小蘇打粉 (2) 鹼粉 (3) 黃豆粉 (4) 鹼（梘）水。 3

( ) 51. 下列何種原料容易使叉燒包的表面產生黃色斑點？ (1) 鹼 (梘) 水 (2) 小蘇打粉 (3) 黃豆粉 (4) 砂糖。 2

( ) 52. 銀絲捲內麵絲要能明顯分開，需 (1) 麵糰加入多量油脂攪拌 (2) 用摺疊方式裹入用油 (3) 麵絲撒澱粉 (4) 麵絲刷油。 4

( ) 53. 使蛋塔內餡凝固主要原料為 (1) 動物膠 (2) 洋菜 (3) 蛋 (4) 吉利 T。 3

( ) 54. 下列何種原料不會造成桃酥的裂紋與擴張性？ (1) 化學膨大劑 (2) 油脂 (3) 粗砂糖 (4) 麵粉。 4

( ) 55. 蛋黃酥的層次與下列何者有關 (1) 摺疊次數 (2) 油脂種類 (3) 烤焙時間 (4) 油皮含油量。 1

( ) 56. 何種原料可使油麵的顏色變黃？ (1) 糖 (2) 鹽 (3) 奶油 (4) 鹼。 4

( ) 57. 下列何種原料不會增加麵條的韌性？ (1) 鹽 (2) 鹼 (3) 油 (4) 澱粉。 3

( ) 58. 下列何種製作方法可使蛋塔餡光滑細緻？ (1) 蛋拌勻過濾 (2) 蛋打發 (3) 高溫烤焙 (4) 提高蛋的含量。 1

( ) 59. 下列何種澱粉增加麵條的韌性最強？ (1) 小麥澱粉 (2) 玉米澱粉 (3) 綠豆澱粉 (4) 木薯澱粉。 3

( ) 60. 下列何者不是造成饅頭黏牙的原因？ (1) 發酵時間不足 (2) 麵粉筋性偏低 (3) 未蒸熟 (4) 糖量太高。 1

( ) 61. 下列何種原料與饅頭顏色無關？ (1) 鹼 (2) 黃豆粉 (3) 水 (4) 細砂糖。 4

( ) 62. 酥（油）皮類產品之烤焙顏色與下列何者較無關？ (1) 糖量 (2) 烤焙溫度 (3) 烤焙時間 (4) 油皮含水量。 4

( ) 63. 用手工整型之山東饅頭比一般甜饅頭紮實，主要原因是 (1) 饅頭的大小不同 (2) 配方水量不同 (3) 蒸的火力小火不同 (4) 配方鹽量不同。 2

( ) 64. 咖哩餃餃皮顏色之深淺與下列何者無關？ (1) 餃皮含糖量 (2) 刷蛋水之濃度 (3) 油酥含油量 (4) 烤焙溫度高低。 3

( ) 65. 何種原料可使開口笑油炸時麵球容易裂開又不影響其口味？ (1) 碳酸氫銨 (2) 速溶酵母 (3) 泡打粉 (4) 小蘇打粉。 3

( ) 66. 何種操作方式可使水餃於水煮時降低破損率？ (1) 大火短時間 (2) 小火長時間 (3) 煮的時候要點油 (4) 煮的時候要點水。 4

( ) 67. 品質良好的生鮮麵條（如陽春麵）其成品的水分含量約 (1)10-15% (2)20-25% (3)30-35% (4)40-45%。 3

( ) 68. 何種操作方式不會使煎烙類麵食的質地較柔軟？ (1) 增加麵糰含水量 (2) 高溫短時間煎烙 (3) 使用燙麵麵糰 (4) 降低煎盤的溫度。 4

( ) 69. 增加何種原料可使糕（漿）皮類的餅皮更酥鬆？ (1) 糖粉 (2) 細砂糖 (3) 蛋 (4) 油脂。 4

( ) 70. 水晶餃能有透明的品質主要是 (1) 使用低筋麵粉 (2) 使用玉米澱粉 (3) 使用小麥澱粉 (4) 使用在來米粉。 3

( ) 71. 叉燒包表皮有黃色斑點是何種原因造成的 (1) 砂糖未溶解 (2) 酵母未溶解 (3) 泡打粉未溶解 (4) 食鹽未溶解。 3

( ) 72. 與廣式月餅相較，下列何者非台式月餅的品質特性？ (1) 皮厚 (2) 皮薄 (3) 比較不會透油 (4) 花紋比較不明顯。 2

工作項目 07：中式麵食加工貯存

( ) 1. 為了增加油脂的貯存性及使用壽命，我們應該 (1) 通氣使有害物質氧化 (2) 經日光適當照射 (3) 使用高溫油炸 (4) 密封保存。 4

( ) 2. 液體香料最好盛裝於何種顏色的玻璃瓶貯存？ (1) 無色透明 (2) 淡紅色 (3) 褐色 (4) 淡綠色。 3

( ) 3. 油條之品質劣變，主要原因是 (1) 細菌生長 (2) 油脂氧化 (3) 顏色變暗 (4) 使用特高筋麵粉。 2

( ) 4. 月餅長霉之原因不包括 (1) 環境污染 (2) 放置時間過長 (3) 月餅體積大小 (4) 操作污染。 3

( ) 5. 發酵麵食若要做長期保存宜使用 (1) 防腐劑 (2) 乾燥劑 (3) 低溫貯存 (4) 抗氧化劑。 3

( ) 6. 新鮮肉包放在冷藏狀態時，大約可保存 (1) 數天 (2) 數週 (3) 數月 (4) 至少一年。 1

( ) 7. 水餃在冷凍狀態時，大約可保存 (1) 數天 (2) 數週 (3) 數月 (4) 數年。 3

( ) 8. 乾麵條較生鮮麵條可保存期限長是因為 (1) 水分含量不同 (2) 包裝材質不同 (3) 有添加防腐劑 (4) 使用麵粉種類不同。 1

( ) 9. 中式麵食冷凍之貯存溫度應在 (1)25℃ (2)4℃ (3)0℃ (4)-18℃ 以下。 4

( ) 10. 中式麵食貯存的環境應該 (1) 潮濕 (2) 乾燥 (3) 無所謂 (4) 高溫。 2

( ) 11. 乾麵條含水量達 15% 以上，下列何種微生物較易生長 (1) 黴菌 (2) 酵母菌 (3) 金黃葡萄球菌 (4) 肉毒桿菌。 1

( ) 12. 生鮮麵條之水分較高，通常放在何種溫度，可保持約 3 ～ 7 天 (1) 室溫 (2)4 ～ 7℃冷藏 (3)10 ～ 15℃冷藏 (4)-18℃冷凍。 2

( ) 13. 蒸餃若要維持品質，宜做包裝處理才可防止 (1) 外界污染 (2) 餃皮變黑 (3) 餃皮變硬 (4) 數量變化。 1

( ) 14. 麻花放在室溫數天後，會產生不良風味，主要是因為 (1) 受潮 (2) 油脂氧化 (3) 蛋白質變化 (4) 澱粉分解。 2

( ) 15. 蒸蛋糕品質變劣，最大原因是 (1) 油脂氧化 (2) 產品吸水 (3) 產生黴菌 (4) 產生毒素。 3

( ) 16. 麵食產品微生物污染以下列何者最為普遍？ (1) 沙門氏菌 (2) 肉毒桿茵 (3) 鏈狀球菌 (4) 黴菌。 4

( ) 17. 燙麵食水分多，用下列何種方法貯存較理想？ (1) 冷凍 (2) 冷藏 (3) 常溫 (4) 保溫。 1

( ) 18. 冷凍熟水餃需微波加熱者，貯存時包裝材料應選用何者較宜？ (1) 耐凍性 (2) 耐熱性 (3) 耐凍又耐熱性 (4) 任何包裝材料皆可。 3

( ) 19. 中式麵食在冷藏販賣的過程中，溫度最好控制在 (1)4 ～ 7℃ (2)10 ～ 15℃ (3)15 ～ 18℃ (4)18 ～ 20℃。 1

( ) 20. 冷藏櫃中的照明來源最好使用 (1) 白熱燈 (2) 日光燈 (3) 霓虹燈 (4) 鎢絲燈。 2

( ) 21. 水餃的貯存以何種方式最佳？ (1) 脫水 (2) 冷藏 (3) 冷凍 (4) 常溫。 3

( ) 22. 貯存時較易氧化變質的產品為 (1) 饅頭 (2) 開口笑 (3) 乾麵條 (4) 水晶餃。 2

( ) 23. 餛飩以下列何種方法貯存，既可保持品質，又可延長保存時間？ (1) 室溫 (2) 冷藏 (3) 冷凍 (4) 任何方法均可達成。 3

( ) 24. 酥（油）皮類麵食油脂含量高，不宜在下列何種狀態貯存？ (1) 弱光 (2) 低溫 (3) 常溫 (4) 高溫。 4

( ) 25. 冷凍冷藏貯存食品需控制 (1) 溫度 (2) 濕度 (3) 照明 (4) 溫度、濕度。 4

( ) 26. 生的餡餅以何種貯存方式最理想？ (1) 高溫 (2) 常溫 (3) 冷藏 (4) 冷凍。 4

( ) 27. 下列何種產品在室溫的保存期最短？ (1) 太陽餅 (2) 蘿蔔絲酥餅 (3) 麻花 (4) 鳳梨酥。 2

( ) 28. 下列何種產品貯存成本最高？ (1) 乾麵 (2) 巧果 (3) 冷凍水餃 (4) 廣式月餅。 3

( ) 29. 蒸熟的發酵麵食最好的貯存方式為 (1) 冷凍 (2) 冷藏 (3) 常溫 (4) 保溫。 1

( ) 30. 生鮮麵條製作時，添加下列何種添加物，貯存時可抑制黴菌生長？ (1) 乳化劑 (2) 增黏劑 (3) 酒精 (4) 磷酸鹽。 3

( ) 31. 下列何種中式麵食原料不需用冷藏或冷凍貯存？ (1) 肉類 (2) 乳類 (3) 蔬菜 (4) 鹽。 4

( ) 32. 下列何種麵食最需用冷藏或冷凍貯存？ (1) 沙琪瑪 (2) 蛋塔 (3) 水餃 (4) 乾麵條。 3

( ) 33. 中式麵食用何種貯存方式成本最高？ (1) 冷凍 (2) 冷藏 (3) 室溫 (4) 保溫。 1

( ) 34. 豬油貯存時，下列何種因素對品質的影響最小？ (1) 氧氣 (2) 日光 (3) 低溫 (4) 室溫。 3

( ) 35. 延長水調（和）麵類麵食保存時間，最常用的方法為 (1) 脫水 (2) 冷凍 (3) 添加防腐劑 (4) 包裝後殺菌貯存。 2

( ) 36. 增加生鮮麵條之貯存性，下列何項不適合？ (1) 水質經過處理 (2) 產品適當包裝 (3) 添加防腐劑 (4) 麵條適當殺菌。 3

( ) 37. 下列何種麵條之貯存性最佳？ (1) 生鮮麵條 (2) 油麵 (3) 烏龍麵 (4) 乾麵條。 4

( ) 38. 水餃類若要維持一個月之品質，應放在何種溫度？ (1) 室溫 (2)4 ～ 7℃冷藏 (3)10 ～ 15℃冷藏 (4)-18℃冷凍。 4

( ) 39. 沙琪瑪為了增進保存性不宜使用 (1) 脫氧包裝 (2) 抗氧化劑 (3) 防腐劑 (4) 充氮包裝。 3

( ) 40. 增進油麵之保存性不宜 (1) 添加過氧化氫 (雙氧水) (2) 增加 pH (3) 使用冰水冷卻 (4) 降低噴油用量。 1

( ) 41. 一般乾麵條最長之貯存時間為 (1) 一星期 (2) 一個月 (3) 六個月 (4) 數年。 3

( ) 42. 蛋黃酥貯存時，最不適宜貯存於 (1)-18℃ (2)4℃ (3)25℃ (4)45℃。 4

( ) 43. 麵條製作時，可添加適量 (1) 細砂糖 (2) 沙拉油 (3) 鹽 (4) 黃豆粉，對抑制生麵長黴，延長貯存期限很有幫助。 3

( ) 44. 傳統麵食製品需使用熱保鮮或貯存之食品，其熱保鮮溫度應保持在攝氏 (1)30 (2)40 (3)50 (4)60 ℃以上。 4

( ) 45. 下列何者不是麵食加工製品貯存期間可引起之問題？ (1) 產品老化 (2) 油脂裂解酸敗 (3) 微生物敗壞 (4) 濕度增加。 4

( ) 46. 麵食製品貯存期間，添加下列何種材料無法延緩產品老化之問題？ (1) 油脂 (2) 細砂糖 (3) 乳化劑 (4) 化學膨大劑。 4

( ) 47. 新鮮雞蛋常溫貯存時間增長，下列何者正確？ (1) 氣室愈小 (2) 蛋黃變稀 (3) 蛋白黏稠度增加 (4) 越容易沉入水中。 2

( ) 48. 銀絲捲熟製後經貯存一段時間會變硬，主要因素為 (1) 麵粉蛋白質變性 (2) 油脂凝固硬化 (3) 澱粉老化 (4) 鹽量太少。 3

( ) 49. 下列何種產品的含水量最低，常溫貯存性最久 (1) 蛋黃酥 (2) 饅頭 (3) 兩相好 (4) 蔥油餅。 1

( ) 50. 巧果經油炸後包裝貯存，會引起氧化酸敗的問題，以下那種材料可能是主因？ (1) 麵粉 (2) 蛋 (3) 膨大劑 (4) 油炸油。 4

( ) 51. 一般中式麵食成品，貯存溫度愈高，其貯存時間愈 (1) 長 (2) 短 (3) 沒影響 (4) 視麵粉蛋白質而定。 2

( ) 52. 下列何種原料對麵食製品減緩老化速度的影響最少？ (1) 糖 (2) 油脂 (3) 奶粉 (4) 乳化劑。 3

( ) 53. 製作饅頭添加的乳化劑，使用親水親油平衡 (HLB) 值來表示乳化劑的親水性和親油性關係時 (1)HLB 值越小，親水性越強 (2)HLB 值越大，親水性越弱 (3)HLB 值越小，親油性越強 (4)HLB 值越大，親油性越強。 3

( ) 54. 麵食製品的含水率會影響到澱粉的老化速度，下列何種含水量澱粉老化最快？ (1)0 ～ 30% (2)30 ～ 60% (3)60 ～ 100% (4) 與含水量無關。 2

( ) 55. 豆沙餡常以食品水活性控制微生物生長繁殖，當水活性高微生物生長繁殖率高，而一般低水活性範圍是指 (1)1.0 以上 (2)0.85 ～ 1.0 (3)0.65 ～ 0.85 (4)0.65 以下。 4

( ) 56. 冷凍水餃理貨及裝卸貨作業均應在攝氏幾℃以下之場所進行，且作業應迅速，以避免產品溫度之異常變動 (1)15℃ (2)30℃ (3)25℃ (4)20℃。 1

( ) 57. 冷藏包子之中心溫度應保持在凍結點以上和攝氏幾度以下 (1)20℃ (2)15℃ (3)10℃ (4)7℃。 4

( ) 58. 利用食品的水活性 Aw(water activity) 來貯存傳統麵食製品，其產品 Aw 在 0.65~0.85，含水量在 20 ～ 40% 範圍內的食品是屬於何種水活性食品 (1) 高 (2) 中 (3) 低 (4) 無。 2

( ) 59. 當麵條乾燥時，熱會使水分自表面蒸發。一般而言，適當之濕度下，溫度越高水分蒸發的速率會愈 (1) 快 (2) 慢 (3) 沒影響 (4) 與溫度無關。 1

( ) 60. 麵條中的水分主要以自由水 (free water) 及結合水 (bound water) 的狀態存在。當食品乾燥時，最先被蒸發的水是 (1) 結合水 (2) 自由水 (3) 同時被蒸發 (4) 都不會被蒸發。 2

( ) 61. 沙琪瑪之水活性愈高，對油脂氧化及微生物生長速率的影響為 (1) 油脂氧化快 (2) 微生物生長速率慢 (3) 油脂氧化慢，微生物生長速率快 (4) 油脂氧化快，微生物生長速率慢。 1

( ) 62. 下列何種粉類經貯存後，最易潮濕結糰狀？ (1) 小麥澱粉 (2) 玉米澱粉 (3) 麵粉 (4) 糖粉。 4

( ) 63. 下列何種麵食，較耐貯存或保存期限較長？ (1) 燙麵麵食 (2) 發粉麵食 (3) 酥皮麵食 (4) 燒餅麵食。 3

( ) 64. 麵食在儲存期間會進行不同程度的劣化 (Deterioration) 現象，包括失去感官性、營養價值、安全性以及美學上的吸引力等，下列何者麵食品劣化現象較快 (1) 乾麵條 (2) 油麵條 (3) 鳳梨酥 (4) 方塊酥。 2

( ) 65. 巴斯德殺菌法 (Pasteurization) 係指以下列何者溫度來加熱，以殺死病原菌及無芽孢細菌，但無法完全殺滅腐敗菌？ (1)100℃以上 (2)120℃以上 (3)140℃以上 (4)100℃以下。 4

( ) 66. 下列何者麵食的劣化速度較快？ (1) 牛舌餅 (2) 發糕 (3) 蛋黃酥 (4) 老婆餅。 2

( ) 67. 發酵麵食於產品製作時，發酵所產生的有機酸、酒精等成份，對該產品的影響 (1) 酸鹼度（pH 值）減少 (2) 酸鹼度（pH 值）增加 (3) 保存期限減短 (4) 酸鹼度（pH 值）不變。 1

( ) 68. 包子、饅頭使用蒸包機貯存販售時，其溫度應保持在幾℃以上 (1)30℃ (2)40℃ (3)50℃ (4)60℃。 4

( ) 69. 麵食製品貯存時，易遭受微生物污染而使品質劣化，下列微生物對耐鹽性的強弱排序，何者正確？ (1) 黴菌＞酵母菌＞細菌 (2) 黴菌＜酵母菌＜細菌 (3) 黴菌＞酵母菌＜細菌 (4) 黴菌、酵母菌、細菌都一樣。 1

( ) 70. 蒸蛋糕使用之雞蛋，經一段時間貯存後，其新鮮度會降低，會使 (1)pH 值提高 (2)pH 值降低 (3)pH 值不變 (4) 蛋白的打發性變佳。 1

( ) 71. 蒸蛋糕使用之雞蛋，應以下列何種溫度貯存較佳？ (1) 冷凍 (2) 冷藏 (3) 室溫 (4)60℃。 2

( ) 72. 禁止使用於麵食的漂白劑（吊白塊），其對人體有害的主要成分是 (1) 二氧化硫 (2) 甲醛 (3) 過氧化氫 (4) 甲苯。 2

MEMO

MEMO

MEMO

國家圖書館出版品預行編目資料

中式麵食加工丙級技能檢定學/術科教戰指南／王俊勝, 蔡明燕, 黃秋蓉, 鄭昭雲,黃雅娥編著.--三版.--新北市 : 新文京開發出版股份有限公司, 2022.08
面； 公分

ISBN 978-986-430-856-9（平裝）

1. CST: 麵食食譜 2. CST: 點心食譜 3. CST: 考試指南

427.38 111011440

中式麵食加工丙級技能檢定
學／術科教戰指南（第三版） （書號：**HT43e3**）

編 著 者	王俊勝 蔡明燕 黃秋蓉 鄭昭雲 黃雅娥
協製團隊	高佳誼 蔡佩蓉 林靜儀 王宥慈 陳永浩
出 版 者	新文京開發出版股份有限公司
地 址	新北市中和區中山路二段 362 號 9 樓
電 話	(02) 2244-8188（代表號）
F A X	(02) 2244-8189
郵 撥	1958730-2
初 版	西元 2018 年 02 月 20 日
二 版	西元 2020 年 04 月 10 日
三 版	西元 2022 年 08 月 10 日
三版二刷	西元 2024 年 12 月 20 日

 建議售價：490 元
法律顧問：蕭雄淋律師
ISBN 978-986-430-856-9

New Wun Ching Developmental Publishing Co., Ltd.

New Age · New Choice · The Best Selected Educational Publications—NEW WCDP

NEW WCDP
新文京開發出版股份有限公司
新世紀・新視野・新文京 — 精選教科書・考試用書・專業參考書